快速响应卫星轨道设计与控制技术

张 刚 张海洋 李化义 等著

国防工業出版社
·北京·

内 容 简 介

本书结合我国快速响应空间技术的发展需求，从星下点轨迹和空间轨迹两方面出发，对快速响应卫星轨道设计与轨道机动控制等相关技术展开了深入研究。主要内容包括：多目标访问快速响应轨道设计，单脉冲轨道机动可达范围，面向地面或空间目标访问任务的单脉冲单目标、多脉冲单目标、单脉冲多目标轨道机动，多目标访问序列优化，连续推力轨迹优化，面向地空混合目标访问任务的轨道机动与轨迹优化等。

本书适合从事快速响应卫星研究、航天器轨道动力学与控制研究的科研与工程技术人员，高等学校飞行器设计专业的教师、研究生阅读参考。

图书在版编目（CIP）数据

快速响应卫星轨道设计与控制技术 / 张刚等著. —北京：国防工业出版社，2024.1
ISBN 978-7-118-13091-1

Ⅰ. ①快… Ⅱ. ①张… Ⅲ. ①人造卫星—快速响应—最优设计 Ⅳ. ①V423.4

中国国家版本馆 CIP 数据核字（2024）第 018340 号

※

国防工业出版社出版发行
（北京市海淀区紫竹院南路 23 号 邮政编码 100048）
北京虎彩文化传播有限公司印刷
新华书店经售

*

开本 710×1000 1/16 **印张** 20¼ **字数** 362 千字
2024 年 1 月第 1 版第 1 次印刷 **印数** 1—1200 册 **定价** 138.00 元

国防书店：(010)88540777　　书店传真：(010)88540776
发行业务：(010)88540717　　发行传真：(010)88540762

前　言

21 世纪以来，航天技术得到了蓬勃发展，空间卫星在国家经济建设和社会发展中发挥着越来越重要的作用。然而，随着空间资源的不断开发，空间资产受到的安全威胁也在不断增加，与此同时，频发的突发事件也对空间系统的响应能力发起挑战。为应对这些不断升级的威胁和不可预测的挑战，世界各国开始大力发展快速响应空间系统（Operationally Responsive Space，ORS）。例如，美国的“战术卫星”计划和我国的“快舟”系列运载火箭。作为传统空间系统的有益补充，快速响应空间系统以提供战术或战役服务为目的，致力于短期内提供及时、灵活的空间响应能力，以满足紧急的、始料未及的或新出现的需求，例如对空间站等在轨航天器提供救援或补给、对地面突发的自然灾害提供应急成像和通信支持等。开展快速响应空间体系和关键技术的研究是我国空间应用尤其是军事应用的必然趋势，对当前军用、民用和商业空间的发展具有重大现实意义。

本书主要围绕快速响应空间系统下轨道动力学与控制技术展开了深入研究，考虑地面目标和空间目标两类典型任务目标，并根据其不同特性，从航天器的星下点轨迹和空间轨迹两个方面同时展开研究，通过对新发射的卫星进行轨道设计或对在轨卫星施加机动控制，实现对用户指定的地面目标、空间目标以及地空混合目标的快速访问任务，其中轨道机动部分同时考虑脉冲和连续推力两种机动方式。本书力求为解决快速响应任务中的卫星轨道设计和机动控制问题提供有效的理论依据和求解途径，以提高我国空间系统对应急事件的快速响应能力。

本书共分为 9 章。第 1 章阐述了快速响应空间技术的起源和特点、快速响应卫星发展现状，以及快速响应轨道技术的特点和任务目标。第 2 章对轨道动力学中的基本原理进行介绍，为后续章节奠定了理论基础。第 3 章针对多目标访问快速响应轨道设计问题开展研究，针对用户给定的多个地面目标、多个空间目标和多个地空混合目标给出了响应轨道的设计流程。第 4 章针对航天器在单次脉冲机动下星下点轨迹和空间轨迹的可达范围开展研究，为后续章节中轨道机动控制提供先验性分析。第 5~8 章针对地面目标或空间目标的访问任务提出了轨道机动控制方法，其中：第 5~7 章考虑脉冲式轨道机动，研究了单脉冲访问单目标、多脉冲访问单目标、单脉冲访问多目标轨道机动方法，并给出了脉冲访问多目标序列优化方法；第8章考虑连续推力式轨道机动，基于形状法给出了访问单个地面目标和单个空间目标的轨迹优化方法。第9章针对地空混合目标访问任务，考虑脉冲和连续推力两种机动方式，对航天器访问地空混合目标轨道机动和轨迹优化开展研究。

本书第1章由张刚、李化义执笔，第2~4章、第9章由张刚、张海洋执笔，第5章由张刚、张海洋、王东哲执笔，第6章由张刚、李化义、程尚稣执笔，第7章由李化义、林鑫、夏存言、徐龙威执笔，第8章由李化义、张刚、谢成清执笔。全书由张刚拟定大纲和统稿。

在本书的编撰过程中，参考并引用了大量国内外专家学者的学术论文和专著，部分国内外学者对本书的部分章节内容进行了审阅，在此一并致谢。另外，作者所在团队成员及哈尔滨工业大学卫星技术研究所的专家学者，还有负责本书出版的国防工业出版社的编辑们，对本书提出了许多建设性的宝贵意见，在此，对他们表示由衷的感谢。

由于作者水平所限，本书难免有疏漏和不足之处，敬请广大同行专家和读者批评指正。

作　者

2023年5月

目 录

第1章 绪论

1.1 快速响应空间技术

1957年第一颗人造地球卫星的发射，拉开了人类探索宇宙空间的序幕。21世纪以来，各国航天科技得到迅猛发展，在轨卫星为我国军事侦察、防灾减灾、资源调查、环境监测等领域提供信息服务和决策支持，对国家经济建设和社会发展起着不可忽视的重要作用。然而，随着各国空间技术的持续发展，空间资产受到的安全威胁不断增加，空间系统面临应急事件支援需求的挑战也在不断提升。面对这些不可预测的威胁或挑战，"快速响应空间系统"这一概念应运而生。

传统空间系统以提供战略服务为目的，侧重于执行长期任务，卫星的在轨寿命通常设计为一年以上，长期稳定性和安全性是其应该具备的重要特性。然而，传统空间系统由于研制和发射周期长、成本高昂等，无法满足突发战争或突发危机的需求。作为传统空间系统的有益补充，快速响应空间技术致力于提供及时的空间能力，满足紧急的、始料未及的或新出现的需求，注重短期可靠性，具有成本低、灵活性强、响应时间短、按需发射等特点[1]。该技术以提供战役或战术服务为目的，力求为战场指挥官提供急需的战术信息支援，甚至可能由单兵手持相关终端设备直接使用。

与传统空间系统相比，快速响应空间技术可提供以下五种能力[2]：①扩大或增强现有空间能力，即提高空间系统的战术应用能力，为局部战场或灾害地区提供情报、监视或侦察；②作为传统空间系统的有利补充，当空间系统受到攻击而失效时，具有快速重建空间系统的能力；③弥补应对突发事件能力的不足，通过研制标准化、模块化卫星、即插即用技术等实现卫星的快速研制和部署；④通过多星编队、组网来提高空间系统生存能力；⑤及时验证新技术或新作战方法，实现空间系统的快速更新迭代，以提升作战效能。

开展快速响应空间体系和关键技术的研究是空间应用尤其是军事应用的必然趋势，对当前军用、民用和商业空间的发展具有重大现实意义。

1.2 快速响应卫星发展现状

目前，美国、俄罗斯、中国等主要航天国家都开始大力发展快速响应空间技术，力求寻得快速进入空间、提高空间响应能力的技术。各国针对快速响应空间系统的研究主要围绕快速响应运载器及模块化航天器的研制，下面主要对美国和我国关于快速响应空间技术的研究情况进行详细介绍。

1.2.1 美国

美国为快速响应空间技术的起源国家，1999 年，美国空军提出了“快速响应运载”倡议，其最初定义为空间资源按需发射计划。随后，美国空军将对快速响应空间技术的需求调整为：将航天器快速送入轨道；将航天器机动到绕地轨道的任何位置；为航天器提供在轨服务或让其返回地球[3]。2003 年，美国国防部转型办公室正式提出了“战术卫星”的相关概念，意图构建低成本而且具备快速反应能力的航天器来为战场提供快速侦察。2007 年，美国国防部正式了开启“快速响应空间”计划并成立了相应的办公室（Operationally Responsive Space Office，ORSO），快速响应空间技术自此进入全面发展阶段[4]。

1.2.1.1 “战术星”计划

“战术星”计划，也称 TacSat 计划，该计划于 2001 年提出，作为美国快速响应空间技术的先期行动，其目的是为发展快速响应小卫星奠定技术基础，通过几颗系列卫星有步骤、系统地演示验证快速响应空间的相关技术，以最终形成可以支援战场作战的实用型军事产品。

TacSat-1 卫星为低分辨率成像侦察卫星，可与侦察飞机和无人机进行通信，该卫星原计划于 2006 年下半年由太空探索技术公司的“猎鹰”-1 火箭发射，但因火箭问题而多次推迟发射，直至 TacSat-2 卫星验证了其需要验证的部分技术，TacSat-1 卫星任务被迫终止。

TacSat-2 卫星于 2006 年 12 月 16 日由“米诺陶”-1 火箭发射，运行于约 400km、轨道倾角 40°的近地近圆轨道上。该卫星为首颗实现在轨演示的快速响应卫星，其目标包括[5]：①使用可供发射的卫星平台框架，在 14 个月内完成卫星的载荷设计、卫星制造和测试；②在轨演示快速响应发射、在轨检测和空间操作的概念，7 天内完成卫星发射，1 天内完成卫星在轨检测，直接为战区提供空间操作和下行数据传输；③提供空间侦察能力，对目标成像时可见光频率谱范围的分辨率大于 1m；④验证卫星的战术通信、指挥及控制能力；⑤对射频目标进行定位，并在同圈次对其成像。

TacSat-3 卫星[6]于 2009 年 5 月 19 日由“米诺陶”-1 火箭发射，轨道高度约为 400km。该卫星首次采用标准化、模块化的方法进行微小卫星平台的设计和研制。该卫星主要验证向战场指挥官提供实时数据的星上处理技术，演示战术卫星收集战场信息及实时向战场作战人员提供数据的能力，同时验证模块化微小卫星平台技术。

TacSat-4 卫星[6]于 2011 年 9 月 27 日由“米诺陶”-4 火箭发射。与 TacSat-2 和 TacSat-3 不同，TacSat-4 为通信实验卫星，该卫星部署于高轨椭圆轨道上，每 8h 绕地球一圈，每圈可对同一地区持续覆盖 2h。该卫星具备特高频(UHF)通信转发能力，可实现对战区 24h 通信支持。该卫星不需要作战人员装备接收天线，可通过手持无线电台实现移动中通信，从而提供更加经济、灵活的战术信息支援。

1.2.1.2　ORS 系列装备卫星

美国 ORS 系列卫星是一系列具有快速响应能力和多任务支持的卫星系统，是美军为支持战术作战任务而发射的快速空间响应装备卫星。目前已发射成功的有 ORS-1/3/5/7，每次任务都有其独特的特点，其中包括监视、侦察、空间探测和通信等多种需求。与此同时，这些卫星系统也具有高度的可靠性和灵活性，可以在复杂环境下快速响应并执行各种任务。

ORS-1 卫星于 2011 年 6 月 29 日由“米诺陶”-1 火箭发射升空。该卫星基于 TacSat-3 卫星平台研制，运行于远地点 412km、近地点 399km、轨道倾角 40°的近地轨道上，由 ORSO 负责管理(图 1-1)。其中，ORS-1 采用了 SYERS-2 传感器系统，并具有超高分辨率的成像能力。该卫星完全面向作战用户设计，可直接为美国中央司令部提供阿富汗地区战场图像信息。与以往体制不同，该卫星允许战场军队指挥官快速向卫星安排任务，在几分钟内即可获得卫星图像。

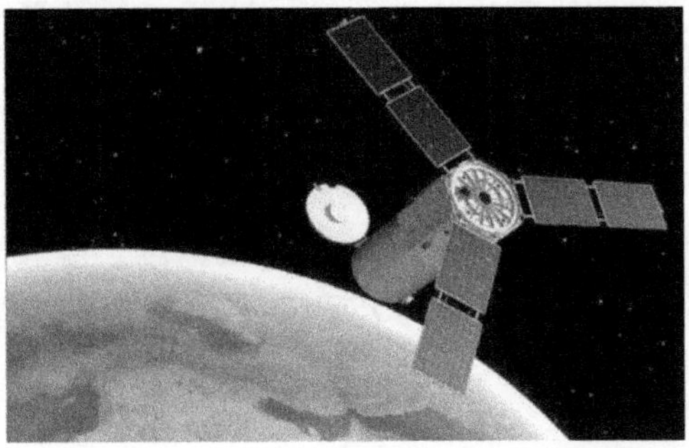

图 1-1　ORS-1 在轨运行概念图

ORS-3 任务又称使能者任务，于 2013 年 11 月 20 日发射，任务包括 STPSat-3 卫星(图 1-2)和其余 28 个立方星，发射后不久星箭分离，29 个有效载荷全部进入预定轨道[7]。ORS-3 任务演示验证的是发射及靶场的改进情况，包括：①自主飞行安全系统(Autonomous Flight Safety System，AFSS)；②借助联邦航空局许可制度对“米诺陶”火箭进行类商业采办的操作方式；③携带了 29 个航天器的有效载荷综合栈(利用小运载器发射众多立方体卫星)；④运载器轨道自动跟踪、靶场安全规划等。上述使能者技术不仅围绕执行快速响应任务，还关注工程自动化任务，后者可以缩减任务时间，从而降低任务成本。

图 1-2　STPSat-3 卫星

ORS-5 卫星也称 SensorSat，于 2017 年 8 月 26 日发射，运行于轨道高度约为 600km、倾角为 0°的近地轨道，用于辅助美军跟踪地球同步轨道上其他卫星和空间碎片。ORS-5 为技术验证卫星，其目的是为美国天基太空监视(Space Based Space Surveillance，SBSS)系统提供演示，验证低轨卫星扫描地球同步轨道并采集空间态势感知数据的技术，以降低 SBSS 后续任务的风险。

ORS-7 卫星也称 Polar Scout，是由美国海军研究实验室开发的 6U 立方卫星(图 1-3)，于 2018 年 12 月 3 日发射，旨在通过使用紧急情况指示无线电信标来检测南极周围区域的人员和货物运输船只的位置。该卫星采用自主导航技术，在南极地区为船只提供准确的位置信息，以提高南极航运的安全性。作为美国 ORS 计划的一部分，ORS-7 卫星在军事领域也有着重要的战略意义。

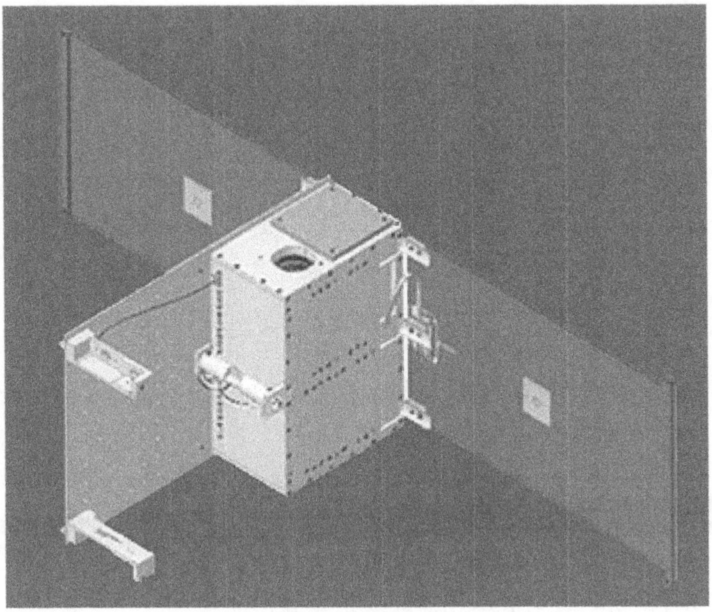

图 1-3　ORS-7 卫星

1.2.2　中国

在美国进行快速响应空间技术研究的同时，我国高校和科研院所也对快速响应空间飞行器的相关技术展开攻关。在 2005 年 9 月，哈尔滨工业大学等单位就集中开展了快速响应空间技术的概念探索、可行性分析以及实时方案论证等工作。2009 年，科技部联合相关部门共同批复了“快舟”项目，标志着我国快速响应空间概念的初步形成，并进入核心技术工程验证阶段[8]。

“快舟”一号为我国首颗具有快速响应能力的空间飞行器[6]。该星于 2013 年 9 月 25 日发射，成功验证了用于突发自然灾害的空间信息服务技术体制，在 2014 年云南鲁甸地震中，“快舟”一号连续十余天对灾区实时重访监测，成功获取高分辨率震区遥感影像 75 景，为抗震救灾提供了有力支持。此外，该星还在巴基斯坦俾路支省地震、中国台湾花莲地区地震、尼泊尔地震、“雪龙”号科考船破冰图等突发事件中为用户提供了空间信息支持，发挥了重要作用。“快舟”二号于 2014 年 11 月 21 日成功发射，与“快舟”一号相比，该星各项快速响应指标进一步提升，充分验证了基于星箭一体化实现空间快速响应的技术体制。此外，基于“快舟”系列发展起来的“快舟”系列运载火箭成为我国第一型成功发射的固体运载器，具有成本低、准备周期短、保障条件要求低等诸多优势[8]。

除了“快舟”系列外，中国航天科技集团还研制了小型全固体燃料运载火箭长征十一号[9-10]，该火箭可以提高航天器快速进入空间、应急发射的能力，发射周期不超过72h，最短发射时间在24h以内。长征十一号运载火箭于2015年9月25日首次发射。从遥三起，长征十一号通过技术创新使卫星适应性、系统可靠性、发射经济性和履约能力均有提高，并开始执行商业发射。2019年6月5日，长征十一号在海上完成了一箭七星发射任务，这是我国首次海上发射任务。

此外，中国航天科技集团一院抓总研制了一款商业四级固体运载火箭捷龙三号[11-12]。该火箭是专为小型卫星发射而设计的商业四级固体运载火箭，可用于发射太阳同步轨道与低地球轨道的中小型卫星。该火箭采用固体发动机推进剂，具有简单、可靠、灵活等优点。其运载能力为1.5t，发射窗口为24h，为目前世界上现役运载能力最强的固体运载火箭。捷龙三号的技术特点包括：①短准备周期。在发射前，准备周期仅需数小时即可完成。②低成本发射。由于采用固体发动机，发射成本相对较低。③高密度发射。可以实现同一时间段内多次发射。④安全性高。采用现代化电子技术和人工智能技术等，保证火箭发射的安全性和稳定性。捷龙三号已于2022年12月9日在太原卫星发射中心实施首次发射并成功入轨。此外，捷龙三号配备海陆通用的框架式发射装置，可同时适应海上、陆地两种发射方式，捷龙三号的成功研制，将有效降低我国小型卫星发射成本，提高发射效率，为小型卫星的商业应用提供重要支持。

1.3 快速响应轨道技术

在快速响应任务中，空间响应能力可划分为三个等级[6]：第一级是利用或调整现有的在轨航天器，在几分钟到几小时内实现对目标点的快速响应，重点是利用现有的地面和空间系统，不涉及新的航天器和发射任务；第二级是利用库存技术在数天到数周内快速发射新的响应卫星，重点是快速组装、集成、测试和发射响应卫星，实现空间响应能力的开发、增强或重建；第三级是在几个月到一年内针对特定的任务快速开发和研制新的响应卫星，当研制成功后，将自动归为第二级进行快速发射部署。从轨道动力学角度，为提升空间响应能力可从两方面进行考虑：一方面，可对现有在轨的响应卫星实施轨道机动控制，以实现对用户指定目标的应急飞越访问；另一方面，当无法利用现有卫星(例如，目标点超出在轨卫星的可达范围)，需要快速组装、测试和发射新的响应卫星时，根据用户指定的目标进行针对性的响应轨道设计。

传统空间任务的轨道设计通常追求对整个地面空间的覆盖，以地面覆盖率、空间分辨率等作为优化指标。对于对地观测卫星，为实现重访或保证光照条件等，常采用回归轨道或太阳同步轨道[13-14]。此外，地球静止轨道和闪电轨道因具有对地面保持静止或对高纬地区过顶时间长等特性，也是地球卫星常采用的轨道。与传统空间任务不同，快速响应空间任务周期一般较短，通常只要求在一段时间内对用户指定的目标点进行快速访问，具有应急性、短暂性和局部性等特点[15]。例如对空间站、军事卫星等重要空间资产提供快速救援或补给，对地面突发的自然灾害提供应急成像和通信支持等。

快速响应空间技术具有广阔的应用范围，可为对地观测、空间防御、天基支援等多个领域提供技术支持。根据目标所在空间不同，可分为地面目标和空间目标两类。对地面目标来说，详查型侦察卫星一般分辨率更高，能够准确获得地面目标的图像数据信息。然而，该类卫星一般成像幅宽较小（例如，法国的 Pleiades 卫星，成像幅宽仅为 20km，对应赤道上经度范围 0.18°），卫星的成像区域与整个地面相比往往很小，一般无法快速获得指定目标点的信息，同时为保证成像质量不失真，侧摆角不能过大。此时，针对具体的地面目标进行轨道设计或机动，使卫星的星下点轨迹精确通过用户指定的目标点，实现在短时间内完成观测任务，可大大缩短响应时间[16-19]。此外，若要求对特定地区进行周期性覆盖，还可就响应卫星的轨道周期进行针对性设计[20-22]。

响应卫星不仅可对地面目标进行观测任务，也可对空间目标（如在轨卫星、空间碎片等）进行跟踪、检测或在轨服务[23-24]。针对突然出现的可能有敌意的非合作空间目标，可通过近距离观测得到空间目标高分辨率图像，获得详细的外观特征数据，从而推断对方意图[25]。针对需要保护的重要空间资产，如空间站或军事卫星等，可对其进行定期的近距离视检，为可能出现的故障或威胁进行预警，对在轨维修等具有重要的意义[26]。此外，还可利用响应卫星灵活替换失效的空间系统，实现对现有卫星星座的增强或补网。对空间目标的访问任务可通过轨道控制实现，根据终端约束条件不同，轨道控制可分为轨道交会、轨道拦截和轨道转移等。

传统轨道设计与控制技术仅针对地面目标或空间目标单一类型，面向未来复杂空间任务，有时候需要同时考虑地面目标和空间目标[27-28]。一方面，响应卫星能实现对指定地面目标和空间目标观测成像，快速获取情报信息；另一方面，在对未发射的响应卫星进行轨道设计时，可将地面发射场或天基发射平台视为初始目标点，响应卫星在该点发射后可直接入轨进入设计的轨道，并快速飞越指定的地面或空间目标，这可以避免转移轨道入轨等间接入轨方式带来的时间损耗，大大减少任务响应时间。

本书以快速响应任务为背景，根据地面目标和空间目标不同的特性，从航天器的星下点轨迹和空间轨迹两个方面同时展开研究，通过对新发射的卫星进行轨道设计或对在轨卫星施加机动控制，实现对用户指定的多个地面目标、多个空间目标以及地空混合目标的快速访问任务，其中轨道机动部分同时考虑脉冲和连续推力两种机动方式。本书的研究有望提高航天器对应急事件的快速响应能力，为解决快速响应任务中的卫星轨道设计和机动优化问题提供有效的理论依据和求解途径，具有重要的基础理论价值和工程应用前景。

第2章 轨道动力学基本原理

航天器轨道动力学是研究航天器在重力场和其他外力作用下的质点动力学问题，是轨道设计、轨道控制和轨道确定等问题的理论基础。作为航天工程的重要组成部分，航天器轨道动力学与控制对执行在轨任务至关重要。

本章主要叙述航天器轨道动力学的基本原理，包括常用时空系统的介绍、描述航天器状态的轨道参数、在轨运行的动力学模型、星下点轨迹模型、积分型高斯变分方程，以及 Lambert 问题和 Gibbs 三矢定轨等经典理论，为后续章节提供理论基础。

2.1 时空系统

航天器在空间中的运动是相对于某个参考方位的时间经历。为描述航天器的运动状态，本节将定义一些常用的时间和空间参考系统。

2.1.1 时间系统

时间是物质运动过程的持续性和顺序性的表现，航天器运行的高动态性决定了轨道计算中必然需要精确统一的时间系统，以下为航天领域常见的三种时间系统。

1. 世界协调时

世界协调时(Universal Time Coordinated，UTC)是以原子时秒长为基础，在时刻上尽量接近世界时的一种时间计量系统。与世界时相对应的则是地方时，不同的地方会根据当地的时区设定相应的地方时，例如中国采用的北京时间(东八区)与 UTC 的时差为+8 小时。

2. 儒略日

儒略日(Julian Day)是天文学中一种常用的计时方法，不同于常用的年月日计时法，儒略日以公元前4731年1月1日格林尼治平午为初始日期，顺数而下，对于计算两个时刻之间的间隔非常方便。通过世界协调时中的年月日时分秒(yr，mon，day，hr，min，sec)计算对应的儒略日的方法如下[29]：

$$\begin{aligned}JD=&367yr-INT\left\{\frac{7}{4}\left[yr+INT\left(\frac{mon+9}{12}\right)\right]\right\}+INT\left(\frac{275mon}{9}\right)+\\&day+1721013.5+\frac{1}{24}\left(\frac{sec/60+min}{60}+hr\right)\end{aligned} \tag{2-1}$$

式中：INT表示向下取整。

3. 格林尼治平恒星时

格林尼治平恒星时(Greenwich Mean Sidereal Time，GMST)是根据地球自转来计算的，它是由恒星周日视运动来确定的时间计量系统。恒星周日视运动两次经过测站天子午面的时间间隔称为一个恒星日，对于一个给定的世界协调时，其对应的格林尼治平恒星时计算如下[29]：

$$\begin{aligned}\alpha_t=&67310.54841^s+(876600^h+8640184.812866^s)T_{UT1}+\\&0.093104T_{UT1}^2-6.2\times10^{-6}T_{UT1}^3\end{aligned} \tag{2-2}$$

式中：T_{UT1}为从J2000到目前为止的儒略世纪，其计算公式如下：

$$T_{UT1}=\frac{JD-2451545.0}{36525} \tag{2-3}$$

2.1.2 坐标系定义

航天器在空间中的运动需要在坐标系中进行描述，为方便且准确地表示航天器在空间中的运动，现定义以下常用坐标系：

1. 地心惯性坐标系

地心惯性坐标系(Earth-Centered Inertial Coordinate System，ECI)也称赤道惯性坐标系，该坐标原点位于地球中心，x轴沿地球赤道与黄道面的交线指向春分点，z轴与赤道面垂直指向北极方向，y轴与x、z轴构成右手坐标系，该坐标系又称为地心天固坐标系。常用的J2000平赤道坐标系即为一种地心惯性坐标系，其原点与地球中心重合，x轴指向格林尼治时间2000年1月1日12:00:00的平春分点。

2. 地球固联坐标系

地球固联坐标系(Earth-Centered，Earth-Fixed，ECEF)一般用于描述地球上的目标，如计算航天器星下点轨迹时常采用地球固联坐标系，其坐标原点位于地球中心，x轴指向格林尼治子午线与赤道的交点，z轴与赤道面垂直指向北极方向，y轴与x、z轴构成右手坐标系。

2.2　卫星轨道根数

航天器在空间中的状态用六个参数表示，分别为半长轴 a、偏心率 e、轨道倾角 i、升交点赤经 Ω、近地点角距 ω 和真近点角 f，它们被称为经典轨道六根数(图 2-1)。其中半长轴 a 和偏心率 e 决定轨道的大小和形状；倾角 i 为轨道正法向和地球北极(z 轴方向)之间的夹角，升交点赤经 Ω 为 x 轴方向在赤道面内沿着逆时针方向到升交点之间的角度，i 和 Ω 共同决定轨道平面的空间方位；近地点角距 ω 为自升交点沿航天器运行方向到近地点的角度，决定椭圆轨道拱线在空间中的指向；真近点角 f 为自近地点沿着航天器运行方向到航天器的角度，决定航天器在轨道上的位置。注意，当偏心率 $e=0$ 时，航天器位于圆轨道上，此时近地点角距 ω 无意义，可用参数纬度幅角 $u=\omega+f$ 表示当前航天器在轨道上的相位。

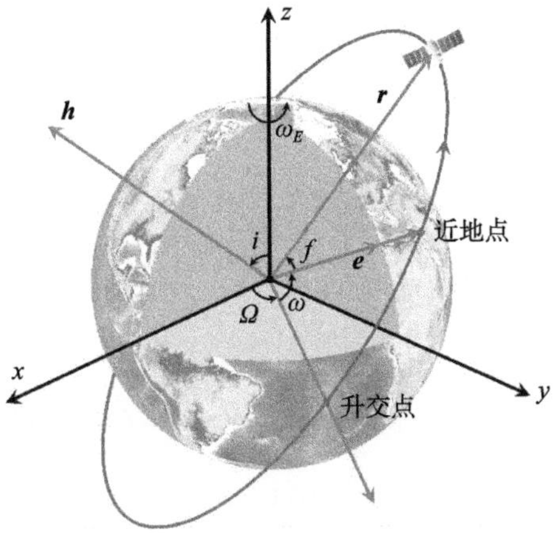

图 2-1　轨道根数几何示意图

此外，为方便描述航天器在轨运动，还定义偏近点角 E 和平近点角 M，二者与经典轨道六根数之间的关系为

$$\tan\frac{E}{2}=\sqrt{\frac{1-e}{1+e}}\tan\frac{f}{2} \tag{2-4}$$

$$M=E-e\sin E \tag{2-5}$$

除了轨道六根数外，航天器的在轨状态还可以通过位置、速度矢量表示，二者之间可相互转换。已知航天器在某一时刻的轨道六根数[a，e，i，Ω，ω，f]，首先通过式(2-4)计算当前时刻对应的偏近点角 E，然后求解矢量 $\boldsymbol{P}$ 和 $\boldsymbol{Q}$ 为

$$\boldsymbol{P}=\begin{bmatrix}\cos\omega\cos\Omega-\sin\omega\sin\Omega\cos i\\ \cos\omega\sin\Omega+\sin\omega\cos\Omega\cos i\\ \sin\omega\sin i\end{bmatrix} \tag{2-6}$$

$$\boldsymbol{Q}=\begin{bmatrix}-\sin\omega\cos\Omega-\cos\omega\sin\Omega\cos i\\ -\sin\omega\sin\Omega+\cos\omega\cos\Omega\cos i\\ \cos\omega\sin i\end{bmatrix} \tag{2-7}$$

航天器在地心惯性坐标系下的位置和速度矢量可通过下式计算得到：

$$\boldsymbol{r}=a(\cos E-e)\boldsymbol{P}+a\sqrt{1-e^2}\sin E\boldsymbol{Q} \tag{2-8}$$

$$\boldsymbol{v}=\frac{\sqrt{\mu a}}{r}(-\sin E\boldsymbol{P}+\sqrt{1-e^2}\cos E\boldsymbol{Q}) \tag{2-9}$$

与之对应，若已知航天器某一时刻在地心惯性坐标系下的位置矢量 $\boldsymbol{r}=[x, y, z]^{\mathrm{T}}$ 和速度矢量 $\boldsymbol{v}=[v_x, v_y, v_z]^{\mathrm{T}}$，可通过下式求解对应的轨道六根数：

$$\begin{cases}a=\dfrac{h^2}{\mu(1-e^2)}=\left(\dfrac{2}{r}-\dfrac{v^2}{\mu}\right)^{-1}\\ \boldsymbol{e}=\dfrac{1}{\mu}\left[\left(v^2-\dfrac{\mu}{r}\right)\boldsymbol{r}-(\boldsymbol{r}\cdot\boldsymbol{v})\boldsymbol{v}\right]\\ \cos i=\dfrac{\hat{\boldsymbol{z}}\cdot\boldsymbol{h}}{h},\ i\in[0,\ \pi]\\ \cos\Omega=\dfrac{\hat{\boldsymbol{x}}\cdot\boldsymbol{n}}{n},\ \Omega\in[0,\ 2\pi],\ \hat{\boldsymbol{y}}\cdot\boldsymbol{n}<0,\ \Omega=2\pi-\Omega\\ \cos\omega=\dfrac{\boldsymbol{n}\cdot\boldsymbol{e}}{ne},\ \omega\in[0,\ 2\pi],\ \hat{\boldsymbol{z}}\cdot\boldsymbol{e}<0,\ \omega=2\pi-\omega\\ \cos f=\dfrac{\boldsymbol{e}\cdot\boldsymbol{r}}{er},\ f\in[0,\ 2\pi],\ \boldsymbol{r}\cdot\boldsymbol{v}<0,\ f=2\pi-f\end{cases} \tag{2-10}$$

式中：$\mu=398600.4415\mathrm{km^3/s^2}$ 为地心引力常数；$r=\|\boldsymbol{r}\|$ 为位置矢量大小；$v=\|\boldsymbol{v}\|$ 为速度矢量大小；$\boldsymbol{h}=\boldsymbol{r}\times\boldsymbol{v}$ 为角动量矢量；$h=\|\boldsymbol{h}\|$；$\boldsymbol{n}=\boldsymbol{z}\times\boldsymbol{h}$ 为升交线矢量；$n=\|\boldsymbol{n}\|$；$\hat{\boldsymbol{x}}$、$\hat{\boldsymbol{y}}$ 和 $\hat{\boldsymbol{z}}$ 分别为地心惯性系的 x 轴、y 轴和 z 轴方向的单位矢量。

2.3 动力学模型

2.3.1 二体运动

两个质点在相互万有引力作用下的运动称为二体运动，其运动轨迹称为二体轨道，形状为圆锥曲线，根据偏心率取值不同，为圆、椭圆、抛物线或双曲

线中的一种。对于近地航天器，其绕地球的运动轨迹主要为圆或椭圆。航天器在地心惯性坐标系下的运动方程为

$$\ddot{\boldsymbol{r}}=-\frac{\mu}{r^3}\boldsymbol{r} \tag{2-11}$$

二体运动方程的解完全符合开普勒三大定律，因此二体轨道又称为开普勒轨道。

航天器在二体模型下的运动可解析得到，是轨道设计、轨道确定、轨道机动等众多理论研究的基础。已知航天器在初始时刻的轨道六根数，可先通过式(2-4)和式(2-5)将初始真近点角转为平近点角，航天器经过一段时间 Δt 后的平近点角 M_t 可通过开普勒方程求解得到为

$$M_t=M+\sqrt{\frac{\mu}{a^3}}\Delta t \tag{2-12}$$

通过牛顿迭代求解式(2-5)，即可得到终端的偏近点角 E_t，最后通过式(2-4)即可得到终端时刻的真近点角 f_t。

对于圆轨道，其在二体模型下经过一段时间 Δt 后的参数纬度幅角 u_t 为

$$u_t=u+\sqrt{\frac{\mu}{a^3}}\Delta t \tag{2-13}$$

2.3.2　轨道摄动模型

二体运动为仅考虑地心万有引力作用下的理想运动，航天器在实际在轨运动中，还会受到空间中各种摄动力的作用，如地球形状非球形和质量不均匀产生的附加引力、大气阻力、日月引力、太阳光压等，这些摄动力将会使航天器的轨道根数发生漂移，轨道周期发生变化。

对于近地航天器，对其影响最大的为地球扁率摄动中 J_2 摄动的影响。在地心惯性坐标系下，航天器在 J_2 摄动作用下的动力学方程为

$$\ddot{\boldsymbol{r}}=-\frac{\mu}{r^3}\boldsymbol{r}+\frac{3}{2}\frac{\mu J_2R_E^2}{r^5}\begin{bmatrix}5\dfrac{xz^2}{r^2}-x\\5\dfrac{yz^2}{r^2}-y\\5\dfrac{z^3}{r^2}-3z\end{bmatrix} \tag{2-14}$$

式中：$J_2=1.0826269\times10^{-3}$ 为 J_2 摄动项系数；R_E 为地球半径，$R_E=6378.137\text{km}$。上式又称为非线性 J_2 摄动模型，在此模型下，航天器在一段时间后的位置、速

度表示为常微分方程的求解问题，无法解析得到，但可通过龙格–库塔等数值积分方法递推得到。

上述方程从位置、速度的角度出发，除此之外，还可从轨道元素出发分析摄动力对航天器在轨运动的影响。航天器在空间中运动受到的摄动力可在当地垂直当地水平坐标系(Local-Vertical-Local-Horizontal，LVLH)下写作

$$\boldsymbol{F}=F_r\hat{\boldsymbol{r}}+F_t\hat{\boldsymbol{t}}+F_n\hat{\boldsymbol{h}} \tag{2-15}$$

式中：$\hat{\boldsymbol{r}}$、$\hat{\boldsymbol{h}}$ 和 $\hat{\boldsymbol{t}}=\hat{\boldsymbol{h}}\times\hat{\boldsymbol{r}}$ 分别表示当前位置的径向、法向和周向；F_r、F_t 和 F_n 分别为径向、周向和法向摄动力分量。

在 J_2 摄动作用下，航天器在径向、法向和周向三个方向受到的摄动力分量与当前位置半径和轨道六根数有关，且与 J_2 摄动项系数成正比，其表达式为

$$\begin{cases} F_r=-\dfrac{3\mu J_2R_E^2}{2r^4}\left[1-3\sin^2 i\sin^2(\omega+f)\right] \\ F_t=-\dfrac{3\mu J_2R_E^2}{2r^4}\sin^2 i\sin^2\left[2(\omega+f)\right] \\ F_n=-\dfrac{3\mu J_2R_E^2}{2r^4}\sin 2i\sin(\omega+f) \end{cases} \tag{2-16}$$

航天器轨道根数随时间变化和空间中各个方向力之间的关系可通过微分形式的高斯变分方程得到，为

$$\begin{cases} \dfrac{\mathrm{d}a}{\mathrm{d}t}=\dfrac{2}{n\sqrt{1-e^2}}\left[e\sin fF_r+(1+e\cos f)F_t\right] \\ \dfrac{\mathrm{d}e}{\mathrm{d}t}=\sqrt{\dfrac{p}{\mu}}\left[\sin fF_r+\left(\cos f+\dfrac{e+\cos f}{1+e\cos f}\right)F_t\right] \\ \dfrac{\mathrm{d}i}{\mathrm{d}t}=\dfrac{r}{h}\cos(\omega+f)F_n \\ \dfrac{\mathrm{d}\Omega}{\mathrm{d}t}=\dfrac{r}{h\sin i}\sin(\omega+f)F_n \\ \dfrac{\mathrm{d}\omega}{\mathrm{d}t}=\dfrac{1}{e}\sqrt{\dfrac{p}{\mu}}\left[-\cos fF_r+\sin f\left(1+\dfrac{1}{1+e\cos f}\right)F_t\right]-\dfrac{r}{h}\cot i\sin(\omega+f)F_n \\ \dfrac{\mathrm{d}M}{\mathrm{d}t}=\dfrac{\sqrt{1-e^2}}{e}\sqrt{\dfrac{p}{\mu}}\left[\left(\cos f-\dfrac{2e}{1+e\cos f}\right)F_r-\sin f\left(1+\dfrac{1}{1+e\cos f}\right)F_t\right] \end{cases} \tag{2-17}$$

式中：p 为椭圆轨道的半通径，$p=a(1-e^2)$。由式(2–17)可知，在摄动力的作用下，航天器的轨道元素每时每刻都发生变化，对应的轨道根数称为密切轨道根数，轨道称为密切轨道。

为分析在摄动力作用下轨道根数在一段时间内的变化规律，采用平均化的思想，将任意轨道根数(用 ζ 表示)的漂移在一个轨道周期内进行积分，从而得到 J_2 摄动下的平均变化速率为

$$\dot{\zeta}_{J_2}=\frac{1}{T}\int_0^T\dot{\zeta}\mathrm{d}t \tag{2-18}$$

式中：T 为轨道周期。将式(2-16)代入式(2-17)，并通过式(2-18)计算得到全部轨道根数在 J_2 摄动下的平均变化速率为

$$\begin{cases}\dot{a}_{J_2}=0,\ \dot{e}_{J_2}=0,\ \dot{i}_{J_2}=0\\ \dot{\Omega}_{J_2}=-\dfrac{3J_2R_E^2\sqrt{\mu}\,\bar{a}^{-7/2}}{2(1-e^2)^2}\cos i\\ \dot{\omega}_{J_2}=\dfrac{3J_2R_E^2\sqrt{\mu}\,\bar{a}^{-7/2}}{2(1-e^2)^2}\left(2-\dfrac{5}{2}\sin^2 i\right)\\ \dot{M}_{J_2}=\dfrac{3J_2R_E^2\sqrt{\mu}\,\bar{a}^{-7/2}}{2(1-e^2)^{3/2}}\left(1-\dfrac{3}{2}\sin^2 i\right)\end{cases} \tag{2-19}$$

式中：$\bar{a}$ 为平半长轴，可由下式计算得到

$$\bar{a}=a\left\{1-\frac{J_2R_E^2}{2a^2}\left[(3\cos^2 i-1)\left(\frac{a^3}{r^3}-\frac{1}{(1-e^2)^{3/2}}\right)+3\,\frac{a^3}{r^3}(1-\cos^2 i)\cos(2\omega+2f)\right]\right\} \tag{2-20}$$

式(2-19)称为线性 J_2 模型。J_2 摄动会导致轨道根数发生长期漂移和周期振荡，而线性 J_2 模型忽略了周期项的影响，在此模型下，航天器的半长轴 a、偏心率 e、轨道倾角 i 均保持不变，其余三个轨道根数随着时间线性变化，满足

$$\begin{cases}\Omega_t=\Omega+\dot{\Omega}_{J_2}\Delta t\\ \omega_t=\omega+\dot{\omega}_{J_2}\Delta t\\ M_t=M+(\dot{M}_{J_2}+\sqrt{\mu/\bar{a}^3})\Delta t\end{cases} \tag{2-21}$$

因此，一段时间后的轨道根数可通过式(2-21)解析计算得到，在此基础上通过轨道六根数与位置、速度之间的转换关系得到地心惯性坐标系下的位置、速度矢量。

为对比线性和非线性 J_2 模型之间的区别，此处以一个近地点高度为 500km、远地点高度为 800km、轨道倾角为 60°、其余轨道根数均为 0 的近地小椭圆轨道为例，与非线性 J_2 模型相比，在一天内通过线性 J_2 轨道递推得到的位置、速度的误差如图 2-2 所示，可见由于线性 J_2 模型忽略了轨道根数的周期项的影响，从而导致航天器的位置误差、速度误差在一定范围内成周期性变化，但其变化的幅值基本保持不变。在轨道设计或运行分析阶段，线性 J_2

模型可用于轨道快速递推，从而避免数值积分带来的计算负担。此外，利用线性 J_2 模型下轨道根数的变化规律，可设计一些具有特殊性质的轨道，如太阳同步轨道、冻结轨道等。

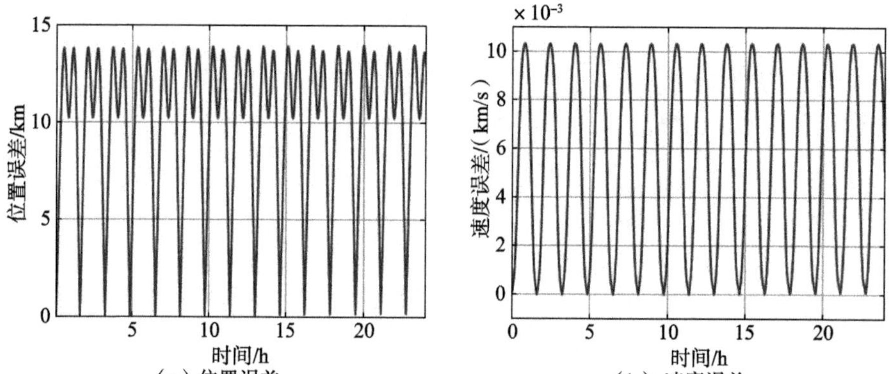

（a）位置误差　　（b）速度误差

图 2-2　一天内线性 J_2 模型导致的位置、速度误差

2.4　星下点轨迹模型

星下点是航天器位置矢量在地球表面的投影，常用地心经纬度(λ，φ)描述。星下点随轨道递推在地球表面形成的曲线称为星下点轨迹，能直接反映航天器对地面的覆盖情况，可用于卫星遥感、卫星通信、卫星导航等的轨道设计、运行分析等，如常见的回归轨道，其星下点轨迹在经过一段时间后重复，运行于该轨道上的航天器可实现对地面目标的周期性重访。

星下点轨迹是地球自转和航天器在轨运动的合成，需在地球固联坐标系下进行描述。忽略岁差、章动等影响，地心惯性坐标系和地球固联坐标系的 z 轴重合，二者之间的坐标变换可通过绕 z 轴旋转角度 α_t 得到，为

$$\begin{aligned}\boldsymbol{r}_{\mathrm{ECEF}} &= \boldsymbol{R}_z(\alpha_t)\boldsymbol{r}_{\mathrm{ECI}} \\ &= \frac{a(1-e^2)}{1+e\cos f}\begin{Bmatrix}\cos(\alpha_t-\Omega)\cos(\omega+f)+\sin(\alpha_t-\Omega)\sin(\omega+f)\cos i \\ -\sin(\alpha_t-\Omega)\cos(\omega+f)+\cos(\alpha_t-\Omega)\sin(\omega+f)\cos i \\ \sin(\omega+f)\sin i\end{Bmatrix}\end{aligned} \tag{2-22}$$

式中：$\boldsymbol{R}_z$ 为关于 z 轴的旋转矩阵；$\boldsymbol{r}_{\mathrm{ECI}}$ 为地心惯性坐标系下的位置矢量；α_t 为当前时刻 t 对应的格林尼治平恒星时角，其随着地球自转而变化。假设初始时刻 t_0 的格林尼治平恒星时角为 α_{t_0}，可通过初始时刻对应的儒略日计算得到，

见式(2-2)，则之后任意时刻的格林尼治平恒星时角为

$$\alpha_t=\alpha_{t_0}+\omega_E(t-t_0) \tag{2-23}$$

式中：ω_E 为地球自转角速度，$\omega_E=7.292116\times10^{-5}\mathrm{rad/s}$。由式(2-22)计算得到地球固联坐标系下的位置矢量 $\boldsymbol{r}_{\mathrm{ECEF}}=[x_{\mathrm{ECEF}}, y_{\mathrm{ECEF}}, z_{\mathrm{ECEF}}]^{\mathrm{T}}$ 后，经度可通过下式计算得到

$$\begin{cases}\sin\lambda=\dfrac{y_{\mathrm{ECEF}}}{\sqrt{x_{\mathrm{ECEF}}^2+y_{\mathrm{ECEF}}^2}}\\ \cos\lambda=\dfrac{x_{\mathrm{ECEF}}}{\sqrt{x_{\mathrm{ECEF}}^2+y_{\mathrm{ECEF}}^2}}\end{cases} \tag{2-24}$$

纬度可通过下式计算得到

$$\varphi=\arcsin\left(\frac{z_{\mathrm{ECEF}}}{r_{\mathrm{ECEF}}}\right) \tag{2-25}$$

式中：$r_{\mathrm{ECEF}}=\|\boldsymbol{r}_{\mathrm{ECEF}}\|$为位置矢量大小。

除上述计算方式外，航天器星下点的经、纬度同样可由轨道六根数计算得到，为

$$\begin{cases}\lambda=\arctan(\cos i\tan u)+\Omega-\alpha_t\\ \varphi=\arcsin(\sin i\sin u)\end{cases} \tag{2-26}$$

注意，由于反正切函数 $\arctan(x)$ 的值域为 $x\in(-\pi/2, \pi/2)$，经度 λ 的取值将根据航天器参数纬度幅角 u 所处的区间不同(升轨或降轨)满足

$$\lambda=\begin{cases}\arctan(\cos i\tan u)+\Omega-\alpha_t, & u\in\left[0, \dfrac{\pi}{2}\right)\cup\left(\dfrac{3\pi}{2}, 2\pi\right)\\ \pi+\arctan(\cos i\tan u)+\Omega-\alpha_t, & u\in\left(\dfrac{\pi}{2}, \dfrac{3\pi}{2}\right)\\ \mathrm{sign}\left(\dfrac{\pi}{2}-i\right)\dfrac{\pi}{2}+\Omega-\alpha_t, & u=\dfrac{\pi}{2}\\ -\mathrm{sign}\left(\dfrac{\pi}{2}-i\right)\dfrac{\pi}{2}+\Omega-\alpha_t, & u=\dfrac{3\pi}{2}\end{cases} \tag{2-27}$$

为简洁描述，在无特殊声明的前提下，后续章节采用式(2-26)表示航天器星下点的经、纬度。

采用与图 2-2 同样的轨道参数，通过上述方法得到一天内的星下点轨迹如图 2-3 所示。此外，分别采用线性和非线性 J_2 模型进行轨道递推，一天内星下点经、纬度和球面距离的误差如图 2-4 所示。由仿真结果可见，线性 J_2 模型下星下点轨迹的误差在一定范围内呈周期性变化，其中经度误差不超过 0.2°，纬

度误差不超过 0.08°，地面距离的误差不超过 10km，且其变化的幅值基本保持不变。值得注意的是，经度误差和纬度误差的极值均对应高纬度地区。

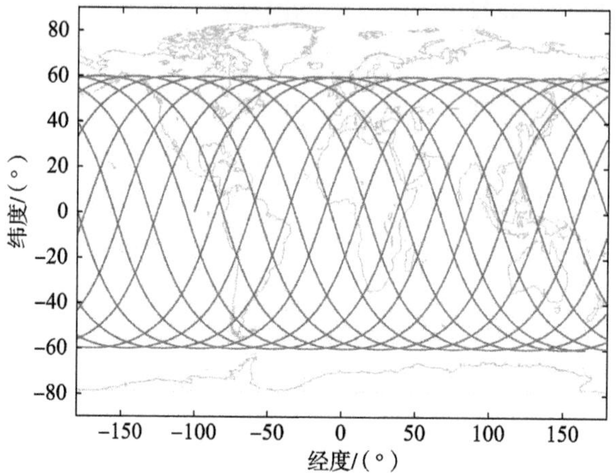

图 2-3　一天内星下点轨迹

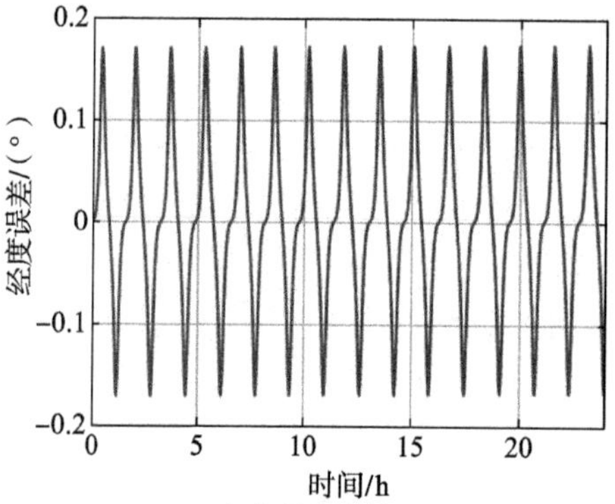

(a) 经度误差

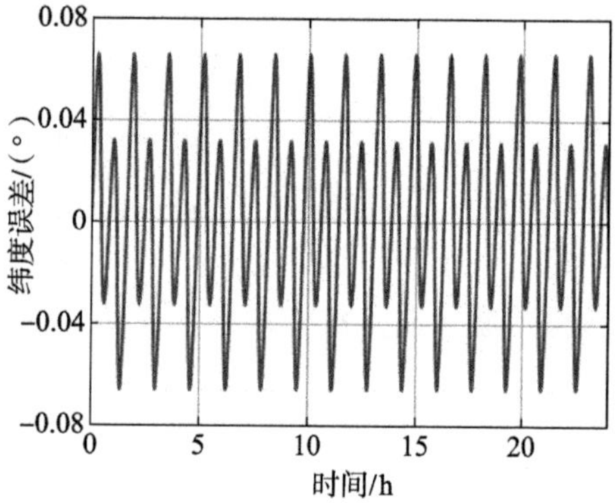

(b) 纬度误差

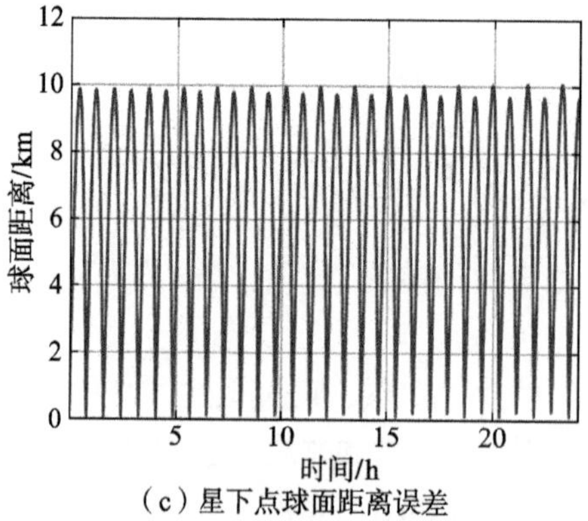

(c) 星下点球面距离误差

图 2-4　一天内线性 J_2 模型导致的星下点误差

2.5　积分型高斯变分方程

航天器主动改变原有轨道的过程称为轨道机动，根据发动机的工作方式不同，可分为脉冲式机动和连续推力轨道机动。连续推力轨道机动又称为小推力轨道机动，此时，可将航天器施加的控制推力看作摄动力，从而通过式(2-17)高斯变分方程求解连续推力对密切轨道根数的影响，该组公式为微分形式，常用于轨道积分演化或连续推力轨道控制模型。微分型高斯变分方程为精确解，通过该公式积分得到的结果与笛卡儿坐标系下位置速度积分得到结果完全一致。

当发动机推力时长 Δt 很短时，轨道机动可近似看作脉冲控制，即假设航天器可瞬时获得机动需要的速度增量，有 $\Delta \boldsymbol{V}=\boldsymbol{F}\Delta t$。假设航天器在单次机动过程中的速度增量为

$$\Delta \boldsymbol{V}=\Delta V_r\hat{\boldsymbol{r}}+\Delta V_t\hat{\boldsymbol{t}}+\Delta V_n\hat{\boldsymbol{h}} \tag{2-28}$$

式中：ΔV_r、ΔV_t 和 ΔV_n 分别为径向、周向和法向的脉冲分量。此时，式(2-17)可写作

$$\begin{cases}\Delta a=\dfrac{2}{n\sqrt{1-e^2}}[e\sin f\Delta V_r+(1+e\cos f)\Delta V_t]\\ \Delta e=\sqrt{\dfrac{p}{\mu}}\left[\sin f\Delta V_r+\left(\cos f+\dfrac{e+\cos f}{1+e\cos f}\right)\Delta V_t\right]\\ \Delta i=\dfrac{r}{h}\cos(\omega+f)\Delta V_n\\ \Delta\Omega=\dfrac{r}{h\sin i}\sin(\omega+f)\Delta V_n\\ \Delta\omega=\dfrac{1}{e}\sqrt{\dfrac{p}{\mu}}\left[-\cos f\Delta V_r+\sin f\left(1+\dfrac{1}{1+e\cos f}\right)\Delta V_t\right]-\dfrac{r}{h}\cot i\sin(\omega+f)\Delta V_n\\ \Delta M=\dfrac{\sqrt{1-e^2}}{e}\sqrt{\dfrac{p}{\mu}}\left[\left(\cos f-\dfrac{2e}{1+e\cos f}\right)\Delta V_r-\sin f\left(1+\dfrac{1}{1+e\cos f}\right)\Delta V_t\right]\end{cases} \tag{2-29}$$

式(2-29)称为积分型高斯变分方程，可用于直接表示脉冲分量和轨道根数变化量之间的关系。此外，这里给出脉冲机动下真近点角的变化

$$\Delta f=\frac{1}{e}\sqrt{\frac{p}{\mu}}\left[\cos f\Delta V_r-\sin f\left(1+\frac{1}{1+e\cos f}\right)\Delta V_t\right] \tag{2-30}$$

对于圆轨道，近地点角距 ω 无意义，此时可用非奇异轨道根数 $q_1 \triangleq e\cos\omega$，$q_2 = e\sin\omega$ 表示，二者变化量和脉冲分量之间的关系满足

$$\begin{cases}\Delta q_1 = \sqrt{\dfrac{p}{\mu}}\sin u\Delta V_r + \sqrt{\dfrac{p}{\mu}}\left(2\cos u + \dfrac{e\sin u\sin f}{1+e\cos f}\right)\Delta V_t + \sqrt{\dfrac{p}{\mu}}\dfrac{e\cot i\sin u\sin\omega}{1+e\cos f}\Delta V_n \\ \Delta q_2 = \sqrt{\dfrac{p}{\mu}}\cos u\Delta V_r + \sqrt{\dfrac{p}{\mu}}\left(\sin u + \dfrac{e\sin\omega+\sin u}{1+e\cos f}\right)\Delta V_t - \sqrt{\dfrac{p}{\mu}}\dfrac{e\cot i\sin u\cos\omega}{1+e\cos f}\Delta V_n\end{cases} \tag{2-31}$$

积分型高斯变分方程常用于估计脉冲前后航天器轨道根数的变化，或根据轨道根数的变化反求需要施加的脉冲速度增量，如经典的脉冲编队控制问题。然而，式(2-29)~式(2-31)中仅考虑线性项，只具有一阶精度，当脉冲幅值较大时存在较大的误差。近期文献[30]结合轨道参数关于速度矢量的二阶偏导数和张量理论，推导出了二阶积分型高斯变分方程。

此处以半长轴 a 为例，其与位置、速度之间的关系可由活力公式求解得到，为

$$a = \left(\frac{2}{r} - \frac{v^2}{\mu}\right)^{-1} \tag{2-32}$$

为求解半长轴 a 在脉冲控制下的变化，将其对速度求导得

$$\frac{\partial a}{\partial \boldsymbol{v}} = 2\frac{a^2}{\mu}\boldsymbol{v}^{\mathrm{T}} \tag{2-33}$$

注意有

$$\begin{cases}\hat{\boldsymbol{r}} \cdot \hat{\boldsymbol{v}} = \cos\gamma = \dfrac{\mu}{hv}e\sin f \\ \hat{\boldsymbol{t}} \cdot \hat{\boldsymbol{v}} = \sin\gamma = \dfrac{\mu}{hv}(1+e\cos f)\end{cases} \tag{2-34}$$

式中：γ 为飞行方向角，将式(2-34)代入式(2-33)即可得到半长轴 a 的一阶高斯变分方程

$$\Delta a = \frac{\partial a}{\partial \boldsymbol{v}}\Delta \boldsymbol{V} = \frac{2}{n\sqrt{1-e^2}}[e\sin f\Delta V_r + (1+e\cos f)\Delta V_t] \tag{2-35}$$

该结果与式(2-29)一致。在此基础上，将半长轴 a 对速度求二阶导，可得

$$\frac{\partial^2 a}{\partial \boldsymbol{v}^2} = 4\frac{a}{\mu}\frac{\partial a}{\partial \boldsymbol{v}}\boldsymbol{v}^{\mathrm{T}} + 2\frac{a^2}{\mu}\boldsymbol{I}_{3\times3} = 8\frac{a^3}{\mu^2}\boldsymbol{v}\boldsymbol{v}^{\mathrm{T}} + 2\frac{a^2}{\mu}\boldsymbol{I}_{3\times3} \tag{2-36}$$

由此，可得半长轴 a 在脉冲控制下的二阶高斯变分方程为

$$
\begin{aligned}
\delta a &= \Delta a+\frac{1}{2}\Delta \boldsymbol{V}^{\mathrm{T}}\frac{\partial^2 a}{\partial \boldsymbol{v}^2}\Delta \boldsymbol{V}\\
&=\frac{2}{n\sqrt{1-e^2}}[e\sin f\Delta V_r+(1+e\cos f)\Delta V_t]+\left(\frac{4a^3}{h^2}e^2\sin^2 f+\frac{a^2}{\mu}\right)\Delta V_r^2+\\
&\left[\frac{4a^3}{h^2}(1+e\cos f)^2+\frac{a^2}{\mu}\right]\Delta V_t^2+\frac{a^2}{\mu}\Delta V_n^2+\frac{8a^3}{h^2}e\sin f(1+e\cos f)\Delta V_r\Delta V_t
\end{aligned}
\tag{2-37}
$$

下面给出其余五个经典轨道六根数二阶高斯变分方程的表达式。

$$
\left\{
\begin{aligned}
\delta e=&\sqrt{\frac{p}{\mu}}\left[\sin f\Delta V_r+\left(\cos f+\frac{e+\cos f}{1+e\cos f}\right)\Delta V_t\right]+\frac{p\cos^2 f}{2e\mu}\Delta V_r^2+\\
&\frac{p[2\cos f+e(1+\cos^2 f)]}{2\mu(1+e\cos f)^2}\Delta V_n^2+\frac{p\sin f(e\sin^2 f-2\cos f)]}{e\mu(1+e\cos f)}\Delta V_r\Delta V_t+\\
&\frac{p[4+6e\cos f-(4-3e^2)\cos^2 f-4e\cos^3 f-e^2\cos^4 f]}{2e\mu(1+e\cos f)^2}\Delta V_t^2\\
\delta i=&\frac{r}{h}\cos(\omega+f)\Delta V_n+\frac{p\cot i\sin^2(\omega+f)}{2\mu(1+e\cos f)^2}\Delta V_n^2-\frac{p\cos(\omega+f)}{\mu(1+e\cos f)^2}\Delta V_n\Delta V_t\\
\delta\Omega=&\frac{r}{h\sin i}\sin(\omega+f)\Delta V_n-\frac{p\cos i\sin(2\omega+2f)}{2\mu\sin^2 i(1+e\cos f)^2}\Delta V_n^2-\frac{p\sin(\omega+f)}{\mu\sin i(1+e\cos f)^2}\Delta V_n\Delta V_t\\
\delta\omega=&\frac{1}{e}\sqrt{\frac{p}{\mu}}\left[-\cos f\Delta V_r+\sin f\left(1+\frac{1}{1+e\cos f}\right)\Delta V_t\right]-\frac{r}{h}\cot i\sin(\omega+f)\Delta V_n+\\
&\frac{p[2\sin f/e+\cot^2 i\sin(2\omega+2f)+(\sin^2(\omega+f)-\sin^2 f)\cot\omega]\cot i}{2\mu(1+e\cos f)^2}\Delta V_n^2+\\
&\frac{p\cos 2f}{\mu e^2}\left(1+\frac{1}{1+e\cos f}\right)\Delta V_r\Delta V_t-\frac{p\sin f}{\mu e^2}\left(\cos f+\frac{2\cos f}{1+e\cos f}+\frac{e+\cos f}{(1+e\cos f)^2}\right)\Delta V_t^2+\\
&\frac{p\cot i\sin(\omega+f)}{\mu(1+e\cos f)^2}\Delta V_t\Delta V_n+\frac{p\sin 2f}{2\mu e^2}\Delta V_r^2\\
\delta f=&\frac{1}{e}\sqrt{\frac{p}{\mu}}\left[\cos f\Delta V_r-\sin f\left(1+\frac{1}{1+e\cos f}\right)\Delta V_t\right]-\frac{p\sin 2f}{2\mu e^2}\Delta V_r^2-\\
&\frac{p(2+e\cos f)\cos 2f}{\mu e^2(1+e\cos f)}\Delta V_t\Delta V_r-\frac{p(2+e\cos f)\sin f}{2\mu e(1+e\cos f)^2}\Delta V_n^2+\\
&\frac{p\sin f(e+4\cos f+4e\cos^2 f+e^2\cos^3 f)}{\mu e^2(1+e\cos f)^2}\Delta V_t^2
\end{aligned}
\right.
\tag{2-38}
$$

为验证二阶高斯变分方程的精度，考虑一颗运行在近地椭圆轨道上的航天器，轨道参数为 $a=6978.14\text{km}$，$e=0.028661$，$i=60°$，$\omega=30°$，$\Omega=280°$。在真近点角为 $f=40°$处施加一次脉冲机动，其中径向和周向的脉冲分量分别固定为 $\Delta V_r=0.1\text{km/s}$ 和 $\Delta V_t=0.2\text{km/s}$，法向脉冲分量 $\Delta V_n\in[0,1]\text{km/s}$。在此脉冲机动下，通过积分型高斯变分方程估计得到的轨道参数变化量用角标"est"表示，而真实轨道参数变化量通过轨道六根数和位置速度之间的转换关系计算得到，用角标"true"表示。由于偏心率较小，采用非奇异轨道根数。在脉冲机动下，非奇异轨道根数 q_1 和 q_2 的二阶高斯变分方程[30]为

$$\begin{cases}\delta q_1=\Delta q_1+\dfrac{p[(q_1+\cos u)-(\cot^2 i\sin u\cos u q_2+q_1(\sin^2 u/\sin^2 i)/2)}{\mu(1+q_1\cos u+q_2\sin u)^2}\Delta V_n^2+\\ \dfrac{p}{\mu(1+q_1\cos u+q_2\sin u)}(\cos u\Delta V_t^2+\sin u\Delta V_r\Delta V_t-\sin u\cos u\cot i\Delta V_r\Delta V_n)+\\ \dfrac{p\cot i\sin^2 u(2+q_1\cos u+q_2\sin u)}{\mu(1+q_1\cos u+q_2\sin u)^2}\Delta V_t\Delta V_n\\ \delta q_2=\Delta q_2+\dfrac{p}{2\mu q_2(1+q_1\cos u+q_2\sin u)^2}[q_2^2-q_1^2+(q_1\cos u+q_2\sin u)^2+\\ 2q_2\sin u+\cot^2 i\sin^2 u(2\cot u q_1q_2-q_1^2-q_2^2+q_1^2/\cos^2 i)]\Delta V_n^2+\\ \dfrac{p}{\mu(1+q_1\cos u+q_2\sin u)}(\sin u\Delta V_t^2-\cos u\Delta V_r\Delta V_t-\cot i\sin^2 u\Delta V_r\Delta V_n)-\\ \dfrac{p\cot i\sin u\cos u(2+q_1\cos u+q_2\sin u)}{\mu(1+q_1\cos u+q_2\sin u)^2}\Delta V_t\Delta V_n\end{cases}\tag{2-39}$$

一阶和二阶高斯变分方程估计得到的轨道参数变化量的误差如图 2-5 所示，

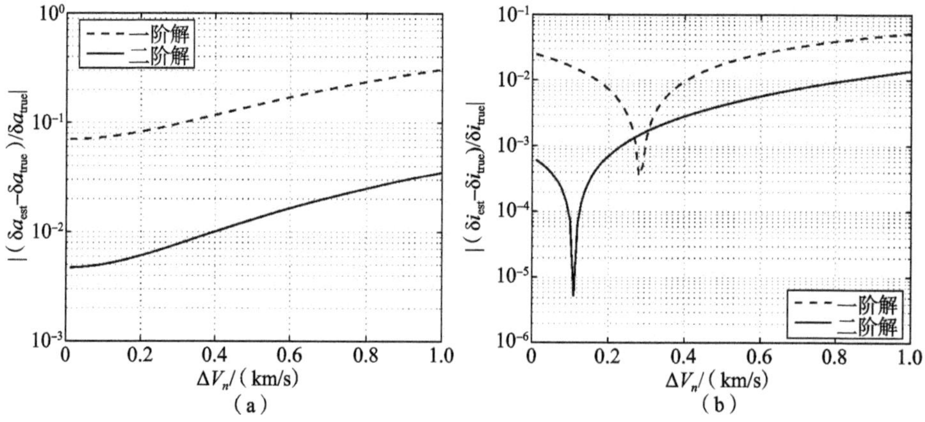

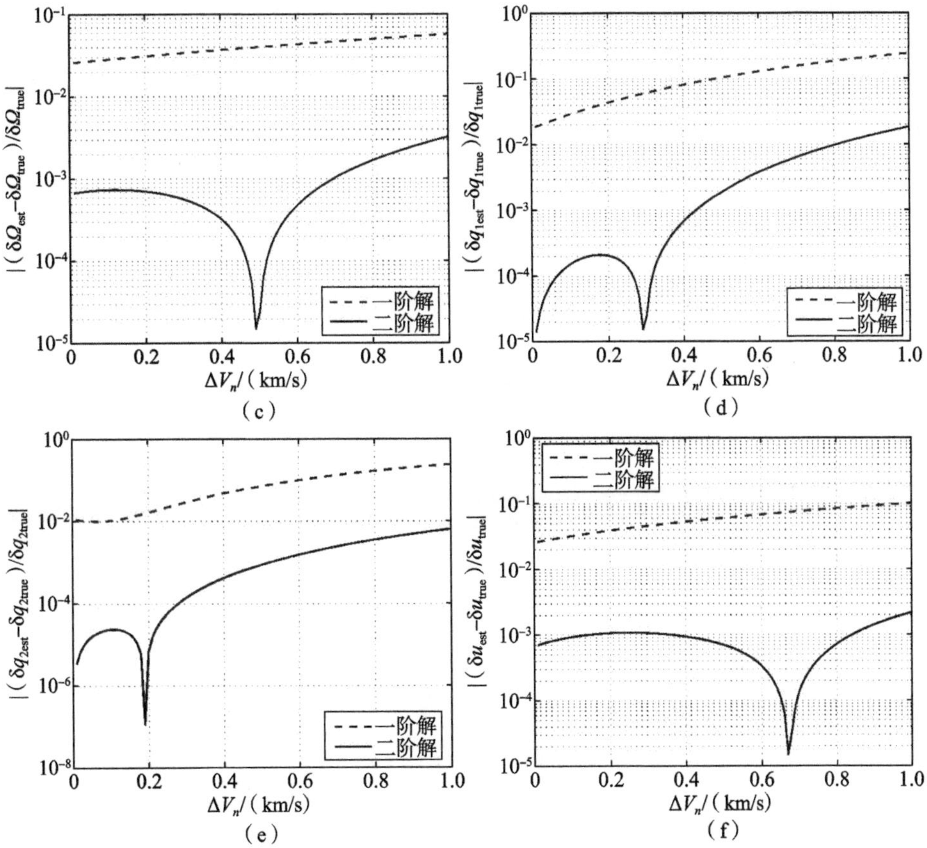

图 2-5　一阶和二阶积分型高斯变分方程误差对比

由仿真结果可见，与传统一阶线性解相比，大部分情况下二阶积分型高斯变分方程的误差能减少 1~2 个数量级，能更加精确求解脉冲控制下轨道根数的变化。此外，对于半长轴 a，一阶和二阶解的最大误差分别是 30.7%和 3.5%；对于非奇异轨道参数 q_1，一阶解和二阶解的误差分别是 24.5%和 1.9%。

2.6　Lambert 问题

Lambert 问题可以简要描述为在已知位置矢量 $\boldsymbol{r}_1$ 和 $\boldsymbol{r}_2$ 的条件下，如何通过给定的飞行时间 Δt，求解出一条二体问题条件下的轨道，使其可以用 Δt 的时间从 $\boldsymbol{r}_1$ 飞行至 $\boldsymbol{r}_2$。实际上也就是如何在上述条件下，求解出初始速度 $\boldsymbol{v}_1$，从而确定轨道参数。

对 Lambert 问题的求解，众多学者们已经做出了充分的研究，得到了众多成熟的求解方法[31-35]。此处介绍一种以拉格朗日系数和全局变量为基础的经典方法。拉格朗日系数法也是一种经典的根据已知位置速度求解 Δt 时间后的位置速度问题的解决方法，但是在本书研究中不会有较多使用，因此不作重点介绍，只给出其表达形式为

$$\begin{cases}\boldsymbol{r}_2=F\boldsymbol{r}_1+G\boldsymbol{v}_1\\\boldsymbol{v}_2=\dot{F}\boldsymbol{r}_1+\dot{G}\boldsymbol{v}_1\end{cases}\tag{2-40}$$

式中：F、G、$\dot{F}$ 和 $\dot{G}$ 为拉格朗日系数，其在角域内的表达形式为

$$\begin{cases}F=1-\dfrac{\mu r_2}{h^2}(1-\cos\Delta\theta)\\G=\dfrac{r_1r_2}{h}\sin\Delta\theta\\\dot{F}=\dfrac{\mu}{h}\dfrac{(1-\cos\Delta\theta)}{\sin\Delta\theta}\left[\dfrac{\mu}{h^2}(1-\cos\Delta\theta)-\dfrac{1}{r_1}-\dfrac{1}{r_2}\right]\\\dot{G}=1-\dfrac{\mu r_1}{h^2}(1-\cos\Delta\theta)\end{cases}\tag{2-41}$$

而对应的在时域内基于全局变量χ 的相关表达式为

$$\begin{cases}F=1-\dfrac{\chi^2}{r_1}C(z)\\G=\Delta t-\dfrac{1}{\sqrt{\mu}}\chi^3S(z)\\\dot{F}=\dfrac{\sqrt{\mu}}{r_1r_2}\chi[zS(z)-1]\\\dot{G}=1-\dfrac{\chi^2}{r_2}C(z)\end{cases}\tag{2-42}$$

式中：$z=\alpha\chi^2$，$\alpha=1/a$。如果先不讨论 $z=\alpha\chi^2$，则上述各式中的未知量为 h、χ 和 z，而 $\Delta\theta$、Δt、r_1 和 r_2 均为已知。

通过令 G 的两种表述形式相等，可以得到 $\Delta\theta$ 与 Δt 之间的关系为

$$\frac{r_1r_2}{h}\sin\Delta\theta=\Delta t-\frac{1}{\sqrt{\mu}}\chi^3S(z)\tag{2-43}$$

其中的 h 则可以通过令两种形式的 F 相等解出

$$h=\sqrt{\frac{\mu r_1r_2(1-\cos\Delta\theta)}{\chi^2C(z)}}\tag{2-44}$$

将其代回式(2-43)中，化简后可得

$$\sqrt{\mu}\Delta t = \chi^3 S(z) + A\chi\sqrt{C(z)} \tag{2-45}$$

其中

$$A = \sin\Delta\theta\sqrt{\frac{r_1 r_2}{1-\cos\Delta\theta}} \tag{2-46}$$

A 为一常量，此时式(2-45)的右边包含两个未知量χ 和 z，虽然有着 $z=\alpha\chi^2$ 的关系，但是因为半长轴 a 为未知量，所以不能通过此式进行消元。为了找到二者之间的关系，可以通过令 $\dot{F}$ 的两种表达式相等，可得

$$\frac{\mu}{h}\frac{1-\cos\Delta\theta}{\sin\Delta\theta}\left[\frac{\mu}{h^2}(1-\cos\Delta\theta)-\frac{1}{r_1}-\frac{1}{r_2}\right] = \frac{\sqrt{\mu}}{r_1 r_2}\chi[zS(z)-1] \tag{2-47}$$

对上式进行处理化简后，可以写为

$$\chi^2 C(z) = r_1 + r_2 + A\frac{zS(z)-1}{\sqrt{C(z)}} \tag{2-48}$$

可以发现式中右边部分仅与 z 有关，将其表示为函数 $y(z)$，即

$$y(z) = r_1 + r_2 + A\frac{zS(z)-1}{\sqrt{C(z)}} \tag{2-49}$$

则有

$$\chi = \sqrt{\frac{y(z)}{C(z)}} \tag{2-50}$$

此式就是χ 与 z 的关系式，将其代回式(2-10)中，可得

$$\sqrt{\mu}\Delta t = \left[\frac{y(z)}{C(z)}\right]^{\frac{3}{2}} S(z) + A\sqrt{y(z)} \tag{2-51}$$

由于时间 Δt 已知，所以可以通过牛顿迭代求解出 z，具体过程不再详述。

一旦 z 已经求得，则通过以上推导，可以得到仅与 z 相关的拉格朗日系数

$$\begin{cases} F = 1-\dfrac{y(z)}{r_1} \\ G = A\sqrt{\dfrac{y(z)}{\mu}} \\ \dot{F} = \dfrac{\sqrt{\mu}}{r_1 r_2}\sqrt{\dfrac{y(z)}{C(z)}}[zS(z)-1] \\ \dot{G} = 1-\dfrac{y(z)}{r_2} \end{cases} \tag{2-52}$$

拉格朗日系数得到以后，通过式(2-40)即可得到相应位置处的速度，从

而实现 Lambert 问题的求解。

2.7 Gibbs 三矢量定轨问题

设在三个连续的时刻 t_1、t_2 和 $t_3(t_1<t_2<t_3)$，观测一空间物体，得到三个时刻的地心位置矢量 $\boldsymbol{r}_1$、$\boldsymbol{r}_2$ 和 $\boldsymbol{r}_3$。假定此目标位于二体问题轨道上，则需要解决的问题是如何确定相应位置处的速度 $\boldsymbol{v}_1$、$\boldsymbol{v}_2$ 和 $\boldsymbol{v}_3$。该问题的纯矢量解法是由美国学者 Gibbs 所提出的，该方法对于轨道动力学相关问题研究有着重要的应用价值，下面对 Gibbs 三矢量定轨方法进行简要介绍[36]。

想要求出任意给定三个位置矢量 $\boldsymbol{r}$ 的相应速度 $\boldsymbol{v}$，从二体轨道动力学基本表达式有

$$\dot{\boldsymbol{r}}\times\boldsymbol{h}=\mu\left(\frac{\boldsymbol{r}}{r}+\boldsymbol{e}\right) \tag{2-53}$$

要将速度分离出来，需将上式两边对角动量作叉乘

$$\boldsymbol{h}\times(\boldsymbol{v}\times\boldsymbol{h})=\mu\left(\frac{\boldsymbol{h}\times\boldsymbol{r}}{r}+\boldsymbol{h}\times\boldsymbol{e}\right) \tag{2-54}$$

通过矢量运算关系，上式的左边可以写为

$$\boldsymbol{h}\times(\boldsymbol{v}\times\boldsymbol{h})=\boldsymbol{v}(\boldsymbol{h}\cdot\boldsymbol{h})-\boldsymbol{h}(\boldsymbol{h}\cdot\boldsymbol{v})=h^2\boldsymbol{v} \tag{2-55}$$

因此，速度 $\boldsymbol{v}$ 可以表示为

$$\boldsymbol{v}=\frac{\mu}{h^2}\left(\frac{\boldsymbol{h}\times\boldsymbol{r}}{r}+\boldsymbol{h}\times\boldsymbol{e}\right) \tag{2-56}$$

在近焦点坐标系(三轴分别指向偏心率矢量 $\hat{\boldsymbol{e}}$ 方向，记为 $\hat{\boldsymbol{p}}$ 轴，半正交弦 $\hat{\boldsymbol{p}}$ 方向，记为 $\hat{\boldsymbol{q}}$ 轴，以及轨道角动量 $\hat{\boldsymbol{h}}$ 方向，记为 $\hat{\boldsymbol{w}}$ 轴)中，偏心率矢量 $\boldsymbol{e}$ 与轨道角动量矢量 $\boldsymbol{h}$ 可以分别表示为

$$\boldsymbol{e}=e\hat{\boldsymbol{p}} \tag{2-57}$$

$$\boldsymbol{h}=h\hat{\boldsymbol{w}} \tag{2-58}$$

三轴满足右手定则，有

$$\hat{\boldsymbol{w}}\times\hat{\boldsymbol{p}}=\hat{\boldsymbol{q}} \tag{2-59}$$

因此，式(2-17)可化简为

$$\boldsymbol{v}=\frac{\mu}{h}\left(\frac{\hat{\boldsymbol{w}}\times\boldsymbol{r}}{r}+e\hat{\boldsymbol{q}}\right) \tag{2-60}$$

该式是非常重要的，因为如果能够用位置矢量 $\boldsymbol{r}_1$、$\boldsymbol{r}_2$ 和 $\boldsymbol{r}_3$ 计算出 $\hat{\boldsymbol{q}}$、$\hat{\boldsymbol{w}}$、h 和 e，则速度矢量就可以得到。

目前为止，对于这三个位置矢量，唯一知道的相互关系就是三者共面，数

学上可以表示为

$$\boldsymbol{r}_2=c_1\boldsymbol{r}_1+c_3\boldsymbol{r}_3 \tag{2-61}$$

将该式与偏心率矢量 e 作点乘并将轨道方程代入，化简后可以得到

$$\frac{h^2}{\mu}-r_2=c_1\left(\frac{h^2}{\mu}-r_1\right)+c_3\left(\frac{h^2}{\mu}-r_3\right) \tag{2-62}$$

为了消去 c_1 和 c_3，对式(2-61)分别与 $\boldsymbol{r}_1$ 和 $\boldsymbol{r}_2$ 叉乘，得到

$$\boldsymbol{r}_2\times\boldsymbol{r}_1=c_3(\boldsymbol{r}_3\times\boldsymbol{r}_1),\qquad \boldsymbol{r}_2\times\boldsymbol{r}_3=c_1(\boldsymbol{r}_3\times\boldsymbol{r}_1) \tag{2-63}$$

再将式(2-62)乘以矢量 $\boldsymbol{r}_3\times\boldsymbol{r}_1$，结合式(2-63)，整理后可得

$$\frac{h^2}{\mu}(\boldsymbol{r}_1\times\boldsymbol{r}_2+\boldsymbol{r}_2\times\boldsymbol{r}_3+\boldsymbol{r}_3\times\boldsymbol{r}_1)=r_1(\boldsymbol{r}_2\times\boldsymbol{r}_3)+r_2(\boldsymbol{r}_3\times\boldsymbol{r}_1)+r_3(\boldsymbol{r}_1\times\boldsymbol{r}_2) \tag{2-64}$$

令

$$\boldsymbol{N}=r_1(\boldsymbol{r}_2\times\boldsymbol{r}_3)+r_2(\boldsymbol{r}_3\times\boldsymbol{r}_1)+r_3(\boldsymbol{r}_1\times\boldsymbol{r}_2) \tag{2-65}$$

$$\boldsymbol{D}=(\boldsymbol{r}_1\times\boldsymbol{r}_2+\boldsymbol{r}_2\times\boldsymbol{r}_3+\boldsymbol{r}_3\times\boldsymbol{r}_1) \tag{2-66}$$

则式(2-64)可以简写为

$$\boldsymbol{N}=\frac{h^2}{\mu}\boldsymbol{D} \tag{2-67}$$

令 $N=\|\boldsymbol{N}\|$，$D=\|\boldsymbol{D}\|$，从而可知有

$$N=\frac{h^2}{\mu}D \tag{2-68}$$

$$h=\sqrt{\mu\frac{N}{D}} \tag{2-69}$$

可以发现，$\boldsymbol{N}$ 与 $\boldsymbol{D}$ 都只是与已知位置矢量相关的量，所以式(2-69)的意义是通过三个已知共面位置矢量表示出了通过此三点的轨道角动量。

另外，由 $\boldsymbol{D}$ 的表达式可知，其空间指向为轨道角动量方向，因此有

$$\hat{\boldsymbol{w}}=\frac{\boldsymbol{D}}{D} \tag{2-70}$$

同时，

$$\hat{\boldsymbol{q}}=\hat{\boldsymbol{w}}\times\hat{\boldsymbol{p}}=\frac{1}{De}(\boldsymbol{D}\times\boldsymbol{e})=\frac{1}{De}[(\boldsymbol{r}_1\times\boldsymbol{r}_2)\times\boldsymbol{e}+(\boldsymbol{r}_2\times\boldsymbol{r}_3)\times\boldsymbol{e}+(\boldsymbol{r}_3\times\boldsymbol{r}_1)\times\boldsymbol{e}] \tag{2-71}$$

对上式右边运用矢量运算法则，并再次代入轨道方程，整理化简后可得

$$\hat{\boldsymbol{q}}=\frac{1}{De}\boldsymbol{S} \tag{2-72}$$

其中

$$\boldsymbol{S}=\boldsymbol{r}_1(r_2-r_3)+\boldsymbol{r}_2(r_3-r_1)+\boldsymbol{r}_3(r_1-r_2) \tag{2-73}$$

最后，再将式(2-69)~式(2-71)代入式(2-60)，整理后可得到速度表达式为

$$\boldsymbol{v}=\sqrt{\frac{\mu}{ND}}\left(\frac{\boldsymbol{D}\times\boldsymbol{r}}{r}+\boldsymbol{S}\right) \tag{2-74}$$

式中的所有项均只与已知的位置矢量 $\boldsymbol{r}_1$、$\boldsymbol{r}_2$ 和 $\boldsymbol{r}_3$ 有关。

Gibbs 三矢量定轨方法在应用时，只需按照式(2-66)、式(2-68)和式(2-73)得到 $\boldsymbol{D}$、$\boldsymbol{N}$ 和 $\boldsymbol{S}$ 的表达式，最后即可按式(2-74)得到相应位置的速度。

2.8 本章小结

本章主要介绍了航天器在轨运动的动力学基础，首先简要介绍了轨道动力学中常用的时间系统和空间系统，定下了描述航天器运动的基准。其次介绍了确定航天器在轨状态的轨道六根数，并给出了位置速度矢量与轨道六根数之间的转换关系。再次介绍了航天器在理想二体模型下的开普勒轨道，并对航天器在空间中受到的摄动力进行了分析，并基于微分形式的高斯变分方程，推导得出 J_2 摄动下轨道根数的变化规律，得到了线性 J_2 模型。考虑轨道机动，给出了脉冲控制下积分形式的高斯变分方程，用于直接描述脉冲速度增量和轨道根数变化量之间的关系，并对比了一阶和二阶高斯变分方程解的精度。最后，给出了轨道动力学中的两个基本理论，即 Lambert 问题和 Gibbs 三矢量定轨问题。本章内容为后续的研究工作奠定了基础。

第3章 多目标访问快速响应轨道设计

在快速响应任务中，为满足对应急任务的空间响应能力，可利用库存技术，快速组装、测试、发射新的响应卫星，此时需进行快速响应轨道设计。传统空间轨道设计任务往往追求对整个地面空间的覆盖，以全球覆盖率、空间分辨率等作为优化指标，具有长期性和稳定性的特点。与之相比，快速响应轨道设计以提供战役或战术服务为目的，通常只要求在一段时间内对用户指定的目标点进行详细侦察、通信、监视等，具有应急性、短暂性和局部性等特点，因此，需要根据用户特定需求进行针对性轨道设计。

本章主要研究面向快速响应任务的多目标访问轨道设计问题，通过对响应卫星的轨道参数进行设计，使其在任务周期内实现对用户指定目标点的快速精确访问，以获取目标资源信息，提高空间情报能力。根据目标点种类不同，本章将从以下三方面进行轨道设计分析：①只访问地面目标[18-22]；②只访问空间目标[37-40]；③访问地空混合目标[27]。首先根据设计变量个数和目标访问约束之间的关系，分析航天器能够访问的最大目标个数；其次分别推导地面目标和空间目标访问约束与轨道根数之间的关系；最后针对三类访问目标分别给出轨道设计流程，并提供数值算例以验证所提方法的有效性。

3.1 问题描述和分析

假设在初始时刻为 t_0 的某次应急响应任务中，用户指定了 n 个地面目标和 m 个空间目标，其位置信息或轨道参数均已知。现在要求对响应卫星的轨道参数进行设计，以实现对指定目标点的访问任务。

对于多目标访问轨道设计任务，待求的未知量为初始时刻 t_0 的轨道六根数和每个目标点的访问时刻，因此，访问 n 个地面目标和 m 个空间目标共有

6+n+m 个未知量。考虑响应卫星自身狭窄视幅宽的限制，对于地面目标访问问题，要求设计轨道的星下点轨迹能够精确通过给定目标点，访问约束为响应卫星星下点的经、纬度，即访问一个地面目标点对应两个等式约束。对于空间目标访问问题，要求响应卫星和空间目标在同一时刻到达同一位置，而二者之间的相对速度不做要求(可看作飞越问题)，以实现飞越巡检等在轨服务任务，约束条件为访问时刻的三个位置分量，即访问一个空间目标对应三个等式约束。综上所述，访问 n 个地面目标和 m 个空间目标共有 2n+3m 个等式约束。

在轨道设计任务中，当未知量个数和约束方程个数相等时，可以确定响应卫星的轨道。根据上述分析可知，当仅考虑目标点的访问约束，而不考虑发射场地、发射窗口等其他约束条件下，可以根据目标点确定航天器轨道参数的情况如表 3-1 所示。对于表 3-1 中列出的访问任务，均可通过求解与约束方程个数相同的非线性方程组来完成轨道设计。然而，若直接求解高维非线性方程组，会面临初始猜测难以选择的问题，若能通过理论推导将初始问题进行降维简化处理，将大大减少问题的求解难度，这将是本章的主要研究内容。

表 3-1　确定设计轨道的情况

访问目标	约束方程个数	未知量个数
6 个地面目标	12	12
3 个空间目标	9	9
2 地面目标+2 空间目标	10	10
4 地面目标+1 空间目标	11	11

航天器在空间中运动会受到多种摄动力的影响，使其轨道偏离理想的二体运动。然而，在快速响应任务中，考虑发射运载成本和响应时间的影响，响应卫星多运行于近地轨道，因此本章仅考虑地球扁率摄动中 J_2 摄动的影响。J_2 摄动会导致轨道根数发生周期振荡和长期漂移，现考虑线性 J_2 摄动模型(详见式(2-19))，将 t_0 时刻设计轨道(Designed Orbit)的轨道六根数用下角标“d”表示，记为 $\xi_{d,t_0}=[a_d, e_d, i_d, \Omega_{d,t_0}, \omega_{d,t_0}, f_{d,t_0}]$，注意在线性 J_2 摄动模型和轨道递推下，升交点赤经 Ω、近地点角距 ω 和真近点角 f 均随时间变化，因此含有关于时间的第二角标(参数纬度幅角 u 和平近点角 M 等轨道参数同理)，而半长轴 a、偏心率 e 和轨道倾角 i 在线性 J_2 摄动模型下均保持不变，因此略去时间角标。n 个地面目标的位置信息以地心经、纬度的形式给出，其中第 $j(j=1, 2, \cdots, n)$ 个地面目标的经、纬度记为(λ_j, φ_j)，访问时刻记为 τ_j；m 个空间目标的信息以轨道六根数的形式给出，其中第 $k(k=1, 2, \cdots, m)$个空间目标在初始时刻 t_0 的轨道六根数记为 $\xi_{k,t_0}=[a_k, e_k, i_k, \Omega_{k,t_0}, \omega_{k,t_0}, f_{k,t_0}]$，访问时刻记为 ζ_k。

3.2　目标访问约束建模

本小节将根据轨道六根数和星下点轨迹以及空间轨迹之间的关系，在线性 J_2 模型下分别建立地面目标和空间目标访问约束下，响应卫星轨道根数需要满足的等式约束，为后续轨道设计任务提供基础。

3.2.1　地面目标访问约束

为实现对第 j 个地面目标的访问，响应卫星的星下点轨迹在访问时刻 τ_j 需要精确通过指定的地面经纬度$(\lambda_j,\ \varphi_j)$。因此，响应卫星的星下点$(\lambda_d,\ \varphi_d)$在 τ_j 时刻需同时满足以下两个等式约束：

$$
\begin{aligned}
\lambda_d(\tau_j)-\lambda_j &= \arctan(\cos i_d \tan u_{d,\tau_j})+\Omega_{d,\tau_j}-\alpha_{\tau_j}-\lambda_j \\
&= \arctan(\cos i_d \tan u_{d,\tau_j})+\Omega_{d,t_0}+\dot{\Omega}_d\Delta\tau_j-(\alpha_{t_0}+\omega_E\Delta\tau_j)-\lambda_j \\
&= 0 \qquad (3-1)
\end{aligned}
$$

$$
\varphi_d(\tau_j)-\varphi_j=\arcsin(\sin i_d \sin u_{d,\tau_j})-\varphi_j=0 \qquad (3-2)
$$

式中：$\dot{\Omega}_d$ 为线性 J_2 模型下升交点赤经的漂移率；α_{t_0} 为初始时刻 t_0 的格林尼治平恒星时角，可由对应的儒略日计算得到；$\Delta\tau_j \triangleq \tau_j-t_0$ 表示访问时刻和初始时刻之间的时间差。

星下点轨迹是航天器在轨运动和地球自转运动的合成，当地面目标点由地球自转经过航天器的轨道平面时(图 3-1)，对应的飞行时间 $\Delta\tau_j$ 可由式(3-1)导出为

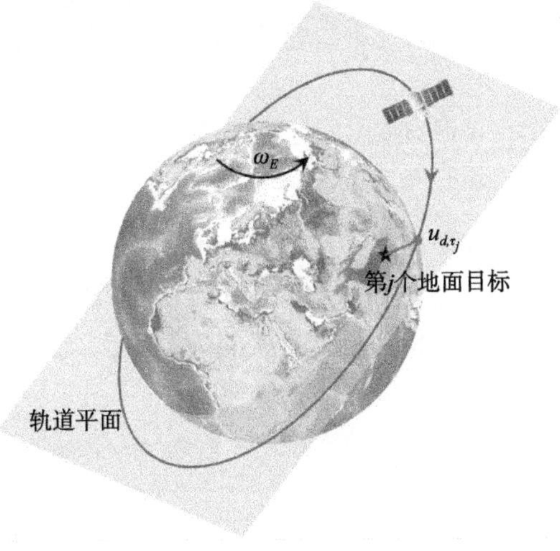

图 3-1　轨道平面扫过地面目标时刻

$$\Delta\tau_j=\frac{\arctan(\cos i_d\tan u_{d,\tau_j})+\Omega_{d,t_0}-\alpha_{t_0}-\lambda_j}{\omega_E-\dot{\Omega}_d} \tag{3-3}$$

式中：u_{d,τ_j} 为设计轨道与第 j 个目标点处于相同纬度时对应的参数纬度幅角，可通过式(3-2)计算得到，即

$$u_{d,\tau_j}=\begin{cases}\arcsin\left(\dfrac{\sin\varphi_j}{\sin i_d}\right), & \text{升轨}\\ \pi-\arcsin\left(\dfrac{\sin\varphi_j}{\sin i_d}\right), & \text{降轨}\end{cases} \tag{3-4}$$

式(3-4)中的两个值分别对应升轨段访问和降轨段访问两种情况。

为实现对地面目标点的访问任务，航天器还需要在同一时刻运行至目标点的纬度圈 φ_j，运行至参数纬度幅角 u_{d,τ_j} 处，需满足如下开普勒方程：

$$\Delta\tau_j=\frac{M_{d,\tau_j}-M_{d,t_0}+2\pi N_{d,\tau_j}}{\sqrt{\mu/a_d^3}+\dot{M}_d+\dot{\omega}_d} \tag{3-5}$$

式中：M_{d,t_0} 为初始时刻的平近点角，为待求解量；M_{d,τ_j} 为参数纬度幅角 u_{d,τ_j} 对应的平近点；$\dot{M}_d$ 和 $\dot{\omega}_d$ 为线性 J_2 模型下平近点角和近地点角距的漂移率；N_{d,τ_j} 为航天器在访问时刻对应运行的圈数 N_{d,τ_j}，可通过下式估计得到

$$N_{d,\tau_j}\approx\frac{\arctan(\cos i_d\tan u_{d,\tau_j})+\Omega_{d,t_0}-\alpha_{t_0}-\lambda_j}{\omega_E-\dot{\Omega}_d}\frac{\sqrt{\mu/\tilde{a}_d^3}}{2\pi} \tag{3-6}$$

式中：$\tilde{a}_d$为人为给定半长轴的大致值，例如，考虑到发射成本和对地面目标的观测效果，响应卫星的轨道多为近地轨道，可给定 $\tilde{a}_d\in[R_E+200, R_E+2000]$km。将 $\tilde{a}_d$代入式(3-6)即可得到估计的访问圈数的范围，通过取整即可得到圈数整数值。

联立式(3-3)和式(3-5)消去 $\Delta\tau_j$，可得如下等式约束：

$$\frac{\arctan(\cos i_d\tan u_{d,\tau_j})+\Omega_{d,t_0}-\alpha_{t_0}-\lambda_j}{\omega_E-\dot{\Omega}_d}-\frac{M_{d,\tau_j}-M_{d,t_0}+2\pi N_{d,\tau_j}}{\sqrt{\mu/a_d^3}+\dot{M}_d+\dot{\omega}_d}=0 \tag{3-7}$$

综上所述，访问第 j 个地面目标的经纬度等式约束可通过消去访问时刻，从而简化为式(3-7)一个等式约束，而目标点的访问时刻 τ_j 可通过式(3-3)计算得到。

3.2.2　空间目标访问约束

对于空间目标访问问题，响应卫星要与用户指定的第 k(k=1，2，…，m)个空间目标在访问时刻 ζ_k 到达同一位置(可看作飞越)，二者位置矢量需满足

$$\boldsymbol{r}_{d,\zeta_k}=\boldsymbol{r}_{k,\zeta_k} \tag{3-8}$$

式中：$\boldsymbol{r}_{d,\zeta_k}$ 和 $\boldsymbol{r}_{k,\zeta_k}$ 分为为响应卫星和第 k 个空间目标在访问时刻 ζ_k 的位置矢量。

注意，当设计轨道的轨道平面确定时(即倾角 i_d 和升交点赤经 Ω_{d,t_0} 确定)，第 k 个空间目标点的访问位置也随之确定，其必为空间目标的轨道和响应卫星轨道面的两个交点之一(见图 3-2 中的 P_1 和 P_2 点)。对于响应卫星的设计轨道，其在交点 P_1 处参数纬度幅角为

$$u_{d,\zeta_k}=\begin{cases}\arccos(\hat{\boldsymbol{\kappa}}\cdot\hat{\boldsymbol{n}}_d), & (\hat{\boldsymbol{\kappa}}\times\hat{\boldsymbol{n}}_d)\cdot\hat{\boldsymbol{h}}_d\leqslant 0\\ 2\pi-\arccos(\hat{\boldsymbol{\kappa}}\cdot\hat{\boldsymbol{n}}_d), & (\hat{\boldsymbol{\kappa}}\times\hat{\boldsymbol{n}}_d)\cdot\hat{\boldsymbol{h}}_d>0\end{cases} \tag{3-9}$$

式中：$\boldsymbol{\kappa}=\boldsymbol{h}_d\times\boldsymbol{h}_k$ 为两个轨道面的交线矢量，其中 $\boldsymbol{h}_d=[\sin\Omega_{d,\zeta_k}\sin i_d,\ -\cos\Omega_{d,\zeta_k}\sin i_d,\ \cos i_d]^{\mathrm{T}}$ 和 $\boldsymbol{h}_k=[\sin\Omega_{k,\zeta_k}\sin i_k,\ -\cos\Omega_{k,\zeta_k}\sin i_k,\ \cos i_k]^{\mathrm{T}}$ 分别为设计轨道和第 k 个空间目标的轨道在访问时刻 ζ_k 的角动量矢量；$\boldsymbol{n}_d=[\cos\Omega_{d,\zeta_k},\ \sin\Omega_{d,\zeta_k},\ 0]^{\mathrm{T}}$ 为设计轨道的升交线矢量，顶标“^”表示单位矢量。当 P_1 处的参数纬度幅角 u_{d,ζ_k} 已知后，P_2 处对应的值可由 $u_{d,\zeta_k}+\pi$ 计算得到，注意 P_1 和 P_2 对应升轨段访问和降轨段访问两种情况。

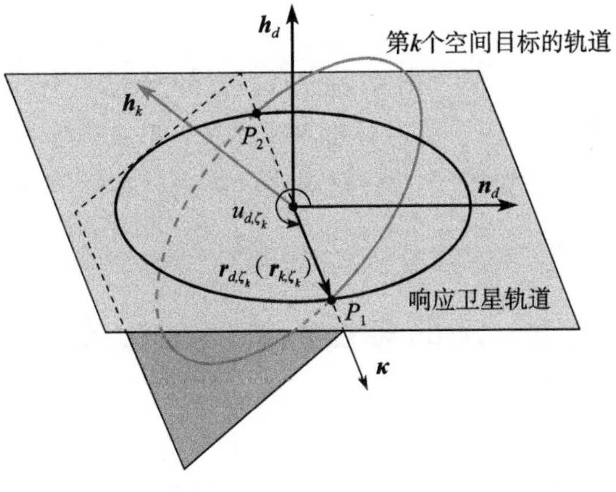

图 3-2　空间目标轨道和响应卫星轨道面的交点

与响应卫星类似，第 k 个空间目标在交点处的参数纬度幅角 u_{k,ζ_k} 可通过与式(3-9)相同的方法计算得到，仅将 $\hat{\boldsymbol{n}}_d$ 和 $\hat{\boldsymbol{h}}_d$ 替换为 $\hat{\boldsymbol{n}}_k$ 和 $\hat{\boldsymbol{h}}_k$ 即可，有

$$u_{k,\zeta_k}=\begin{cases}\arccos(\hat{\boldsymbol{\kappa}}\cdot\hat{\boldsymbol{n}}_k), & (\hat{\boldsymbol{\kappa}}\times\hat{\boldsymbol{n}}_k)\cdot\hat{\boldsymbol{h}}_k\leqslant 0\\ 2\pi-\arccos(\hat{\boldsymbol{\kappa}}\cdot\hat{\boldsymbol{n}}_k), & (\hat{\boldsymbol{\kappa}}\times\hat{\boldsymbol{n}}_k)\cdot\hat{\boldsymbol{h}}_k>0\end{cases} \tag{3-10}$$

当求得交点处的参数纬度幅角后，空间目标自初始位置运行至交点的飞行时间

可通过开普勒方程计算得到

$$\Delta\zeta_k \triangleq \zeta_k - t_0 = \frac{M_{k,\zeta_k} - M_{k,t_0} + 2\pi N_{k,\zeta_k}}{\sqrt{\mu/\bar{a}_k^3} + \dot{M}_k + \dot{\omega}_k} \tag{3-11}$$

式中：N_{k,ζ_k} 为空间目标运行的圈数，该值可由用户指定，即指定在空间目标的某一圈进行访问。为满足空间目标的访问约束，响应卫星的运行时间需满足

$$\frac{M_{d,\zeta_k} - M_{d,t_0} + 2\pi N_{d,\zeta_k}}{\sqrt{\mu/\bar{a}_d^3} + \dot{M}_d + \dot{\omega}_d} - \Delta\zeta_k = \frac{M_{d,\zeta_k} - M_{d,t_0} + 2\pi N_{d,\zeta_k}}{\sqrt{\mu/\bar{a}_d^3} + \dot{M}_d + \dot{\omega}_d} - \frac{M_{k,\zeta_k} - M_{k,t_0} + 2\pi N_{k,\zeta_k}}{\sqrt{\mu/\bar{a}_k^3} + \dot{M}_k + \dot{\omega}_k} = 0 \tag{3-12}$$

式中：N_{d,ζ_k} 为响应卫星运行的圈数。需要注意的是，由于 J_2 摄动的影响，响应卫星和空间目标的轨道参数会发生漂移，导致轨道平面发生变化，从而对交点位置和对应的访问时刻产生影响，该影响可通过数值迭代进行修正。

当满足式(3-12)中的飞行时间约束后，响应卫星和第 k 个空间目标将同时运行至两个轨道面的交线处。除此之外，二者在交点处的轨道半径大小还需满足

$$\|\boldsymbol{r}_{d,\zeta_k}\| - \|\boldsymbol{r}_{k,\zeta_k}\| = \frac{a_d(1-e_d^2)}{1+e_d\cos f_{d,\zeta_k}} - \frac{a_{s_k}(1-e_{s_k}^2)}{1+e_{s_k}\cos f_{s_k,\zeta_k}} = 0 \tag{3-13}$$

综上所述，为实现对第 k 个空间目标的访问，响应卫星的轨道参数需满足式(3-12)飞行时间约束和式(3-13)轨道半径约束，访问时刻可通过式(3-11)求解得到。

3.3 地面多目标访问轨道设计

3.3.1 问题分析

由 3.2.1 节分析可知，访问一个地面目标的经、纬度约束可简化至一个等式约束，而访问时刻可由设计轨道参数和目标点的位置信息计算得到。因此，理论上六个地面目标可确定响应卫星的轨道。然而，若考虑到发射场约束，即令初始时刻响应卫星在第一个地面目标(发射场)上方，则卫星在发射后可直接进入设计轨道，从而对其他目标点进行访问(如文献[15]提出的近地快速覆盖轨道)，这可避免转移轨道入轨、停泊轨道入轨等其他入轨方式带来的时间损耗，从而大大减少应急任务的响应时间。

对于地面多目标访问轨道设计任务，其本质是根据用户指定的多个地面目标点，反求航天器的星下点轨迹。在本节中，令 t_0 时刻响应卫星在第一个地面目标点(发射场)上方，此时对应的参数纬度幅角 u_{d,t_0} 可通过式(3-4)直接计算得到

$$u_{d,t_0}=\arcsin\left(\frac{\sin\varphi_1}{\sin i_d}\right) \tag{3-14}$$

注意，为简洁起见，此处仅显示升轨访问情况，对于降轨访问情况，仅需根据式(3-4)调整即可。

在对 n 个地面目标单次访问轨道设计任务中，待求的未知量为初始时刻的轨道六根数，约束方程为 n 个式(3-7)约束和 1 个式(3-14)约束。因此，在考虑发射场约束下，5 个地面目标可确定响应卫星的轨道，未知数和等式约束个数均为 6。

此外，在对地观测任务中，有时需要对目标点进行多次观测，以满足对特定目标点进行周期性动态观察的任务需求。当存在重复访问需求时，设计轨道还需要满足回归约束，即

$$NT_{\text{nod}}=DT_E \tag{3-15}$$

式中：N 和 D 为互质的整数，表示航天器在经过 D 个恒星日运行 N 个轨道周期后星下点轨迹开始重复，从而实现对目标点的重访，当 $D=1$ 时该轨道称为天回归轨道；T_{nod} 为航天器的交点周期，即相邻两次升轨(或降轨)经过赤道的时间间隔；T_E 为地球相对于轨道面旋转一圈的时间间隔，考虑 J_2 摄动的影响，二者的表达式为

$$\begin{cases}T_{\text{nod}}=2\pi(\sqrt{\mu/\bar{a}_d^3}+\dot{M}_d+\dot{\omega}_d)\\ T_E=2\pi/(\omega_E-\dot{\Omega}_d)\end{cases} \tag{3-16}$$

在对 n 个地面目标重复访问轨道设计任务中，约束方程为 n 个式(3-7)约束、1 个式(3-14)约束和 1 个式(3-15)约束，未知量为初始时刻的轨道六根数。由约束方程和未知量个数可知，在回归约束下 4 个目标即可确定响应卫星的轨道。

3.3.2　假设倾角已知下其余轨道元素设计流程

由上述分析可知，5 个目标单次访问问题和 4 个目标重复访问问题均可表示为六维非线性方程组的求解问题。为避免直接求解六维非线性方程组时初始猜测难以选择的问题，本小节先假设轨道倾角已知，通过解析或数值方法依次对其他轨道参数进行求解。

1. 参数纬度幅角和升交点赤经求解

由式(3-4)可知，轨道倾角需满足 $\sin i_d \geqslant \sin\varphi_j$，即 $i \in [|\varphi_j|_{\max}, \pi - |\varphi_j|_{\max}]$，假设响应卫星的轨道倾角 i_d 已知，初始时刻航天器在目标点 1 上方，有 $\tau_1 = t_0$，初始时刻的参数纬度幅角 u_{d,t_0} 直接由式(3-14)解析得到。将 $\Delta\tau_1 = 0$ 代入目标点 1 的访问约束方程(式(3-7)，$j=1$)可得到设计轨道的升交点赤经为

$$\Omega_{d,t_0} = \alpha_{t_0} + \lambda_1 - \arctan(\cos i_d \tan u_{d,t_0}) \tag{3-17}$$

2. 偏心率和近地点角距求解

分别联立对第 2、第 3 个地面目标和对第 3、第 4 个地面目标的访问约束方程(式(3-7)，$j=2$，3 和 $j=3$，4)，消去设计轨道的平均角速度和 J_2 摄动下轨道的漂移，可得到如下两个非线性方程：

$$F_1 = \frac{\arctan(\cos i_d \tan u_{d,\tau_2}) + \Omega_{d,t_0} - \alpha_{t_0} - \lambda_2}{M_{d,\tau_2} - M_{d,t_0} + 2\pi N_{d,\tau_2}} - \frac{\arctan(\cos i_d \tan u_{d,\tau_3}) + \Omega_{t_0} - \alpha_{t_0} - \lambda_3}{M_{d,\tau_3} - M_{d,t_0} + 2\pi N_{d,\tau_3}} \tag{3-18}$$

$$F_2 = \frac{\arctan(\cos i_d \tan u_{d,\tau_3}) + \Omega_{d,t_0} - \alpha_{t_0} - \lambda_3}{M_{d,\tau_3} - M_{d,t_0} + 2\pi N_{d,\tau_3}} - \frac{\arctan(\cos i_d \tan u_{d,\tau_4}) + \Omega_{t_0} - \alpha_{t_0} - \lambda_4}{M_{d,\tau_4} - M_{d,t_0} + 2\pi N_{d,\tau_4}} \tag{3-19}$$

式中：Ω_{d,t_0}、α_{t_0} 和 λ_j 均为已知量，圈数 N_{d,τ_j} 在式(3-6)附近(±1 圈)遍历搜索得到，u_{d,τ_j} 可通过式(3-4)计算得到。当参数纬度幅角 u_{d,τ_j} 已知时，平近点角 M_{d,τ_j} 仅与偏心率 e_d 和近地点角距 ω_{d,t_0} 有关。因此，方程组 F_1 和 F_2 中仅含有未知量偏心率 e_d 和近地点角距 ω_{d,t_0}，求解方程组的零点即对应设计轨道的 e_d 和 ω_{d,t_0}。

二维非线性方程组可通过牛顿迭代求解，迭代公式为

$$\begin{bmatrix} \omega_{d,t_0} \\ e_d \end{bmatrix}_{\zeta+1} = \begin{bmatrix} \omega_{d,t_0} \\ e_d \end{bmatrix}_{\zeta} - \boldsymbol{J}_{\zeta}^{-1} \cdot \begin{bmatrix} F_1 \\ F_2 \end{bmatrix}_{\zeta}, \quad \zeta = 0, 1, 2, \cdots \tag{3-20}$$

式中：$[F_1, F_2]_{\zeta}^{\mathrm{T}}$ 为将 $[\omega_{d,t_0}, e_d]_{\zeta}$ 代入后得到的值；$\boldsymbol{J}$ 为方程组的雅可比矩阵，

$$\boldsymbol{J} = \begin{bmatrix} \dfrac{\partial F_1}{\partial \omega_{d,t_0}} & \dfrac{\partial F_1}{\partial e_d} \\ \dfrac{\partial F_2}{\partial \omega_{d,t_0}} & \dfrac{\partial F_2}{\partial e_d} \end{bmatrix} \tag{3-21}$$

令 x 表示 e_d 和 ω_{d,t_0}，有

$$\begin{cases}\dfrac{\partial F_1}{\partial x}=\dfrac{c_1}{(M_{d,\tau_2}-M_{d,t_0}+2\pi N_{d,\tau_2})^2}\left(\dfrac{\partial M_{d,t_0}}{\partial x}-\dfrac{\partial M_{d,\tau_2}}{\partial x}\right)-\\ \qquad\dfrac{c_2}{(M_{d,\tau_3}-M_{d,t_0}+2\pi N_{d,\tau_3})^2}\left(\dfrac{\partial M_{d,t_0}}{\partial x}-\dfrac{\partial M_{d,\tau_3}}{\partial x}\right)\\ \dfrac{\partial F_2}{\partial x}=\dfrac{c_2}{(M_{d,\tau_3}-M_{d,t_0}+2\pi N_{d,\tau_3})^2}\left(\dfrac{\partial M_{d,t_0}}{\partial x}-\dfrac{\partial M_{d,\tau_3}}{\partial x}\right)-\\ \qquad\dfrac{c_3}{(M_{d,\tau_4}-M_{d,t_0}+2\pi N_{d,\tau_4})^2}\left(\dfrac{\partial M_{d,t_0}}{\partial x}-\dfrac{\partial M_{d,\tau_4}}{\partial x}\right)\end{cases}\tag{3-22}$$

式中：

$$\begin{cases}c_1\triangleq\arctan(\cos i_d\tan u_{d,\tau_2})+\Omega_{d,t_0}-\alpha_{t_0}-\lambda_2\\ c_2\triangleq\arctan(\cos i_d\tan u_{d,\tau_3})+\Omega_{d,t_0}-\alpha_{t_0}-\lambda_3\\ c_3\triangleq\arctan(\cos i_d\tan u_{d,\tau_4})+\Omega_{d,t_0}-\alpha_{t_0}-\lambda_4\end{cases}$$

式(3-22)中各个偏导数均可通过推导得到其解析表达式，然而，由于过程较为烦琐，为避免冗余，在此不做详细推导，取而代之则可以通过数值差分得到近似偏导数矩阵。式(3-20)中牛顿迭代的初始猜测$[\omega_{d,t_0},\ e_d]_0^{\mathrm{T}}$可通过如下方法计算得到。

首先，考虑近地轨道多为小椭圆轨道，通过对偏心率一阶泰勒展开，目标访问时刻的偏近点角可近似为

$$E_{d,\tau_j}\approx f_{d,\tau_j}-e_d\sin f_{d,\tau_j}\tag{3-23}$$

由此，对应的平近点角可近似为

$$M_{d,\tau_j}\approx f_{d,\tau_j}-2e_d\sin f_{d,\tau_j}\approx(u_{d,\tau_j}-\omega_{d,t_0})-2e_d\sin(u_{d,\tau_j}-\omega_{d,t_0})\tag{3-24}$$

然后将式(3-24)代入式(3-18)，可将偏心率e_d表示为只关于近地点角距ω_{d,t_0}的函数，即

$$e_d\approx\frac{1}{2}\frac{c_1(u_{d,\tau_3}-u_{d,t_0}+2\pi N_{d,\tau_3})-c_2(u_{d,\tau_2}-u_{d,t_0}+2\pi N_{d,\tau_2})}{c_1c_4-c_2c_5}\tag{3-25}$$

式中：$c_4=\sin(u_{d,\tau_3}-\omega_{d,t_0})-\sin(u_{d,t_0}-\omega_{d,t_0})$；$c_5=\sin(u_{d,\tau_2}-\omega_{d,t_0})-\sin(u_{d,t_0}-\omega_{d,t_0})$。

将式(3-25)代入式(3-19)，可得到只含有近地点角距ω_{d,t_0}的一维非线性方程，可通过数值方法(如分段黄金分割和割线法等)求解其零点得到ω_{d,t_0}的初值，代入式(3-25)即可得到偏心率e_d的初值。将得到的初始猜测代入式(3-20)迭代求得ω_{d,t_0}和e_d的精确解后，初始时刻的真近点角为$f_{d,t_0}=u_{d,t_0}-\omega_{d,t_0}$。

3. 半长轴求解

将通过式(3-20)求解得到的 ω_{d,t_0} 和 e_d 代入第2~4个地面目标点中任意一个的访问约束方程，即可得到只含有平半长轴 $\bar{a}_d^{-1/2}$ 的七次多项式(以第2个地面目标点为例)，即

$$c_6\bar{a}_d^{-7/2}+c_1\bar{a}_d^{-3/2}-\omega_E(M_{d,\tau_2}-M_{d,t_0}+2\pi N_{d,\tau_2})/\sqrt{\mu}=0 \tag{3-26}$$

式中：

$$c_6=1.5J_2R_E^2c_1\left[\left(\frac{1-1.5\sin^2 i_d}{(1-e_d^2)^{1.5}}+\frac{2-2.5\sin^2 i_d}{(1-e_d^2)^2}\right)-\frac{(M_{d,\tau_2}-M_{d,t_0}+2\pi N_{d,\tau_2})\cos i_d}{(1-e_d^2)^2}\right]$$

求解式(3-26)得到平半长轴 $\bar{a}$。最后，通过平根和瞬根之间的转换，得到初始时刻的瞬时半长轴为

$$\begin{aligned}a_d=\frac{J_2R_E^2}{2\bar{a}_d}\Bigg\{&3(1-\cos^2 i_d)\left(\frac{1+e_d\cos f_{d,t_0}}{1-e_d^2}\right)^3\cos(2u_{d,t_0})+\\&(3\cos^2 i_d-1)\left[\left(\frac{1+e_d\cos f_{d,t_0}}{1-e_d^2}\right)^3-\frac{1}{(1-e_d^2)^{3/2}}\right]\Bigg\}+\bar{a}_d\end{aligned} \tag{3-27}$$

当仅存在四个目标点，而无其他约束条件时，可给定一个大于所有目标点纬度的倾角 i_d，其余初始时刻的五个轨道元素可通过上述步骤依次求解，其中参数纬度幅角、升交点赤经分别通过式(3-14)、式(3-17)解析得到；偏心率和近地点角距通过式(3-20)牛顿迭代数值求解得到；半长轴通过求解七次多项式，即式(3-26)数值得到。求得的轨道参数可实现对四个目标点的单次访问。

3.3.3 轨道倾角求解

本小节将在3.3.2节的基础上，对轨道倾角进行设计，以满足回归约束，或第五个目标点的访问约束。

1. 四个目标重复访问回归轨道设计

若仅给定四个目标点，则可在3.3.2节的基础上，对倾角 i_d 进行设计，使设计的轨道满足式(3-15)的回归轨道约束，从而实现对目标点的重复访问。首先根据任务需求，人为选定回归天数 D 和回归圈数 N，在此基础上，对于一个给定的倾角 i_d，其他五个元素均可通过3.3.2节计算得到。因此，式(3-15)可看作仅含有倾角 i_d 的一维非线性方程。在倾角的取值区间内，通过一维搜索求解其零点，得到回归约束下的倾角 i_d，然后代入3.3.2节，更新得到其余五个轨道元素。

注意，在式(3-6)的访问圈数的计算中，当 N 和 D 给定后，轨道半长轴的初始猜测可由式(3-6)在二体模型下直接计算得到，

$$\tilde{a}_d=\left(\frac{DT_E}{N}\frac{\sqrt{\mu}}{2\pi}\right)^{2/3}\approx\left[\mu\left(\frac{D}{N\omega_E}\right)^2\right]^{1/3} \tag{3-28}$$

式中采用了近似 $T_E\approx 2\pi/\omega_E$。将 $\tilde{a}_d$代入式(3-6)并通过取整得到对地面目标点的访问圈数 N_{d,τ_j}，访问圈数的取值范围为$\{N_{d,\tau_j}-1, N_{d,\tau_j}, N_{d,\tau_j}+1\}$。至此，$t_0$ 时刻六个轨道元素全部求解完成，完成四个目标回归轨道设计。

2. 五个目标单次访问轨道设计

若给定五个目标点，同样可先假设倾角 i_d 已知，其他五个轨道元素均可通过 3.3.2 节计算得到，实现对前四个目标点的访问。由此第五个目标点的访问约束

$$\frac{\arctan(\cos i_d \tan u_{d,\tau_5})+\Omega_{d,t_0}-\alpha_{t_0}-\lambda_5}{\dot{\Omega}_d-\omega_E}+\frac{M_{d,\tau_5}-M_{d,t_0}+2\pi N_{d,\tau_5}}{\sqrt{\mu/\tilde{a}_d^3}+\dot{M}_d+\dot{\omega}_d}=0 \tag{3-29}$$

也可看作仅含有倾角 i_d 的一维非线性方程。在倾角的取值区间内，通过一维搜索求解其零点，得到满足五个目标访问约束下的倾角 i_d，然后代入 3.3.2 节，更新得到其余五个轨道元素。至此，t_0 时刻六个轨道元素全部求解完成，完成五个目标单次访问轨道设计。

3. 整体设计流程

对于每个地面目标，均有升轨段访问和降轨段访问两种访问弧段，具体可根据任务需求进行选择。当地面目标无特定访问弧段要求时，n 个目标共有 2^n 种访问弧段组合，对于给定的目标访问弧段组合，每个目标访问圈数的取值区间可由式(3-6)估计得到，遍历取值区间内所有圈数组合，即可得到当前访问弧段组合下的所有解，算法流程图如图 3-3 所示。

对于每一组给定的访问弧段和访问圈数组合，四个目标重复访问问题和五个目标单次访问问题都被转化为关于倾角的一维非线性方程求根问题。一维非线性方程可通过一维搜索求解其零点。具体而言，首先将倾角在 $i\in[|\varphi_j|_{\max}, \pi-|\varphi_j|_{\max}]$ 内离散，通过网格法搜索得到倾角的可行区间(注意，在某些给定倾角处，其他轨道参数无解或不符合实际，如轨道高度过低撞地等，非线性方程无意义)。接下来，通过分段黄金分割搜索得到区间内所有的极值点，若两个相邻极值点处的函数值异号，则之间一定存在解，进一步通过割线法精确求解方程零点。

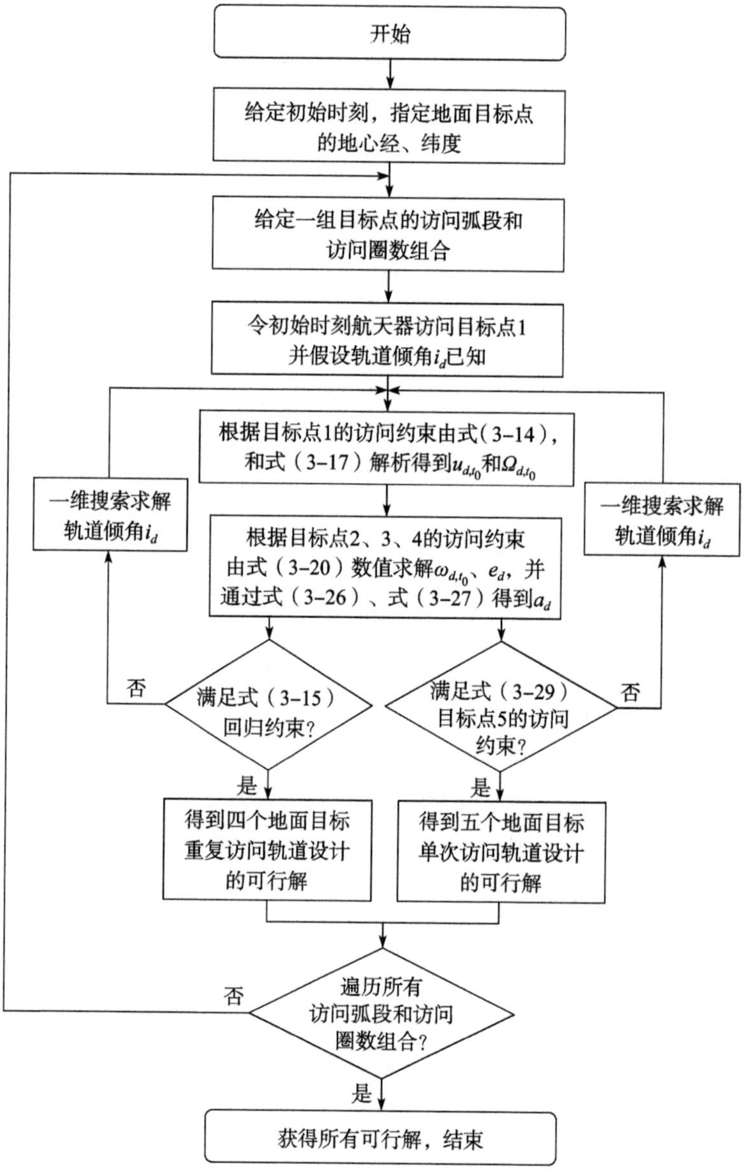

图 3-3　设计算法流程图

3.3.4　仿真算例

本节提供了几个算例来校验 3.3 节所提方法的有效性。任务初始时刻设置为 2022 年 1 月 1 日 00：00：00，对应的格林尼治平恒星时角为 $\alpha_{t_0}=$

1.7563rad，用户指定地面目标点的地心经、纬度如表 3-2 所示，其中第一个目标点选择为文昌发射场。现要求设计航天器的轨道，实现在一天内对表 3-2 中前四个目标，或全部五个目标的访问任务，且当只有前四个目标时，设计轨道应为回归轨道。算例中动力学模型为非线性 J_2 摄动模型，忽略其他摄动项的影响。

表 3-2　用户指定地面目标点的地心经、纬度

目标编号	地点	经度/(°)	纬度/(°)
1	中国文昌	110.95	19.64
2	德国柏林	13.30	52.50
3	澳大利亚悉尼	151.20	-33.85
4	巴西圣保罗	-46.60	-23.57
5	美国洛杉矶	-118.25	34.05

1. 四个目标重复访问轨道设计

为实现四个地面目标重复访问，将轨道设置为天回归轨道，回归圈数的取值范围限制为 $N=8:16$，对应半长轴取值范围约为 $[R_E+200, R_E+4200]$ km。注意圈数取值过小会导致轨道半长轴过大，从而影响对地观测效果，且发射成本过大；圈数取值过大则会导致轨道高度过低撞地。通过所提方法，遍历所有升、降轨组合后，共得到五组可行解，初始时刻对应的轨道参数如表 3-3 所示。在访问弧段列中，"A_k"和"D_k"分别表示第 k 个地面目标在升轨段和降轨段访问。第一组解 7 天内的星下点轨迹如图 3-4 所示，图中五角星表示地面目标点，可见设计轨道保持了良好的回归特性，能够实现对指定目标的重复访问。

表 3-3　四个地面目标重复访问轨道参数(回归周期 1 天)

编号	N	访问弧段	a_d(km)	e_d	i_d/(°)	Ω_{d,t_0}/(°)	ω_{d,t_0}/(°)	f_{d,t_0}/(°)
1	14	A_1, D_2, D_3, A_4	7248.5054	0.027880	82.1259	208.7510	55.1003	324.7344
2	14	A_1, A_2, D_3, A_4	7249.6130	0.081995	82.4596	208.8724	41.2178	338.6007
3	11	A_1, D_2, D_3, A_4	8497.0176	0.173933	56.6232	197.9822	311.1236	72.6105
4	8	A_1, D_2, D_3, A_4	10521.1042	0.282808	53.8007	196.4397	167.7341	216.8803
5	8	A_1, A_2, D_3, A_4	10525.4293	0.336341	58.4555	198.9255	90.3044	292.9233

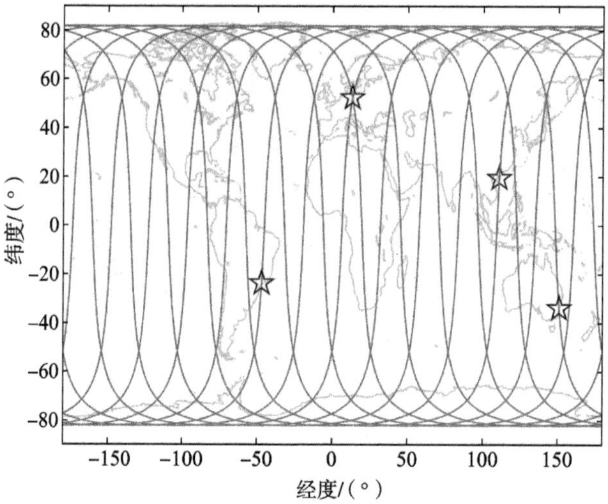

图 3-4　四个目标重复访问的星下点轨迹

对于每组解，用户指定目标在第一天内的访问时刻以及对应的经度差 $\Delta\lambda_j=\lambda(\tau_j)-\lambda_j$ 如表 3-4 所示。由于航天器初始时刻在目标点 1 上方，其访问时刻和对应的经度差均为 0。仿真结果表明，通过所提方法设计的轨道，其星下点轨迹能够准确经过指定的目标点完成访问任务，访问时刻设计轨道和目标点之间的经度差不超过 0.12°，该误差主要由线性和非线性 J_2 模型之间的偏差导致。

表 3-4　四个地面目标点的访问时刻及经度差

编号	$\Delta\tau_1$/h	$\Delta\tau_2$/h	$\Delta\tau_3$/h	$\Delta\tau_4$/h	$\Delta\lambda_1$/(°)	$\Delta\lambda_2$/(°)	$\Delta\lambda_3$/(°)	$\Delta\lambda_4$/(°)
1	0	17.54	9.43	10.03	0	0.0193	0.0066	0.0055
2	0	6.96	9.43	10.05	0	0.0152	0.0182	0.0014
3	0	13.54	10.07	8.41	0	0.0623	0.0410	0.0260
4	0	12.59	10.21	8.20	0	0.1105	0.0349	0.0090
5	0	9.16	10.03	8.57	0	0.0236	0.0351	0.0086

2. 五个目标单次访问轨道设计

对于五个目标单次访问轨道设计，遍历所有升、降轨组合后，共得到三组解，初始时刻对应的轨道参数如表 3-5 所示。对于每组解，用户指定目标点的访问时刻以及对应的经度差如表 3-6 所示。其中第二组解在一天内的星下点轨迹如图 3-5 所示。

表 3-5　五个地面目标单次访问轨道参数

编号	访问弧段	a_d/km	e_d	i_d/(°)	Ω_{d,t_0}/(°)	ω_{d,t_0}/(°)	f_{d,t_0}/(°)
1	A_1, D_2, D_3, A_4, A_5	7236.3894	0.038587	81.8310	208.6436	5.6584	14.1914
2	A_1, D_2, D_3, A_4, A_5	8740.0472	0.215851	58.6814	199.0390	154.3592	228.8093
3	A_1, D_2, A_3, D_4, A_5	10380.0591	0.227576	113.6394	220.5668	306.8369	74.6875

表 3-6　五个地面目标点的访问时刻及经度差

编号	$\Delta\tau_1$/h	$\Delta\tau_2$/h	$\Delta\tau_3$/h	$\Delta\tau_4$/h	$\Delta\tau_5$/h	$\Delta\lambda_1$/(°)	$\Delta\lambda_2$/(°)	$\Delta\lambda_3$/(°)	$\Delta\lambda_4$/(°)	$\Delta\lambda_5$/(°)
1	0	17.50	9.44	10.01	15.37	0	0.0282	0.0055	0.0007	0.0109
2	0	14.06	10.01	8.57	15.93	0	0.0837	0.0303	0.0203	0.0149
3	0	21.42	23.04	22.36	14.72	0	0.0020	0.0216	0.0258	0.0045

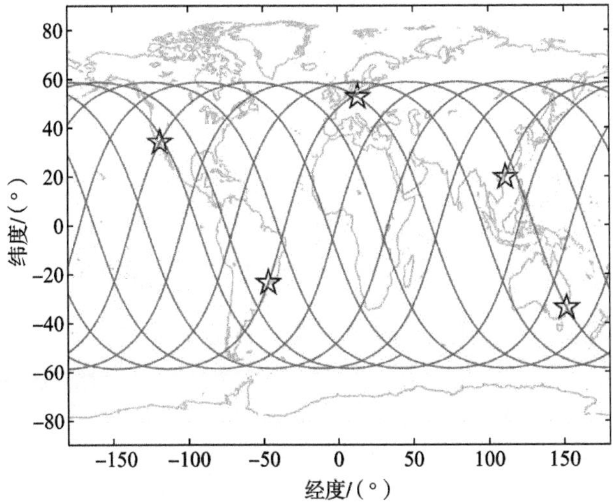

图 3-5　五个目标单次访问的星下点轨迹

仿真结果表明，通过所提方法设计的轨道，其星下点轨迹能够在一天内精确经过指定的五个地面目标，完成访问任务，访问时刻设计轨道和目标点之间的经度差不超过 0.09°，该误差同样主要由线性和非线性 J_2 模型之间的偏差导致。

3. 随机目标点可行解的分布

对于四个目标点重复访问任务或五个目标点单次访问任务，由于约束方程个数和自变量个数相等，对于任意给定的目标点，可能存在无解的情况。本小节将在给定范围内随机选取四个或五个目标点，为上述两种任务各提供 1000 次蒙特卡洛仿真，用以分析可行解存在的概率。

本小节将在表 3-2 中各目标经度±10°和纬度±10°的范围内随机选择新的目标点。任务初始时刻不变，所有目标点的访问时间仍限制在一天内，且遍历所有升、降轨组合。对于四个目标点重复访问任务，仍选择天回归轨道，回归圈数的取值范围限制为 $N=8:16$，对应轨道半长轴的取值范围约为 $[R_E+200, R_E+4200]$ km。两种任务在 1000 次蒙特卡洛仿真中可行解的分布如图 3-6 所示。

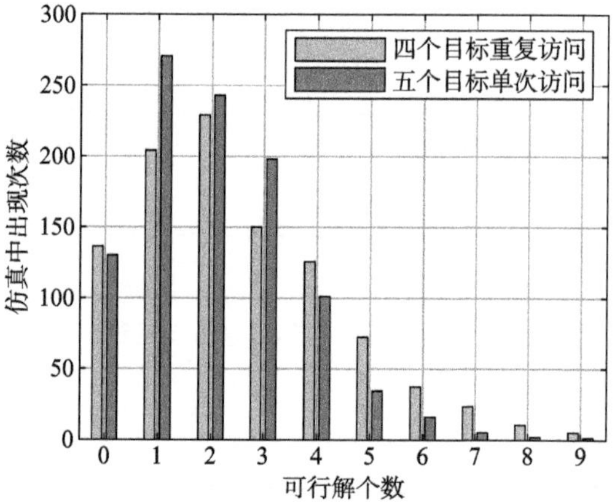

图 3-6　1000 次蒙特卡洛仿真中可行解的分布

仿真结果表明，对于给定范围内随机指定的四个或五个目标点，两种任务无解的概率分别为 13.7%和 13.0%；大部分情况下可行解的个数为 1~4 个，概率分别为 71.1%和 81.2%。对于四个目标重复访问任务，有两个可行解的概率最大，为 22.9%；对于五个目标单次访问任务，有一个可行解的概率最大，为 27.0%。值得注意的是，若所有目标点均在某一集中区域内，受圈数限制，两种任务在一天内无解的概率会增大，此时可通过放宽访问时间要求(如可在两天或多天内实现全部访问)等来增大求解概率。

3.4　空间多目标访问轨道设计

对于空间目标访问问题，其本质是设计响应卫星的轨道，使其空间轨迹飞越给定的 m 个空间目标。由 3.2.2 节分析可知，每一个空间目标对应两个等式约束，即式(3-12)和式(3-13)，访问时刻可通过指定目标点的开普勒方程求解得到，即式(3-11)，因此，在不考虑发射场地等约束条件下，三个空间目标即可确定响应卫星的轨道参数。

3.4.1　空间多目标访问轨道设计流程

对于三个空间目标访问问题，可通过求解六维非线性方程组来求解，然而，为避免求解高维方程组过程中初值难以选择的问题，本节通过理论推导，将其降维为只含有倾角和升交点赤经的二维问题。

假设航天器在初始时刻 t_0 的轨道倾角 i_d 和升交点赤经 Ω_{d,t_0} 已知，则航天器和第 $k(k=1, 2, 3)$ 个空间目标在交点处的参数纬度幅角 u_{d,ζ_k} 和 u_{k,ζ_k} 可分别通过式(3-9)和式(3-10)计算得到。分别联立第 1、第 2 和第 1、第 3 个空间目标在访问时刻的半径约束(即式(3-13)，$k=1, 2$ 和 $k=1, 3$)来消去半长轴 a_d 可得

$$\frac{1+e_d\cos f_{d,\zeta_2}}{1+e_d\cos f_{d,\zeta_1}}=\frac{r_{1,\zeta_1}}{r_{2,\zeta_2}} \tag{3-30}$$

$$\frac{1+e_d\cos f_{d,\zeta_3}}{1+e_d\cos f_{d,\zeta_1}}=\frac{r_{1,\zeta_1}}{r_{3,\zeta_3}} \tag{3-31}$$

式中：

$$\begin{cases} r_{1,\zeta_1}\triangleq\dfrac{a_1(1-e_1^2)}{1+e_1\cos f_{1,\zeta_1}} \\ r_{2,\zeta_2}\triangleq\dfrac{a_2(1-e_2^2)}{1+e_2\cos f_{2,\zeta_2}} \\ r_{3,\zeta_3}\triangleq\dfrac{a_3(1-e_3^2)}{1+e_3\cos f_{3,\zeta_3}} \end{cases} \tag{3-32}$$

为三个空间目标在各自访问时刻的轨道半径。设计轨道的偏心率 e_d 可通过式(3-30)导出为

$$\begin{aligned} e_d &= \frac{r_{1,\zeta_1}-r_{2,\zeta_2}}{r_{2,\zeta_2}\cos(u_{d,\zeta_2}-\omega_{d,\zeta_2})-r_{1,\zeta_1}\cos(u_{d,\zeta_1}-\omega_{d,\zeta_1})} \\ &\approx \frac{r_{1,\zeta_1}-r_{2,\zeta_2}}{r_{2,\zeta_2}\cos(u_{d,\zeta_2}-\omega_{d,t_0})-r_{1,\zeta_1}\cos(u_{d,\zeta_1}-\omega_{d,t_0})} \end{aligned} \tag{3-33}$$

注意，其中忽略了近地点角距的漂移 $\dot{\omega}_d$。将偏心率 e_d 代入式(3-31)得到仅含有近地点角距 ω_{d,t_0} 的一维非线性方程，可通过一维搜索求解。

将求解得到的 e_d 和 ω_{d,t_0} 代入任意一个空间目标的半径约束(此处以第 1 个

空间目标为例)，可得设计轨道的半长轴为

$$a_d = r_{1,\zeta_1}\frac{1+e_d\cos(u_{d,\zeta_1}-\omega_{d,\zeta_1})}{1-e_d^2} \approx r_{1,\zeta_1}\frac{1+e_d\cos(u_{d,\zeta_1}-\omega_{d,t_0})}{1-e_d^2} \tag{3-34}$$

当设计轨道的半长轴 a_d、偏心率 e_d 和近地点角距 ω_{d,t_0} 得到后，初始时刻的平近点角可通过任意一个空间目标的时间约束求解得到(此处以第一个空间目标为例，即式(3-12)，$k=1$)

$$M_{d,t_0}=\text{mod}(M_{d,\zeta_1}-\Delta\zeta_1(\sqrt{\mu/a_d^3}+\dot{M}_d+\dot{\omega}_d),\ 2\pi) \tag{3-35}$$

式中：mod(·)表示取余函数，采用该函数可消去响应卫星的运行圈数 N_{d,ζ_1}，避免圈数选择的问题。

对于一组给定的轨道倾角 i_d 和升交点赤经 Ω_{d,t_0}，其余四个轨道参数可通过上述步骤依次求解得到。为满足对用户给定的三个空间目标的访问约束，需要求解 i_d 和 Ω_{d,t_0} 以满足以下二维非线性方程组：

$$\boldsymbol{F}(i_d,\ \Omega_{d,t_0}) \triangleq \begin{bmatrix} F_3 \\ F_4 \end{bmatrix} = \begin{bmatrix} 0 \\ 0 \end{bmatrix} \tag{3-36}$$

式中：

$$\begin{cases} F_3 \triangleq M_{d,t_0}-\text{mod}(M_{d,\zeta_2}-\Delta\zeta_2(\sqrt{\mu/a_d^3}+\dot{M}_d+\dot{\omega}_d),\ 2\pi) \\ F_4 \triangleq M_{d,t_0}-\text{mod}(M_{d,\zeta_3}-\Delta\zeta_3(\sqrt{\mu/a_d^3}+\dot{M}_d+\dot{\omega}_d),\ 2\pi) \end{cases} \tag{3-37}$$

综上所述，最终针对三个空间目标的轨道设计问题可以看作仅关于倾角 i_d 和升交点赤经 Ω_{d,t_0} 的二维非线性方程组的求解问题，可采用牛顿迭代对式(3-37)进行求解，迭代公式为

$$\begin{bmatrix} i_d \\ \Omega_{d,t_0} \end{bmatrix}_{m+1} = \begin{bmatrix} i_d \\ \Omega_{d,t_0} \end{bmatrix}_m - \boldsymbol{J}_m^{-1}\boldsymbol{F}_m,\quad m=0,\ 1,\ 2,\ \cdots \tag{3-38}$$

式中：$\boldsymbol{J}$ 为方程组 $\boldsymbol{F}(i_d,\ \Omega_{d,t_0})$ 的雅可比矩阵，迭代过程中雅可比矩阵的具体数值可通过数值差分计算得到，即

$$\boldsymbol{J} = \begin{bmatrix} \dfrac{\partial F_3}{\partial i_d} & \dfrac{\partial F_3}{\partial \Omega_{d,t_0}} \\ \dfrac{\partial F_4}{\partial i_d} & \dfrac{\partial F_4}{\partial \Omega_{d,t_0}} \end{bmatrix} \tag{3-39}$$

由于问题的强非线性，倾角 i_d 和升交点赤经 Ω_{d,t_0} 的初值无法通过解析推导直接得到，因此，本节在牛顿迭代过程中，通过网格法对迭代初值进行搜索，具体过程见 3.4.2 节。

3.4.2　网格法搜索初值

对于空间目标访问轨道设计任务，最终转化为仅关于倾角 i_d 和升交点赤经 Ω_{d,t_0} 的二维非线性方程组的求解问题，并通过牛顿迭代进行求解。然而，由于问题的强非线性，很难解析得到倾角和升交点赤经的迭代初值。本小节将采用网格法对二者进行搜索，其主要思想介绍如下：

首先将倾角 i_d 和升交点赤经 Ω_{d,t_0} 在各自对应的取值区间内按照给定步长 Δi_d 和 $\Delta\Omega_{d,t_0}$ 离散，形成一系列的网格点。然后计算每个网格点上目标函数的值，若该值小于某一常数，则将所在网格点处对应的倾角和升交点赤经选择为初值。对于空间目标访问轨道设计任务，倾角和升交点赤经的取值区间分别为 $i_d\in[0,\ \pi]$，$\Omega_{d,t_0}\in[0,\ 2\pi)$，目标函数为

$$P=|F_3|+|F_4| \tag{3-40}$$

其表达式见(3-37)，物理意义为响应卫星在访问两个空间目标时平近点角差之和。如果 P 小于给定的阈值 ε，则该网格点对应的 i_d 和 Ω_{d,t_0} 将选择为牛顿迭代的初始猜测。值得注意的是，并非所有的初值都会收敛，且有一些初值会收敛到同一个零点。网格搜索法的伪代码如图 3-7 所示。

```
for  i_d=0 : Δi_d : π    do
    for  Ω_{d,t0}=0 : ΔΩ_{d,t0} : 2π    do
        计算目标函数P( i_d, Ω_{d,t0})
        if  P( i_d, Ω_{d,t})<ε    do
            选择i_d和Ω_{d,t0}作为初值，通过牛顿迭代求解可行解
        end if
    end for
end for
```

图 3-7　网格搜索法伪代码

3.4.3　仿真算例

本节提供了几个算例来校验 3.4 节所提方法的有效性。任务初始时刻为 2022 年 1 月 1 日 00：00：00。用户指定的空间目标运行在近地小椭圆轨道上，其在初始时刻的轨道参数如表 3-7 所示，其中 h_a 和 h_p 分别为远地点高度和近

地点高度，表中未列出的升交点赤经、近点角距和真近点角均设置为零。现要求设计响应卫星的轨道，实现对表 3-7 中三个空间目标的访问。算例中动力学模型为非线性 J_2 摄动模型，忽略其他摄动项的影响。

表 3-7　空间目标轨道参数

目标编号	h_a/km	h_p/km	i_k/(°)
1	500	800	40
2	500	1000	65
3	400	1200	90

在本算例中，要求所有空间目标点均在前三圈内实现访问，即 $N_{k\zeta_k}\in[0,2]$。牛顿迭代求解式(3-38)的过程中，设计轨道的轨道倾角和升交点赤经的初值通过网格法搜索得到，二者的搜索步长 Δi_d 和 $\Delta\Omega_{d,t_0}$ 均设置为 5°，当网格点处的目标函数值 $P<5°$ 时，该网格点被选择为牛顿迭代的初值。

与 3.3 节多地面目标访问问题类似，对于每个空间目标，均可在升轨段或降轨段进行访问(对应图 3-2 中的 P_1 和 P_2 点)，因此三个空间目标共有 8 种访问组合。在每种访问组合下，可通过本章所提方法求解设计轨道的参数。注意，并不是每一个访问组合均存在可行解，且有的组合可能存在多组可行解。对于存在可行解的访问组合，其最小半长轴解的轨道六根数如表 3-8 所示，表中“A_k”和“D_k”分别表示第 k 个空间目标在升轨段和降轨段访问，其中编号为 1 的解对应的空间轨迹如图 3-8 所示。

表 3-8　不同访问组合下的最小半长轴解(三个空间目标)

编号	组合	最小半长轴解					
		a_d/km	e_d	i_d/(°)	Ω_{d,t_0}/(°)	ω_{d,t_0}/(°)	f_{d,t_0}/(°)
1	$A_1A_2A_3$	7127.4188	0.042152	60.4361	40.9027	342.4519	358.2316
2	$A_1A_2D_3$	7181.7250	0.055444	51.4487	31.9065	349.3299	359.2851
3	$A_1D_2A_3$	7070.2060	0.011587	83.9412	67.6330	29.8447	298.9806
4	$A_1D_2D_3$	7056.3421	0.063728	125.7974	83.6937	124.7266	227.7471
5	$D_1A_2A_3$	7039.0715	0.021830	102.6952	13.0332	37.9726	314.6468
6	$D_1A_2D_3$	7022.1978	0.045090	79.5009	56.1314	320.5061	11.9870
7	$D_1D_2A_3$	7090.6040	0.037937	38.0791	49.7472	318.1998	8.5921
8	$D_1D_2D_3$	6850.9908	0.034666	80.9526	110.2713	95.1633	174.9235

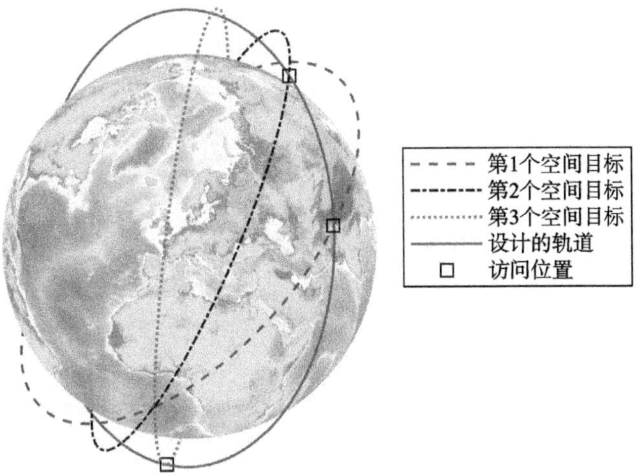

图 3-8　空间目标访问轨道设计

对于表 3-8 中列出的解，每个空间目标的访问时刻以及访问时刻的相对距离 $\Delta d_k = \|\boldsymbol{r}_{d,\zeta_k} - \boldsymbol{r}_{k,\zeta_k}\|$ 如表 3-9 所示。由仿真结果可见，求解得到的设计轨道均为近地的小椭圆轨道，且运行于设计轨道的响应卫星，在访问时刻与空间目标之间的相对距离不超过 22km，该距离误差主要由线性 J_2 和非线性 J_2 模型之间的误差导致。

表 3-9　不同组合下的访问时刻与访问误差(三个空间目标)

编号	$\Delta\zeta_1$/h	$\Delta\zeta_2$/h	$\Delta\zeta_3$/h	Δd_1/km	Δd_2/km	Δd_3/km
1	1.9393	3.7969	3.1533	13.1418	10.3184	7.6211
2	1.9546	1.4202	0.6670	8.8560	6.6708	3.0461
3	1.9599	2.9078	4.6790	21.2277	13.8947	12.7466
4	3.5193	1.0991	4.4761	10.0077	10.6205	10.8546
5	0.8799	1.7500	1.8704	17.1667	8.6228	8.2204
6	1.1371	2.0371	3.8090	17.3872	17.2466	17.0022
7	1.3320	0.6303	1.5509	5.9703	6.0451	5.2725
8	1.3259	3.0049	4.6933	18.3985	9.4958	7.1496

3.5　地空混合目标访问轨道设计

对于地空混合目标访问轨道设计问题，要求航天器的空间轨迹能够飞越给定的空间目标，同时其星下点轨迹能够精确通过用户指定的地面目标点(图3-9)。由3.2节目标点访问约束条件分析可知，每个地面目标对应1个等式约束；每个空间目标对应2个等式约束。根据等式约束个数和自由变量个数可知，两个地面目标和两个空间目标，或四个地面目标和一个空间目标可以确定响应卫星的轨道，均对应六个变量和六个等式方程，下面将针对这两种情况进行求解。

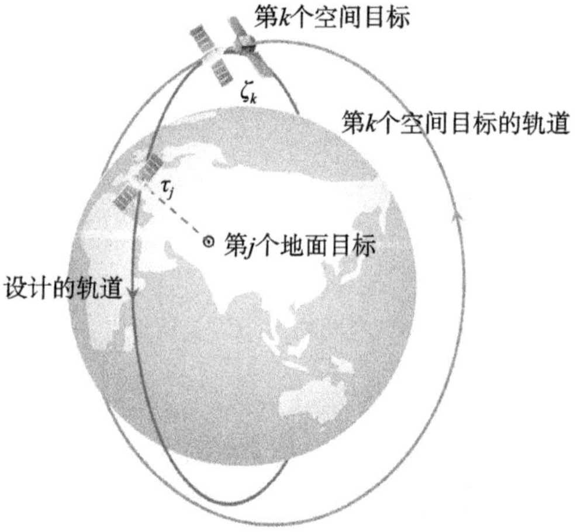

图3-9　地空混合目标访问轨道设计

3.5.1　两个地面目标和两个空间目标

本小节对响应卫星的轨道进行设计，使其空间轨迹能够在 $\zeta_k(k=1, 2)$ 时刻飞越两个给定的空间目标，同时其星下点轨迹能够在 τ_j 时刻 $(j=1, 2)$ 经过两个给定的地面目标点，完成对快速访问任务。

假设航天器在初始时刻 t_0 的轨道倾角 i_d 和升交点赤经 Ω_{d,t_0} 已知，则其轨道平面确定，航天器在访问两个地面目标时的参数纬度幅角 u_{d,τ_1} 和 u_{d,τ_2} 可分别通过式(3-4)计算得到，对应的访问圈数 N_{d,τ_1} 和 N_{d,τ_2} 可通过式(3-6)估计得到。联立两个地面目标点的访问约束方程(即式(3-7)，$j=1, 2$)来消去分母可得

$$\frac{g_1}{M_{d,\tau_1}-M_{d,t_0}+2\pi N_{d,\tau_1}}=\frac{g_2}{M_{d,\tau_2}-M_{d,t_0}+2\pi N_{d,\tau_2}} \tag{3-41}$$

式中：

$$\begin{cases} g_1 \triangleq \arctan(\cos i_d \tan u_{d,\tau_1})+\Omega_{d,t_0}-\alpha_{t_0}-\lambda_1 \\ g_2 \triangleq \arctan(\cos i_d \tan u_{d,\tau_2})+\Omega_{d,t_0}-\alpha_{t_0}-\lambda_2 \end{cases} \tag{3-42}$$

在此基础上，响应卫星在初始时刻的平近点角 M_{d,t_0} 可由式(3-41)导出为

$$M_{d,t_0}=\frac{g_1M_{d,\tau_2}-g_2M_{d,\tau_1}+2\pi(g_1N_{d,\tau_2}-g_2N_{d,\tau_1})}{g_1-g_2} \tag{3-43}$$

对于一组给定的轨道倾角 i_d 和升交点赤经 Ω_{d,t_0}，航天器和空间目标在交点处的参数纬度幅角 u_{d,ζ_k} 和 u_{k,ζ_k} 可分别由式(3-9)和式(3-10)计算得到。与 3.4 节空间多目标访问轨道设计类似，联立两个空间目标在访问时刻的半径约束(即式(3-13)，$k=1$，2)来消去半长轴 a_d，设计轨道的偏心率可由式(3-33)计算得到。

由式(3-43)、式(3-33)可知，对于一组给定的倾角 i_d 和升交点赤经 Ω_{d,t_0}，设计轨道在初始时刻的平近点角 M_{d,t_0} 和偏心率 e_d 只和近地点角距 ω_{d,t_0} 有关。联立两个空间目标在访问时刻的约束(即式(3-12)，$k=1$，2)来消去设计轨道的平均角速度可得

$$\frac{(\sqrt{\mu/\bar{a}_2^3}+\dot{M}_2+\dot{\omega}_2)(M_{1,\zeta_1}-M_{1,t_0}+2\pi N_{1,\zeta_1})}{(\sqrt{\mu/\bar{a}_1^3}+\dot{M}_1+\dot{\omega}_1)(M_{2,\zeta_2}-M_{2,t_0}+2\pi N_{2,\zeta_2})}=\frac{M_{d,\zeta_1}-M_{d,t_0}+2\pi N_{d,\zeta_1}}{M_{d,\zeta_2}-M_{d,t_0}+2\pi N_{d,\zeta_2}} \tag{3-44}$$

将式(3-43)、式(3-33)代入式(3-44)，可导出一个仅与近地点角距 ω_{d,t_0} 有关的一维非线性方程，可通过一维搜索求解得到设计轨道的 ω_{d,t_0}。一旦得到 ω_{d,t_0}，M_{d,t_0} 和 e_d 可分别通过式(3-43)、式(3-33)求解得到。在此基础上，半长轴 a_d 可通过任意一个空间目标的半径约束求解得到，见式(3-34)。

对于一组给定的倾角 i_d 和升交点赤经 Ω_{d,t_0}，其他四个轨道元素可通过上述步骤依次求解得到。为满足对用户给定的两个空间目标和两个地面目标的访问约束，需要求解 i_d 和 Ω_{d,t_0} 以满足以下二维非线性方程组

$$\boldsymbol{F}(i_d,\ \Omega_{d,t_0})\triangleq\begin{bmatrix}F_5\\F_6\end{bmatrix}=\begin{bmatrix}0\\0\end{bmatrix} \tag{3-45}$$

式中：

$$\begin{cases}F_5\triangleq\arctan(\cos i_d\tan u_{d,\tau_1})+\Omega_{d,t_0}-\alpha_{t_0}-\lambda_1+(\dot{\Omega}_d-\omega_E)\dfrac{M_{d,\tau_1}-M_{d,t_0}+2\pi N_{d,\tau_1}}{\sqrt{\mu/\bar{a}_d^3}+\dot{M}_d+\dot{\omega}_d}\\ F_6\triangleq\dfrac{M_{d,\zeta_1}-M_{d,t_0}+2\pi N_{d,\zeta_1}}{\sqrt{\mu/\bar{a}_d^3}+\dot{M}_d+\dot{\omega}_d}-\dfrac{M_{1,\zeta_l}-M_{1,t_0}+2\pi N_{1,\zeta_l}}{\sqrt{\mu/\bar{a}_1^3}+\dot{M}_1}\end{cases}$$

综上所述，最终针对两个地面目标和两个空间目标的轨道设计问题可以看作仅关于倾角 i_d 和升交点赤经 Ω_{d,t_0} 的二维非线性方程组的求解问题，与式(3-38)类似，可采用牛顿迭代进行求解，迭代过程中的雅可比矩阵通过数值方法计算得到。在采用牛顿迭代时，倾角和升交点赤经的初值可通过 3.4.2

节所提网格法搜索得到，目标函数为

$$P=|F_5|+|F_6|\cdot\omega_E \tag{3-46}$$

注意，式(3-46)中$|F_6|$乘以地球自转角速度ω_E，这是为了将原来的时间差转化为角度差，以统一目标函数的量纲。当P小于给定的阈值ε时，则该网格点对应的i_d和Ω_{d,t_0}将选择为牛顿迭代的初始猜测。

3.5.2 四个地面目标和一个空间目标

本小节通过对响应卫星的轨道进行设计，使其空间轨迹能够飞越一个空间目标，星下点轨迹能够精确通过四个地面目标。在本节中同样有六个等式约束，即4个式(3-7)($j=1,2,3,4$)、1个式(3-12)和1个式(3-13)($k=1$)。

与上小节类似，同样假设设计轨道的倾角i_d和升交点赤经Ω_{d,t_0}已知，以确定响应卫星的轨道平面。分别联立第1个地面目标的访问约束与第2~第4个地面目标的访问约束来消去初始的平近点角M_{d,t_0}可得

$$\begin{aligned}&\arctan(\cos i_d\tan u_{d,\tau_1})-\arctan(\cos i_d\tan u_{d,\tau_2})-(\lambda_1-\lambda_2)+\\&(\dot{\Omega}_d-\omega_E)\frac{M_{d,\tau_1}-M_{d,\tau_2}+2\pi(N_{d,\tau_1}-N_{d,\tau_2})}{\sqrt{\mu/a_d^3}+\dot{M}_d+\dot{\omega}_d}=0\end{aligned} \tag{3-47}$$

$$\begin{aligned}&\arctan(\cos i_d\tan u_{d,\tau_1})-\arctan(\cos i_d\tan u_{d,\tau_3})-(\lambda_1-\lambda_3)+\\&(\dot{\Omega}_d-\omega_E)\frac{M_{d,\tau_1}-M_{d,\tau_3}+2\pi(N_{d,\tau_1}-N_{d,\tau_3})}{\sqrt{\mu/a_d^3}+\dot{M}_d+\dot{\omega}_d}=0\end{aligned} \tag{3-48}$$

$$\begin{aligned}&\arctan(\cos i_d\tan u_{d,\tau_1})-\arctan(\cos i_d\tan u_{d,\tau_4})-(\lambda_1-\lambda_4)+\\&(\dot{\Omega}_d-\omega_E)\frac{M_{d,\tau_1}-M_{d,\tau_4}+2\pi(N_{d,\tau_1}-N_{d,\tau_4})}{\sqrt{\mu/a_d^3}+\dot{M}_d+\dot{\omega}_d}=0\end{aligned} \tag{3-49}$$

分别联立式(3-47)、式(3-48)和式(3-47)、式(3-49)来消去$(\dot{\Omega}_d-\omega_E)/(\sqrt{\mu/a_d^3}+\dot{M}_d+\dot{\omega}_d)$可得

$$\boldsymbol{Q}(e_d,\ \omega_{d,t_0})\triangleq\begin{bmatrix}Q_1\\Q_2\end{bmatrix}=\begin{bmatrix}0\\0\end{bmatrix} \tag{3-50}$$

式中

$$\begin{aligned}Q_1\triangleq&\frac{\arctan(\cos i_d\tan u_{d,\tau_1})-\arctan(\cos i_d\tan u_{d,\tau_2})-(\lambda_1-\lambda_2)}{M_{d,\tau_1}-M_{d,\tau_2}+2\pi(N_{d,\tau_1}-N_{d,\tau_2})}-\\&\frac{\arctan(\cos i_d\tan u_{d,\tau_1})-\arctan(\cos i_d\tan u_{d,\tau_3})-(\lambda_1-\lambda_3)}{M_{d,\tau_1}-M_{d,\tau_3}+2\pi(N_{d,\tau_1}-N_{d,\tau_3})}\end{aligned} \tag{3-51}$$

$$Q_2 \triangleq \frac{\arctan(\cos i_d \tan u_{d,\tau_1})-\arctan(\cos i_d \tan u_{d,\tau_2})-(\lambda_1-\lambda_2)}{M_{d,\tau_1}-M_{d,\tau_2}+2\pi(N_{d,\tau_1}-N_{d,\tau_2})}- \frac{\arctan(\cos i_d \tan u_{d,\tau_1})-\arctan(\cos i_d \tan u_{d,\tau_4})-(\lambda_1-\lambda_4)}{M_{d,\tau_1}-M_{d,\tau_4}+2\pi(N_{d,\tau_1}-N_{d,\tau_4})} \tag{3-52}$$

响应卫星访问两个地面目标的圈数间隔(即 $N_{d,\tau_1}-N_{d,\tau_2}$)可根据式(3-6)估计为

$$N_{d,\tau_1}-N_{d,\tau_2}=\frac{\arctan(\cos i_d \tan u_{d,\tau_1})-\arctan(\cos i_d \tan u_{d,\tau_2})-\lambda_1+\lambda_2}{2\pi\omega_E\sqrt{\mu/\tilde{a}_d^3}} \tag{3-53}$$

注意式(3-53)仅与轨道倾角和指定地面目标的位置信息有关。因此，对于一个给定的倾角 i_d，二维非线性方程组 $\boldsymbol{Q}(e_d, \omega_{d,t_0})$ 仅与偏心率 e_d 和近地点角距 ω_{d,t_0} 有关，可通过牛顿迭代求解得到 e_d 和 ω_{d,t_0}。牛顿迭代的初值可通过如下方法计算得到：

将式(3-24)代入式(3-51)，可导出偏心率 e_d 为

$$e_d \approx \frac{1}{2}\frac{g_3(u_{d,\tau_1}-u_{d,\tau_3})-g_4(u_{d,\tau_1}-u_{d,\tau_2})+2\pi[g_3(N_{d,\tau_1}-N_{d,\tau_3})-g_4(N_{d,\tau_1}-N_{d,\tau_2})]}{g_3[\sin(u_{d,\tau_1}-\omega_{d,t_0})-\sin(u_{d,\tau_3}-\omega_{d,t_0})]-g_4[\sin(u_{d,\tau_1}-\omega_{d,t_0})-\sin(u_{d,\tau_2}-\omega_{d,t_0})]} \tag{3-54}$$

式中：

$$\begin{cases} g_3 \triangleq \arctan(\cos i_d \tan u_{d,\tau_1})-\arctan(\cos i_d \tan u_{d,\tau_2})-(\lambda_1-\lambda_2) \\ g_4 \triangleq \arctan(\cos i_d \tan u_{d,\tau_1})-\arctan(\cos i_d \tan u_{d,\tau_3})-(\lambda_1-\lambda_3) \end{cases} \tag{3-55}$$

将式(3-54)代入式(3-52)导出一个仅关于近地点角距 ω_{d,t_0} 的一维非线性方程，可通过一维搜索进行求解。将求解得到的 e_d 和 ω_{d,t_0} 作为初始值，方程组(3-50)的精确解可通过牛顿迭代求解得到。当求解得到偏心率 e_d 和近地点角距 ω_{d,t_0} 后，设计轨道的半长轴可通过空间目标的半径约束求解得到，见式(3-34)。初始时刻的平近点角可通过空间目标的时间约束求解得到，见式(3-35)。

对于一组给定的倾角 i_d 和升交点赤经 Ω_{d,t_0}，其他四个轨道元素可通过上述步骤依次求解得到。为满足对指定的四个地面目标和一个空间目标的访问，倾角 i_d 和升交点赤经 Ω_{d,t_0} 需满足如下二维非线性方程组：

$$\boldsymbol{F}(i_d, \Omega_{d,t_0}) \triangleq \begin{bmatrix} F_7 \\ F_8 \end{bmatrix}=0 \tag{3-56}$$

式中：

$$\begin{cases} F_7 \triangleq \arctan(\cos i_d \tan u_{d,\tau_1}) + \Omega_{d,t_0} - \alpha_{t_0} - \lambda_1 + (\dot{\Omega}_d - \omega_E)\dfrac{M_{d,\tau_1} - M_{d,t_0} + 2\pi N_{d,\tau_1}}{\sqrt{\mu/\bar{a}_d^3} + \dot{M}_d + \dot{\omega}_d} \\ F_8 \triangleq \arctan(\cos i_d \tan u_{d,\tau_1}) - \arctan(\cos i_d \tan u_{d,\tau_2}) - (\lambda_1 - \lambda_2) + \\ \qquad (\dot{\Omega}_d - \omega_E)\dfrac{M_{d,\tau_1} - M_{d,\tau_2} + 2\pi(N_{d,\tau_1} - N_{d,\tau_2})}{\sqrt{\mu/\bar{a}_d^3} + \dot{M}_d + \dot{\omega}_d} \end{cases}$$

非线性方程组(3-56)可通过牛顿迭代进行求解，并通过数值差分得到迭代过程中的雅可比矩阵。将目标函数设置为

$$P = |F_7| + |F_8| \tag{3-57}$$

迭代过程中倾角 i_d 和升交点赤经 Ω_{d,t_0} 的初始猜测可通过 3.4.2 节所提网格法搜索求解得到。当 P 小于给定的阈值 ε 时，则该网格点对应的 i_d 和 Ω_{d,t_0} 将选择为牛顿迭代的初始猜测。

3.5.3 仿真算例

本小节提供几个算例来验证本节所提方法的有效性，任务初始时刻设置为 2022 年 1 月 1 日 00：00：00。用户指定地面目标点的地心经纬度如表 3-10 所示，指定空间目标在初始时刻对应的轨道参数如表 3-11 所示。假设所有地面目标点均在 1 天内完成访问，且空间目标在其第一个轨道周期内进行访问，在验证过程中采用非线性 J_2 模型进行轨道递推。

表 3-10　用户指定地面目标点的地心经、纬度

目标编号	地点	经度/(°)	纬度/(°)
1	中国北京	116.30	39.90
2	巴西圣保罗	-46.60	-23.57
3	美国纽约	-74.00	40.70
4	澳大利亚悉尼	151.20	-33.85

表 3-11　用户指定空间目标在初始时刻的轨道六根数

目标编号	a_k/km	e_k	i_k/(°)	Ω_{k,t_0}/(°)	ω_{k,t_0}/(°)	f_{k,t_0}/(°)
1	6939.14	0.01	97.64	180	0	0
2	7378.14	0.10	40	90	0	0

1. 两个地面目标和两个空间目标

在本算例中，将表 3-10 中的前两个地面目标和表 3-11 中的两个空间目标选择为访问目标。通过所提方法对响应卫星在初始时刻的轨道进行设计，以实现对指定目标的访问任务。设计轨道的轨道倾角和升交点赤经的初值通过网格法搜索得到，二者的搜索步长 Δi_d 和 $\Delta\Omega_{d,t_0}$ 均设置为 2°，当网格点处的目标函数值 $P<20°$时，该网格点被选择为牛顿迭代的初值。

对于每个给定的地面目标和空间目标，均可选择在升轨段访问或在降轨段访问，因此，四个目标点共有 16 种访问方式组合。对于存在可行解的组合，其半长轴最小的解如表 3-12 所示，其中“A”表示在升轨段访问，“D”表示在降轨段访问，为区分地面目标和空间目标，采用下角标“g_j”和“s_k”表示第 j 个地面目标和第 k 个空间目标，第一组解对应的空间轨迹和星下点轨迹如图 3-10 所示。表 3-12 中每个解对应的目标访问时刻和访问时的误差如表 3-13 所示，其中 $\Delta\lambda_j$ 表示在访问第 j 个地面目标时的星下点轨迹与目标点之间的经度差，Δd_k 表示在访问第 k 个空间目标时响应卫星和目标间的相对距离。由仿真结果可知，在访问地面目标时，最大经度差不超过 0.05°；在访问空间目标时，最大访问距离误差为 27km。这是由于在轨道设计过程中采用线性 J_2 模型进行了简化计算，访问误差主要由线性和非线性 J_2 模型之间的误差造成。

表 3-12　不同访问组合下的最小半长轴解(两个地面目标和两个空间目标)

编号	组合	最小半长轴解					
		a_d/km	e_d	i_d/(°)	Ω_{d,t_0}/(°)	ω_{d,t_0}/(°)	f_{d,t_0}/(°)
1	$A_{g_1}A_{g_2}A_{s_1}A_{s_2}$	6804.4633	0.027639	112.2342	158.931	182.0015	161.0832
2	$A_{g_1}A_{g_2}A_{s_1}D_{s_2}$	7036.8825	0.018591	132.2032	290.058	220.2982	205.113
3	$A_{g_1}A_{g_2}D_{s_1}D_{s_2}$	7363.5164	0.094099	115.869	120.0538	36.6427	296.8475
4	$A_{g_1}D_{g_2}A_{s_1}D_{s_2}$	7785.5838	0.114294	91.0531	89.8433	62.1091	288.4714
5	$A_{g_1}D_{g_2}D_{s_1}D_{s_2}$	7463.5076	0.113282	100.5984	80.7542	316.2839	73.5622
6	$D_{g_1}A_{g_2}D_{s_1}D_{s_2}$	8195.113	0.153496	89.2761	77.4157	263.108	155.8358
7	$D_{g_1}D_{g_2}A_{s_1}A_{s_2}$	6859.505	0.036017	84.1347	98.7844	332.889	23.0972
8	$D_{g_1}D_{g_2}A_{s_1}D_{s_2}$	7242.4211	0.039949	73.6287	33.0327	294.4441	115.198
9	$D_{g_1}D_{g_2}D_{s_1}A_{s_2}$	6812.5531	0.025388	104.4245	127.5236	306.2477	41.6616
10	$D_{g_1}D_{g_2}D_{s_1}D_{s_2}$	7551.7162	0.092194	122.6607	122.7434	64.4998	272.7614

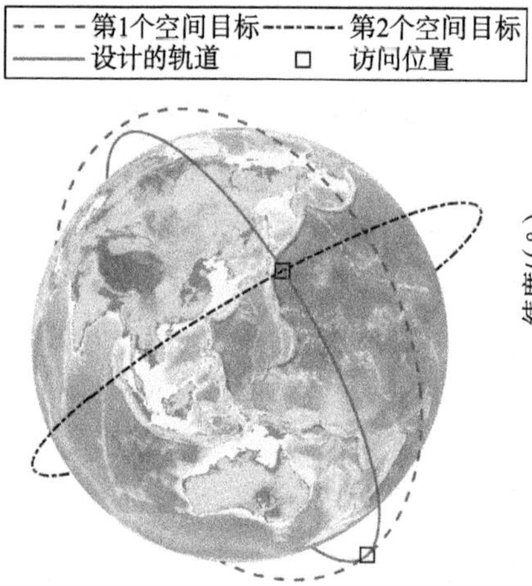

(a) 空间轨迹

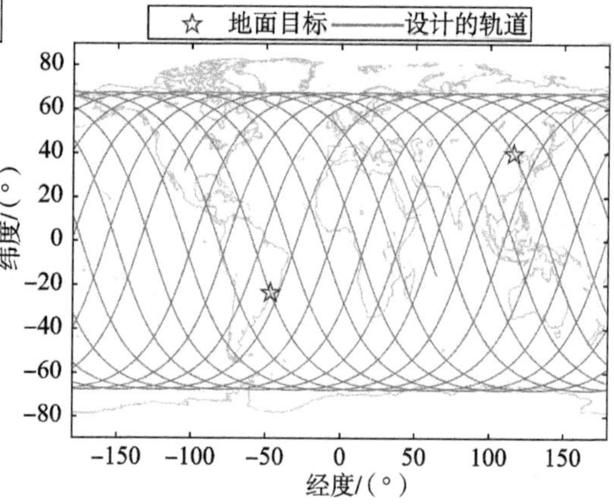

(b) 星下点轨迹

图 3-10 两个地面目标和两个空间目标访问轨道设计

表 3-13 不同组合下的访问时刻与访问误差(两个地面目标和两个空间目标)

编号	$\Delta\tau_1$/h	$\Delta\tau_2$/h	$\Delta\zeta_1$/h	$\Delta\zeta_2$/h	$\Delta\lambda_1$/(°)	$\Delta\lambda_2$/(°)	Δd_1/km	Δd_2/km
1	18.9076	7.7238	1.3706	0.2453	0.0418	0.0046	10.4	13.42
2	1.6046	17.4735	1.0010	0.2816	0.0053	0.0319	22.05	6.44
3	16.0223	5.2424	0.5081	1.0334	0.0314	0.0003	10.2	21.22
4	15.4290	14.3248	0.3990	0.8731	0.0225	0.0201	9.48	24.75
5	14.3252	13.4759	1.2549	0.8135	0.0014	0.0191	7.4	21.45
6	2.6508	1.5361	1.2069	0.7779	0.0028	0.0089	15.26	26.49
7	3.7768	15.0827	0.3631	0.0494	0.0106	0.0020	9.44	10.22
8	22.6174	11.0079	1.1216	0.4568	0.0210	0.0038	14.58	24
9	6.8865	16.5171	0.4493	0.1534	0.0097	0.0124	9.13	11.86
10	7.9266	15.5877	0.5453	1.0329	0.0468	0.0048	6.24	18.29

2. 四个地面目标和一个空间目标

在本算例中，将表 3-10 中的全部四个地面目标和表 3-11 中的第一个空间目标选择为用户指定的访问目标。通过对响应卫星的轨道参数进行设计，以实现对全部目标点的访问任务。设计轨道的轨道倾角和升交点赤经的初始初值同样通过网格法搜索得到，搜索步长分别设置为 $\Delta i_d=0.5°$、$\Delta\Omega_{d,t_0}=0.5°$，当网格点处的目标函数值 $P<20°$时，该网格点被选择为牛顿迭代的初值。

与上个算例类似，对于指定的五个目标点，共有 32 种访问组合。然而，仅有四个组合下存在可行解。每种组合下的最小半长轴解如表 3-14 所示，对应的目标点的访问时刻和访问时的误差列在了表 3-15 中，此外编号为 1 的解的空间轨迹和星下点轨迹如图 3-11 所示。由表 3-15 中结果可知，通过本章方法设计的轨道，在访问地面目标时，星下点轨迹和目标点之间的经度差不超过 0.11°；在访问空间目标时，最大访问误差不超过 17km，二者均由线性和非线性 J_2 模型之间的误差造成。

表 3-14　不同访问组合下的最小半长轴解（四个地面目标和一个空间目标）

编号	组合	最小半长轴解					
		a_d/km	e_d	i_d/(°)	Ω_{d,t_0}/(°)	ω_{d,t_0}/(°)	f_{d,t_0}/(°)
1	$A_{g_1}A_{g_2}D_{g_3}D_{g_4}A_{s_1}$	6947. 7264	0. 051326	48. 2837	221. 9148	34. 2234	313. 3315
2	$A_{g_1}A_{g_2}D_{g_3}D_{g_4}D_{s_1}$	6938. 6229	0. 042554	48. 2044	247. 2431	9. 2325	319. 4284
3	$D_{g_1}D_{g_2}A_{g_3}D_{g_4}A_{s_1}$	7827. 9042	0. 122396	100. 0652	181. 8680	26. 4243	332. 1226
4	$D_{g_1}D_{g_2}A_{g_3}D_{g_4}D_{s_1}$	8537. 4548	0. 192355	83. 9899	82. 2885	280. 1885	161. 8505

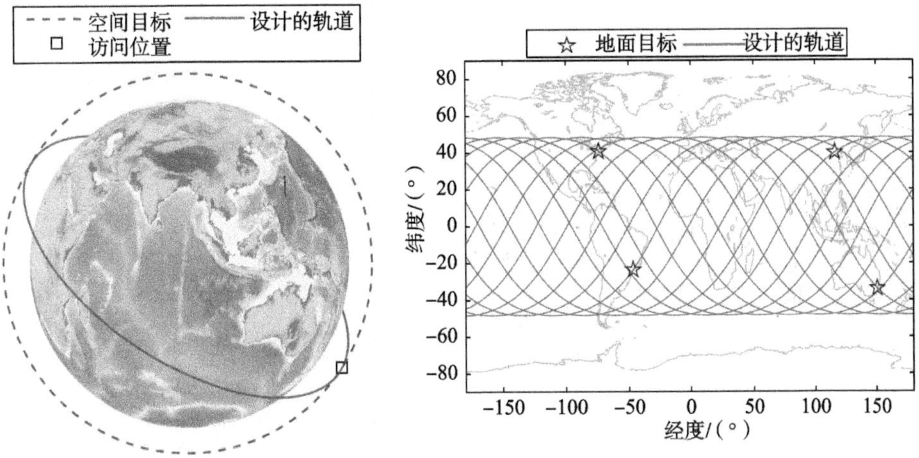

（a）空间轨迹　　（b）星下点轨迹

图 3-11　四个地面目标和一个空间目标访问轨道设计

表 3-15　不同组合下的访问时刻与访问误差（四个地面目标和一个空间目标）

编号	$\Delta\tau_1$/h	$\Delta\tau_2$/h	$\Delta\tau_3$/h	$\Delta\tau_4$/h	$\Delta\zeta$/h	$\Delta\lambda_1$/(°)	$\Delta\lambda_2$/(°)	$\Delta\lambda_3$/(°)	$\Delta\lambda_4$/(°)	Δd_1/km
1	3. 4886	9. 5120	21. 3303	12. 2507	1. 4487	0. 0771	0. 0240	0. 1065	0. 0801	7. 97
2	5. 1610	11. 1686	22. 9766	13. 9191	0. 5976	0. 0722	0. 0119	0. 0524	0. 0800	7. 01
3	10. 2292	20. 2248	9. 7600	6. 8786	0. 1612	0. 0047	0. 0403	0. 0029	0. 0165	9. 38
4	2. 6766	14. 0059	4. 0421	0. 9630	1. 1803	0. 0071	0. 0250	0. 0146	0. 0114	16. 02

3.6 本章小结

本章在考虑 J_2 摄动的影响下求解了访问多个地面目标、多个空间目标和多个地空混合目标的快速响应轨道设计问题。根据不同类型目标点访问约束和响应卫星轨道参数之间的关系，建立了访问地面目标和空间目标的等式约束，将地面目标的经、纬度约束简化为一个关于时间的等式约束，将空间目标在三维空间中的位置约束简化为关于时间和关于半径的两个等式约束。针对地面目标访问轨道设计问题，在初始时刻访问第一个目标点的假设下，将五个地面目标单次访问问题和四个地面目标重复访问问题转化为只含有倾角的一维非线性方程的求解问题，并通过一维搜索进行数值求解。针对三个空间目标访问问题、两个地面目标和两个空间目标访问问题，以及四个地面目标和一个空间目标访问问题，将轨道设计转化为只含有倾角和升交点赤经的二维非线性方程组的求解问题，通过网格法对迭代初值进行搜索，并通过牛顿迭代进行求解。仿真算例表明，通过本章方法设计的轨道，其星下点轨迹能够精确通过用户指定的地面目标点，星下点与地面目标的经度差不超过 0.12°；空间轨迹能够飞越指定的空间目标，空间轨迹与空间目标之间的相对距离不超过 30km，实现对多个指定目标点的访问任务，验证了方法的有效性。本章所提方法可用于针对指定目标进行应急访问的快速响应轨道设计任务。

第4章 单脉冲轨道机动可达范围

航天任务通常都有严格的时间和燃料约束，在燃料约束条件下，考虑不同的机动策略，航天器在空间中能够到达的范围不同。研究轨道机动可达范围（可达域），是轨道机动优化的前提条件，可为任务决策者提供可行性的判断。对于地面目标，求解星下点轨迹可达范围能够更加直观表示机动能力对航天器对地覆盖特性的影响，从而为对地成像任务规划等提供先验性分析[41-44]。对于空间目标，在当前越来越多的航天器攻防对抗活动中，攻防双方需要尽可能多地掌握对方航天器的异动信息。求解攻防双方的机动可达域，可为航天器之间的安全距离产生约束，从而对碰撞风险进行分析，为碰撞预警和规避、空间攻防等航天任务提供有益支持[45-49]。

4.1 单脉冲星下点轨迹可达范围

星下点轨迹是航天器在轨运动在地球表面的投影，能直接反映航天器对地面目标的覆盖情况。本节基于高斯变分方程，求解了航天器在单次脉冲作用下一段时间内星下点轨迹的可达范围。考虑线性 J_2 摄动模型，将可达范围的求解转化为求解机动轨道在所有可达纬度处与参考轨道之间的经度差问题。考虑共面脉冲和异面脉冲两种情况：对于共面脉冲情况，机动轨道和参考轨道之间的经度差是关于转移时间单调递减的函数，可通过牛顿迭代得到转移时间的极值；异面脉冲机动下经度差与转移时间和轨道面的变化都相关，可通过序列二次规划算法进行求解。最终，通过比较经度差的极值和边界值得到星下点轨迹可达范围的包络。

4.1.1 问题描述

假设在初始时刻 t_0，一颗响应卫星正在已知的初始轨道上运行，在星上燃料限制下，卫星所能提供的最大脉冲幅值记为 $\Delta V_{\max}$，航天器在某一时刻施加一次脉冲机动，从而变轨进入机动后的轨道，其星下点轨迹也随之变化。星下点轨迹的可达范围定义为：航天器在脉冲幅值约束下，在一段时间内通过施加任意方向的单次脉冲机动后能飞越的所有星下点轨迹的合集。航天器在轨运行中会受到各种摄动力的影响，从而导致其星下点轨迹的漂移，本节主要针对运行于近地轨道上的航天器，仅考虑 J_2 摄动的影响。

将未机动的初始轨道定义为参考轨道，施加机动的轨道定义为机动轨道。t_0、t_m、t_φ 和 t'_φ 分别表示初始时刻、机动时刻、沿着参考轨道和沿着机动后轨道运行至某一指定纬度 φ^* 的时刻。机动前后的轨道参数分别用下标“0”和“1”表示。考虑轨道递推和摄动力的影响，对于随时间变化的轨道参数(如升交点赤经 Ω、近地点角距 ω、真近点角 f、偏近点角 E、平近点角 M 和参数纬度幅角 u 等)，采用时间第二下标来表示在不同时刻的值。例如，Ω_{0,t_0}、Ω_{0,t_m} 和 Ω_{1,t_m} 分别表示响应卫星在初始时刻、机动时刻前、机动时刻后的升交点赤经。注意，在线性 J_2 模型下，半长轴 a、偏心率 e、轨道倾角 i 不随时间变化，因此略去它们的时间第二下标。

4.1.2 星下点轨迹可达范围的定义

在线性 J_2 模型下，参考轨道的星下点在某一时刻 t 对应的经、纬度(λ_0, φ_0)可由轨道参数计算得到

$$\lambda_0(t)=\arctan(\cos i_0\tan u_{0,t})+\Omega_{0,t}-\alpha_{t_0}-\omega_E(t-t_0) \tag{4-1}$$

$$\varphi_0(t)=\arcsin(\sin i_0\sin u_{0,t}) \tag{4-2}$$

当卫星沿着参考轨道运行至某一指定的纬度 φ^* 时，即 $\varphi_0(t_\varphi)=\varphi^*$，对应的参数纬度幅角 u_{0,t_φ} 可由式(4-2)得到

$$u_{0,t_\varphi}=f_{0,t_\varphi}+\omega_{0,t_\varphi}=\begin{cases}\arcsin\left(\dfrac{\sin\varphi^*}{\sin i_0}\right), & \text{升轨}\\[2ex] \pi-\arcsin\left(\dfrac{\sin\varphi^*}{\sin i_0}\right), & \text{降轨}\end{cases} \tag{4-3}$$

式(4-3)的两个值分别对应升轨段和降轨段飞越两种情况。当 u_{0,t_φ} 已知后，航天器自初始时刻到过顶时刻的飞行时间可由开普勒方程计算得到

$$\Delta t_{\varphi,0}\triangleq t_\varphi-t_0=\frac{M_{0,t_\varphi}-M_{0,t_0}+2\pi N_{0,\Delta t_{\varphi,0}}}{\sqrt{\mu/a_0^3}+\dot{M}_0+\dot{\omega}_0} \tag{4-4}$$

式中：$N_{0,\Delta t_{\varphi,0}}$ 为卫星运行的圈数，初始时刻的平近点角 M_{0,t_0} 以及摄动下的平均角速度已知，过顶时刻的 M_{0,t_φ} 可由式(4-3)的参数纬度幅角计算得到。因此，当圈数和纬度给定后，$\Delta t_{\varphi,0}$ 可通过式(4-4)计算得到，为确定常数。将

式(4-3)、式(4-4)代入式(4-1)，可得星下点在指定的纬度 φ^* 时，对应的经度值为

$$\begin{aligned}\lambda_0(t_\varphi) &= \arctan(\cos i_0 \tan u_{0,t_\varphi}) + \Omega_{0,t_\varphi} - \alpha_{t_0} - \omega_E(t_\varphi - t_0) \\ &= \arctan(\cos i_0 \tan u_{0,t_\varphi}) + \Omega_{0,t_0} + \dot{\Omega}_0 \Delta t_{\varphi,0} - \alpha_{t_0} - \omega_E \Delta t_{\varphi,0}\end{aligned} \tag{4-5}$$

若响应卫星运行至机动时刻 t_m，施加一次脉冲机动，从而变轨进入机动后的轨道，脉冲矢量可在 LVLH 坐标系下写作(图 4-1)

$$\begin{aligned}\Delta \boldsymbol{V} &= \Delta V_r \hat{\boldsymbol{r}} + \Delta V_t \hat{\boldsymbol{t}} + \Delta V_n \hat{\boldsymbol{h}} \\ &= \Delta V \cos\gamma \sin\beta \hat{\boldsymbol{r}} + \Delta V \cos\gamma \cos\beta \hat{\boldsymbol{t}} + \Delta V \sin\gamma \hat{\boldsymbol{h}}\end{aligned} \tag{4-6}$$

式中：$\hat{\boldsymbol{r}}$、$\hat{\boldsymbol{h}}$ 和 $\hat{\boldsymbol{t}}=\hat{\boldsymbol{h}}\times\hat{\boldsymbol{r}}$ 分别表示当前位置的径向、法向和周向；ΔV 为脉冲幅值大小；$\beta\in[0, 2\pi)$为轨道面内的方向角；$\gamma\in[-\pi/2, \pi/2]$为轨道面外的方向角。卫星在施加脉冲机动后，轨道参数将发生改变，从而导致其星下点轨迹发生变化，机动前后轨道参数的变化量可通过积分型高斯变分方程得到，可见式(2-29)。值得注意的是，半长轴的一阶近似会产生较大的误差，本节采用二阶高斯变分方程来估计脉冲前后半长轴的变化，见式(2-37)。不同脉冲作用下对应星下点轨迹发生的变化如图 4-2 所示。

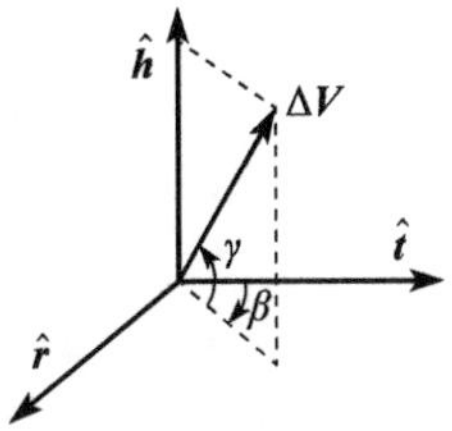

图 4-1　脉冲方向角

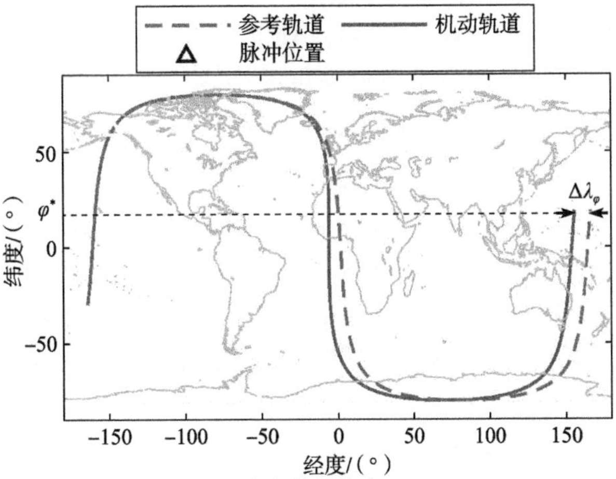

(a) 共面脉冲

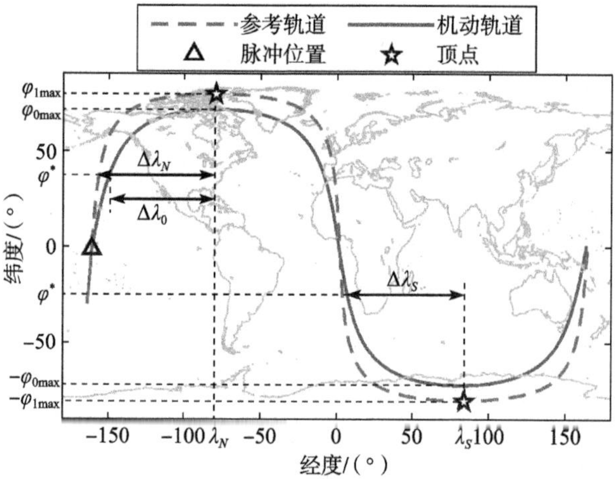

（b）异面脉冲

图 4-2　两种经度差的定义

对于共面脉冲的情况，轨道面外的脉冲分量 $\Delta V_n=0$，由高斯变分方程可知，轨道平面不变，即 $\Delta i=0$，$\Delta\Omega=0$。由式(4-2)可得机动后卫星所能到达的最大纬度不变，有

$$\sin|\varphi_1|_{\max}=\sin i_1=\sin i_0 \tag{4-7}$$

因此，在共面脉冲下，星下点轨迹可达范围可表示为对于指定的纬度和圈数，机动轨道和参考轨道经度差 $\Delta\lambda_\varphi=\lambda_1(t'_\varphi)-\lambda_0(t_\varphi)$ 的范围(图 4-2(a))。通过求解所有纬度处 $\Delta\lambda_\varphi$ 的最大值和最小值，即可得到星下点可达范围的内外包络。

当施加异面脉冲时，轨道平面发生改变，星下点轨迹可到达的最大纬度将随着轨道倾角的变化而改变(图 4-2(b))。由式(4-2)可得

$$\sin|\varphi_1|_{\max}=\sin i_1,\quad i_1=i_0+\Delta i,\quad \Delta i\in[-\Delta i_{\max},\ \Delta i_{\max}] \tag{4-8}$$

式中：$\Delta i_{\max}$ 为脉冲幅值约束下轨道倾角变化的最大值，对应脉冲矢量 $\Delta\boldsymbol{V}=\Delta V_{\max}\hat{\boldsymbol{h}}$ 和机动位置 $u_{0,t_m}=0$，由高斯变分方程可知

$$\Delta i_{\max}=\sqrt{\frac{p_0}{\mu}}\frac{1}{1+e_0\cos\omega_0}\Delta V_{\max} \tag{4-9}$$

此时，共面情况中关于星下点轨迹可达范围的定义在区间 $|\varphi^*|\in(|\varphi_0|_{\max},|\varphi_1|_{\max}]$ 内将不再适用，需要重新定义。注意，响应卫星每圈的星下点轨迹都可根据赤道分为南半球部分和北半球部分，且在南北半球均有一个顶点，对应参数纬度幅角 $u_N=\pi/2$ 和 $u_S=3\pi/2$。因此，在异面脉冲下星下点轨迹的可达范围可表示为机动轨道在不同纬度处和参考轨道顶点之间的经度差。其中北半球经度差记为 $\Delta\lambda_N$，南半球记为 $\Delta\lambda_S$，为简化，二者统称为 $\Delta\lambda_{NS}$。值得注意的

是，当$|\varphi^*|\leqslant i_0$时，参考轨道和顶点之间本身存在一个经度差$\Delta\lambda_0$。

综上所述，对于共面和异面脉冲两种情况，星下点轨迹可达范围的包络都可通过求解机动轨道和参考轨道在所有可达纬度处经度差的最值来得到。

4.1.3 共面脉冲星下点轨迹可达范围

星下点轨迹调整问题通常通过共面脉冲改变轨道的形状(如半长轴、偏心率等)来实现，本小节求解共面脉冲下星下点轨迹的可达范围。此时，式(4-6)中轨道面外方向角$\gamma=0$、$\Delta V_n=0$，共面脉冲矢量可写作$\Delta\boldsymbol{V}=\Delta V\sin\beta\hat{\boldsymbol{r}}+\Delta V\cos\beta\hat{\boldsymbol{t}}$。

4.1.3.1 共面脉冲下的经度差

假设航天器施加脉冲机动后在t'_φ时刻运行至与参考轨道同一圈下同一个指定纬度φ^*，其自初始时刻的飞行时间记为$\Delta t'_{\varphi,0}\triangleq t'_\varphi-t_0$。$\Delta t'_{\varphi,0}$根据机动时刻可分为两部分$\Delta t'_{\varphi,0}=\Delta t_{m,0}+\Delta t_{\varphi,m}$，其中$\Delta t_{m,0}\triangleq t_m-t_0$和$\Delta t_{\varphi,m}\triangleq t'_\varphi-t_m$分别为施加脉冲前后的运行时间。在共面脉冲下，当机动轨道和参考轨道在同一圈的同一纬度处时(假设同在升轨段或降轨段)，需满足

$$\Delta\varphi=\arcsin(\sin i_1\sin u_{1,t'_\varphi})-\arcsin(\sin i_0\sin u_{0,t_\varphi})=0 \tag{4-10}$$

由$i_1=i_0$可知$u_{1,t'_\varphi}=u_{0,t_\varphi}$，对应二者之间经度差可由式(4-5)导出为

$$\begin{aligned}\Delta\lambda_\varphi&=\lambda_1(t'_\varphi)-\lambda_0(t_\varphi)\\&=[\arctan(\cos i_1\tan u_{1,t'_\varphi})-\arctan(\cos i_0\tan u_{0,t_\varphi})]+\\&\quad[(\Omega_{0,t_0}+\Delta t_{m,0}\dot{\Omega}_0+\Delta t_{\varphi,m}\dot{\Omega}_1)-(\Omega_{0,t_0}+\Delta t_{\varphi,0}\dot{\Omega}_0)]-\\&\quad[(\alpha_{t_0}+\Delta t'_{\varphi,0}\omega_E)-(\alpha_{t_0}+\Delta t_{\varphi,0}\omega_E)]\\&=(\Delta t_{m,0}\dot{\Omega}_0+\Delta t_{\varphi,m}\dot{\Omega}_1-\Delta t_{\varphi,0}\dot{\Omega}_0)-\omega_E(\Delta t'_{\varphi,0}-\Delta t_{\varphi,0})\\&=(\dot{\Omega}_0-\omega_E)(\Delta t'_{\varphi,0}-\Delta t_{\varphi,0})+\Delta t_{\varphi,m}(\dot{\Omega}_1-\dot{\Omega}_0)\end{aligned} \tag{4-11}$$

注意，在J_2摄动的作用下，卫星的轨道参数会发生漂移，从而导致星下点轨迹的变化。然而，受脉冲幅值限制，机动轨道和参考轨道之间的轨道形状相差不大，二者所受摄动力基本相同，因此，可用二体模型下经度差$\Delta\tilde{\lambda}_\varphi$来近似代替$J_2$模型下的$\Delta\lambda_\varphi$，即式(4-11)可近似为

$$\Delta\tilde{\lambda}_\varphi=\omega_E(\Delta\tilde{t}_{\varphi,0}-\tilde{t}'_{\varphi,0}) \tag{4-12}$$

式中：$\Delta\tilde{t}_{\varphi,0}$和$\tilde{t}'_{\varphi,0}$分别为二体模型下参考轨道和机动轨道的飞行时长。因此，在后文求解星下点轨迹可达范围的包络时，机动轨道星下点的经度可近似为

$$\lambda_1(t'_\varphi)=\lambda_0(t_\varphi)+\Delta\lambda_\varphi\approx\lambda_0(t_\varphi)+\Delta\tilde{\lambda}_\varphi \tag{4-13}$$

式中：$\lambda_0(t_\varphi)$为线性J_2模型下求解得到的参考轨道的经度；$\Delta\tilde{\lambda}_\varphi$为二体模型下

求解得到的参考轨道与机动轨道之间的经度差。当圈数和纬度给定后，式(4-12)中参考轨道运行时长 $\Delta\tilde{t}_{\varphi,0}$ 可通过略去式(4-4)中的摄动项计算得到，为确定常数。将式(4-12)中 $\Delta\tilde{\lambda}_{\varphi}$ 对机动轨道的飞行时间 $\Delta\tilde{t}'_{\varphi,0}$ 求导可得

$$\frac{\mathrm{d}\Delta\tilde{\lambda}_{\varphi}}{\mathrm{d}\Delta\tilde{t}'_{\varphi,0}}=-\omega_E<0 \tag{4-14}$$

上式表明在给定的纬度 φ^* 处，机动轨道和参考轨道之间的经度差与机动轨道的飞行时间 $\Delta\tilde{t}'_{\varphi,0}$ 成反比。因此，星下点轨迹可达范围的包络可通过求解机动轨道飞行时间 $\Delta\tilde{t}'_{\varphi,0}$ 的最大值和最小值得到。

在二体模型下，响应卫星沿机动轨道的运行时长可由开普勒方程求解得到

$$\begin{aligned}\Delta\tilde{t}'_{\varphi,0}(f_{0,t_m},\beta)&=\Delta\tilde{t}_{m,0}(f_{0,t_m})+\Delta\tilde{t}_{\varphi,m}(f_{0,t_m},\beta)\\&=\frac{M_{0,t_m}(f_{0,t_m})-M_{0,t_0}+2\pi N_{0,\Delta t_{m,0}}}{n_0}+\\&\quad\frac{M_{1,t'_\varphi}(f_{0,t_m},\beta)-M_{1,t_m}(f_{0,t_m},\beta)+2\pi N_{1,\Delta t_{\varphi,m}}}{n_1(f_{0,t_m},\beta)}\end{aligned} \tag{4-15}$$

式中：$n_0=\sqrt{\mu/a_0^3}$ 和 $n_1=\sqrt{\mu/a_1^3}$ 分别为机动前后的平均角速度；$N_{0,\Delta t_{m,0}}$ 和 $N_{1,\Delta t_{\varphi,m}}$ 分别为航天器机动前后运行的圈数，机动前的飞行时间 $\Delta\tilde{t}_{m,0}$ 仅与机动位置 f_{0,t_m} 有关，机动后的飞行时间 $\Delta\tilde{t}_{\varphi,m}$ 与机动位置和脉冲方向角均有关。

对于共面脉冲情况，指标函数为可达纬度处的经度差 $\Delta\tilde{\lambda}_{\varphi}$，控制变量为机动位置 f_{0,t_m} 和轨道面内的脉冲方向角 β。求解过程中没有不等式约束。因此，经度差的最值可以通过令目标函数一阶导数为零、二阶导数小于零得到。本节将共面脉冲下可达范围的求解分为以下三种情况：①脉冲方向自由，脉冲位置固定；②脉冲位置自由，脉冲方向固定；③脉冲方向和位置均自由。接下来对三种情况依次进行求解。

4.1.3.2 脉冲方向自由，机动位置固定

考虑式(4-15)中脉冲方向角 $\beta\in[0,2\pi)$ 自由，机动位置 f_{0,t_m} 为固定值，可达范围的包络可通过求解给定机动位置处的最佳脉冲方向角 β 得到。

假设机动位置固定在任意一个指定的真近点角 f_{0,t_m} 处，航天器在机动前的漂移时间为确定常数，与 β 无关。因此，式(4-15)可写作

$$\Delta\tilde{t}'_{\varphi,0}(\beta)=\Delta\tilde{t}_{m,0}+\Delta\tilde{t}_{\varphi,m}(\beta)=\Delta\tilde{t}_{m,0}+\frac{M_{1,t'_\varphi}(\beta)-M_{1,t_m}(\beta)+2\pi N_{1,\Delta t_{\varphi,m}}}{n_1(\beta)} \tag{4-16}$$

飞行时间 $\Delta\tilde{t}'_{\varphi,0}(\beta)$ 的极值可通过下式求解得到

$$\frac{\partial\Delta\tilde{t}'_{\varphi,0}}{\partial\beta}=0 \tag{4-17}$$

将式(4-16)代入式(4-17)，整理可得

$$\frac{\partial\Delta\tilde{t}'_{\varphi,0}}{\partial\beta}=\left(\frac{\partial M_{1,t'_\varphi}}{\partial\beta}-\frac{\partial M_{1,t_m}}{\partial\beta}\right)\frac{1}{n_1}-\frac{\partial n_1}{\partial\beta}\frac{M_\otimes}{n_1^2}=0 \tag{4-18}$$

式中：$M_\otimes\triangleq M_{1,t'_\varphi}-M_{1,t_m}+2\pi N_{1,\Delta t_{\varphi,m}}$，机动前后轨道元素的变化可通过高斯变分方程求解得到，轨道元素关于脉冲方向角 β 的一阶导数参见附录 A。

对于近地轨道，偏心率一般较小，采用一阶泰勒展开，平近点角可近似写作 $M\approx f-2e\sin f$，在此近似的基础上，平近点角 M_{1,t'_φ} 的一阶偏导为

$$\frac{\partial M_{1,t'_\varphi}}{\partial\beta}\approx\frac{\partial f_{1,t'_\varphi}}{\partial\beta}-2e_1\cos f_{1,t'_\varphi}\frac{\partial f_{1,t'_\varphi}}{\partial\beta}-2\sin f_{1,t'_\varphi}\frac{\partial e_1}{\partial\beta} \tag{4-19}$$

式中：$f_{1,t'_\varphi}=u_{1,t'_\varphi}-(\omega_0+\Delta\omega)$；$e_1=e_0+\Delta e$；飞越指定纬度处的参数纬度幅角 $u_{1,t'_\varphi}=u_{0,t_\varphi}$ 可由式(4-3)计算得到。

将周向或反周向脉冲作为初始猜测，即 $\beta_0=0$ 或 $\beta_0=\pi$，脉冲方向角的精确解可通过牛顿迭代求解得到，迭代公式为

$$\beta_{k+1}=\beta_k-\frac{\partial\Delta\tilde{t}'_{\varphi,0}/\partial\beta}{\partial^2\Delta\tilde{t}'_{\varphi,0}/\partial\beta^2},\quad k=0,1,2,\cdots \tag{4-20}$$

飞行时间 $\Delta\tilde{t}'_{\varphi,0}$ 关于脉冲方向角的二阶偏导数为

$$\frac{\partial^2\Delta\tilde{t}'_{\varphi,0}}{\partial\beta^2}=\left(\frac{\partial^2 M_{1,t'_\varphi}}{\partial\beta^2}-\frac{\partial^2 M_{1,t_m}}{\partial\beta^2}\right)\frac{1}{n_1}+2\left(\frac{\partial n_1}{\partial\beta}\right)^2\frac{M_\otimes}{n_1^3}-\left[\frac{\partial^2 n_1}{\partial\beta^2}M_\otimes+2\frac{\partial n_1}{\partial\beta}\left(\frac{\partial M_{1,t'_\varphi}}{\partial\beta}-\frac{\partial M_{1,t_m}}{\partial\beta}\right)\right]\frac{1}{n_1^2} \tag{4-21}$$

式中各轨道参数对脉冲方向角 β 的二阶偏导数可参见附录 A。

4.1.3.3　机动位置自由，脉冲方向固定

在本小节中，考虑式(4-15)中的脉冲方向固定为沿着周向或反周向，即 $\beta_0=0$ 或 $\beta_0=\pi$，通过优化航天器的机动位置，即真近点角 f_{0,t_m} 来得到可达范围的包络。此时，式(4-15)可写作

$$\begin{aligned}\Delta\tilde{t}'_{\varphi,0}(f_{0,t_m})&=\Delta\tilde{t}_{m,0}(f_{0,t_m})+\Delta\tilde{t}_{\varphi,m}(f_{0,t_m})\\&=\frac{M_{0,t_m}(f_{0,t_m})-M_{0,t_0}+2\pi N_{1,\Delta t_{m,0}}}{n_0}+\frac{M_{1,t'_\varphi}(f_{0,t_m})-M_{1,t_m}(f_{0,t_m})+2\pi N_{1,\Delta t_{\varphi,m}}}{n_1(f_{0,t_m})}\end{aligned} \tag{4-22}$$

为得到 $\Delta\tilde{t}'_{\varphi,0}$ 的最大值和最小值，现对机动位置进行分析。对于一个给定的纬

度和圈数，机动轨道和参考轨道之间的时间差可写作

$$\begin{aligned}
&\Delta\tilde{t}'_{\varphi,0}(f_{0,t_m})-\Delta\tilde{t}_{\varphi,0}\\
&=\frac{M_{0,t_m}(f_{0,t_m})-M_{0,t_0}+2\pi N_{0,\Delta t_{m,0}}}{n_0}+\frac{M_{1,t'_\varphi}(f_{0,t_m})-M_{1,t_m}(f_{0,t_m})+2\pi N_{1,\Delta t_{\varphi,m}}}{n_1(f_{0,t_m})}-\\
&\frac{M_{0,t_\varphi}-M_{0,t_0}+2\pi N_{0,\Delta t_{\varphi,0}}}{n_0}\\
&=\frac{M_{1,t'_\varphi}(f_{0,t_m})-M_{1,t_m}(f_{0,t_m})}{n_1(f_{0,t_m})}-\frac{M_{0,t_\varphi}-M_{0,t_m}(f_{0,t_m})}{n_0}+N_{1,\Delta t_{\varphi,m}}(T_1-T_0)
\end{aligned}\tag{4-23}$$

式中：$N_{0,\Delta t_{m,0}}+N_{1,\Delta t_{\varphi,m}}=N_{0,\Delta t_{\varphi,0}}$；$T_1$ 和 T_0 分别为机动轨道和参考轨道的轨道周期。由式(4-23)可知，机动轨道和参考轨道的时间差由两部分组成，分别为从机动位置到指定纬度处一圈内的飞行时间差，$N_{1,\Delta t_{\varphi,m}}$ 圈机动轨道和参考轨道周期的差。

假设一颗响应卫星正在已知的初始轨道上运行，近地点高度为500km，偏心率为 $e_0=0.1$，其余轨道元素为 $i_0=80°$，$\Omega_{0,t_0}=290°$，$\omega_{0,t_0}=60°$，$f_{0,t_0}=220°$。对于一个给定的纬度 $\varphi^*=0°$，圈数为5，参考轨道的飞行时间可由式(4-4)计算得到。通过在前三圈的不同位置施加脉冲幅值为 $|\Delta V_t|=0.05$km/s 的周向脉冲，机动轨道和参考轨道的时间差 $\Delta\tilde{t}'_{\varphi,0}(f_{0,t_m})-\Delta\tilde{t}_{\varphi,0}$ 如图4-3所示，注意图中横坐标初始值为航天器在初始时刻的真近点角 $f_{0,t_0}=220°$。结果显示 $\Delta\tilde{t}'_{\varphi,0}$ 的最大值可能出现在第一圈的极值处或边界位置。

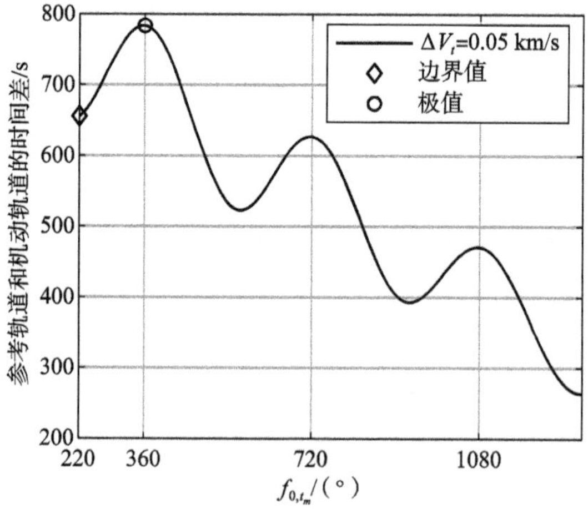

(a) 最大值

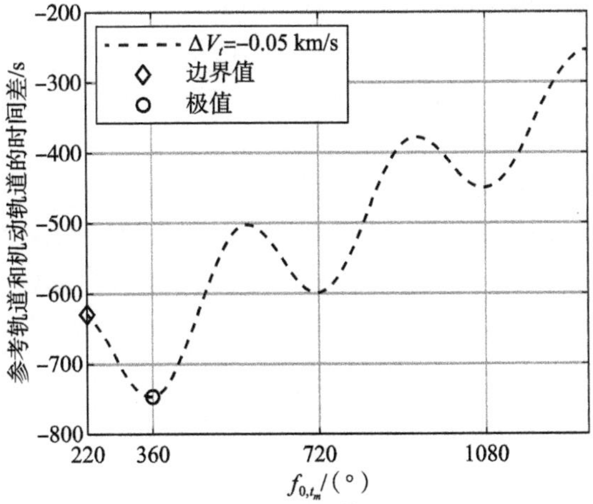

（b）最小值

图 4-3　不同机动位置处参考轨道和机动轨道的时间差

由式(4-23)可知，当飞行时间的圈数较大时，共面脉冲下机动轨道和参考轨道的时间差主要由轨道周期的变化导致。而对于同样的周向脉冲，在近地点处施加轨道机动对半长轴的影响最大，从而导致轨道周期变化最大。因此，$\Delta\tilde{t}'_{\varphi,0}$的极值出现在第一圈的近地点附近(即 $N_{0,\Delta t_{m},0}=0$，$f_{0,t_m}=0$)，可通过下式求解得到

$$\frac{\partial\Delta\tilde{t}'_{\varphi,0}}{\partial f_{0,t_m}}=0 \tag{4-24}$$

将式(4-22)代入式(4-24)可得

$$\frac{\partial\Delta\tilde{t}'_{\varphi,0}}{\partial f_{0,t_m}}=\frac{1-2e_0\cos f_{0,t_m}}{n_0}+\left(\frac{\partial M_{1,t'_\varphi}}{\partial f_{0,t_m}}-\frac{\partial M_{1,t_m}}{\partial f_{0,t_m}}\right)\frac{1}{n_1}-\frac{\partial n_1}{\partial f_{0,t_m}}\frac{M_{\otimes}}{n_1^2}=0 \tag{4-25}$$

式中轨道参数关于机动位置 f_{0,t_m} 的一阶导数见附录 A。将近地点作为初值猜测，即 $f_{0,t_m}=0$，机动位置的精确解可通过牛顿迭代求解得到

$$(f_{0,t_m})_{k+1}=(f_{0,t_m})_k-\left(\frac{\partial\Delta\tilde{t}'_{\varphi,0}/\partial f_{0,t_m}}{\partial^2\Delta\tilde{t}'_{\varphi,0}/\partial f^2_{0,t_m}}\right)_k,\quad k=0,\ 1,\ 2,\ \cdots \tag{4-26}$$

其二阶导数可通过下式求解得到

$$\frac{\partial^2\Delta\tilde{t}'_{\varphi,0}}{\partial f^2_{0,t_m}}=\frac{2e_0\sin f_{0,t_m}}{n_0}+\left(\frac{\partial^2 M_{1,t'_\varphi}}{\partial f^2_{0,t_m}}-\frac{\partial^2 M_{1,t_m}}{\partial f^2_{0,t_m}}\right)\frac{1}{n_1}+2\left(\frac{\partial n_1}{\partial f_{0,t_m}}\right)^2\frac{M_{\otimes}}{n_1^3}-\left[\frac{\partial^2 n_1}{\partial f^2_{0,t_m}}M_{\otimes}+2\frac{\partial n_1}{\partial f_{0,t_m}}\left(\frac{\partial M_{1,t'_\varphi}}{\partial f_{0,t_m}}-\frac{\partial M_{1,t_m}}{\partial f_{0,t_m}}\right)\right]\frac{1}{n_1^2} \tag{4-27}$$

式中轨道参数关于真近点角的二阶导数见附录 A。

值得注意的是，牛顿迭代仅能得到飞行时间 $\Delta \tilde{t}'_{\varphi,0}$ 的极值，需将 $\Delta \tilde{t}'_{\varphi,0}$ 的极值和边界值进行比较，以得到其最值，其中边界值可通过令机动位置等于初始位置(即 $f_{0,t_m}=f_{0,t_0}$)，计算得到。

4.1.3.4 脉冲方向和机动位置均自由

当考虑脉冲方向角和机动位置均自由时，二者取值的区间为 $\beta \in [0, 2\pi)$ 和 $f_{0,t_m} \in [f_{0,t_0}, f_{0,t_0}+2\pi)$，机动轨道的飞行时间 $\Delta \tilde{t}'_{\varphi,0}$ 的极值可通过求解如下方程组得到

$$\begin{cases} \dfrac{\partial \Delta \tilde{t}'_{\varphi,0}(f_{0,t_m}, \beta)}{\partial f_{0,t_m}} = 0 \\ \dfrac{\partial \Delta \tilde{t}'_{\varphi,0}(f_{0,t_m}, \beta)}{\partial \beta} = 0 \end{cases} \tag{4-28}$$

将式(4-15)代入式(4-28)可得

$$\begin{cases} \dfrac{\partial \Delta \tilde{t}'_{\varphi,0}}{\partial f_{0,t_m}} = \dfrac{1-2e_0\cos f_{0,t_m}}{n_0} + \left(\dfrac{\partial M_{1,t'_\varphi}}{\partial f_{0,t_m}} - \dfrac{\partial M_{1,t_m}}{\partial f_{0,t_m}}\right)\dfrac{1}{n_1} - \dfrac{\partial n_1}{\partial f_{0,t_m}} - \dfrac{M_\otimes}{n_1^2} = 0 \\ \dfrac{\partial \Delta \tilde{t}'_{\varphi,0}}{\partial \beta} = \left(\dfrac{\partial M_{1,t'_\varphi}}{\partial \beta} - \dfrac{\partial M_{1,t_m}}{\partial \beta}\right)\dfrac{1}{n_1} - \dfrac{\partial n_1}{\partial \beta} - \dfrac{M_\otimes}{n_1^2} = 0 \end{cases} \tag{4-29}$$

式中机动后轨道元素可由积分型高斯变分方程计算得到，飞行时间关于机动位置 f_{0,t_m} 和脉冲方向角 β 的一阶导数可见附录 A。

将近地点和周向脉冲作为初值，即 $f_{0,t_m}=0$，$\beta=0$ 或 $\beta=\pi$，飞行时长极大值和极小值对应的机动位置和脉冲方向角可通过牛顿迭代数值求解得到

$$\begin{bmatrix} f_{0,t_m} \\ \beta \end{bmatrix}_{k+1} = \begin{bmatrix} f_{0,t_m} \\ \beta \end{bmatrix}_k - \begin{bmatrix} \dfrac{\partial^2 \Delta \tilde{t}'_{\varphi,0}}{\partial f^2_{0,t_m}} & \dfrac{\partial^2 \Delta \tilde{t}'_{\varphi,0}}{\partial f_{0,t_m}\partial \beta} \\ \dfrac{\partial^2 \Delta \tilde{t}'_{\varphi,0}}{\partial \beta \partial f_{0,t_m}} & \dfrac{\partial^2 \Delta \tilde{t}'_{\varphi,0}}{\partial \beta^2} \end{bmatrix}_k^{-1} \cdot \begin{bmatrix} \dfrac{\partial \Delta \tilde{t}'_{\varphi,0}}{\partial f_{0,t_m}} \\ \dfrac{\partial \Delta \tilde{t}'_{\varphi,0}}{\partial \beta} \end{bmatrix}_k, \quad k=0, 1, 2, \cdots \tag{4-30}$$

式中 $\Delta \tilde{t}'_{\varphi,0}$ 关于 f_{0,t_m} 和 β 的二阶导数见式(4-21)、式(4-27)，混合偏导为

$$\begin{aligned} \frac{\partial^2 \Delta \tilde{t}'_{\varphi,0}}{\partial f_{0,t_m}\partial \beta} = & \left(\frac{\partial^2 M_{1,t'_\varphi}}{\partial f_{0,t_m}\partial \beta} - \frac{\partial^2 M_{1,t_m}}{\partial f_{0,t_m}\partial \beta}\right)\frac{1}{n_1} + 2\frac{\partial n_1}{\partial \beta}\frac{\partial n_1}{\partial f_{0,t_m}}\frac{M_\otimes}{n_1^3} - \\ & \left[\frac{\partial^2 n_1}{\partial f_{0,t_m}\partial \beta}M_\otimes + \frac{\partial n_1}{\partial f_{0,t_m}}\left(\frac{\partial M_{1,t'_\varphi}}{\partial \beta} - \frac{\partial M_{1,t_m}}{\partial \beta}\right) + \frac{\partial n_1}{\partial \beta}\left(\frac{\partial M_{1,t'_\varphi}}{\partial f_{0,t_m}} - \frac{\partial M_{1,t_m}}{\partial f_{0,t_m}}\right)\right]\frac{1}{n_1^2} \end{aligned} \tag{4-31}$$

式中轨道元素关于机动位置 f_{0,t_m} 和脉冲方向角 β 二阶偏导数同样可由高斯变分方程求解得到，具体表达式见附录 A。

需注意，除了通过式(4-28)求解飞行时间 $\Delta\tilde{t}'_{\varphi,0}$ 的极值外，还需求解其在初始位置的边界值，即将机动位置设置为初始位置 $f_{0,t_m}=f_{0,t_0}$，通过包络理论令 $\partial\Delta\tilde{t}'_{\varphi,0}/\partial\beta$，求解得到最佳脉冲方向角 β。通过对比 $\Delta\tilde{t}'_{\varphi,0}$ 极值和边界值，从而获得飞行时长的最大值和最小值。

综上所述，给定初始时刻、航天器轨道初始轨道参数和脉冲幅值的上界，航天器在单次共面脉冲机动下星下点轨迹可达范围的求解步骤如下：

(1) 对于一个给定的圈数和纬度，通过式(4-4)、式(4-5)计算得到参考轨道的飞行时间和经度值；

(2) 通过式(4-30)计算得到航天器机动位置和脉冲方向角，并通过式(4-15)计算得到航天器在机动轨道上的飞行时间；

(3) 通过式(4-12)计算得到机动轨道和参考轨道在指定纬度处的经度差；

(4) 通过对比经度差的极值和边界值，得到指定纬度处可达范围的包络，遍历不同圈数上所有可达纬度，即可得到星下点轨迹可达范围的包络。

4.1.4　异面脉冲星下点轨迹可达范围

在异面脉冲作用下，星下点轨迹可达范围可表示为机动轨道和参考轨道顶点之间的经度差。在线性 J_2 模型下，对于一个给定的圈数，将参数纬度幅角 $u_N=\pi/2$ 和 $u_S=3\pi/2$ 代入式(4-1)，可得到参考轨道的星下点轨迹在北半球和南半球顶点处的经度值分别为

$$\begin{cases}\lambda_N=\tau\dfrac{\pi}{2}+\Omega_{0,t_0}+\dot{\Omega}_0\Delta t_N-(\alpha_{t_0}+\omega_E\Delta t_N)\\[2ex]\lambda_S=-\tau\dfrac{\pi}{2}+\Omega_{0,t_0}+\dot{\Omega}_0\Delta t_S-(\alpha_{t_0}+\omega_E\Delta t_S)\end{cases}\tag{4-32}$$

式中：$\tau=\mathrm{sign}(\pi/2-i)$；$\Delta t_N$ 和 Δt_S 分别为参考轨道自初始时刻运行到对应南北半球顶点的时间，可将 u_N 与 u_S 代入式(4-4)计算得到。

与共面情况类似，考虑参考轨道和机动轨道在空间中受到的摄动力近似相同，在计算异面脉冲下星下点轨迹可达范围时，参考轨道顶点处的经度值 λ_N 和 λ_S 在 J_2 模型下计算得到，但在给定纬度处的二者的经度差 $\Delta\lambda_N(\varphi^*)$ 和 $\Delta\lambda_S(\varphi^*)$ 在二体模型下求解即可，即有

$$\lambda_1(t'_\varphi)=\begin{cases}\lambda_N+\Delta\lambda_N(t'_\varphi)\approx\lambda_N+\Delta\tilde{\lambda}_N(t'_\varphi), & \varphi^*>0\\ \lambda_S+\Delta\lambda_S(t'_\varphi)\approx\lambda_S+\Delta\tilde{\lambda}_S(t'_\varphi), & \varphi^*<0\end{cases}\tag{4-33}$$

4.1.4.1 异面脉冲下的经度差

在二体模型下，式(4-32)可简化为

$$\begin{cases}\tilde{\lambda}_N=\tau\dfrac{\pi}{2}+\Omega_0-(\alpha_{t_0}+\omega_E\Delta\tilde{t}_N)\\ \tilde{\lambda}_S=-\tau\dfrac{\pi}{2}+\Omega_0-(\alpha_{t_0}+\omega_E\Delta\tilde{t}_S)\end{cases}\tag{4-34}$$

式中：$\Delta\tilde{t}_N$和$\Delta\tilde{t}_S$分别为二体模型下，沿参考轨道自初始时刻运行到对应南北半球顶点的时间。对于给定的纬度φ^*，机动轨道对应的参数纬度幅角为

$$\sin u_{1,t'_\varphi}=\frac{\sin\varphi^*}{\sin(i_0+\Delta i)},\qquad |\varphi^*|\in[0,|\varphi_1|_{\max}]\tag{4-35}$$

式中：$|\varphi_1|_{\max}$可通过式(4-8)计算得到。二体模型下，机动轨道运行到该纬度处对应的经度值为

$$\begin{aligned}\tilde{\lambda}_1(t'_\varphi)&=\arctan(\cos i_1\tan u_{1,t'_\varphi})+\Omega_1-(\alpha_{t_1}+\omega_E\Delta\tilde{t}'_{\varphi,0})\\&=\arctan[\cos(i_0+\Delta i)\tan u_{1,t'_\varphi}]+(\Omega_0+\Delta\Omega)-(\alpha_{t_0}+\omega_E\Delta\tilde{t}'_{\varphi,0})\end{aligned}\tag{4-36}$$

式中：Δi和$\Delta\Omega$由高斯变分方程得到，飞行时间$\Delta\tilde{t}'_{\varphi,0}$可由下式计算得到

$$\begin{aligned}\Delta\tilde{t}'_{\varphi,0}(f_{0,t_m},\beta,\gamma)&=\Delta\tilde{t}_{m,0}(f_{0,t_m})+\Delta\tilde{t}_{\varphi,m}(f_{0,t_m},\beta,\gamma)\\&=\frac{M_{0,t_m}(f_{0,t_m})-M_{0,t_0}}{n_0}+\frac{M_{1,t'_\varphi}(f_{0,t_m},\beta,\gamma)-M_{1,t_m}(f_{0,t_m},\beta,\gamma)+2\pi N_{1,\Delta t_{\varphi,m}}}{n_1(f_{0,t_m},\beta,\gamma)}\end{aligned}\tag{4-37}$$

$\Delta\tilde{t}'_{\varphi,0}$、$\Delta i$和$\Delta\Omega$均为真近点角$f_{0,t_m}$和脉冲方向角$[\gamma,\beta]$的函数。将式(4-35)代入式(4-36)中的第一项，并采用三角恒等变化，有

$$\begin{aligned}&\arctan[\cos(i_0+\Delta i)\tan u_{1,t'_\varphi}]\\&=\arctan\left[\cos(i_0+\Delta i)\tan\left(\arcsin\frac{\sin\varphi^*}{\sin i_1}\right)\right]\\&=\arctan\left[\frac{\cos(i_0+\Delta i)\sin\varphi^*}{\sqrt{\sin^2(i_0+\Delta i)-\sin^2\varphi^*}}\right]\\&=\arcsin\left[\frac{\tan\varphi^*}{\tan(i_0+\Delta i)}\right]\end{aligned}\tag{4-38}$$

由此，式(4-36)可简化为

$$\tilde{\lambda}_1(t'_\varphi)=\begin{cases}\arcsin\left[\dfrac{\tan\varphi^*}{\tan(i_0+\Delta i)}\right]+(\Omega_0+\Delta\Omega)-(\alpha_{t_0}+\omega_E\Delta\tilde{t}'_{\varphi,0}),\ u_{1,t'_\varphi}\in\left[0,\ \dfrac{\pi}{2}\right)\cup\left[\dfrac{3\pi}{2},\ 2\pi\right)\\ \pi-\arcsin\left[\dfrac{\tan\varphi^*}{\tan(i_0+\Delta i)}\right]+(\Omega_0+\Delta\Omega)-(\alpha_{t_0}+\omega_E\Delta\tilde{t}'_{\varphi,0}),\ u_{1,t'_\varphi}\in\left[\dfrac{\pi}{2},\ \dfrac{3\pi}{2}\right)\end{cases}\tag{4-39}$$

若给定纬度 φ^* 在北半球，即 $u_{1,t'_\varphi}\in[0,\ \pi)$，经度差记为 $\Delta\tilde{\lambda}_N(t'_\varphi)=\tilde{\lambda}_1(t'_\varphi)-\tilde{\lambda}_N$；若给定纬度 φ^* 在南半球，即 $u_{1,t'_\varphi}\in[\pi,\ 2\pi)$，经度差记为 $\Delta\tilde{\lambda}_S(\tilde{t}'_\varphi)=\tilde{\lambda}_1(t'_\varphi)-\tilde{\lambda}_S$。在二体模型下，根据参数纬度幅角的区间不同，共有四种组合：

(1)如果 $u_{1,t'_\varphi}\in[0,\ \pi/2)$，经度差为

$$\Delta\tilde{\lambda}_N(t'_\varphi)=\arcsin\left[\frac{\tan\varphi^*}{\tan(i_0+\Delta i)}\right]+\Delta\Omega-\omega_E(\Delta\tilde{t}'_{\varphi,0}-\Delta\tilde{t}_N)-\tau\frac{\pi}{2},\ u_{1,t'_\varphi}\in\left[0,\ \frac{\pi}{2}\right)\tag{4-40}$$

(2)如果 $u_{1,t'_\varphi}\in[\pi/2,\ \pi)$，经度差为

$$\Delta\tilde{\lambda}_N(t'_\varphi)=-\arcsin\left[\frac{\tan\varphi^*}{\tan(i_0+\Delta i)}\right]+\Delta\Omega-\omega_E(\Delta\tilde{t}'_{\varphi,0}-\Delta\tilde{t}_N)+(2-\tau)\frac{\pi}{2},\ u_{1,t'_\varphi}\in\left[\frac{\pi}{2},\ \pi\right)\tag{4-41}$$

(3)如果 $u_{1,t'_\varphi}\in[\pi,\ 3\pi/2)$，经度差为

$$\Delta\tilde{\lambda}_S(t'_\varphi)=-\arcsin\left[\frac{\tan\varphi^*}{\tan(i_0+\Delta i)}\right]+\Delta\Omega-\omega_E(\Delta\tilde{t}'_{\varphi,0}-\Delta\tilde{t}_S)+(2+\tau)\frac{\pi}{2},\ u_{1,t'_\varphi}\in\left[\pi,\ \frac{3\pi}{2}\right)\tag{4-42}$$

(4)如果 $u_{1,t'_\varphi}\in[3\pi/2,\ 2\pi)$，经度差为

$$\Delta\tilde{\lambda}_S(t'_\varphi)=\arcsin\left[\frac{\tan\varphi^*}{\tan(i_0+\Delta i)}\right]+\Delta\Omega-\omega_E(\Delta\tilde{t}'_{\varphi,0}-\Delta\tilde{t}_S)+\tau\frac{\pi}{2},\ u_{1,t'_\varphi}\in\left[\frac{3\pi}{2},\ 2\pi\right)\tag{4-43}$$

最终，异面脉冲下星下点轨迹可达范围的包络可通过计算所有纬度处的经度差的最值得到。

4.1.4.2　数值优化求解可达范围包络

本小节采用数值优化算法求解星下点轨迹可达范围的内外包络。联立式(4-40)~式(4-43)，异面脉冲下经度差的四种组合情况为

$$\Delta\tilde{\lambda}_{NS}(t'_\varphi)\begin{cases}\arcsin\left[\dfrac{\tan\varphi^*}{\tan(i_0+\Delta i)}\right]+\Delta\Omega-\omega_E(\Delta\tilde{t}'_{\varphi,0}-\Delta\tilde{t}_N)-\tau\dfrac{\pi}{2}, & u_{1,t_\varphi}\in\left[0,\ \dfrac{\pi}{2}\right)\\ -\arcsin\left[\dfrac{\tan\varphi^*}{\tan(i_0+\Delta i)}\right]+\Delta\Omega-\omega_E(\Delta\tilde{t}'_{\varphi,0}-\Delta\tilde{t}_N)+(2-\tau)\dfrac{\pi}{2}, & u_{1,t'_\varphi}\in\left[\dfrac{\pi}{2},\ \pi\right)\\ -\arcsin\left[\dfrac{\tan\varphi^*}{\tan(i_0+\Delta i)}\right]+\Delta\Omega-\omega_E(\Delta\tilde{t}'_{\varphi,0}-\Delta\tilde{t}_S)+(2+\tau)\dfrac{\pi}{2}, & u_{1,t'_\varphi}\in\left[\pi,\ \dfrac{3\pi}{2}\right)\\ \arcsin\left[\dfrac{\tan\varphi^*}{\tan(i_0+\Delta i)}\right]+\Delta\Omega-\omega_E(\Delta\tilde{t}'_{\varphi,0}-\Delta\tilde{t}_S)+\tau\dfrac{\pi}{2}, & u_{1,t'_\varphi}\in\left[\dfrac{3\pi}{2},\ 2\pi\right)\end{cases} \tag{4-44}$$

对于一个给定的纬度$|\varphi^*|\in[0,\ |\varphi_1|_{\max}]$和一个圈数$N$，航天器飞行时间$\Delta\tilde{t}_N$、$\Delta\tilde{t}_S$和$\Delta\tilde{t}'_{\varphi,0}$可由二体下的开普勒方程计算得到。轨道平面的变化量$\Delta i$和$\Delta\Omega$由高斯变分方程得到。注意$\Delta\tilde{t}_S$、$\Delta\tilde{t}_N$、$\Delta\tilde{t}'_{\varphi,0}$、$\Delta i$和$\Delta\Omega$均是只关于机动位置和机动方向角$[f_{0,t_m},\ \gamma,\ \beta]$的函数。

此时指标函数为$\Delta\tilde{\lambda}_{NS}$，优化变量为机动位置、轨道面内和轨道面外的脉冲方向角$[f_{0,t_m},\ \gamma,\ \beta]$，不等式约束条件为

$$i_0+\Delta i\geqslant\varphi^*,\quad \varphi^*>i_0-\Delta i_{\max} \tag{4-45}$$

由此，异面脉冲下星下点轨迹的可达范围转换为非线性规划问题，可采用序列二次规划(Sequential Quadratic Programming，SQP)算法求解经度差的极值。对于不同的轨道弧段，控制变量的初始猜测值见表4-1。可达范围的包络可通过求解经度差的最大值和最小值得到。

表4-1 不同弧段下控制变量初始猜测

轨道弧段	内边界($\Delta i<0$)	外边界($\Delta i>0$)
$u_{1,t'_\varphi}\in[0,\ \pi/2)$	$[0,\ -\pi/2,\ \pi]$	$[0,\ \pi/2,\ 0]$
$u_{1,t'_\varphi}\in[\pi/2,\ \pi)$	$[0,\ -\pi/2,\ 0]$	$[0,\ \pi/2,\ \pi]$
$u_{1,t'_\varphi}\in[\pi,\ 3\pi/2)$	$[0,\ -\pi/2,\ \pi]$	$[0,\ \pi/2,\ 0]$
$u_{1,t'_\varphi}\in[3\pi/2,\ 2\pi)$	$[0,\ -\pi/2,\ 0]$	$[0,\ \pi/2,\ \pi]$

综上所述，给定初始时刻、航天器轨道初始轨道参数和脉冲幅值的上界，航天器在单次异面脉冲机动下星下点轨迹可达范围的求解步骤如下：

(1)给定一个圈数，通过式(4-32)计算得到参考轨道南北半球星下点轨迹顶点的经度；

(2)给定纬度φ^*，分别通过式(4-35)和式(4-37)计算得到机动轨道对应

的参数纬度幅角 u_{1,t'_φ} 和飞行时间 $\Delta\tilde{t}'_{\varphi,0}$，然后通过式(4-44)得到经度差；

(3)利用序列二次规划算法求解机动位置和脉冲方向角$[f_{0,t_m}, \gamma, \beta]$，得到经度差的极值，其中初始猜测见表 4-1，进一步将机动位置固定为初始位置，通过优化脉冲方向角得到经度差的边界值；

(4)通过比较经度差的极值和边界值得到最值，遍历不同圈数上所有可达纬度，可得到星下点轨迹可达范围的包络。

4.1.5　仿真算例

本小节提供几个数值算例来验证所提方法的有效性，包括共面脉冲、异面脉冲两种情况。在数值仿真过程中，轨道积分采用非线性 J_2 模型和美国 1976 大气模型。将大气阻力系数设置为 2.2，响应卫星的面质比设置为 0.01m²/kg。

4.1.5.1　共面情况

假设初始时刻为 2019 年 1 月 1 日 00：00：00，一颗响应卫星正在已知的初始轨道上运行，初始近地点高度为 $h_p = 500$km，偏心率为 $e_0 = 0.1$，轨道倾角为 $i_0 = 80°$，升交点赤经为 $\Omega_{0,t_0} = 290°$，近地点角距为 $\omega_{0,t_0} = 60°$，真近点角为 $f_{0,t_0} = 220°$。响应卫星在剩余燃料限制下所能施加的最大脉冲幅值为 $\Delta V_{max} = 0.05$km/s，利用 4.1.3 节所提方法求解共面脉冲机动下星下点轨迹可达范围的包络。

(1)脉冲方向自由，机动位置固定。

在本算例中，将脉冲位置固定在初始位置，即 $f_{0,t_m} = f_{0,t_0}$，通过优化脉冲方向角 β 来得到经度差的极值。对于一个给定的纬度 φ^* 和圈数，通过式(4-20)求得最佳脉冲方向角，并通过式(4-12)计算经度差。在前 20 圈内所有可达纬度处，求解得到的最佳脉冲方向角和对应的经度差如图 4-4 所示。此外，图 4-4 中也显示了每一圈内对应的纬度。仿真结果显示，经度差随着飞行时间的增加而逐

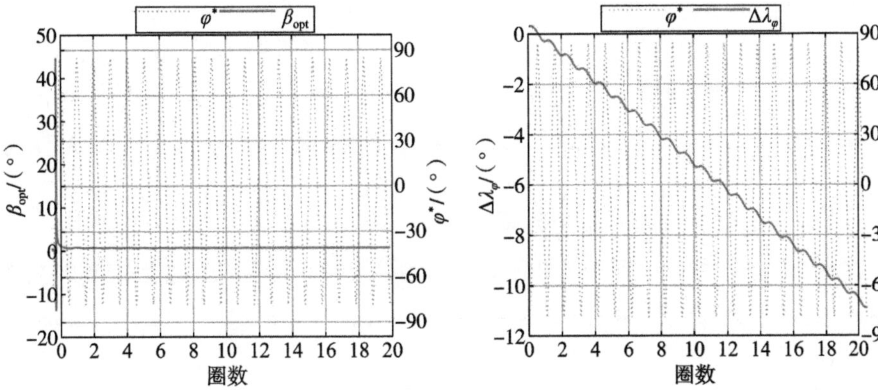

(a) 初始猜测β_0=0

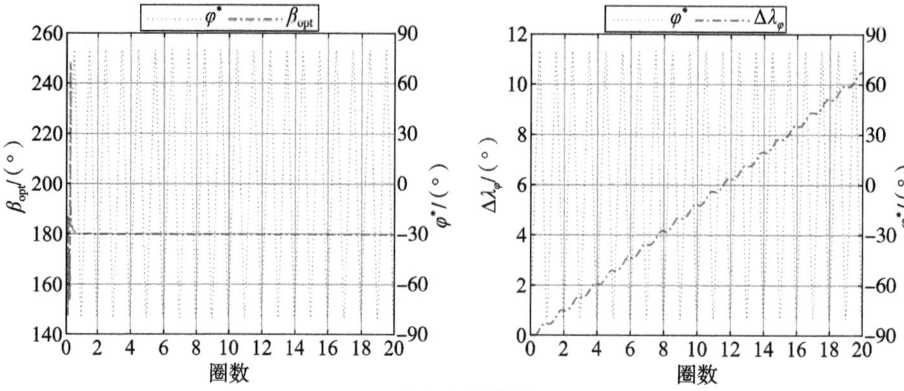

(b) 初始猜测$\beta_0=\pi$

图 4-4 不同圈内最佳脉冲方向角和对应的经度差

渐增大。当飞行时间较长时，机动轨道和参考轨道之间的时间差主要由二者轨道周期之间的差产生，对应的最佳脉冲方向角近似为 0 或 π。当 β_{opt} 近似为 0 时，脉冲方向近似为周向，$\Delta\lambda_\varphi(\varphi^*)=\lambda_1(\varphi^*)-\lambda_0(\varphi^*)<0$，当 β_{opt} 近似为 π 时，脉冲方向近似为反周向，$\Delta\lambda_\varphi(\varphi^*)>0$。值得注意的是，当飞行时间较短时(如在第一圈内)，由于没有最佳脉冲方向角的解析解，数值仿真表明其在第一圈内产生较大波动。

(2)机动位置自由，脉冲方向固定。

在此算例中，脉冲方向固定为周向或反周向。通过牛顿迭代对机动位置进行求解，以得到机动后轨道飞行时间 $\Delta\tilde{t}'_{\varphi,0}$的极值，通过与 $f_{0,t_m}=f_{0,t_0}$ 处的边界值 $\Delta\tilde{t}'_{\varphi,0}(f_{0,t_0})$进行比较，以得到 $\Delta\tilde{t}'_{\varphi,0}$的最值。在前 20 圈内所有可达纬度处，求解得到的最佳机动位置和对应的经度差如图 4-5 所示。与图 4-4 相同，图 4-5 中也显示了每一圈内对应的纬度。仿真结果表明，可达范围包络对应的最佳机动位置在初始位置或近地点附近。当飞行圈数较小时，最佳机动位置常出现在初始位置(对应 $\Delta\tilde{t}'_{\varphi,0}$的边界值)；当飞行圈数较大时，最佳机动位置常出现在近地点附近(对应 $\Delta\tilde{t}'_{\varphi,0}$的极值)。该结果与图 4-3 所得结论保持一致。

(3)机动位置和脉冲方向均自由。

在此算例中，机动位置和脉冲方向均自由，通过所提方法，求解得到的共面脉冲下星下点轨迹可达范围包络如图 4-6 所示，图中同时显示了使用文献[43]中方法得到的可达范围条带(即在初始位置施加切向脉冲)。阴影区域为非线性 J_2 模型下随机生成的 300 条星下点轨迹，脉冲方向角满足 $\beta=2\pi\xi$，机动位置

满足 $f_{0,t_m}=f_{0,t_0}+2\pi\xi$，其中 $\xi\in[0,\ 1]$ 为区间内均匀分布的随机数。由图4-6结果可知，通过本章方法生成的可达范围的包络能更加精确地包括所有随机生成的轨迹。

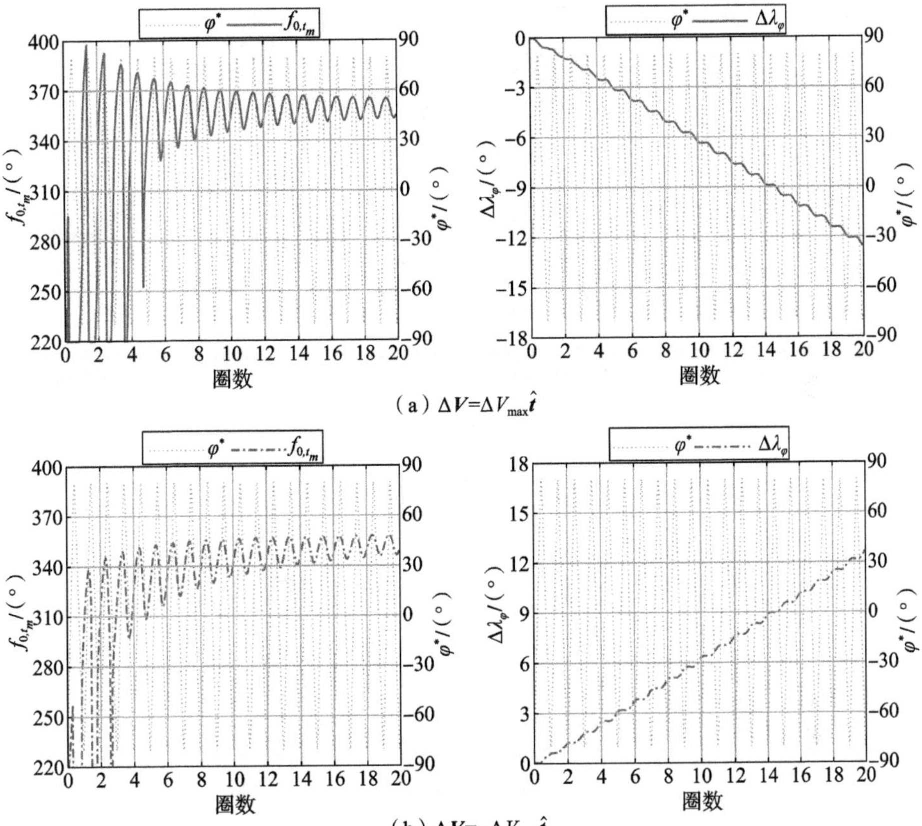

（a）$\Delta\boldsymbol{V}=\Delta V_{\max}\hat{\boldsymbol{t}}$

（b）$\Delta\boldsymbol{V}=-\Delta V_{\max}\hat{\boldsymbol{t}}$

图4-5　不同圈数下最佳机动位置和对应的经度差

此外，对于共面脉冲情况，机动轨道和参考轨道在指定纬度 $\varphi^*=0°$ 处的经度差 $\Delta\lambda_\varphi$ 随着圈数(飞行时间)和脉冲幅值的变化如图4-7所示。仿真结果表明，在同一纬度下，星下点轨迹的经度差 $\Delta\lambda_\varphi$ 与脉冲幅值和运行圈数近似成正比。

4.1.5.2　异面情况

在本算例中，为清晰显示不同轨道弧段处星下点轨迹的可达范围，将近地点角距 ω_{0,t_0} 和真近点角 f_{0,t_0} 均设置为0，其他初始轨道参数与共面情况相同。一般而言，改变轨道平面需要较大的脉冲幅值，因此，假设卫星能施加的最大

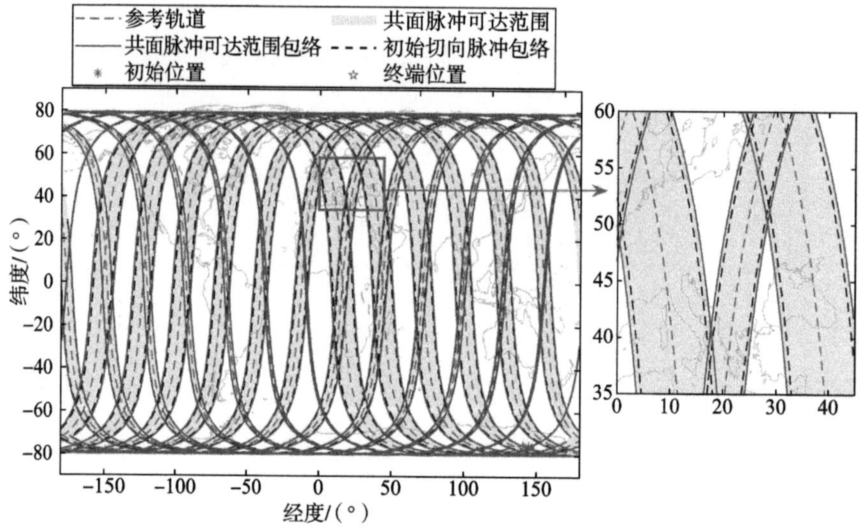

图 4-6　共面脉冲下可达范围包络

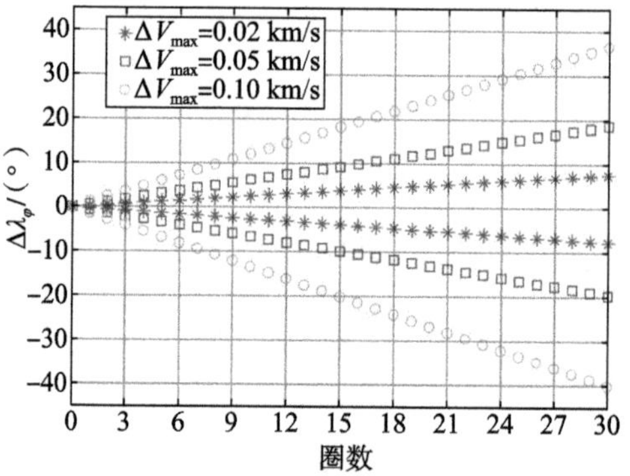

(a) 不同圈数

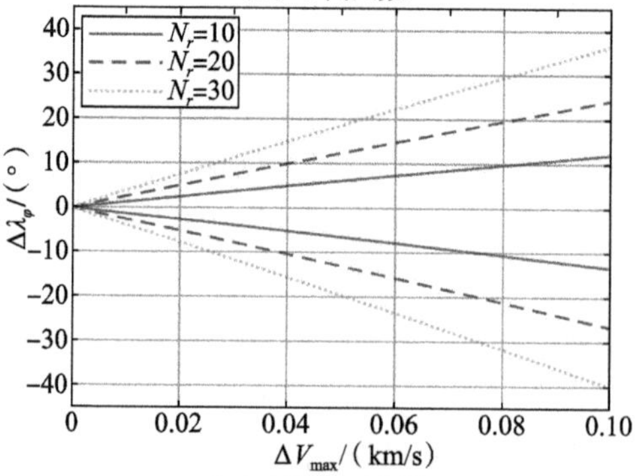

(b) 不同脉冲幅值

图 4-7　共面脉冲下的经度差($\varphi^*=0°$)

脉冲幅值为 0.1km/s，则其星下点轨迹在 3 圈内的可达范围如图 4-8 所示。同样，图中阴影区域为随机施加脉冲生成的 300 组星下点轨迹，脉冲方向角满足 $\beta=2\pi\xi$，$\gamma=\pi/2-\pi\xi$，机动位置满足 $f_{0,t_m}=f_{0,t_0}+2\pi\xi$，其中 $\xi\in[0, 1]$ 为区间内均匀分布的随机数。

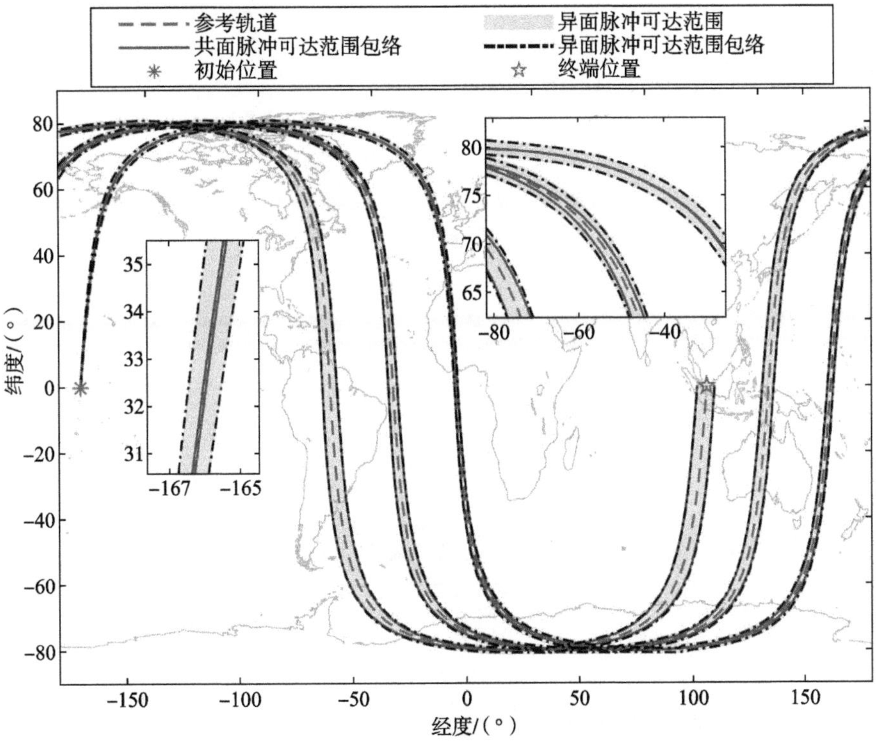

图 4-8　异面脉冲下星下点轨迹可达范围

由图 4-8 的仿真结果显示，通过所提方法求解的边界值能精确包络所有可达区域。与相同脉冲幅值下共面脉冲可达范围的包络相比，异面脉冲可达范围在第一圈内的差别最大，这是由于共面情况下的可达范围是通过机动轨道和参考轨道之间的时间差产生的，该时间差随着圈数(飞行时间)的增加而逐渐变大，但异面脉冲可通过直接改变轨道平面来改变星下点轨迹，从而在第一圈内也能产生较大的可达范围。此外，除了第一圈外，在相同的脉冲幅值上限下，异面脉冲和共面脉冲下星下点轨迹可达范围的区别主要在高纬度地区，即航天器可通过施加异面脉冲来提升对高纬地区的覆盖特性。

对于异面脉冲情况，机动轨道和对应的南北半球星下点轨迹的顶点在给定纬度 $\varphi^*=77°$ 处的经度差 $\Delta\lambda_{NS}$ 随着飞行圈数和脉冲幅值大小的变化曲线如

图 4-9 所示。由异面脉冲星下点轨迹可达范围的定义可知，机动轨道和对应顶点之间存在一个固有的经度差 $\Delta\lambda_0$(图 4-2(b))，在本算例中为 $\Delta\lambda_0=-39.58°$。为直观显示，图 4-9 中减去了固有的经度差，即 $\Delta\lambda_{NS}-\Delta\lambda_0$。此外，图中也绘制了共面脉冲下的经度差 $\Delta\lambda_\varphi$ 以作对比。仿真结果显示，在高纬度地区，$\Delta\lambda_{NS}-\Delta\lambda_0$ 和 $\Delta\lambda_\varphi$ 之间的差别随着圈数的增多而逐渐减小，即随着飞行时间的增加，星下点轨迹可达范围主要由共面脉冲产生。此外，对于一个给定的圈数，$\Delta\lambda_{NS}-\Delta\lambda_0$ 也随着脉冲幅值的增大而线性增大。

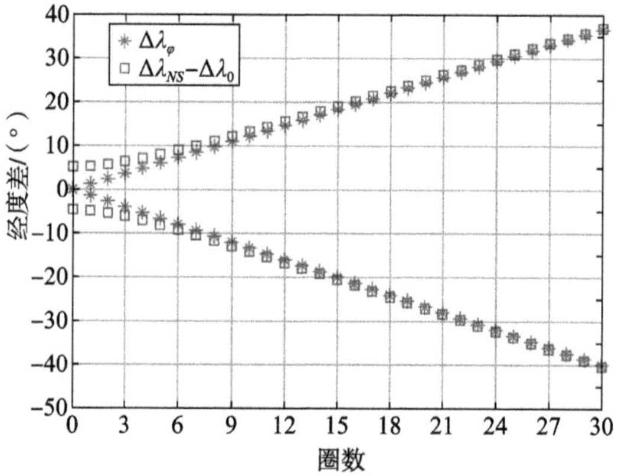

（a）不同圈数（脉冲幅值0.1km/s）

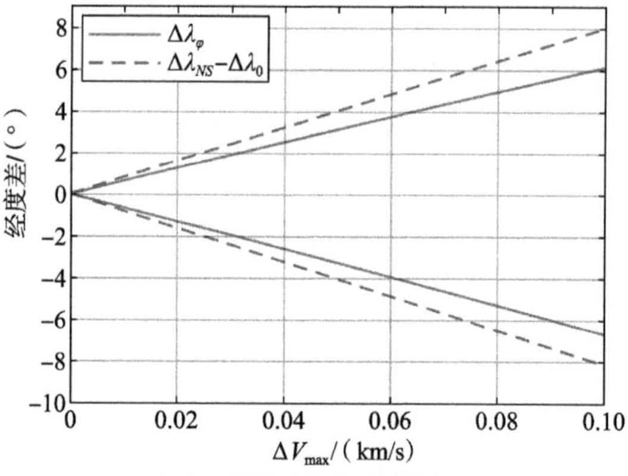

（b）不同脉冲幅值（圈数为5）

图 4-9　给定纬度处的经度差($\varphi^*=77°$)

对于给定的纬度，异面脉冲作用下经度差的极值通过序列二次规划算法优化机动位置和脉冲方向角得到，对应的脉冲分量由式(4-6)计算得到。对于不同的参数纬度幅角，单圈内可达范围包络对应的脉冲分量曲线如图 4-10 所示。结果表明，径向脉冲 ΔV_r 在整圈都很小，周向分量 ΔV_t 在低纬地区为主要分量，法向分量 ΔV_n 是高纬地区的主要分量。该结果与图 4-8 结论一致，即响应卫星可通过施加异面脉冲来提升对高纬度地区的覆盖范围。

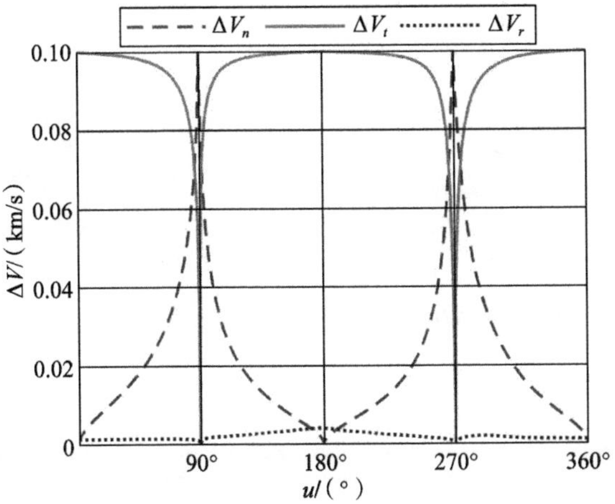

图 4-10　单圈内脉冲分量变化图

4.1.5.3　误差分析

对于单脉冲星下点轨迹调整问题，本节定义了两种经度差，分别为共面脉冲下的 $\Delta\lambda_\varphi$ 和异面脉冲下的 $\Delta\lambda_{NS}$，二者均是基于高斯变分方程和二体模型计算得到的。通过本节所提方法计算得到的经度差的误差可通过对比非线性 J_2 模型和大气模型下数值积分得到的经度差来得到。由于星下点轨迹可达范围是通过求解所有可达纬度下经度差的最值得到的，经度差模型的误差即可视为所求解可达范围包络的误差。

在本小节中，考虑一个近地的椭圆轨道，在初始时刻参考轨道的近地点半径固定为 $r_p = R_E + 1200\text{km}$，偏心率的取值区间为 $e_0 \in [0,\ 0.3]$，倾角的取值区间为 $i_0 \in [20°,\ 90°]$，其他轨道元素均设置为 0。机动时刻的真近点角 $f_{0,t_m} \in [0,\ 2\pi]$。对于共面脉冲，脉冲方向角有 $\beta \in [0,\ 2\pi]$，$\gamma = 0$；对于异面脉冲，脉冲方向角有 $\beta \in [0,\ 2\pi]$，$\gamma \in [-\pi/2,\ \pi/2]$。对于一个给定的脉冲幅值和圈数，经度差绝对误差和相对误差的最大值可通过在各自区间内遍历偏心率、倾角、脉冲方向角、机动位置得到。假设响应卫星可施加的脉冲幅值不超过 0.2km/s，飞行圈数不超过 30 圈，经度差最大的绝对误差和相对误差在指定纬度 $\varphi^* = 0$ 处随着脉冲幅值和圈数的变化如图 4-11 所示。仿真结果表明，对于共面情况和异面情况，经度差的绝对误差均随着脉冲幅值和飞行圈数的增加而变大。此外，共面情况下的相对误差不超过 6.0%，异面脉冲下的相对误差不超过 9.5%，且相对误差的最大值均出现在小的脉冲幅值和小的圈数处，这是因为此时经度差的绝对值较小，一个很小的误差就会导致较大的相对误差。

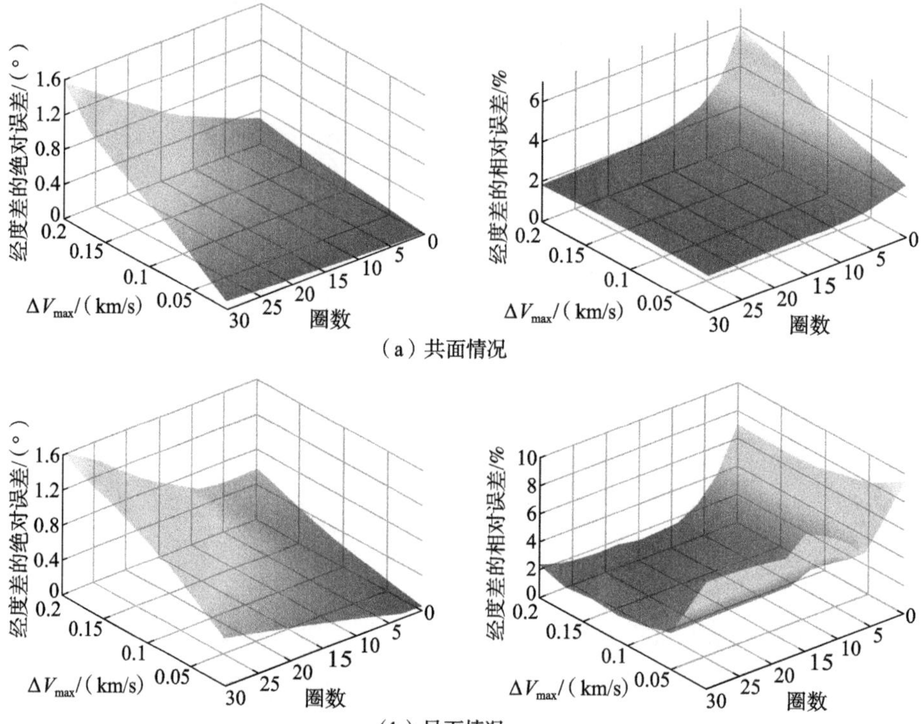

（a）共面情况

（b）异面情况

图 4-11　二体模型和非线性 J_2 模型下经度差的绝对误差和相对误差

4.1.6　小结

本节基于高斯变分方程求解了脉冲幅值约束下的单脉冲星下点轨迹可达范围。将星下点轨迹可达范围的求解转化为求解所有可达纬度处的经度差，并通过对比经度差的极值和边界值得到可达范围的边界包络。对于共面脉冲情况，最佳脉冲方向近似为周向或反周向。此外，当飞行圈数较小时，最佳机动位置常出现在初值位置，而当飞行圈数较大时，最佳机动位置在近地点附近。对于异面脉冲情况，星下点可达纬度随着倾角的变化而改变，在低纬地区，周向脉冲分量占主导地位，星下点轨迹可达范围主要由飞行时间差产生；在高纬地区，法向脉冲分量占主导地位，可达范围主要由轨道平面的变化产生。此外，异面脉冲和共面脉冲产生的可达范围的差别将随着飞行圈数的增加而逐渐减小。数值仿真表明，采用本节所提方法求解的包络与随机产生的星下点轨迹形成的区间一致。共面情况下的可达范围的相对误差不超过 6.0%，异面脉冲下的相对误差不超过 9.5%。

4.2　正切脉冲空间轨迹可达范围

之前学者关于空间轨迹可达范围的研究均假设推力方向任意，正切推力是改变轨道机械能和半长轴最有效的策略，研究航天器在正切脉冲下的可达范围，可使问题少一个自变量从而简化问题。另外，之前关于可达范围的研究并没有考虑轨迹安全性(即机动后轨道半径约束)。本节考虑三个有限正切脉冲的可达范围问题：①初始脉冲位置给定，脉冲大小自由；②初始脉冲位置自由，脉冲大小给定；③初始脉冲位置和脉冲大小均自由。本节研究在给定初始轨道下，三个可达范围问题。另外，在轨道半径约束下，求解初始脉冲位置或脉冲大小范围。

4.2.1　问题描述与分析

如图 4-12 所示，航天器运行于给定的初始轨道，其中 F_1 点为地球中心，位置点 P_1 对应的真近点角为 f_1，位置矢量为 $\boldsymbol{r}_1$，速度矢量为 $\boldsymbol{v}_1$。定义 $\boldsymbol{XYZ}$ 坐标系，其中坐标原点为 F_1，$\boldsymbol{X}$ 轴指向近地点，即与轨道偏心率矢量方向一致；$\boldsymbol{Z}$ 轴方向与轨道角动量方向一致；$\boldsymbol{Y}$ 轴方向由右手定则确定。在位置点 P_1 施加一次正切脉冲 $\boldsymbol{\Delta V}$，其大小记为 ΔV。于是，转移轨道在 P_1 点的速度矢量为

$$\boldsymbol{v}_2=\boldsymbol{v}_1+\boldsymbol{\Delta V}=(v_1+\Delta V)\boldsymbol{v}_1/v_1 \tag{4-46}$$

其中，$v_j=\|\boldsymbol{v}_j\|$，$j=1$，2 分别表示初始和转移轨道。假设施加脉冲之后，轨道的运行方向不变，即 $v_2=v_1+\Delta V>0$。速度大小与位置的关系为

$$v_j=\sqrt{\mu\left(\frac{2}{r_j}-\frac{1}{a_j}\right)} \tag{4-47}$$

其中，$r_j=\|\boldsymbol{r}_j\|$，利用式(4-47)，速度大小可写成初始真近点角的形式，即

$$v_1^2=\frac{\mu}{p_1}(1+e_1^2+2e_1\cos f_1) \tag{4-48}$$

在正切脉冲 $\boldsymbol{\Delta V}$ 后，转移轨道的其他参数也可得到。利用式(4-47)可得到转移轨道的半长轴为

$$a_2=\frac{\mu r_1}{2\mu-r_1v_2^2} \tag{4-49}$$

转移轨道的偏心率矢量为

$$\boldsymbol{e}_2=\frac{1}{\mu}\left[\left(v_2^2-\frac{\mu}{r_1}\right)\boldsymbol{r}_1-(\boldsymbol{r}_1\cdot\boldsymbol{v}_2)\boldsymbol{v}_2\right] \tag{4-50}$$

偏心率矢量的归一化形式为

$$\hat{\boldsymbol{e}}_2=\frac{\boldsymbol{e}_2}{\|\boldsymbol{e}_2\|}=\begin{bmatrix}\cos\omega_2\cos\Omega_2-\sin\omega_2\sin\Omega_2\cos i_2\\ \cos\omega_2\sin\Omega_2+\sin\omega\cos\Omega_2\cos i_2\\ \sin\omega_2\sin i_2\end{bmatrix} \tag{4-51}$$

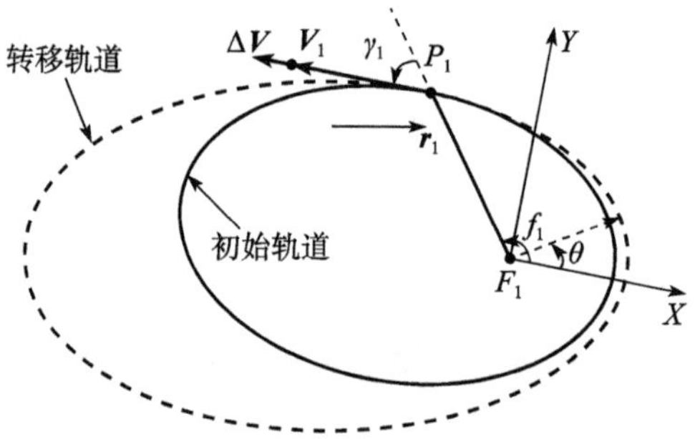

图 4-12 正切脉冲下的转移轨道

对于正切脉冲，轨道平面不变，有 $i_2=i_1$，$\Omega_2=\Omega_1$。利用式(4-51)，转移轨道的近地点角距为

$$\omega_2=\begin{cases}\arctan2(\hat{e}_{2z}/\sin i_1,\ \cos\Omega_1\hat{e}_{2x}+\sin\Omega_1\hat{e}_{2y}),\ \sin i_1\neq0\\ \arctan2(\hat{e}_{2y},\ \hat{e}_{2x}),\ \sin i_1=0\end{cases} \tag{4-52}$$

式中：$\hat{e}_{2x}$、$\hat{e}_{2y}$ 和 $\hat{e}_{2z}$ 为单位偏心率矢量 $\hat{\boldsymbol{e}}_2$ 在地心惯性坐标系 ECI 下的三个分量。

初始和目标轨道的角动量为

$$\boldsymbol{h}_j=\boldsymbol{r}_j\times\boldsymbol{v}_j,\qquad h_j=\|\boldsymbol{h}_j\| \tag{4-53}$$

因此，转移轨道在 P_1 点的真近点角为

$$f_2=\arctan2\left(\frac{h_2}{\mu}\boldsymbol{r}_1\cdot\boldsymbol{v}_2,\ \boldsymbol{r}_1\cdot\boldsymbol{e}_2\right) \tag{4-54}$$

尽管式(4-50)可用于求解转移轨道偏心率，但其范数比较复杂。注意到正切脉冲下，转移轨道和初始轨道在 P_1 点的飞行方向角相同。由式(4-53)可知

$$\frac{r_1^2v_2^2}{\mu}\sin^2\gamma_1=\frac{h_2^2}{\mu}=p_2 \tag{4-55}$$

其中飞行方向角 γ_1 可写成真近点角 f_1 的函数[50]

$$\cot\gamma_1=\frac{e_1\sin f_1}{1+e_1\cos f_1} \tag{4-56}$$

于是，有

$$\sin^2\gamma_1=\frac{1}{1+\cot^2\gamma_1}=\frac{(1+e_1\cos f_1)^2}{1+e_1^2+2e_1\cos f_1} \tag{4-57}$$

把式(4-57)代入式(4-55)得

$$\frac{p_1^2/\mu}{1+e_1^2+2e_1\cos f_1}\left[\sqrt{\mu\left(\frac{2}{p_1}(1+e_1\cos f_1)-\frac{1}{a_1}\right)}+\Delta V\right]^2=a_2(1-e_2^2) \tag{4-58}$$

联合式(4-49)，由式(4-58)得到的 e_2 是真近点角 f_1 的单变量函数。另外，式(4-58)还将用于下面章节求解在轨迹半径约束下 f_1 和 ΔV 的范围。

通常来说，航天器携带的燃料有限，可看成脉冲幅值 ΔV 的上界约束。为了得到椭圆转移轨道，由式(4-49)得到的转移轨道半长轴 a_2 应该为正，于是有

$$\begin{aligned}\Delta V&<-v_1+\sqrt{\frac{2\mu}{r_1}}\\&=-\sqrt{\frac{2\mu}{r_1}-\frac{\mu}{a_1}}+\sqrt{\frac{2\mu}{r_1}}=\frac{\mu}{a_1}\left(\sqrt{\frac{2\mu}{r_1}-\frac{\mu}{a_1}}+\sqrt{\frac{2\mu}{r_1}}\right)^{-1}\end{aligned} \tag{4-59}$$

当 $f_1=0$，即在近地点时，r_1 最小，式(4-59)右端最小。因此，式(4-59)成立的充要条件是

$$\Delta V_{\max}<\sqrt{\frac{2\mu}{a_1(1-e_1)}}-\sqrt{\frac{2\mu}{a_1(1-e_1)}-\frac{\mu}{a_1}}=\sqrt{\frac{\mu}{a_1}}\frac{\sqrt{2}-\sqrt{1+e_1}}{\sqrt{1-e_1}} \tag{4-60}$$

由于脉冲方向可以与速度方向相反，于是 $\Delta V\in[-\Delta V_{\max},\ \Delta V_{\max}]$。下面求解三种情况下单次正切脉冲的可达范围：①$f_1$ 给定，ΔV 自由；②f_1 自由，ΔV 给定；③f_1 和 ΔV 均自由。另外，考虑转移轨迹近地点极小值约束和远地点极大值约束，我们将求解问题①的推力幅值 ΔV 范围，问题②的机动位置 f_1 范围；而对于问题③，我们将求解任意初始真近点角 f_1 满足轨迹约束的 ΔV 范围。

4.2.2　单次正切脉冲可达范围

如图 4-12 所示，XYZ 坐标系下三个轴的单位矢量设为 $\boldsymbol{i}$、$\boldsymbol{j}$ 和 $\boldsymbol{k}$，于是，在 P_1 点施加正切脉冲后转移轨道的偏心率为

$$\boldsymbol{e}_2=e_{2i}\boldsymbol{i}+e_{2j}\boldsymbol{j} \tag{4-61}$$

式中：

$$\begin{cases}e_{2i}=-\cos f_1+(h_1+r_1\Delta V\sin\gamma)(v_1+\Delta V)\sin(\gamma+f_1)/\mu\\e_{2j}=-\sin f_1-(h_1+r_1\Delta V\sin\gamma)(v_1+\Delta V)\cos(\gamma+f_1)/\mu\end{cases} \tag{4-62}$$

转移轨道的角动量为

$$h_2=h_1+r_1\Delta V\sin\gamma \tag{4-63}$$

定义 θ 为 X 轴到转移轨道上某个点处位置矢量的角度。于是，转动角度 θ 的位置矢量为

$$\boldsymbol{r}_2=\frac{h_2^2/\mu}{1+e_2\cos(\theta+\omega_1-\omega_2)}=\frac{h_2^2/\mu}{1+e_{2i}\cos\theta+e_{2j}\sin\theta} \tag{4-64}$$

上式中最后一个表达式表明 $\boldsymbol{r}_2$ 与初始和目标的近地点角距 ω_1 和 ω_2 无关。因此，$\boldsymbol{r}_2$ 仅为 ΔV、f_1 和 θ 函数。如果 f_1 或 ΔV 自由，正切脉冲后转移轨道的包络[45]为

$$\begin{cases}y=r_2(x,\ \alpha)\\ \dfrac{\partial r_2}{\partial\alpha}=0\end{cases} \tag{4-65}$$

式中：x 为不变参数；α 为可变参数。

注意到正切脉冲的大小需要满足 $\Delta V\in[-\Delta V_{\max},\ \Delta V_{\max}]$，因此由文献[45]定义的包络或者由式(4-65)得到的包络可能并不是可达区域的边界。在这种情况下，包络定义为有界脉冲下的可达区域边界。

4.2.2.1 脉冲位置给定，脉冲大小自由

如果脉冲位置 f_1 给定，脉冲大小 $\Delta V\in[-\Delta V_{\max},\ \Delta V_{\max}]$ 自由，由方程(4-62)得到

$$\begin{aligned}1+e_{2i}\cos\theta+e_{2j}\sin\theta=1-\cos(f_1-\theta)+\\(v_1+\Delta V)(h_1+r_1\Delta V\sin\gamma)\sin(\gamma+f_1-\theta)/\mu\end{aligned} \tag{4-66}$$

于是，$\partial r_2/\partial\Delta V=0$ 等价于

$$\begin{aligned}2r_1\sin\gamma(h_1+r_1\Delta V\sin\gamma)(1+e_{2i}\cos\theta+e_{2j}\sin\theta)-\\2(h_1+r_1\Delta V\sin\gamma)^3\sin(\gamma+f_1-\theta)/\mu=0\end{aligned} \tag{4-67}$$

进一步可得

$$(1+e_{2i}\cos\theta+e_{2j}\sin\theta)r_1\sin\gamma=(h_1+r_1\Delta V\sin\gamma)^2\sin(\gamma+f_1-\theta)/\mu \tag{4-68}$$

注意到 $h_1=r_1v_1\sin\gamma$，于是把方程(4-66)代入方程(4-68)得

$$[1-\cos(f_1-\theta)]r_1\sin\gamma=0 \tag{4-69}$$

由飞行方向角 γ 的定义知 $\gamma\in(0,\ \pi)$，于是 $r_1\sin\gamma\neq0$。最终，可得到

$$\theta=f_1 \tag{4-70}$$

正好为脉冲点位置。当考虑 $\Delta V\in[-\Delta V_{\max},\ \Delta V_{\max}]$时，可达区域的包络由两个边界值 $\Delta V=-\Delta V_{\max}$ 和 $\Delta V=\Delta V_{\max}$ 得到。

4.2.2.2 脉冲大小给定，脉冲位置自由

为了得到 $\Delta V\in[-\Delta V_{\max},\ \Delta V_{\max}]$给定、脉冲位置 f_1 自由时的可达范围，需要求解条件 $\partial r_2/\partial f_1=0$，其等价于

$$\frac{\partial p_2}{\partial f_1}(1+e_{2i}\cos\theta+e_{2j}\sin\theta)-p_2\left(\frac{\partial e_{2i}}{\partial f_1}\cos\theta+\frac{\partial e_{2j}}{\partial f_1}\sin\theta\right)=0 \tag{4-71}$$

其中，偏微分为

$$\frac{\partial p_2}{\partial f_1}=\frac{2}{\mu}(h_1+r_1\Delta V\sin\gamma)\left(\Delta V\sin\gamma\frac{\mathrm{d}r_1}{\mathrm{d}f_1}+r_1\Delta V\cos\gamma\frac{\mathrm{d}\gamma}{\mathrm{d}f_1}\right) \tag{4-72}$$

$$\begin{aligned}\frac{\partial e_{2i}}{\partial f_1}=&\sin f_1+\frac{1}{\mu}(h_1v_1+2h_1\Delta V+r_1\Delta V^2\sin\gamma)\cos(\gamma+f_1)+\\&\frac{\Delta V^2}{\mu}\sin\gamma\sin(\gamma+f_1)\frac{\mathrm{d}r_1}{\mathrm{d}f_1}+\frac{h_1}{\mu}\sin(\gamma+f_1)\frac{\mathrm{d}v_1}{\mathrm{d}f_1}+\\&\frac{1}{\mu}[r_1\Delta V^2\sin(2\gamma+f_1)+h_1(v_1+2\Delta V)\cos(\gamma+f_1)]\frac{\mathrm{d}\gamma}{\mathrm{d}f_1}\end{aligned} \tag{4-73}$$

$$\begin{aligned}\frac{\partial e_{2j}}{\partial f_1}=&-\cos f_1+\frac{1}{\mu}(h_1v_1+2h_1\Delta V+r_1\Delta V^2\sin\gamma)\sin(\gamma+f_1)-\\&\frac{\Delta V^2}{\mu}\sin\gamma\cos(\gamma+f_1)\frac{\mathrm{d}r_1}{\mathrm{d}f_1}-\frac{h_1}{\mu}\cos(\gamma+f_1)\frac{\mathrm{d}v_1}{\mathrm{d}f_1}-\\&\frac{1}{\mu}[r_1\Delta V^2\cos(2\gamma+f_1)-h_1(v_1+2\Delta V)\sin(\gamma+f_1)]\frac{\mathrm{d}\gamma}{\mathrm{d}f_1}\end{aligned} \tag{4-74}$$

全微分为

$$\begin{cases}\dfrac{\mathrm{d}r_1}{\mathrm{d}f_1}=\dfrac{p_1e_1\sin f_1}{(1+e_1\cos f_1)^2}\\[2ex]\dfrac{\mathrm{d}v_1}{\mathrm{d}f_1}=-\dfrac{\mu}{v_1}\dfrac{1}{r_1^2}\dfrac{\mathrm{d}r_1}{\mathrm{d}f_1}=-\dfrac{\mu}{r_1v_1}\dfrac{e_1\sin f_1}{1+e_1\cos f_1}\\[2ex]\dfrac{\mathrm{d}\gamma}{\mathrm{d}f_1}=\dfrac{-e_1(e_1+\cos f)}{1+e_1^2+2e_1\cos f_1}\end{cases} \tag{4-75}$$

最终，由式(4-71)可得

$$A\cos\theta+B\sin\theta+C=0 \tag{4-76}$$

上式两端同乘以 $2/(1+\cos\theta)$ 得

$$(C-A)s^2+2Bs+C+A=0 \tag{4-77}$$

其中

$$s=\tan(\theta/2),\ \theta\in[0,\ 2\pi) \tag{4-78}$$

且

$$\begin{cases}A=\dfrac{\partial p_2}{\partial f_1}e_{2i}-p_2\dfrac{\partial e_{2i}}{\partial f_1}\\B=\dfrac{\partial p_2}{\partial f_1}e_{2j}-p_2\dfrac{\partial e_{2j}}{\partial f_1}\\C=\dfrac{\partial p_2}{\partial f_1}\end{cases}\tag{4-79}$$

式(4-77)的两个解为

$$\begin{cases}s_1=\dfrac{-B-\sqrt{B^2+A^2-C^2}}{C-A}\\s_2=\dfrac{-B+\sqrt{B^2+A^2-C^2}}{C-A}\end{cases}\tag{4-80}$$

其对应的 θ 为

$$\begin{cases}\theta_1=2\arctan s_1\\\theta_2=2\arctan s_2\end{cases}\tag{4-81}$$

把式(4-81)代入式(4-64)即得到 $\Delta V\in[-\Delta V_{\max}, \Delta V_{\max}]$ 给定和 f_1 自由时的可达范围。

4.2.2.3 脉冲位置和大小均自由

当 $\Delta V\in[-\Delta V_{\max}, \Delta V_{\max}]$ 给定和 f_1 自由时，下面证明式(4-81)中其中一个解正好为 f_1。也就是说，当 $\theta=f_1$ 时，式(4-71)一定成立，即

$$\frac{\partial p_2}{\partial f_1}(1+e_{2i}\cos f_1+e_{2j}\sin f_1)-p_2\left(\frac{\partial e_{2i}}{\partial f_1}\cos f_1+\frac{\partial e_{2j}}{\partial f_1}\sin f_1\right)=0\tag{4-82}$$

由于

$$\begin{aligned}&\frac{\partial p_2}{\partial f_1}(1+e_{2i}\cos f_1+e_{2j}\sin f_1)\\&=\frac{p_2}{\mu}\left\{2\Delta V(v_1+\Delta V)\sin^2\gamma\frac{\mathrm{d}r_1}{\mathrm{d}f_1}+[r_1\Delta V^2\sin(2\gamma)+2h_1\Delta V\cos\gamma]\frac{\mathrm{d}\gamma}{\mathrm{d}f_1}\right\}\end{aligned}\tag{4-83}$$

以及

$$\begin{aligned}\frac{\partial e_{2i}}{\partial f_1}\cos f_1+\frac{\partial e_{2j}}{\partial f_1}\sin f_1=&\frac{h_2(v_1+\Delta V)}{\mu}\cos\gamma+\left(\frac{\Delta V^2}{\mu}-\frac{1}{r_1}\right)\sin^2\gamma\frac{\mathrm{d}r_1}{\mathrm{d}f_1}+\\&\frac{1}{\mu}[r_1\Delta V^2\sin(2\gamma)+h_1(v_1+2\Delta V)\cos\gamma]\frac{\mathrm{d}\gamma}{\mathrm{d}f_1}\end{aligned}\tag{4-84}$$

把式(4-83)和式(4-84)代入式(4-82)可得

$$h_2(v_1+\Delta V)\cos\gamma-\left(\Delta V^2+2\Delta Vv_1+\frac{\mu}{r_1}\right)\sin^2\gamma\frac{\mathrm{d}r_1}{\mathrm{d}f_1}+h_1v_1\cos\gamma\frac{\mathrm{d}\gamma}{\mathrm{d}f_1}=0 \tag{4-85}$$

利用下面的表达式

$$h_2(v_1+\Delta V)\cos\gamma=r_1(v_1+\Delta V)^2\frac{1}{2}\sin(2\gamma)=r_1(v_1+\Delta V)^2\frac{e_1\sin f_1(1+e_1\cos f_1)}{1+e_1^2+2e_1\cos f_1} \tag{4-86}$$

$$\sin^2\gamma\frac{\mathrm{d}r_1}{\mathrm{d}f_1}=r_1\frac{e_1\sin f_1(1+e_1\cos f_1)}{1+e_1^2+2e_1\cos f_1} \tag{4-87}$$

式(4-85)可写成

$$\frac{1}{2}\sin(2\gamma)\left(r_1v_1^2-\mu+r_1v_1^2\frac{\mathrm{d}\gamma}{\mathrm{d}f_1}\right)=0 \tag{4-88}$$

上式成立的充要条件是

$$\frac{\mathrm{d}\gamma}{\mathrm{d}f_1}=-1+\frac{\mu}{r_1v_1^2} \tag{4-89}$$

由式(4-55)和式(4-57)可知

$$\frac{\mu}{r_1v_1^2}=\frac{r_1}{p_1}\sin^2\gamma=\frac{1+e_1\cos f_1}{1+e_1^2+2e_1\cos f_1} \tag{4-90}$$

于是，有

$$\frac{\mathrm{d}\gamma}{\mathrm{d}f_1}=-1+\frac{\mu}{r_1v_1^2}=\frac{-e_1(e_1+\cos f_1)}{1+e_1^2+2e_1\cos f_1} \tag{4-91}$$

由式(4-75)可知式(4-91)一定成立，于是式(4-89)成立，进一步知式(4-82)成立。把 $\theta=f_1$ 代入式(4-64)得

$$r_2(\theta=f_1)=\frac{h_2^2/\mu}{(v_1+\Delta V)h_2\sin\gamma/\mu}=r_1 \tag{4-92}$$

表明初始轨道是其中一条包络。证毕。

当 $\Delta V>0$ 时，最小包络为初始轨道；当 $\Delta V<0$ 时，最大包络为初始轨道。因此，最终的包络可由边界值 $\Delta V=-\Delta V_{\max}$ 和 $\Delta V=\Delta V_{\max}$ 得到。

上面证明了式(4-81)其中一个解为 $\theta=f_1$。而对于另一个解，需要求解两个极值点。把另一个解代入式(4-64)，包络的 r_2 为 f_1 的单变量函数。极值点可由 $\mathrm{d}r_2/\mathrm{d}f_1=0$ 得到，即

$$\frac{\partial p_2}{\partial f_1}(1+e_{2i}\cos\theta+e_{2j}\sin\theta)-p_2\left(\frac{\partial e_{2i}}{\partial f_1}\cos\theta+\frac{\partial e_{2j}}{\partial f_1}\sin\theta\right)-p_2(-e_{2i}\sin\theta+e_{2j}\cos\theta)\frac{\mathrm{d}\theta}{\mathrm{d}f_1}=0 \tag{4-93}$$

利用式(4-71)，式(4-93)可简写为

$$(-e_{2i}\sin\theta+e_{2j}\cos\theta)\frac{\mathrm{d}\theta}{\mathrm{d}f_1}=\left[\sin(\theta-\varphi_1)-\frac{h_2}{\mu}(v_1+\Delta V)\cos(\gamma+f_1-\theta)\right]\frac{\mathrm{d}\theta}{\mathrm{d}f_1}=0 \tag{4-94}$$

如果$f_1=0$，于是$\gamma=\pi/2$，由式(4-72)、式(4-73)知$\partial p_2/\partial f_1=0$和$\partial e_{2i}/\partial f_1=0$，于是式(4-79)中$A=C=0$；注意另一个解$\theta\neq f_1$，由式(4-76)得到$\theta=\pi$，因此式(4-94)成立。相似地，如果$f_1=\pi$，$\gamma=\pi/2$，于是式(4-79)中$A=C=0$，进一步$\theta=\pi$，因此式(4-94)也成立。最终，$f_1=0$和$f_1=\pi$是两个极值点。另外，由$\mathrm{d}^2r_2/\mathrm{d}f_1^2$的符号可知$f_1=0$为极大值，$f_1=\pi$为极小值。

考虑一个数值算例，其中$a_1=24593.79\mathrm{km}$，$e_1=0.7$。图4-13给出了不同正切脉冲大小ΔV下包络半径和初始真近点角之间关系的图示。由图4-13可看出，当$\Delta V<0$时，存在四个极值点；但是$f_1=0$和$f_1=\pi$仍然是最大值点和最小值点。

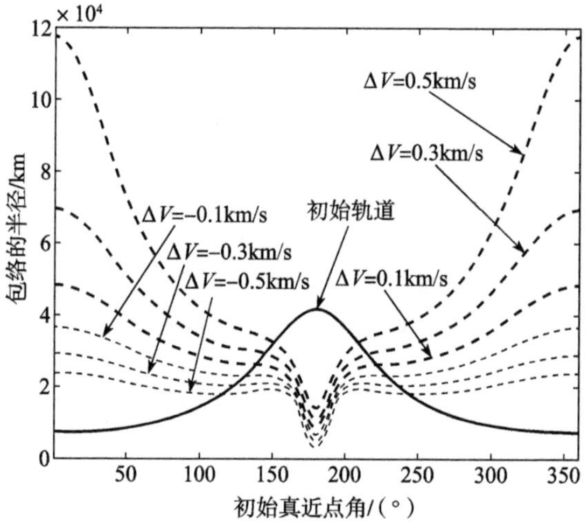

图4-13 不同ΔV下包络半径和初始真近点角之间的关系

4.2.3 近地点和远地点高度约束

4.2.3.1 脉冲位置给定下脉冲大小的范围，近地点极小值约束

近地点高度极小值$h_{p\min}$或者近地点半径极小值R_p约束可写成

$$a_2(1-e_2)>R_p=R_E+h_{p\min} \tag{4-95}$$

式(4-95)可改写成

$$e_2<1-\frac{R_p}{a_2} \tag{4-96}$$

如果要求转移轨迹为椭圆轨道，需要满足以下两个条件：

$$R_p<a_2 \tag{4-97}$$

$$1-e_2^2>2\frac{R_p}{a_2}-\left(\frac{R_p}{a_2}\right)^2 \tag{4-98}$$

由式(4-49)可知，第一个条件等价于

$$\frac{1}{R_p}>\frac{1}{a_2}=\frac{2}{r_1}-\frac{v_2^2}{\mu} \tag{4-99}$$

如果 $R_p<r_1/2$，任意 ΔV 均满足式(4-99)；如果 $R_p>r_1/2$，注意到 $v_2=v_1+\Delta V>0$，于是 ΔV 的范围为

$$\Delta V>-v_1+\sqrt{\mu\left(\frac{2}{r_1}-\frac{1}{R_p}\right)} \tag{4-100}$$

对于第二个条件，式(4-98)两边同时乘以 a_2，利用式(4-48)和式(4-58)，得

$$p_2=\frac{p_1}{v_1^2}(v_1+\Delta V)^2>2R_p-\frac{R_p^2}{a_2}=2R_p-R_p^2\left(\frac{2}{r_1}-\frac{v_2^2}{\mu}\right) \tag{4-101}$$

把 $v_2=v_1+\Delta V$ 代入式(4-101)可得

$$\left[\frac{p_1}{v_1^2}-\frac{R_p^2}{\mu}\right](v_1+\Delta V)^2=\left[\frac{p_1^2/\mu}{1+e_1^2+2e_1\cos f_1}-\frac{R_p^2}{\mu}\right](v_1+\Delta V)^2>2R_p-\frac{2R_p^2}{r_1} \tag{4-102}$$

令

$$\begin{cases}L_1=p_1^2-R_p^2(1+e_1^2+2e_1\cos f_1)\\L_2=p_1^2-R_p^2(1+e_1\cos f_1)^2=L_1+R_p^2e_1^2\sin^2 f_1\end{cases} \tag{4-103}$$

于是存在三种情况：

(1)如果 $L_1>0$，那么 $L_2>0$ 一定成立。式(4-102)中 $(v_1+\Delta V)^2$ 项的系数为正，因此 ΔV 的范围为

$$\Delta V>-v_1+\sqrt{\frac{2\mu R_p[1-R_p(1+e_1\cos f_1)/p_1]}{p_1^2/(1+e_1^2+2e_1\cos f_1)-R_p^2}} \tag{4-104}$$

(2)如果 $L_2<0$，那么 $L_1<0$ 一定成立。式(4-102)中 $(v_1+\Delta V)^2$ 项的系数为负，因此 ΔV 的范围为(注意到 $v_2=v_1+\Delta V>0$)

$$-v_1<\Delta V<-v_1+\sqrt{\frac{2\mu R_p[1-R_p(1+e_1\cos f_1)/p_1]}{p_1^2/(1+e_1^2+2e_1\cos f_1)-R_p^2}} \tag{4-105}$$

(3)如果 $L_2\leqslant 0$ 和 $L_1\geqslant 0$，那么不存在满足式(4-98)的 ΔV 范围。

最终，满足式(4-95)的 ΔV 范围由三个区间求交集得到，包括第一个条件式(4-100)的范围，第二个条件式(4-102)的范围，以及 $\Delta V\in[-\Delta V_{\max},\ \Delta V_{\max}]$。

4.2.3.2 脉冲大小给定下脉冲位置的范围，近地点极小值约束

由式(4-48)，f_1 可由其余弦值得到

$$\cos f_1=\frac{p_1 v_1^2/\mu-1-e_1^2}{2e_1} \tag{4-106}$$

于是，求解 f_1 的范围等价于求解 v_1 的范围。另外，由轨道性质知 $v_1>0$。

对于第一个条件，式(4-99)为

$$(\Delta V+v_1)^2>\mu\left(\frac{2}{r_1}-\frac{1}{R_p}\right)=\mu\left(\frac{v_1^2}{\mu}+\frac{1}{a_1}-\frac{1}{R_p}\right) \tag{4-107}$$

分两种情况：

(1)如果 $R_p<a_1$，当式(4-107)右端为负，即

$$0<v_1<\sqrt{\mu\left(\frac{1}{R_p}-\frac{1}{a_1}\right)} \tag{4-108}$$

时，式(4-107)一定成立；否则，满足式(4-107)的范围为

$$v_1\geqslant\sqrt{\mu\left(\frac{1}{R_p}-\frac{1}{a_1}\right)},\ 且\begin{cases}v_1>\dfrac{\mu}{2\Delta V}\left(\dfrac{1}{a_1}-\dfrac{1}{R_p}\right)-\dfrac{\Delta V}{2},\ \Delta V>0\\ v_1<\dfrac{\mu}{2\Delta V}\left(\dfrac{1}{a_1}-\dfrac{1}{R_p}\right)-\dfrac{\Delta V}{2},\ \Delta V<0\end{cases} \tag{4-109}$$

(2)如果 $R_p\geqslant a_1$，式(4-107)右端一定为非负，于是其范围为

$$\begin{cases}v_1>\dfrac{\mu}{2\Delta V}\left(\dfrac{1}{a_1}-\dfrac{1}{R_p}\right)-\dfrac{\Delta V}{2},\ \Delta V>0\\ v_1<\dfrac{\mu}{2\Delta V}\left(\dfrac{1}{a_1}-\dfrac{1}{R_p}\right)-\dfrac{\Delta V}{2},\ \Delta V<0\end{cases} \tag{4-110}$$

对于第二个条件，式(4-102)两边同时乘以 v_1^2，得到

$$\left[p_1-\frac{R_p^2}{\mu}v_1^2\right](v_1+\Delta V)^2>\left[2R_p-\left(\frac{v_1^2}{\mu}+\frac{1}{a_1}\right)R_p^2\right]v_1^2 \tag{4-111}$$

注意到方程两边关于 v_1 的四阶系数均为 $-R_p^2/\mu$，于是可得到一个三阶不等式

$$\sum_{k=0}^{3}c_k v_1^k>0 \tag{4-112}$$

其系数为

$$\begin{cases}c_0=p_1\Delta V^2\\ c_1=2p_1\Delta V\\ c_2=p_1-\dfrac{R_p^2}{\mu}\Delta V^2-2R_p+\dfrac{R_p^2}{a_1}\\ c_3=-2\dfrac{R_p^2}{\mu}\Delta V\end{cases}\tag{4-113}$$

在实系数下，所有三次多项式的根可得到解析解。①如果只有一个实根 v_{11}，则当 $\Delta V>0$ 时范围为 $v_1\in(-\infty, v_{11})$，当 $\Delta V<0$ 时范围为 $v_1\in(v_{11}, \infty)$；②如果有三个实根 $v_{11}<v_{12}<v_{13}$，则当 $\Delta V>0$ 时范围为 $v_1\in(-\infty, v_{11})\cup(v_{12}, v_{13})$，当 $\Delta V<0$ 时范围为 $v_1\in(v_{11}, v_{12})\cup(v_{13}, +\infty)$。

最终，满足式(4-95)的 ΔV 范围由三个区间求交集得到，包括第一个条件式(4-107)的范围，第二个条件式(4-112)的范围，以及 $v_1>0$。真近点角的取值范围可由式(4-106)计算得到。

4.2.3.3　远地点极大值约束

远地点高度极大值 $h_{a\max}$ 或者远地点半径极大值 R_a 约束可写成

$$a_2(1+e_2)<R_a=R_E+h_{a\max}\tag{4-114}$$

可改写为

$$e_2<\frac{R_a}{a_2}-1\tag{4-115}$$

因此，两个条件分别为

$$R_a>a_2\tag{4-116}$$

$$1-e_2^2>2\frac{R_a}{a_2}-\left(\frac{R_a}{a_2}\right)^2\tag{4-117}$$

第一个条件的范围可用方程(4-100)和方程(4-107)的方法，只需用 R_a 替换式中 R_p 和用“>”符号替换式中“<”符号。第二个条件的范围可用方程(4-102)和方程(4-111)的方法，只需用 R_a 替换式中 R_p。

4.2.3.4　任意脉冲位置满足两个约束的脉冲大小范围

由 4.2.2.3 节知，两个极值点分别为 $f_1=0$ 和 $f_1=\pi$。如果 $f_1=\pi$，有 $\theta=0$，且 r_2 为最小值；如果 $f_1=0$，有 $\theta=\pi$，且 r_2 为最大值。因此，如果轨迹半径约束条件要求对任意 f_1 均成立，在近地点半径极小值约束下只需要求解 $f_1=\pi$ 时 ΔV 的范围，在远地点半径极大值约束下只需要求解 $f_1=0$ 时 ΔV 的范围。利用 4.2.2.1 节的方法，可分别得到满足两个约束的 ΔV 范围，其交集即为最终范围。

4.2.4 仿真算例

假设飞行器运行在初始轨道上，近地点高度 $h_p=1000$km。考虑三种初始轨道偏心率情况：$e_1=0.7$、$e_1=0.1$ 和 $e_1=0$。正切脉冲大小的上界设为 $\Delta V_{max}=0.5$km/s，其小于由方程(4-60)在 $e_1=0.7$ 得到的值 0.8113km/s。轨道近地点半径极小值设为 $R_p=R_E+350$km，远地点半径极大值设为 $R_p=R_E+50000$km。

4.2.4.1 脉冲位置给定，脉冲大小自由

如果 $e_1=0.7$，初始脉冲位置的真近点角为 $f_1=120°$，由 4.2.2.1 节知边界值 $\Delta V_{max}=-0.5$km/s 和 $\Delta V_{max}=0.5$km/s 构成了其包络。可达区域和包络如图 4-14 所示。对于近地点半径极小值约束，由方程(4-104)可得 $\Delta V\in(-0.2457, 0.5]$km/s；远地点半径极大值约束由方程(4-105)得 $\Delta V\in[-0.5, 0.3736)$km/s。最终，满足两个约束的范围为 $\Delta V\in(-0.2457, 0.3736)$km/s。

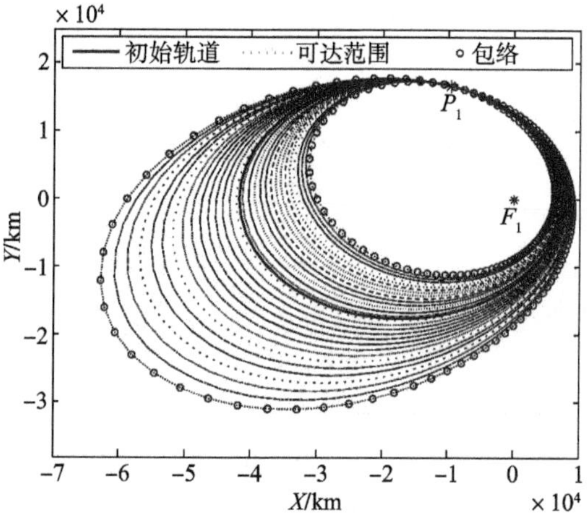

图 4-14 $\Delta V\in[-0.5, 0.5]$km/s 自由和 $f_1=120°$时的可达区域和包络($e_1=0.7$)

如果 $e_1=0.1$，初始脉冲位置的真近点角为 $f_1=120°$，可达区域和包络如图 4-15 所示。对于近地点半径极小值约束，由方程(4-104)可得 $\Delta V\in(-0.2027, 0.5]$km/s；远地点半径极大值约束由方程(4-105)得 $\Delta V\in[-0.5, 0.5]$km/s。最终，满足两个约束的范围为 $\Delta V\in(-0.2027, 0.5]$km/s。

相似地，如果 $e_1=0$，初始脉冲位置的真近点角为 $\varphi_1=120°$，满足两个约束的范围为 $\Delta V\in(-0.1713, 0.5]$km/s。

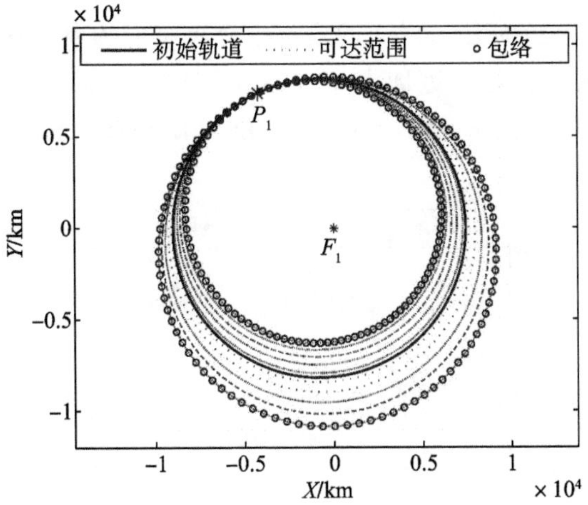

图 4-15　$\Delta V \in [-0.5, 0.5]$km/s 自由和 $f_1 = 120°$ 时的可达区域和包络（$e_1 = 0.1$）

4.2.4.2　脉冲大小给定，脉冲位置自由

如果 $e_1 = 0.7$，正切脉冲的大小为 $\Delta V = 0.2$km/s，由 4.2.2.2 节提出的方法可求解不同脉冲点构成的可达区域和包络，如图 4-16 所示。对于近地点半径极小值约束，脉冲点真近点角范围为 $f_1 \in [0, 360°)$；对于远地点半径极大值约束，脉冲点真近点角范围为 $f_1 \in (34.1907°, 325.8093°)$。最终，满足两个约束的范围为 $f_1 \in (34.1907°, 325.8093°)$。

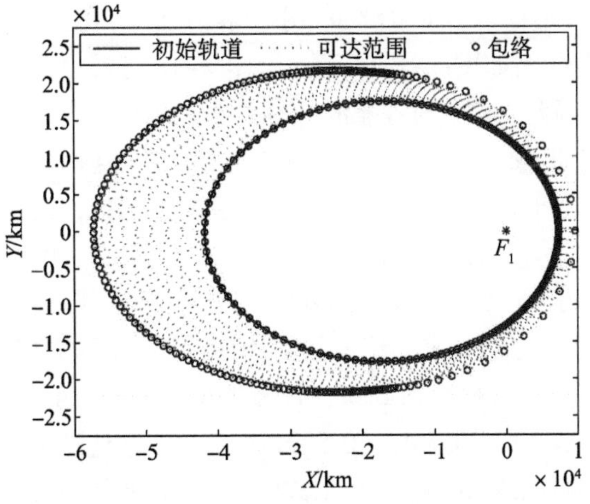

图 4-16　$\Delta V = 0.2$km/s 和 f_1 自由时的可达区域和包络（$e_1 = 0.7$）

如果 $e_1=0.1$，正切脉冲的大小为 $\Delta V=0.2\text{km/s}$，不同脉冲点构成的可达区域和包络如图 4-17 所示。对于近地点半径极小值约束，脉冲点真近点角范围为 $f_1\in[0,\ 360°)$；对于远地点半径极大值约束，脉冲点真近点角范围为 $f_1\in[0,\ 360°)$。最终，满足两个约束的范围为 $f_1\in[0,\ 360°)$。

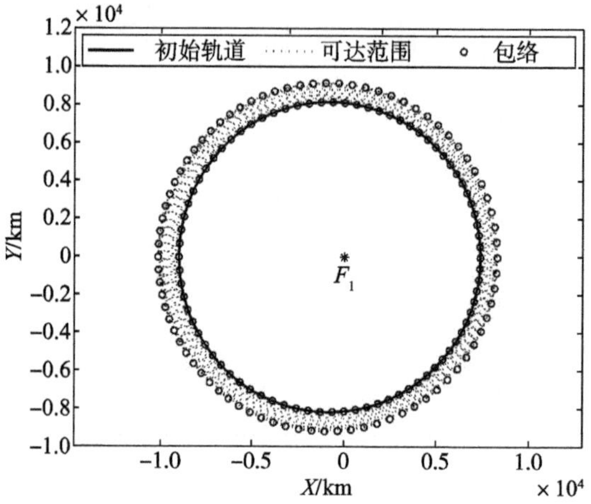

图 4-17　$\Delta V=0.2\text{km/s}$ 和 f_1 自由时的可达区域和包络($e_1=0.1$)

如果 $e_1=0$，当两个约束都考虑时，脉冲点真近点角范围为 $f_1\in[0,\ 360°)$。

4.2.4.3　脉冲大小和脉冲位置均自由

如果 $\Delta V>0$，最小包络是初始轨道；如果 $\Delta V<0$，最大包络是初始轨道。因此，如果 $e_1=0.7$，最终包络可由脉冲大小边界值 $\Delta V=-0.5\text{km/s}$ 和 $\Delta V=0.5\text{km/s}$ 得到。可达区域和包络如图 4-18 所示。由图 4-18 可看出，当 $\theta=\pi$ 时(对应于 $f_1=0$)，r_2 最小。因此，如果对任意的 f_1 需要满足约束条件，对于近地点半径极小值约束，仅需要求解 $\theta=\pi$ 时的 ΔV 范围，其值由式(4-104)得到为 $\Delta V\in(-0.0654,\ 0.5]\text{km/s}$。对于远地点半径极大值约束，仅需要求解 $\theta=0$($f_1=\pi$)时的 ΔV 范围，其值由式(4-105)得到为 $\Delta V\in[-0.5,\ 0.1913)\text{km/s}$。因此，最终的范围为 $\Delta V\in(-0.0654,\ 0.1913)\text{km/s}$。

如果 $e_1=0.1$，可达区域和包络如图 4-19 所示。如果对任意的 f_1 需要满足约束条件，对于近地点半径极小值约束，仅需要求解 $\theta=\pi$ 时的 ΔV 范围，其值由式(4-104)得到为 $\Delta V\in(-0.1612,\ 0.5]\text{km/s}$。对于远地点半径极大值约束，仅需要求解($f_1=\pi$)时的 ΔV 范围，其值由式(4-105)得到为 $\Delta V\in[-0.5,\ 0.5]\text{km/s}$。因此，两个约束下 ΔV 范围为 $\Delta V\in(-0.1612,\ 0.5]\text{km/s}$。

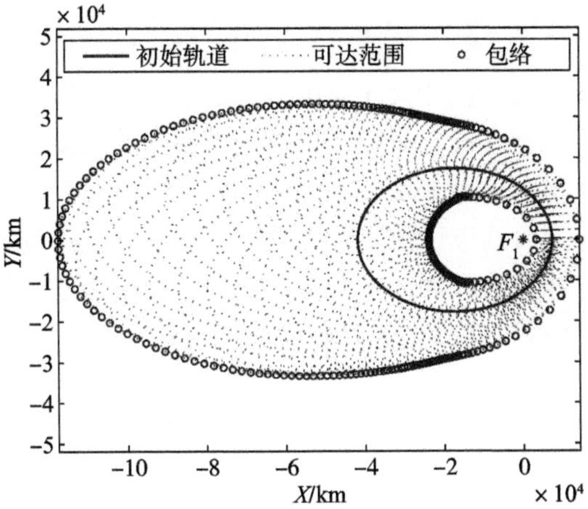

图 4-18　$\Delta V \in [-0.5,\ 0.5]$ km/s 和 f_1 自由时的可达区域和包络($e_1=0.7$)

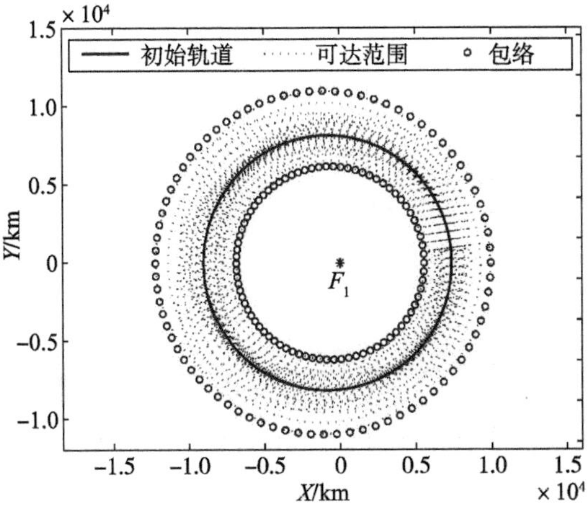

图 4-19　$\Delta V \in [-0.5,\ 0.5]$ km/s 和 f_1 自由时的可达区域和包络($e_1=0.1$)

如果 $e_1=0$，对任意的 f_1 需要满足约束条件，两个约束下 ΔV 范围为 $\Delta V \in (-0.1713,\ 0.5]$ km/s。其值与 4.2.4.1 节的值相同，这是由于圆轨道下任意点施加脉冲均相同。

4.2.5　小结

本节研究了在任意初始椭圆轨道下施加单次有界正切脉冲，转移轨道的可达范围。由于转移轨道由正切脉冲大小和脉冲位置决定，分析了三种情况：①初始脉冲点给定，脉冲大小自由；②初始脉冲点自由，脉冲大小给定；③初始脉冲点和脉冲大小均自由。求解了三种情况下的可达范围以及包络。另外，从轨迹安全性出发，考虑了转移轨迹近地点半径极小值约束和远地点半径极大值约束。对于第一种情况，脉冲大小范围可通过求解一个四次多项式得到；对于第二种情况，求解初始真近点角范围转换为求解初始速度范围，其值可通过求解一个三次多项式得到；对于第三种情况，如果对任意的 f_1 需要满足两个约束条件，远地点极大值约束可由近地点脉冲求出脉冲大小范围，近地点极小值约束可由远地点脉冲求出脉冲大小范围。正切脉冲可达范围的研究可为正切脉冲轨道机动(例如轨道转移和交会)提供初始分析。

第5章 单脉冲访问单目标轨道机动

快速响应空间意在为用户提供灵活和可负担的空间应用。对于应急响应任务而言，快速响应可从两方面考虑：一方面研究卫星快速组装、快速测试、快速发射等；另一方面研究利用在轨航天器机动变轨来实现快速响应任务。与前者相比，后者不需要发射新的航天器，能大大降低任务成本和响应时间。对于地面目标，当地震、森林火灾等自然灾害发生或有特定军事任务需求时，可通过星下点轨迹调整完成对指定目标区域的成像，实现快速响应对地观测任务[51-53]；对于空间目标，可通过轨道机动，对目标航天器的快速交会或拦截[54]，实现对空间目标的在轨服务或飞掠观察。

5.1 单次正切脉冲星下点轨迹调整

对于星下点轨迹调整问题，目前的方法大多采用数值优化方法求解，而数值优化算法需要较大的计算量。本节提出一种解析近似法求解经过给定目标点的星下点轨迹脉冲调整解。脉冲方向假设为正切脉冲，通过求解三次多项式得到目标轨道的半长轴，进一步得到正切脉冲机动的大小。

5.1.1 问题描述

考虑一颗在近地轨道上运行的航天器，其轨道参数已知，能够执行脉冲轨道机动使得星下点轨迹经过指定的地面目标点 S，其经度和纬度分别用 λ 和 φ 表示。由于改变轨道平面通常需要消耗较多的燃料，本节仅考虑利用共面脉冲机动调整星下点轨迹。

通常来说，在星下点轨迹调整问题中，优化变量为脉冲次数、脉冲位置、脉冲大小和方向。考虑所有这些变量，该问题将会非常复杂，以至于必须采用数值优化算法求解。为了简化该问题，现给出如下假设条件：

(1)在脉冲次数方面，仅考虑单次脉冲到达椭圆目标轨道；

(2)假设脉冲速度矢量为正切脉冲；

(3)假设脉冲位置为初始位置或在拱点，以减少能量消耗。

本小节中，下标 0 表示初始轨道，初始时刻的真近点角记为 f_{00}，对应的参数纬度幅角为 u_{00}；最终经过目标点 S 的目标轨道无下标，且经过目标点 S 时对应的卫星位置点为 P。另外，目标轨道上 P 处的参数纬度幅角为 u_t。假设初始轨道倾角 $i_0 \neq 0$(非赤道轨道)，否则该情况下 $\varphi \neq 0$ 时无解，而 $\varphi = 0$ 时不需要轨道机动。

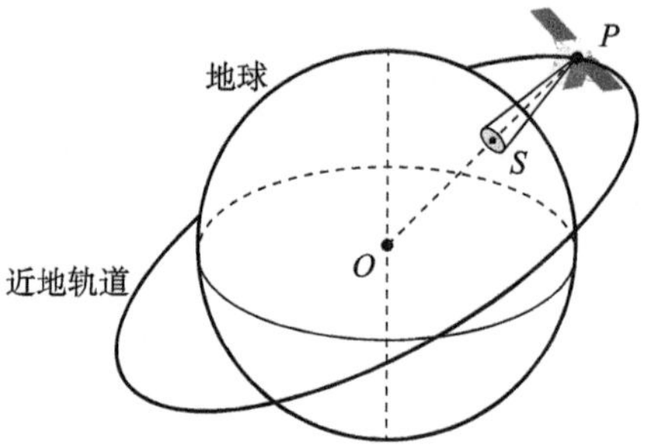

图 5-1　星下点轨迹的几何理解

5.1.2　精确飞越的单脉冲方法

本小节给出一种单次正切脉冲星下点轨迹调整方法，以精确飞越用户指定的地面目标点 S。通过施加单次脉冲机动，初始轨道直接变为目标椭圆轨道，不需要考虑初始漂移段和转移轨道段。本节分别考虑了初始圆形轨道和椭圆轨道两种情况。

星下点轨迹是航天器在轨运动在地球表面的投影，其计算过程在 2.4 节中进行了具体介绍。当航天器在某一时刻的轨道要素给定时，相应的星下点可由地心经度 λ 和纬度 φ 表示为

$$\begin{cases} \sin\lambda = \dfrac{-\sin(\alpha_G - \Omega)\cos u + \cos(\alpha_G - \Omega)\sin u\cos i}{\sqrt{1-\sin^2 u\sin^2 i}} \\ \cos\lambda = \dfrac{\cos(\alpha_G - \Omega)\cos u + \sin(\alpha_G - \Omega)\sin u\cos i}{\sqrt{1-\sin^2 u\sin^2 i}} \end{cases} \tag{5-1}$$

$$\varphi = \arcsin(\sin i\sin u) \tag{5-2}$$

式中：α_G 为格林尼治平恒星时角。当航天器经过 S 时，对应 P 点的真近点角

f_t 可由方程(5-2)得到为

$$f_t=\begin{cases}\arcsin\left(\dfrac{\sin\varphi}{\sin i}\right)-\omega, & \text{升轨}\\ \pi-\arcsin\left(\dfrac{\sin\varphi}{\sin i}\right)-\omega, & \text{降轨}\end{cases} \tag{5-3}$$

上式两个值分别对应升轨和降轨。P 点的参数纬度幅角为 $u_t=\omega+f_t=\sin\varphi/\sin i$。式(5-1)可写成矩阵形式，

$$\begin{bmatrix}-\cos(\omega+f_t) & \sin(\omega+f_t)\cos i\\ \sin(\omega+f_t)\cos i & \cos(\omega+f_t)\end{bmatrix}\begin{Bmatrix}\sin(\alpha_{Gt}-\Omega)\\ \cos(\alpha_{Gt}-\Omega)\end{Bmatrix}=\sqrt{1-\sin^2(\omega+f_t)\sin^2 i}\begin{Bmatrix}\sin\lambda\\ \cos\lambda\end{Bmatrix} \tag{5-4}$$

联立式(5-2)和式(5-4)可得

$$\begin{Bmatrix}\sin(\alpha_{Gt}-\Omega)\\ \cos(\alpha_{Gt}-\Omega)\end{Bmatrix}=\frac{-1}{\sqrt{1-\sin^2\varphi}}\begin{bmatrix}\cos(\omega+f_t) & -\sin(\omega+f_t)\cos i\\ -\sin(\omega+f_t)\cos i & -\cos(\omega+f_t)\end{bmatrix}\begin{Bmatrix}\sin\lambda\\ \cos\lambda\end{Bmatrix}\triangleq\begin{Bmatrix}c_1\\ c_2\end{Bmatrix} \tag{5-5}$$

方程(5-5)表明 P 点(星下点对应地面目标 S)处的格林尼治时间 α_{Gt} 为

$$\alpha_{Gt}=\Omega+\arctan2(c_1,\ c_2) \tag{5-6}$$

于是二体模型下，航天器从初始时刻到达 P 点的飞行时间为

$$t_G=\frac{(\alpha_{Gt}-\alpha_{G0})+2\pi(D-1)}{\omega_E} \tag{5-7}$$

式中：D 为天数；α_{G0} 为初始格林尼治时间，可由初始时刻的儒略日计算得到。

对于初始圆形轨道，目标轨道半长轴可近似为 $a\approx a_0$；对于初始椭圆轨道，目标轨道半长轴可近似为 $a\approx a_0(1+e_0)$。因此，航天器运行至目标点处的最优轨道圈数 N_R 的估计式为

$$N_{R\mathrm{opt}}=\frac{1}{2\pi}\left(t_G\sqrt{\frac{\mu}{a_0^3(1+e_0)^3}}-u_t+u_{00}\right) \tag{5-8}$$

该式对初始圆轨道和椭圆轨道均成立。上式得到的 N_R 可能并不是整数，可用“ceil”和“floor”函数得到其最近的整数。

在线性 J_2 摄动影响下，轨道元素 a、e 和 i 不变，J_2 摄动下其他轨道参数的漂移率记为 $\dot{\Omega}_{J_2}$、$\dot{\omega}_{J_2}$ 和 $\dot{M}_{J_2}$，具体表达式见式(2-19)。由于共面机动不改变轨道平面，即 $i=i_0$，$\Omega=\Omega_0$，因此，在线性 J_2 模型下，由格林尼治时间的变化得到飞行时间为

$$t_{G_{J_2}}=\frac{\Omega_0+\arctan2(c_1,\ c_2)-\alpha_{G0}+2\pi(D-1)}{\omega_E-\dot{\Omega}_{J_2}} \tag{5-9}$$

5.1.2.1 初始圆形轨道

考虑在初始位置 u_{00} 施加单次正切脉冲，对于初始圆轨道情况，如果脉冲为正($\Delta V>0$)，则脉冲位置变为目标轨道的近地点($f_0=0$)；如果脉冲为负($\Delta V<0$)，则脉冲位置变为目标轨道的远地点($f_0=\pi$)。

二体模型下，航天器自机动位置运行至 P 点的飞行时间 t_K 可由开普勒方程写作

$$M_t+2\pi N_R+[\operatorname{sign}(\Delta V)-1]\frac{\pi}{2}=t_K\sqrt{\frac{\mu}{a^3}} \tag{5-10}$$

对于小偏心率的目标轨道，平近点角可通过对偏心率的一阶泰勒展开表示为 $M=E-e\sin E\approx f-2e\sin f$，将其代入式(5-10)可得

$$f_t-2e\sin f_t+2\pi N_R+[\operatorname{sign}(\Delta V)-1]\frac{\pi}{2}=t_K\sqrt{\frac{\mu}{a^3}} \tag{5-11}$$

其中 f_t 由式(5-3)得到，且当 $\Delta V>0$ 时 $\omega=u_{00}$，当 $\Delta V<0$ 时 $\omega=u_{00}+\pi$。

当施加正切脉冲时，由一阶高斯变分方程可知轨道平面不变，即 $\Delta i=0$，$\Delta\Omega=0$，而半长轴和偏心率变分为

$$\Delta a\approx 2\sqrt{\frac{a_0^3}{\mu}}\Delta V \tag{5-12}$$

$$\Delta e\approx \operatorname{sign}(\Delta V)2\sqrt{\frac{a_0}{\mu}}\Delta V \tag{5-13}$$

因此，偏心率可写成半长轴的函数形式

$$e=\Delta e\approx \operatorname{sign}(\Delta V)\frac{\Delta a}{a_0}=\operatorname{sign}(\Delta V)\left(\frac{a}{a_0}-1\right) \tag{5-14}$$

把方程(5-14)代入方程(5-11)得到

$$f_t-\operatorname{sign}(\Delta V)2\left(\frac{a}{a_0}-1\right)\sin f_t+2\pi N_R+[\operatorname{sign}(\Delta V)-1]\frac{\pi}{2}=t_K\sqrt{\frac{\mu}{a^3}} \tag{5-15}$$

通过令 $t_K=t_G$，可得到一个关于$\sqrt{a}$的五次多项式，其中 t_G 由式(5-7)计算得到。由于五次多项式不存在解析解，其必须用数值迭代法进行求解。考虑采用下式代替方程(5-14)

$$e\approx \operatorname{sign}(\Delta V)\left(1-\frac{a_0}{a}\right) \tag{5-16}$$

把方程(5-16)代入方程(5-11)得到

$$f_t-\operatorname{sign}(\Delta V)2\left(1-\frac{a_0}{a}\right)\sin f_t+2\pi N_R+[\operatorname{sign}(\Delta V)-1]\frac{\pi}{2}=t_K\sqrt{\frac{\mu}{a^3}} \tag{5-17}$$

上式可进一步化简为一个关于$\sqrt{a}$的三次多项式，即

$$\left\{f_t+2\pi N_R-\text{sign}(\Delta V)2\sin f_t+[\text{sign}(\Delta V)-1]\frac{\pi}{2}\right\}(\sqrt{a})^3+\text{sign}(\Delta V)2a_0\sin f_t\sqrt{a}-t_G\sqrt{\mu}=0 \tag{5-18}$$

该方程可得到解析解。对于每个圈数 N_R，其对应的半长轴 a 可得到。由式(5-12)可知脉冲幅值 ΔV 与半长轴变化量 Δa 存在线性关系，于是最优的半长轴即为使得 $|a-a_0|$ 最小的 a。在单脉冲星下点轨迹调整问题中，可用方程(5-8)估计最优的 N_R，该方程对圆形和椭圆轨道均成立。

上述为二体模型下的求解过程。对于线性 J_2 摄动模型，开普勒方程变为

$$f_t-2e\sin f_t+2\pi N_R+[\text{sign}(\Delta V)-1]\frac{\pi}{2}=t_{K_{J_2}}\sqrt{\frac{\mu}{\bar{a}^3}}+(\dot{M}_{J_2}+\dot{\omega}_{J_2})t_{K_{J_2}} \tag{5-19}$$

同样，令 $t_{K_{J_2}}=t_{G_{J_2}}$，可得到一个关于$\sqrt{\bar{a}}$的三次多项式

$$\left\{f_t+2\pi N_R+[\text{sign}(\Delta V)-1]\frac{\pi}{2}-\text{sign}(\Delta V)\ \ 2\sin f_t-(\dot{M}_{J_2}+\dot{\omega}_{J_2})t_{G_{J_2}}\right\}(\sqrt{\bar{a}})^3+$$

$$\text{sign}(\Delta V)2a_0\sin f_t\sqrt{\bar{a}}-t_{G_{J_2}}\sqrt{\mu}=0 \tag{5-20}$$

其中 $t_{G_{J_2}}$ 由方程(5-9)得到。

一旦目标轨道的平均半长轴 $\bar{a}$ 求得后，转换到瞬时轨道根数。采用瞬时轨道根数得到脉冲大小为

$$\Delta V=\sqrt{\mu\left(\frac{2(1+e_0\cos f_{00})}{p_0}-\frac{1}{a}\right)}-\sqrt{\frac{\mu}{p_0}(1+e_0^2+2e_0\cos f_{00})} \tag{5-21}$$

式中：p 为半通径，$p=a(1-e^2)$。注意，方程(5-21)对初始圆形和椭圆轨道均成立。

综上所述，对于初始圆形轨道，单次正切脉冲星下点轨迹调整问题的求解步骤如下：

(1)基于二体模型，由方程(5-3)得到f_t，其中当 $\Delta V>0$ 时 $\omega=u_{00}$，当 $\Delta V<0$ 时 $\omega=u_{00}+\pi$；利用方程(5-18)得到目标轨道半长轴 a_s，其中 t_G 由方程(5-7)得到。

(2)利用式(2-19)和目标轨道的半长轴 a_s 计算 $\dot{\omega}_{J_2}$、$\dot{\Omega}_{J_2}$ 和 $\dot{M}_{J_2}$，然后利用方程(5-9)计算 $t_{G_{J_2}}$。

(3)对于 J_2 摄动模型，利用方程(5-20)得到目标椭圆轨道的平均半长轴 $\bar{a}$ 的解析解。

(4)利用方程(5-16)得到偏心率 e，ω 和 f_t 由步骤(1)得到，且有 $i=i_0$，$\Omega=\Omega_0$；令这些参数为平均轨道参数，并转换到瞬时轨道参数。

(5)利用方程(5-21)得到单次脉冲大小(区分正负)。

(6)对于所有可行圈数 N_R，循环步骤(1)～(5)得到最小能量解 ΔV_{tot}。

5.1.2.2 初始椭圆轨道

对于初始椭圆轨道，当在初始位置施加单次正切脉冲 ΔV 时，由高斯变分公式知 $\Delta i=0$ 和 $\Delta\Omega=0$，而其他轨道元素变化为

$$\Delta a\approx\frac{2}{n_0\sqrt{1-e_0^2}}\Delta V[e_0\sin f_{00}\sin\gamma_{00}+(1+e_0\cos f_{00})\cos\gamma_{00}] \tag{5-22}$$

$$\Delta e\approx\frac{\sqrt{1-e_0^2}}{n_0a_0}\Delta V[\sin f_{00}\sin\gamma_{00}+(\cos E_{00}+\cos f_{00})\cos\gamma_{00}] \tag{5-23}$$

$$\Delta\omega\approx\frac{\sqrt{1-e_0^2}}{n_0a_0e_0}\Delta V\left[-\cos f_{00}\sin\gamma_{00}+\frac{2+e_0\cos f_{00}}{1+e_0\cos f_{00}}\sin f_{00}\cos\gamma_{00}\right] \tag{5-24}$$

$$\Delta M\approx-\frac{1-e_0^2}{n_0a_0e_0}\Delta V\left[\left(\frac{2e_0}{1+e_0\cos f_{00}}-\cos f_{00}\right)\sin\gamma_{00}+\frac{2+e_0\cos f_{00}}{1+e_0\cos f_{00}}\sin f_{00}\cos\gamma_{00}\right] \tag{5-25}$$

其中 E_{00} 为初始时刻的偏近点角，对应的初始飞行路径角 γ_{00} 可写成初始真近点角的函数形式

$$\gamma_{00}=\arctan\left(\frac{e_0\sin f_{00}}{1+e_0\cos f_{00}}\right) \tag{5-26}$$

利用方程(5-22)和方程(5-23)，可得到半长轴变分和偏心率变分的关系式为

$$\Delta e\approx\frac{1-e_0^2}{2a_0}\frac{\cos(f_{00}-\gamma_{00})+\cos E_{00}\cos\gamma_{00}}{e_0\cos(f_{00}-\gamma_{00})+\cos\gamma_{00}}\Delta a \tag{5-27}$$

于是，目标轨道偏心率可写成目标半长轴的函数形式

$$e\approx e_0+\frac{1-e_0^2}{2}\frac{\cos(f_{00}-\gamma_{00})+\cos E_{00}\cos\gamma_{00}}{e_0\cos(f_{00}-\gamma_{00})+\cos\gamma_{00}}\left(\frac{a}{a_0}-1\right) \tag{5-28}$$

相似地，目标轨道的近地点角距可写成

$$\omega\approx\omega_0+\frac{(1-e_0^2)/(2e_0)}{e_0\cos(f_{00}-\gamma_{00})+\cos\gamma_{00}}\left(\sin(f_{00}-\gamma_{00})+\frac{\sin f_{00}\cos\gamma_{00}}{1+e_0\cos f_{00}}\right)\left(\frac{a}{a_0}-1\right) \tag{5-29}$$

利用该近地点角距，P 点处的真近点角 f_t 由方程(5-3)得到。在脉冲位置处，目标轨道平近点角可写成

$$M_0 \approx M_{00}-\frac{(1-e_0^2)^{3/2}/(2e_0)}{e_0\cos(f_{00}-\gamma_{00})+\cos\gamma_{00}}\times \left(\sin(f_{00}-\gamma_{00})+\frac{2e_0\sin\gamma_{00}+\sin f_{00}\cos\gamma_{00}}{1+e_0\cos f_{00}}\right)\left(\frac{a}{a_0}-1\right) \tag{5-30}$$

其中 M_{00} 为初始时刻初始轨道平近点角。方便起见，定义新的变量

$$\begin{cases} k_1=\dfrac{(1-e_0^2)/(2e_0)}{e_0\cos(f_{00}-\gamma_{00})+\cos\gamma_{00}}\left(\sin(f_{00}-\gamma_{00})+\dfrac{\sin f_{00}\cos\gamma_{00}}{1+e_0\cos f_{00}}\right) \\ k_2=\dfrac{1-e_0^2}{2}\dfrac{\cos(f_{00}-\gamma_{00})+\cos E_0\cos\gamma_{00}}{e_0\cos(f_{00}-\gamma_{00})+\cos\gamma_{00}} \\ k_3=\dfrac{(1-e_0^2)^{3/2}/(2e_0)}{e_0\cos(f_{00}-\gamma_{00})+\cos\gamma_{00}}\left(\sin(f_{00}-\gamma_{00})+\dfrac{2e_0\sin\gamma_{00}+\sin f_{00}\cos\gamma_{00}}{1+e_0\cos f_{00}}\right) \end{cases} \tag{5-31}$$

把方程(5-28)~方程(5-31)代入二体模型下的开普勒方程得

$$f_s-k_1(\frac{a}{a_0}-1)-2\left[e_0+k_2\left(\frac{a}{a_0}-1\right)\right]\sin\left(f_s-k_1\left(\frac{a}{a_0}-1\right)\right)+ 2\pi N_R-M_{00}+k_3\left(\frac{a}{a_0}-1\right)=t_K\sqrt{\frac{\mu}{a^3}} \tag{5-32}$$

其中 $f_s \triangleq \arcsin(\sin\varphi/\sin i)-\omega_0$ 为未考虑近地点角距变化的二体模型部分。由于 $a\approx a_0$，可知

$$\sin\left(f_s-k_1\left(\frac{a}{a_0}-1\right)\right)\approx \sin f_s-k_1\left(\frac{a}{a_0}-1\right)\cos f_s \tag{5-33}$$

于是，方程(5-32)可写成一个$\sqrt{a}$五次多项式。利用(a/a_0-1)来代替$(1-a_0/a)$，方程(5-32)最后可写成$\sqrt{a}$的三次多项式

$$(f_s+2\pi N_R-2e_0\sin f_s-2k_2\sin f_s-k_1+k_3+2e_0k_1\cos f_s-M_{00})(\sqrt{a})^3+ (2k_2\sin f_s+k_1-k_3-2e_0k_1\cos f_s)a_0(\sqrt{a})-t_G\sqrt{\mu}=0 \tag{5-34}$$

其中 t_G 由式(5-7)计算得到。

对于线性 J_2 摄动模型，关于$\sqrt{a}$的三次多项式为

$$[f_s+2\pi N_R-2e_0\sin f_s-2k_2\sin f_s-k_1+k_3+2e_0k_1\cos f_s-M_{00}- (\dot{M}_{J_2}+\dot{\omega}_{J_2})t_{G_{J_2}}](\sqrt{a})^3+(2k_2\sin f_s+k_1-k_3-2e_0k_1\cos f_s)a_0(\sqrt{a})-t_{G_{J_2}}\sqrt{\mu}=0 \tag{5-35}$$

其中 $t_{G_{J_2}}$ 由式(5-9)求解得到。

综上所述，对于初始椭圆轨道，单次正切脉冲星下点轨迹调整问题的求解

步骤如下：

(1)基于二体模型，令 $f_s \triangleq \arcsin(\sin\varphi/\sin i)-\omega_0$，利用方程(5-34)得到目标轨道半长轴解 a_s，其中 t_G 由方程(5-7)得到。

(2)利用式(2-19)和目标轨道的半长轴值 a_s 计算 $\dot{\omega}_{J_2}$、$\dot{\Omega}_{J_2}$ 和 $\dot{M}_{J_2}$，然后利用方程(5-9)计算 $t_{G_{J_2}}$。

(3)对于 J_2 摄动模型，利用方程(5-35)得到目标椭圆轨道的平均半长轴 $\bar{a}$ 的解析解。

(4)利用方程(5-28)~方程(5-30)得到 e、ω 和 M_0，并注意到 $i=i_0$ 和 $\Omega=\Omega_0$；令这些参数为平均轨道参数，并转换到瞬时轨道参数。

(5)利用方程(5-21)得到单次脉冲大小(区分正负)。

(6)对于所有可行圈数 N_R，循环步骤(1)~(5)得到最小能量解 ΔV_{tot}。

5.1.3 仿真算例

为了验证本节提出的算法，考虑初始圆形和初始椭圆轨道两种数值算例。初始时刻设置为2015年7月1日08：00：00(UTC)，初始时刻对应的格林尼治时间为 $\alpha_{G0}=0.681733$rad。将2008年经历大地震的四川汶川设为地面目标点 S。汶川的经度为 $\lambda=103.4°$，纬度为 $\varphi=31°$。

对于两种情况，可利用本节提出的解析近似方法进行求解。在下面的星下点轨迹图中，实线表示机动轨道的星下点轨迹，虚线表示无机动的参考星下点轨迹，五角星代表目标点 S。在星下点轨迹计算中，考虑了非线性 J_2 摄动影响。在下面的表格中，大写"D"和"A"分别表示降轨和升轨访问，d_{min} 为飞越时刻的地面距离误差，t_S 为航天器的飞行时间。

5.1.3.1 初始圆轨道

初始轨道为太阳同步圆轨道，轨道参数为 $a_0=R_E+400$km，$e_0=0$，$i_0=97.0346°$，$\Omega_0=280°$，$u_{00}=0°$。首先考虑1天内降轨段访问情况。对于初始圆轨道情况，对应于 $\Delta V<0$ 和 $\Delta V>0$ 的目标轨道平均半长轴分别为 $\bar{a}=6611.851$km 和 $\bar{a}=6937.616$km；对应的脉冲大小分别为 -0.091417km/s 和 0.092883km/s。但是，$\bar{a}=6611.851$ 解的近地点高度小于200km，应该舍去；最终采用 $\bar{a}=6937.616$ 解，第一次脉冲发生在初始时刻，脉冲大小为 $\Delta V_1=0.092883$km/s。图5-2给出了参考轨道和机动轨道的星下点轨迹。对于不同的天数，表5-1给出了单次脉冲施加在初始时刻精确飞越目标点情况下的指标。

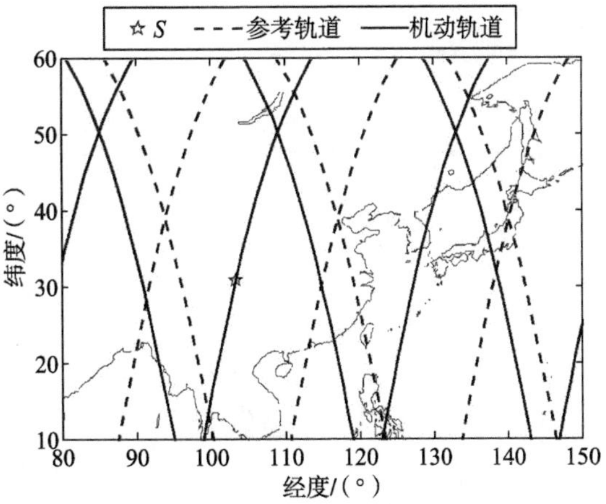

图 5-2　单脉冲初始圆形和目标椭圆轨道星下点轨迹

表 5-1　单脉冲初始圆形和目标椭圆轨道

访问弧段	天数	ΔV_1/(km/s)	d_{min}/km	t_S/h
D	1	0.092883	0.3	21.449
A	1	0.305649	0.7	8.880
D	2	0.006358	0.9	24+21.453
A	2	0.029629	0.2	24+8.883
D	3	−0.020206	1.4	48+21.457
A	3	−0.012672	0.8	48+8.889
D	4	0.008943	0.4	72+21.452
A	4	0.018777	0.3	72+8.883
D	5	−0.007279	1.3	96+21.456
A	5	−0.001647	0.8	96+8.888
D	6	0.009771	0.1	120+21.452
A	6	−0.014453	1.3	120+8.893
D	7	−0.001860	0.9	144+21.456
A	7	0.002448	0.7	144+8.888

5.1.3.2　初始椭圆轨道

考虑初始椭圆轨道，轨道的近地点和远地点半径分别为 $r_p = R_E + 400$km 和 $r_a = R_E + 1000$km，其他轨道参数为 $i_0 = 97.0346°$，$\omega_0 = 0°$，$\Omega_0 = 280°$，$f_{00} = 0°$。初始偏心率为 $e_0 = 0.042384$。对于初始椭圆轨道，首先考虑 1 天内升轨段访问的情况。对于初始椭圆轨道情况，目标轨道平均半长轴为 $\bar{a} = 7506.587$km，转换为瞬时半长轴为 $a = 7502.599$km；对应的单脉冲大小为 $\Delta V_1 = 0.204818$km/s。

图 5-3 给出了参考轨道和机动轨道的星下点轨迹。对于不同的天数，表 5-2 给出了精确飞越情况下的指标。

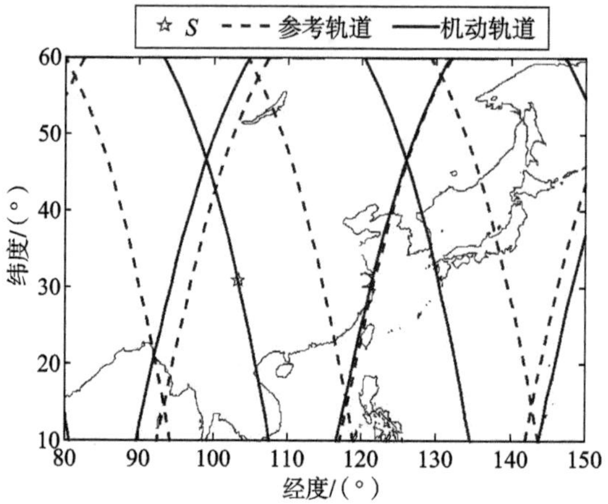

图 5-3　单脉冲初始和目标椭圆轨道星下点轨迹

表 5-2　单脉冲初始和目标椭圆轨道

访问弧段	天数	ΔV_1/(km/s)	$d_{\min}$/km	t_S/h
D	1	-0.048336	1.1	21.448
A	1	0.204818	4.4	8.882
D	2	0.025368	2.4	24+21.435
A	2	-0.000268	1.5	24+8.872
D	3	-0.010196	4.2	48+21.431
A	3	-0.032548	1.7	48+8.867
D	4	0.015660	4.4	72+21.417
A	4	0.003790	4.5	72+8.851
D	5	-0.003307	8.4	96+21.415
A	5	-0.014637	2.6	96+8.847
D	6	0.012526	4.1	120+21.398
A	6	0.004828	7.3	120+8.830
D	7	-0.000460	9.1	144+21.396
A	7	-0.007980	5.0	144+8.827

对于初始圆轨道和椭圆轨道两种情况，由表 5-1 和表 5-2 结果可知，3 天内精确飞越地面目标的最小距离误差 $d_{\min}$<5km。随着时间增加到 7 天，初始圆形轨道情况下的距离误差仍然小于 5km，而初始椭圆轨道情况下的距离误差会增加到 10km。

5.1.4　小结

本节研究了单次切向脉冲机动下星下点轨迹调整问题，以实现对地面目标点的观测。考虑了初始圆形和椭圆轨道两种情况，并对升轨和降轨情况分别求解。通过求解三次多项式得到机动轨道的半长轴，进一步得到 J_2 摄动下脉冲大小的解析近似解。通过施加本节所提方法求解得到的脉冲，3 天内精确飞越的最小距离误差小于 5km。本节得到的解析近似解，在紧急任务下可用于航天器在轨快速计算。

5.2　单脉冲时间最优星下点轨迹调整

对于快速响应对地观测任务，当需要航天器快速机动到目标点上方，精准获取地面信息时(例如对自然灾害快速观测等)，航天器的响应时间为第一指标。此时要求航天器在星上剩余燃料的约束下用最短的时间机动到目标点上方，完成对地观测任务，即求解燃料约束下的时间最优转移问题。本小节主要针对星下点轨迹调整脉冲控制问题，在考虑 J_2 摄动和脉冲幅值大小的约束下，通过高斯变分方程和转移时间方程，解析求解航天器在燃料约束下的单脉冲时间最优星下点轨迹调整问题。

5.2.1　问题描述

假设一颗航天器正在已知的初始轨道上运行，其星下点轨迹需要改变以尽快飞越指定的目标点，完成对地观测任务，已知待观测目标点 S^* 的经纬度为 (λ^*, φ^*)。航天器在整个运行过程中的机动示意图如图 5-4 所示。在下文中，下角标“0”和“1”分别表示初始轨道和机动轨道。由于 J_2 摄动对轨道参数 Ω、ω 产生的漂移影响以及在轨道运行中真近点角 f 的变化，分别使用“00”和“0t”来表示初始轨道在初始时刻和施加脉冲时刻的轨道参数；使用“10”和“1t”表示机动轨道在施加脉冲后和飞越目标点的轨道参数。

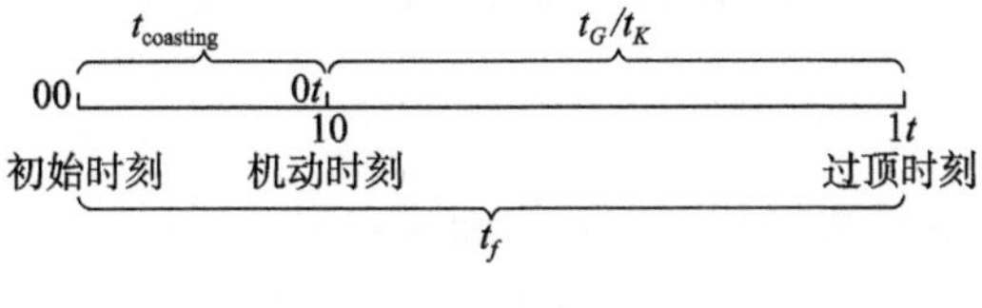

图 5-4　轨道机动示意图

航天器自接到任务指令到飞越目标点的总响应时间记为 t_f，且 t_f 分为施加脉冲前在初始轨道上的滑行时间 t_{coasting} 和施加脉冲后在机动轨道上的运行时间 t_G/t_K 两部分。航天器需要在剩余燃料的约束下用最短的时间飞越目标点，因此性能指标为响应时间 t_f。

$$J=\min t_f \tag{5-36}$$

航天器机动过程中受到的约束条件如下：

(1)燃料消耗约束，此项可转换为施加脉冲幅值上限 $\Delta V_{\max}$ 的约束；

(2)为避免大气阻力的影响，整个运行过程中最小的近地点高度不低于 200km；

(3)航天器最终需要精准飞越目标点，实现观测任务，即过顶时刻的经纬度与目标点(λ^*，φ^*)一致。上述约束可写作

$$\begin{cases}\sqrt{\Delta V_r^2+\Delta V_t^2+\Delta V_n^2}\leqslant\Delta V_{\max}\\ h_{p\min}\geqslant 200\text{km}\\ \lambda(t_f)=\lambda^*,\ \varphi(t_f)=\varphi^*\end{cases} \tag{5-37}$$

优化参数分别为施加脉冲的位置或脉冲时刻(该项可用机动时刻的参数纬度幅角表示)以及轨道面内与轨道面外的脉冲分量 $\boldsymbol{\Delta V}=\boldsymbol{\Delta V}_{\text{in-plane}}+\boldsymbol{\Delta V}_{\text{out-plane}}$。为简化问题，本节只将周向脉冲分量作为轨道面内待求解的脉冲分量，而将径向脉冲分量设置为 $\Delta V_r=0$。

5.2.2 最佳机动位置的近似解析解

在二体问题下，航天器自施加脉冲时刻到飞越目标点的飞行时间可以由格林尼治平恒星时角得到为

$$t_G=\frac{\alpha_{Gt}-\alpha_{G1}+2\pi(D-1)}{\omega_E} \tag{5-38}$$

式中：D 为天数；α_{Gt} 和 α_{G1} 分别为终端时刻和脉冲时刻的格林尼治平恒星时角。航天器自初始时刻到施加脉冲时刻在初始轨道上的滑行时间记为 t_{coasting}，有

$$\alpha_{G1}=\alpha_{G0}+\omega_E t_{\text{coasting}} \tag{5-39}$$

式中：α_{G0} 为初始时刻的格林尼治平恒星时角。当观测目标点的位置信息(λ^*，φ^*)确定时，相应的过顶时刻的格林尼治平恒星时角可由机动后的轨道参数得到为

$$\alpha_{Gt}=\Omega_1-\lambda^*+\arctan(\cos i_1\tan u_{1t}) \tag{5-40}$$

因此，二体问题下机动后的飞行时间为

$$t_G=\frac{(\Omega_0+\Delta\Omega)-\lambda^*+\arctan[\cos(i_0+\Delta i)\tan u_{1t}]-(\alpha_{G0}+\omega_E t_{\text{coasting}})+2\pi(D-1)}{\omega_E} \tag{5-41}$$

为求解最短的响应时间（$t_f=t_{\text{coasting}}+t_G$），首先需要求解最佳的机动位置，即最佳的参数纬度幅角。将响应时间 t_f 对参数纬度幅角 u 求导并求其零点为

$$
\begin{aligned}
\frac{\mathrm{d}t_f}{\mathrm{d}u}&=\frac{\mathrm{d}t_{\text{coasting}}}{\mathrm{d}u}+\frac{\mathrm{d}t_G}{\mathrm{d}u}\\
&=\frac{\mathrm{d}t_{\text{coasting}}}{\mathrm{d}u}+\frac{1}{\omega_{\mathrm{E}}}\left(\frac{\mathrm{d}\Delta\Omega}{\mathrm{d}u}+\frac{\mathrm{d}[\arctan(\cos(i_0+\Delta i)\tan u_{1t})]}{\mathrm{d}u}-\omega_E\frac{\mathrm{d}t_{\text{coasting}}}{\mathrm{d}u}\right)\\
&\triangleq\frac{1}{\omega_E}\left(\frac{\mathrm{d}\Delta\Omega}{\mathrm{d}u}+\frac{\mathrm{d}\gamma}{\mathrm{d}u}\right)=0
\end{aligned}
\tag{5-42}
$$

式中：$\gamma\triangleq\arctan[\cos(i_0+\Delta i)\tan u_{1t}]$，$u_{1t}$ 为航天器机动后轨道飞越观测目标点时刻的参数纬度幅角，可由目标点的位置信息和转移轨道的轨道参数得到，即

$$
u_{1t}=\begin{cases}\arcsin\left[\dfrac{\sin\varphi^*}{\sin(i_0+\Delta i)}\right], & \text{升轨}\\[2ex] \pi-\arcsin\left[\dfrac{\sin\varphi^*}{\sin(i_0+\Delta i)}\right], & \text{降轨}\end{cases}
\tag{5-43}
$$

根据三角恒等变换，式(5-42)中 γ 的可简化为

$$
\gamma=\arctan\left\{\cos(i_0+\Delta i)\tan\left[\arcsin\left(\frac{\sin\varphi^*}{\sin(i_0+\Delta i)}\right)\right]\right\}=\arcsin\left[\frac{\tan\varphi^*}{\tan(i_0+\Delta i)}\right]
\tag{5-44}
$$

式(5-44)反三角函数得到的两个值分别对应最终访问目标时用升轨段和降轨段两种情况，将 γ 对轨道倾角的变化量 Δi 求导可得

$$
\frac{\mathrm{d}\gamma}{\mathrm{d}\Delta i}\approx\pm\left(\frac{-\tan\varphi^*}{\sin^2 i_0\cos\hat{\gamma}}\right)
\tag{5-45}
$$

式中：$\hat{\gamma}$ 为 γ 的近似估计值。此处根据初始轨道的轨道平面和目标点之间的关系又分为两种情况：

（1）若初始轨道的轨道倾角大于观测目标点的纬度，即 $i_0\geqslant\varphi^*$，此时 $\hat{\gamma}\triangleq\pm\arcsin(\tan\varphi^*/\tan i_0)$；

（2）若初始轨道的轨道倾角小于观测目标点的纬度，即 $i_0<\varphi^*$，此时 $\hat{\gamma}\triangleq\pm\arcsin[\tan\varphi^*/\tan(i_0+\Delta i_{\max})]$，式中 $\Delta i_{\max}=\sqrt{a(1-e^2)}/[\sqrt{\mu}(1+e\cos\omega)]\Delta V_{\max}$ 用于估计可用脉冲下轨道倾角的最大改变量。

在本节中，“+”表示最终用转移轨道的升轨段观测目标点，“-”表示最终用转移轨道的降轨段观测目标点。将式(5-45)代入后，式(5-42)可改写为

$$
\frac{\mathrm{d}\Delta\Omega}{\mathrm{d}u}+\frac{\mathrm{d}\gamma}{\mathrm{d}\Delta i}\frac{\mathrm{d}\Delta i}{\mathrm{d}u}=0
\tag{5-46}
$$

根据高斯变分方程可知，对于一个法向脉冲分量 ΔV_n，轨道平面的变化量可表示为

$$\begin{cases}\Delta i=\sqrt{\dfrac{a}{\mu}}\dfrac{\sqrt{1-e^2}\cos(\omega+f)}{1+e\cos f}\Delta V_n\\ \Delta\Omega=\sqrt{\dfrac{a}{\mu}}\dfrac{\sqrt{1-e^2}\sin(\omega+f)}{\sin i(1+e\cos f)}\Delta V_n\end{cases}\tag{5-47}$$

若初始轨道为小椭圆轨道 $e\approx0$，上式可以近似简化为

$$\begin{cases}\Delta i\approx\sqrt{\dfrac{a}{\mu}}\cos u\Delta V_n\\ \Delta\Omega\approx\sqrt{\dfrac{a}{\mu}}\dfrac{\sin u}{\sin i}\Delta V_n\end{cases}\tag{5-48}$$

式(5-48)对于参数纬度幅角的一阶导数为

$$\begin{cases}\dfrac{\mathrm{d}\Delta i}{\mathrm{d}u}=-\sqrt{\dfrac{a}{\mu}}\sin u\Delta V_n\\ \dfrac{\mathrm{d}\Delta\Omega}{\mathrm{d}u}=\sqrt{\dfrac{a}{\mu}}\dfrac{\cos u}{\sin i}\Delta V_n\end{cases}\tag{5-49}$$

将式(5-45)、式(5-49)代入式(5-46)整理可得

$$\sqrt{\frac{a_0}{\mu}}\frac{\cos u_{0t}}{\sin i_0}\Delta V_n+\frac{\mathrm{d}\gamma}{\mathrm{d}\Delta i}\left(-\sqrt{\frac{a_0}{\mu}}\sin u_{0t}\Delta V_n\right)=0\tag{5-50}$$

化简为

$$\frac{\cot u_{0t}}{\sin i_0}=\frac{\mathrm{d}\gamma}{\mathrm{d}\Delta i}\tag{5-51}$$

最终，最佳机动位置所对应的参数纬度幅角可近似解析得到为

$$u_{0t}=\operatorname{arccot}\left(\sin i_0\frac{\mathrm{d}\gamma}{\mathrm{d}\Delta i}\right)\tag{5-52}$$

由于本节中的最佳机动位置是在二体模型下推导得到，因此 Ω 和 ω 认为是常量，即 $\Omega_{00}=\Omega_{0t}$，$\omega_{00}=\omega_{0t}$。当最佳机动位置根据式(5-52)得到后，从初始时刻到机动时刻的滑行时间 t_{coasting} 可由开普勒时间方程得到为

$$t_{\mathrm{coasting}}=\frac{M_{0t}-M_{00}}{\sqrt{\mu/a^3}+\dot{M}_{J_2}}\tag{5-53}$$

当得到滑行时间 t_{coasting} 后，机动时刻前的轨道参数可在线性 J_2 模型下递推得到。值得注意的是，最佳机动位置 u_{0t} 虽然根据初始圆轨道得到，但对于初

始小偏心率的近地椭圆轨道仍适用。

5.2.3 脉冲矢量的近似解析解

当最佳机动位置已知后，需要求解施加的脉冲矢量。对于时间最优星下点轨迹调整问题，轨道面外的法向脉冲为主要分量，用来调整轨道平面从而获得最短的响应时间；轨道面内的脉冲分量主要用于相位调整，用来确保航天器能精准飞越目标点，完成观测任务。对于小椭圆轨道而言，周向脉冲比径向脉冲具有更高的效率，因此对于本问题只考虑周向脉冲作为轨道面内的脉冲分量。

对于时间最优问题，应该在燃料允许范围的边界处得到转移时间的最小值，即消耗越多的燃料才能得到更短的响应时间。因此为得到最佳的性能指标，周向脉冲和法向脉冲分量之间的关系满足

$$|\Delta V_n| = \sqrt{\Delta V_{\max}^2 - \Delta V_t^2} \tag{5-54}$$

根据泰勒级数展开，式(5-54)可二阶近似为

$$\Delta V_n = \Delta V_{\max} - \frac{\Delta V_t^2}{2\Delta V_{\max}} \tag{5-55}$$

在 J_2 摄动下，航天器自施加脉冲时刻到飞越目标点的飞行时间可以由格林尼治平恒星时角得到为

$$\begin{aligned} t_{GJ_2} &= \frac{\Omega_{10} - \lambda^* + \arctan(\cos i_1 \tan u_{1t}) - \alpha_{G1} + 2\pi(D-1)}{\omega_E - \dot{\Omega}_{J_2}} \\ &\triangleq \frac{\Omega_{10} - \lambda^* + \gamma - \alpha_{G1} + 2\pi(D-1)}{\omega_E - \dot{\Omega}_{J_2}} \end{aligned} \tag{5-56}$$

将式(5-47)和式(5-55)代入后，γ 可二阶近似为周向脉冲分量 ΔV_t 的多项式，即

$$\gamma = \arcsin\left(\frac{\tan\varphi^*}{\tan(i_0+\Delta\hat{i})}\right) \pm \frac{\sqrt{(1-e_0^2)a_0/\mu}\cos u_{0t}\tan\varphi^*}{\Delta V_{\max}(1+e_0\cos f_{0t})\sin^2(i_0+\Delta\hat{i})\sqrt{1-[\tan\varphi^*/\tan(i_0+\Delta\hat{i})]^2}} \frac{\Delta V_t^2}{2} \tag{5-57}$$

式中：$\Delta\hat{i} \triangleq \cos u_{0t}\sqrt{a_0(1-e_0^2)}/[\sqrt{\mu}(1+e_0\cos f_{0t})]\Delta V_{\max}$。升交点赤经的变化量 $\Delta\Omega$ 也可近似为周向脉冲分量的表达式，即

$$\Delta\Omega = \frac{\sqrt{(1-e_0^2)a_0/\mu}\sin u_{0t}}{(1+e_0\cos f_{0t})\sin i_0}\Delta V_{\max} - \frac{\sqrt{(1-e_0^2)a_0/\mu}\sin u_{0t}}{\Delta V_{\max}(1+e_0\cos f_{0t})\sin i_0}\frac{\Delta V_t^2}{2} \tag{5-58}$$

将式(5-57)和式(5-58)代入式(5-56)，整理可得

$$t_{GJ_2} \triangleq \frac{c_0 + c_1 \Delta V_t^2}{\omega_E - \dot{\Omega}_{J_2}} \tag{5-59}$$

式中：

$$\begin{cases} c_0 = \Omega_{0t} - \lambda^* - \alpha_{G1} + 2\pi(D-1) + \dfrac{\sqrt{(1-e_0^2)a_0/\mu}\sin u_{01}}{(1+e_0\cos f_{0t})\sin i_0}\Delta V_{\max} + \\ \quad \arcsin(\tan\varphi^* / \tan(i_0 + \Delta\hat{i})) \\ c_1 = \dfrac{\pm\sqrt{(1-e_0^2)a_0/\mu}\cos u_{0t}\tan\varphi^*}{2\Delta V_{\max}(1+e_0\cos f_{0t})\sin^2(i_0+\Delta\hat{i})\sqrt{1-(\tan\varphi^*/\tan(i_0+\Delta\hat{i}))^2}} - \\ \quad \dfrac{\sqrt{(1-e_0^2)a_0/\mu}\sin u_{0t}}{2\Delta V_{\max}(1+e_0\cos f_{0t})\sin i_0} \end{cases}$$

此外，在 J_2 摄动下，航天器自施加脉冲时刻到飞越目标点的飞行时间也可由开普勒时间方程得到为

$$t_{KJ_2} = \frac{(M_{1t} - M_{10}) + 2\pi N_R}{\sqrt{\mu / \bar{a}_1^3} + \dot{M}_{J_2}} \tag{5-60}$$

式(5-60)中的飞行时间 t_{KJ_2} 可用于约束航天器在终端时刻的纬度，即保证最终过顶时刻 $\varphi(t_{KJ_2}) = \varphi^*$。式中平近点角 M 可由偏近点角 E 表示。对于小椭圆轨道，平近点角可写作 $M = E - e\sin E \approx f - 2e\sin f$。由此，始末状态的平近点角之差可表示为

$$\begin{aligned} M_{1t} - M_{10} &\approx (f_{1t} - 2e_1\sin f_{1t}) - (f_{10} - 2e_1\sin f_{10}) \\ &= (u_{1t} - u_{10} - t_{KJ_2}\dot{\omega}_{J_2}) - 2e_1[\sin(u_{1t} - \omega_{10} - t_{KJ_2}\dot{\omega}_{J_2}) - \sin(u_{10} - \omega_{10})] \\ &\approx (u_{1t} - u_{10} - t_{KJ_2}\dot{\omega}_{J_2}) - 2e_1\cos\omega_{10}(\sin u_{1t} - \sin u_{10}) + \\ &\quad 2e_1\sin\omega_{10}(\cos u_{1t} - \cos u_{10}) \\ &\triangleq (u_{1t} - u_{10} - t_{KJ_2}\dot{\omega}_{J_2}) - 2(q_1 + \Delta q_1)(\sin u_{1t} - \sin u_{10}) + \\ &\quad 2(q_2 + \Delta q_2)(\cos u_{1t} - \cos u_{10}) \end{aligned} \tag{5-61}$$

式中：$q_1 \triangleq e_0\cos\omega_{0t}$；$q_2 \triangleq e_0\sin\omega_{0t}$，它们的变分为

$$\begin{cases} \Delta q_1 = \sqrt{\dfrac{p}{\mu}}\left(2\cos u + \dfrac{e\sin u\sin f}{1+e\cos f}\right)\Delta V_t + \sqrt{\dfrac{p}{\mu}}\dfrac{e\cot i}{1+e\cos f}\sin\omega\sin u\Delta V_n \\ \Delta q_2 = \sqrt{\dfrac{p}{\mu}}\left(\sin u + \dfrac{e\sin\omega + \sin u}{1+e\cos f}\right)\Delta V_t - \sqrt{\dfrac{p}{\mu}}\dfrac{e\cot i}{1+e\cos f}\cos\omega\sin u\Delta V_n \end{cases} \tag{5-62}$$

将式(5-55)代入(5-62)整理可得

$$\begin{cases}\Delta q_1 \triangleq g_0+g_1\Delta V_t+g_2\Delta V_t^2\\ \Delta q_2 \triangleq g_3+g_4\Delta V_t+g_5\Delta V_t^2\end{cases} \tag{5-63}$$

式中：

$$\begin{cases}g_0=\sqrt{\dfrac{p_0}{\mu}}\dfrac{e_0\cot i_0}{1+e_0\cos f_{0t}}\sin\omega_{0t}\sin u_{0t}\Delta V_{\max} & g_1=\sqrt{\dfrac{p_0}{\mu}}\left(2\cos u_{0t}+\dfrac{e_0\sin u_{0t}\sin f_{0t}}{1+e_0\cos f_{0t}}\right)\\ g_2=-\sqrt{\dfrac{p_0}{\mu}}\dfrac{e_0\cot i_0\sin\omega_{0t}\sin u_{0t}}{2\Delta V_{\max}(1+e_0\cos f_{0t})} & g_3=-\sqrt{\dfrac{p_0}{\mu}}\dfrac{e_0\cos\omega_{0t}\cot i_0\sin u_{0t}}{1+e_0\cos f_{0t}}\Delta V_{\max}\\ g_4=\sqrt{\dfrac{p_0}{\mu}}\left(\sin u_{0t}+\dfrac{e_0\sin\omega_{0t}+\sin u_{0t}}{1+e_0\cos f_{0t}}\right) & g_5=\sqrt{\dfrac{p_0}{\mu}}\dfrac{e_0\cos\omega_{0t}\cot i_0\sin u_{0t}}{2\Delta V_{\max}(1+e_0\cos f_{0t})}\end{cases}$$

飞越地面目标时的参数纬度幅角为 $\sin u_{1t}=\sin\varphi^*/\sin(i_0+\Delta i)$，可二阶近似为周向脉冲 ΔV_t 的多项式

$$\begin{cases}\sin u_{1t}\approx k_0+k_1\Delta V_t^2\\ \cos u_{1t}\approx\cos k_2-k_3\sin k_2\Delta V_t^2\end{cases} \tag{5-64}$$

式中：

$$\begin{cases}k_0=\dfrac{\sin\varphi^*}{\sin(i_0+\Delta\hat{i})}\\ k_1=\dfrac{\sin\varphi^*\cos u_{0t}\sqrt{(1-e_0^2)a_0/\mu}}{2\Delta V_{\max}(1+e_0\cos f_{0t})\sin(i_0+\Delta\hat{i})\tan(i_0+\Delta\hat{i})}\\ k_2=\arcsin\left(\dfrac{\sin\varphi^*}{\sin(i_0+\Delta\hat{i})}\right)\\ k_3=\dfrac{\pm\cos(i_0+\Delta\hat{i})\cos u_{0t}\sqrt{(1-e_0^2)a_0/\mu}}{2\Delta V_{\max}(1+e_0\cos f_{0t})\sqrt{(\sin^2(i_0+\Delta\hat{i})/\sin\varphi^*)^2-\sin^2(i_0+\Delta\hat{i})}}\end{cases}$$

参数纬度幅角的变化量可由高斯变分方程得到

$$\Delta u\approx-\sqrt{\frac{p_0}{\mu}}\frac{\cot i_0\sin u_{0t}}{1+e_0\sin f_{0t}}\Delta V_n \tag{5-65}$$

将式(5-55)代入式(5-65)可得

$$\Delta u\triangleq k_4+k_5\Delta V_t^2 \tag{5-66}$$

式中：

$$\begin{cases} k_4 = -\sqrt{\dfrac{p_0}{\mu}}\dfrac{\cot i_0 \sin u_{0t}}{1+e_0\sin f_{0t}}\Delta V_{\max} \\ k_5 = \sqrt{\dfrac{p_0}{\mu}}\dfrac{\cot i_0 \sin u_{0t}}{2\Delta V_{\max}(1+e_0\sin f_{0t})} \end{cases}$$

因此施加脉冲后的参数纬度幅角可表示为

$$u_{10} = u_{0t} + \Delta u = (k_4 + u_{01}) + k_5\Delta V_t^2 \triangleq k_4^* + k_5\Delta V_t^2 \tag{5-67}$$

$$\begin{cases} \sin u_{10} \approx \sin k_4^* + k_5\cos k_4^*\Delta V_t^2 \\ \cos u_{10} \approx \cos k_4^* - k_5\sin k_4^*\Delta V_t^2 \end{cases} \tag{5-68}$$

联立式(5-64)、式(5-68)可得

$$\begin{cases} \sin u_{1t} - \sin u_{10} = (k_0 - \sin k_4^*) + (k_1 - k_5\cos k_4^*)\Delta V_t^2 \triangleq g_6 + g_7\Delta V_t^2 \\ \cos u_{1t} - \cos u_{10} = (\cos k_2 - \cos k_4^*) + (-k_3\sin k_2 + k_5\sin k_4^*)\Delta V_t^2 \triangleq g_8 + g_9\Delta V_t^2 \end{cases} \tag{5-69}$$

将式(5-63)、式(5-69)代入式(5-61)可得

$$\begin{aligned} M_{1t} - M_{10} &= (u_{1t} - u_{10} - t_{KJ_2}\dot{\omega}_{J2}) - 2(q_1 + \Delta q_1)(\sin u_{1t} - \sin u_{10}) + \\ &\quad 2(q_2 + \Delta q_2)(\cos u_{1t} - \cos u_{10}) \\ &= [(k_2 + k_3\Delta V_t^2) - (k_4^* + k_5\Delta V_t^2)] - 2(g_0^* + g_1\Delta V_t + g_2\Delta V_t^2)(g_6 + g_7\Delta V_t^2) + \\ &\quad 2(g_3^* + g_4\Delta V_t + g_5\Delta V_t^2)(g_8 + g_9\Delta V_t^2) + t_{KJ_2}\dot{\omega}_{J2} \\ &\triangleq c_2 + c_3\Delta V_t + c_4\Delta V_t^2 + c_5\Delta V_t^3 + c_6\Delta V_t^4 + t_{KJ_2}\dot{\omega}_{J2} \end{aligned} \tag{5-70}$$

式中：

$$\begin{cases} g_0^* = g_0 + q_1, \quad g_3^* = g_3 + q_2 \\ c_2 = k_2 - k_4^* - 2g_0^* g_6 + 2g_3^* g_8 \\ c_3 = 2(g_4 g_8 - g_1 g_6) \\ c_4 = k_3 - k_5 + 2(g_3^* g_9 + g_5 g_8 - g_0^* g_7 - g_2 g_6) \\ c_5 = 2(g_4 g_9 - g_1 g_7) \\ c_6 = g_2 g_7 + g_5 g_9 \end{cases}$$

对于时间最优星下点轨迹调整问题，脉冲的主要分量为轨道面外的法向脉冲 ΔV_n，对于较大的脉冲幅值，一阶高斯变分方程会产生较大的误差。因此，本节对于半长轴的变化量采用二阶近似，为

$$\delta a=\frac{2a^2}{h}(1+e\cos f)\Delta V_t+\frac{4a^3}{h^2}(1+e\cos f)^2\Delta V_t^2+\frac{a^2}{\mu}\Delta V_{\max}^2 \tag{5-71}$$

由此可得，施加脉冲后的平均角速度为

$$\sqrt{\mu/(\bar{a}_0+\delta a)^3}=c_7+c_8\Delta V_t+c_9\Delta V_t^2 \tag{5-72}$$

式中：

$$\begin{cases}c_7=\sqrt{\mu}\left(\bar{a}_0+\dfrac{a_0^2}{\mu}\Delta V_{\max}^2\right)^{-3/2}\\ c_8=-\dfrac{3a_0^{3/2}(1+e_0\cos f_{0t})}{\sqrt{1-e_0^2}\,(\bar{a}_0+\Delta V_{\max}^2a_0^2/\mu)^{5/2}}\\ c_9=\dfrac{3a_0^2(1+e_0\cos f_{0t})^2}{2\sqrt{\mu}\,(1-e_0^2)(\bar{a}_0+\Delta V_{\max}^2a_0^2/\mu)^{5/2}}\left(\dfrac{5a_0}{\bar{a}_0+\Delta V_{\max}^2a_0^2/\mu}-4\right)\end{cases}$$

将式(5-70)、式(5-72)代入式(5-60)，最终可将转移时间 t_{KJ_2} 同样表示成为周向脉冲 ΔV_t 的多项式，即

$$\begin{aligned}t_{KJ_2}&=\frac{c_2+c_3\Delta V_t+c_4\Delta V_t^2+c_5\Delta V_t^3+c_6\Delta V_t^4+2\pi N_R-t_{KJ_2}\dot{\omega}_{J_2}}{\dot{M}_{J_2}+c_7+c_8\Delta V_t+c_9\Delta V_t^2}\\&=\frac{c_2+c_3\Delta V_t+c_4\Delta V_t^2+c_5\Delta V_t^3+c_6\Delta V_t^4+2\pi N_R}{\dot{M}_{J_2}+\dot{\omega}_{J_2}+c_7+c_8\Delta V_t+c_9\Delta V_t^2}\end{aligned} \tag{5-73}$$

通过联立两个飞行时间方程(5-59)和方程(5-73)，令 $t_{GJ_2}=t_{KJ_2}$，即可约束终端时刻航天器在终端时刻飞越目标点，使其满足 $\lambda(t_f)=\lambda^*$，$\varphi(t_f)=\varphi^*$，即

$$\frac{c_0+c_1\Delta V_t^2}{\omega_E-\dot{\Omega}_{J_2}}=\frac{c_2+c_3\Delta V_t+c_4\Delta V_t^2+c_5\Delta V_t^3+c_6\Delta V_t^4+2\pi N_R}{\dot{M}_{J_2}+\dot{\omega}_{J_2}+c_7+c_8\Delta V_t+c_9\Delta V_t^2} \tag{5-74}$$

由于摄动项 $\dot{\Omega}_{J_2}$、$\dot{\omega}_{J_2}$ 和 $\dot{M}_{J_2}$ 远远小于其他系数，因此此处采用初始轨道的相关参数来计算摄动项。最终即可得到关于周向分量 ΔV_t 的四阶多项式(5-74)，从而得到周向脉冲分量的近似解析解。

将该近似解析解作为初始猜测 $\Delta V_{t,0}$，更加精确的数值解可通过牛顿迭代得到。令

$$f(\Delta V_t)=\frac{c_0+c_1\Delta V_t^2}{\omega_E-\dot{\Omega}_{J_2}}-\frac{c_2+c_3\Delta V_t+c_4\Delta V_t^2+c_5\Delta V_t^3+c_6\Delta V_t^4+2\pi N_R}{\dot{M}_{J_2}+\dot{\omega}_{J_2}+c_7+c_8\Delta V_t+c_9\Delta V_t^2} \tag{5-75}$$

迭代方程为

$$\Delta V_{t,k+1}=\Delta V_{t,k}-\frac{f(\Delta V_{t,k})}{f'(\Delta V_{t,k})},\qquad k>0 \tag{5-76}$$

式中：$f(\Delta V_{t,k})$为$\Delta V_t=\Delta V_{t,k}$时，式(5-56)和式(5-60)之间的差；$f'(\Delta V_{t,k})$为式(5-75)的导数。当周向分量得到后，法向分量可通过式(5-54)得到。

5.2.4 总体计算流程

给定初始时刻、初始的轨道参数和目标点S^*，并通过航天器的剩余燃料确定可施加脉冲的幅值$\Delta V_{\max}$，求解时间最优星下点轨迹调整问题的总体流程如下：

(1)根据目标点的位置信息和初始时刻的轨道参数，选择在升轨段或者降轨段对目标点进行观测；

(2)在两体问题下由式(5-52)近似解析得到最佳的机动位置u_{0t}，并通过开普勒时间方程，得到航天器在初始轨道上的滑行时间t_{coasting}，利用线性J_2模型计算得到在施加脉冲前的轨道参数；

(3)当机动前的轨道参数已知后，可通过式(5-74)和式(5-54)得到J_2摄动下的脉冲矢量$\Delta\boldsymbol{V}=[\Delta V_t,\ \Delta V_n]$，并可计算得到最终的响应时间$t_f$和最终的经度误差$\Delta\lambda$；

(4)将步骤(3)中的近似解析解作为初始猜测，可通过式(5-76)牛顿迭代得到更加精确的数值解，一般情况下通过一次牛顿迭代即可获得足够观测精度的解($\Delta\lambda\leqslant 0.05°$)。

5.2.5 仿真算例

本节共提供四个算例，从不同方面对本节结果进行验证，分别为：①全局最优性的验证；②不同初始轨道倾角对结果的影响；③不同初始偏心率对结果的影响；④近似解析解和遗传算法的对比。

假设初始时刻为2019年01月01日00：00：00，用户指定的观测地点为汶川，其经纬度分别为$\lambda^*=103.4°$和$\varphi^*=31°$。航天器上剩余燃料可提供的最大脉冲幅值假设为1km/s。

5.2.5.1 时间最优性的验证

单脉冲时间最优星下点轨迹调整问题本质上为一个最优控制问题：通过求解最佳的机动位置以及合理地分配脉冲矢量，实现在最短的时间内完成对指定目标点的观测任务。考虑一颗在轨运行的航天器，初始时刻近地点和远地点高度分别为500km和800km，其余轨道元素为$i_0=95°$，$\Omega_{00}=333°$，$\omega_{00}=30°$，$f_{00}=60°$。根据轨道平面和目标位置之间的关系，航天器将在大约5圈后距离目标点最近。

现在前三圈的不同的位置分别施加幅值相同的脉冲($\|\Delta V\|=1\text{km/s}$)，通过优化脉冲矢量使其最终精准飞越过目标点，在 J_2 摄动下得到的响应时间随脉冲位置 u 的变化曲线如图 5-5 所示。本节所求解的最佳机动位置也绘制在图中的第一圈上。

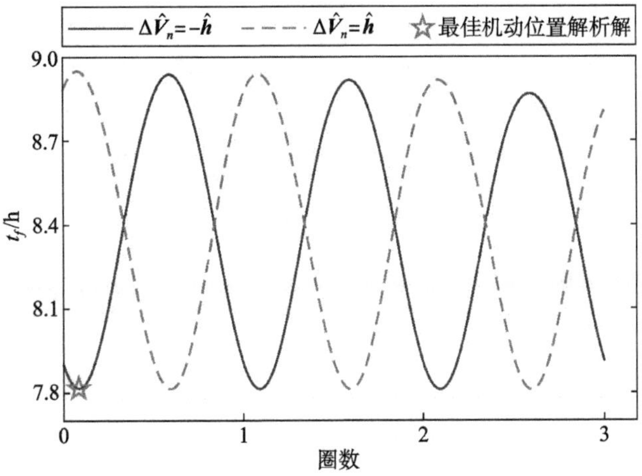

图 5-5　响应时间和机动位置之间的关系

由于轨道对称的特性，可见航天器在多圈内存在多处极小值点，且根据法向脉冲的方向不同，在同一圈内也存在两个极值点，二者之间的相位差近似为180°。不同极小值处的响应时间基本相同，误差不超过 1min，因此本节方法所求极小值可近似为全局最优解，航天器可根据在轨实际状态选择合适圈数施加脉冲机动。

5.2.5.2　固定偏心率不同轨道倾角的初始轨道

在本算例中，初始的轨道倾角将从 25°逐渐增加到 95°，其他初始轨道参数与上个算例一致。在以下仿真结果的图表中 t_{coasting} 为在初始轨道上的滑行时间，由式(5-53)计算得到，注意在本仿真中脉冲均在第一圈的最佳机动位置施加；N_R 表示机动轨道的转移圈数，带有“^”的符号表示近似解析解计算得到的结果；带有“ * ”的符号表示牛顿迭代得到的数值解，注本节算例均为一次牛顿迭代的结果。$\Delta\lambda$ 为经度差，即机动后得到的星下点轨迹与目标点在相同纬度处经度值的差。最后一列的 $\tilde{t}_f$ 为使用 5.1 节所提方法得到燃料最优解的响应时间。

根据地球自转和轨道面之间的关系以及目标点的光照情况，可自行选择使用升轨段或是降轨段观测目标。若选用最终轨道的升轨段对目标点进行观测，即式(5-45)、式(5-59)和式(5-64)里出现的“±”取“+”。仿真结果如表 5-3

所示。$i_0=45°$的情况机动后的星下点轨迹如图 5-6(a)所示。

表 5-3　固定偏心率不同轨道倾角的初始轨道时间最优解(升轨段观测)

$i_0/(°)$	N_R	$t_{coasting}/s$	时间最优近似解析解			时间最优数值解			燃料最优解
			$\Delta\hat{V}_t/(km/s)$	$\Delta\hat{\lambda}/(°)$	$\hat{t}_f/h$	$\Delta V_t^*/(km/s)$	$\Delta\lambda^*/(°)$	t_f^*/h	$\tilde{t}_f/h$
25	8	1479	−0.0686	0.2033	12.9054	−0.0564	0.0467	12.9703	—
45	6	602	0.0311	0.8797	9.9239	0.0449	0.0659	9.9808	10.8863
60	6	590	−0.1719	0.3403	9.1316	−0.1662	0.0300	9.1523	9.8518
80	5	509	0.0792	0.0132	8.3940	0.0794	0.0013	8.3948	8.9616
95	5	503	−0.0950	0.0046	7.8178	−0.0946	0.0137	7.8190	8.4047

若选用转移轨道的降轨段对目标点进行观测，式(5-45)、式(5-59)和式(5-64)里出现的"±"取"−"。仿真结果如表 5-4 所示。$i_0=95°$的情况机动后的星下点轨迹如图 5-6(b)所示。

表 5-4　固定偏心率不同轨道倾角的初始轨道时间最优解(降轨段观测)

$i_0/(°)$	N_R	$t_{coasting}/s$	时间最优近似解析解			时间最优数值解			燃料最优解
			$\Delta\hat{V}_t/(km/s)$	$\Delta\hat{\lambda}/(°)$	$\hat{t}_f/h$	$\Delta V_t^*/(km/s)$	$\Delta\lambda^*/(°)$	$t_f^*/(°)$	$\tilde{t}_f/h$
25	9	4449	0.1397	0.4773	15.8780	0.1463	0.0837	15.9183	—
45	9	5131	−0.0171	0.5551	16.6898	−0.0102	0.0590	16.7324	17.8482
60	10	5297	−0.0464	0.1788	18.2624	−0.0443	0.0309	18.2766	19.6831
80	11	5380	−0.1176	0.0685	19.4669	−0.1182	0.0046	19.4626	20.0887
95	11	5387	−0.0181	0.3109	20.2117	−0.0210	0.0142	20.1899	20.7985

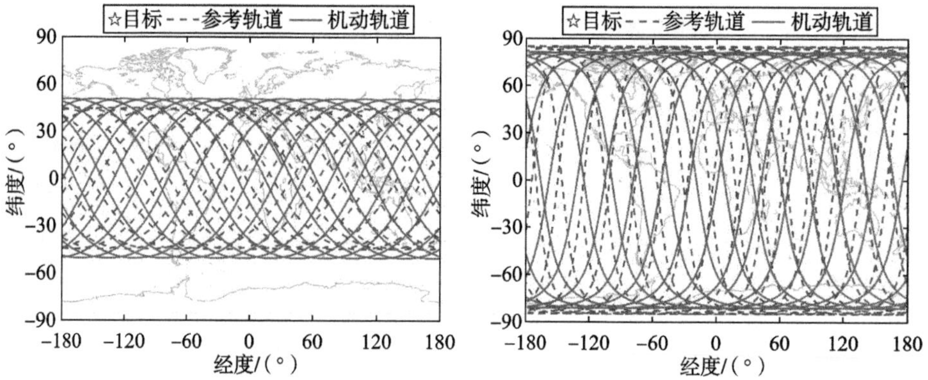

(a) 升轨段观测i_0=45°　(b) 降轨段观测i_0=95°

图 5-6　时间最优星下点轨迹调整

由表 5-3 和表 5-4 的仿真结果可见，无论是升轨观测还是降轨观测，时间最优解的响应时间均可比燃料最优解的响应时间减少 0.6～1.1h。过顶观测精度方面，近似解析解得到的最终经度差均小于 1°，且可以通过一次牛顿迭代减小至不超过 0.1°。当初始轨道的倾角近似等于或小于目标点的纬度时，若采用共面轨道机动则无法实现对目标点的观测，即燃料最优方法下无解，而时间最优解可通过异面机动抬升轨道倾角实现对目标点的观测任务。数值解和解析解得到的响应时间差大约为 0.05h，因此解析解可用于估计在脉冲幅值约束下最小的响应时间。

5.2.5.3　固定轨道倾角不同偏心率的初始轨道

由于本节的结果均是基于小椭圆轨道推导计算得到的，因此本算例中主要验证不同的初始轨道偏心率对解析结果的影响。初始轨道的近地点为 $r_p=R_E+1000\text{km}$，远地点高度将从 1000km 逐渐提升到 15000km，使初始轨道的偏心率从 0 逐渐提升到 0.5。初始轨道倾角保持为 $i_0=60°$，其余轨道参数保持不变。仿真结果如表 5-5 所示。

表 5-5　固定轨道倾角不同偏心率的初始轨道的时间最优解

h_a/km	e_0	N_R	时间最优近似解析解			时间最优数值解			燃料最优解
			$\Delta\hat{V}_t$/(km/s)	$\Delta\hat{\lambda}$/(°)	$\hat{t}_f$/h	ΔV_t^*/(km/s)	$\Delta\lambda^*$/(°)	t_f^*/h	$\tilde{t}_f$/h
1000	0.0000	5	0.2304	0.3431	9.6583	0.2355	0.0226	9.6810	10.3231
3000	0.1194	5	−0.2481	0.2134	9.5751	−0.2450	0.0265	9.5873	10.3524
5000	0.2133	4	−0.1242	0.1753	9.5545	−0.1220	0.0286	9.5643	10.3709
7000	0.2891	3	0.1490	0.2276	9.5708	0.1517	0.0280	9.5847	10.3700
9000	0.3516	3	−0.1358	0.0054	9.5228	−0.1363	0.0275	9.5206	10.3850
11000	0.4039	3	−0.3771	0.2786	9.5384	−0.3811	0.0238	9.5191	10.3846
13000	0.4485	2	0.1345	0.2591	9.5146	0.1370	0.0294	9.5305	10.3842
15000	0.4869	2	−0.0506	0.0505	9.4868	−0.0514	0.0260	9.4816	10.3953

由仿真结果可见，尽管本节提出的近似解析解是基于偏心率 e 的一阶近似推导得到的，当可用脉冲幅值为 1km/s 时，该方法对于较大偏心率的最终过顶时刻的经度误差仍保持在较小的范围内，且可以通过一次牛顿迭代减小至低于 0.05°。解析解和数值解之间的响应时间误差不超过 0.05h，且不随偏心率的增加而变大。因此本节提出的近似解析解对于初始圆轨道和椭圆轨

道均适用。

5.2.5.4 近似解和遗传算法之间的对比

本算例将对比本节提出的近似解析法和采用遗传算法优化的结果，用于验证本节方法的正确性。遗传算法为不需要初始猜测的全局优化算法，其优化指标和约束条件为式(5-36)和式(5-37)，最大脉冲幅值约束为1km/s。

初始轨道参数与5.2.5.2节一致，轨道倾角取$i_0=90°$。由于遗传算法采用概率机制进行迭代，为随机算法，搜索速度较慢，需要用更多的计算次数才能得到更加精确的优化结果。本算例中，将使用遗传算法进行10次优化计算，将得到的最优解作为其优化结果，将10次运行的平均时间作为其优化时间τ，二者之间的对比结果如表5-6所示。所有计算结果均在Windows 10的MATLAB R2018a上运行得到，处理器的型号为Intel Core i7-8750H CPU 20Ghz 2.21GHz。仿真结果表明本节提出的方法和采用遗传算法优化得到的最短响应时间之间的误差很小，然而二者之间的计算时间相差极大，因此本节提出的解析解能在保证结果精度的前提下极大地提升计算效率。

表5-6 近似解析解和遗传算法之间的对比

方法	ΔV_r/(km/s)	ΔV_t/(km/s)	ΔV_n/(km/s)	u/(°)	$\Delta\lambda$/(°)	t_f/h	τ/s
解析解	0	-0.0332	-0.9994	121.0000	0.0228	8.0143	0.0129
牛顿迭代	0	-0.0335	-0.9994	121.0000	0.0092	8.0134	0.3067
遗传算法	-0.1042	-0.0063	-0.9945	127.0908	0.0409	8.0133	31.3696

5.2.6 小结

本节在J_2摄动下求解了燃料约束下的单脉冲时间最优星下点轨迹调整问题。将脉冲矢量简化为周向脉冲和法向脉冲，通过转移时间方程和高斯变分方程，得到了脉冲位置和脉冲矢量的近似解析解。经过数值验证，近似解析解对于初始圆轨道和初始椭圆轨道均适用，将解析解作为初始猜测，更加精确的数值解可通过一次牛顿迭代快速得到。在最优性方面本节得到的结果与采用遗传算法得到的全局最优解近似，但大大节省了计算时间。当可用脉冲的幅值不超过1km/s时，本节的方法可以保持很高的精度，近似解析解和精确数值解得到的响应时间误差不超过0.05h。

5.3　正切脉冲时间最优轨道拦截

在二体假设条件下，脉冲轨道拦截和交会问题通常采用 Lambert 问题的求解方法。通常，单次脉冲就可以实现轨道拦截任务，而轨道交会任务还需要第二次脉冲用于修正终端目标点的相对速度。当初始脉冲点和目标拦截点都给定时，需要的速度脉冲可直接由固定时间下的 Lambert 解得到。如果脉冲点和目标拦截点不固定，还可通过优化位置参数来实现能量或者时间最优。传统的轨道拦截并没有考虑推力方向受限的情况。正切推力由于推力方向简单、能量消耗更低、转移轨迹更安全等优势，受到国内外学者的关注。本节将求解单次正切脉冲实现共面轨道的拦截问题，并通过优化初始目标点，求解最小时间拦截问题。

5.3.1　问题描述和分析

假设拦截器运行于初始轨道，目标器运行于目标轨道，这些轨道参数均已知(图 5-7)。在初始时刻，拦截器位于 P_{10} 点，目标器位于 P_{20} 点。在脉冲之前拦截器的漂移段为 P_{10} 点到 P_1 点，单次脉冲发生在 P_1 点。目标器的漂移段从初始时刻 P_{20} 到拦截点 P_2。由于对拦截器施加正切脉冲，转移轨道与初始轨道在 P_1 点相切，从脉冲点 P_1 到拦截点 P_2 的时间为转移时间 t_3。于是，对于拦截器来说，其总的飞行时间为 t_1+t_3。根据轨道拦截的条件，拦截器与目标器飞行时间相同，即应该满足条件 $t_1+t_3=t_2$。考虑多圈情况，正切脉冲轨道拦截问题，就是求解脉冲点 P_1 和拦截点 P_2，使得下面的表达式满足：

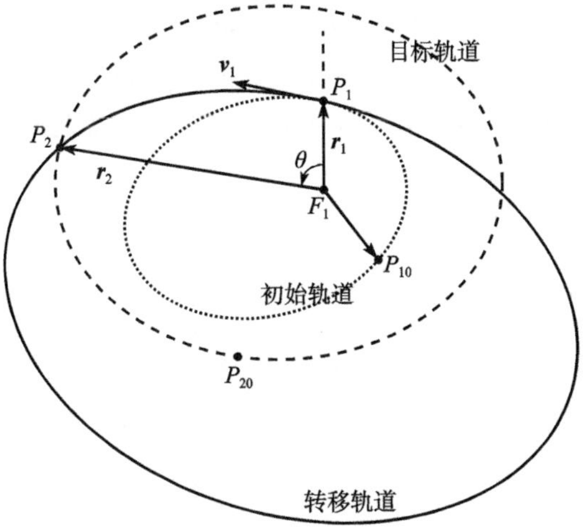

图 5-7　正切脉冲拦截，椭圆目标轨道

$$\eta \triangleq \frac{1}{T_2}(t_1+t_3-t_2) \in \mathbf{N}=\{0,\ 1,\ 2,\ \cdots\} \tag{5-77}$$

式中：$\mathbf{N}$ 表示非负整数集；T_2 表示目标轨道的轨道周期；t_j 表示零圈条件下的漂移时间，其下标 1、2 和 3 分别表示初始、目标和转移轨道。对于最小时间拦截问题，转移轨道的圈数设为零。当方程(5-77)满足时，η 正好为目标轨道的转移圈数 N_2，也就是说，$\eta=N_2$。

由上面的分析知，方程(5-77)中函数 η 包括两个自变量，即初始轨道脉冲点的真近点角 f_1 和目标轨道上拦截点真近点角 f_2。通常来说，拦截器上携带的燃料有限。于是，最小时间拦截问题，就是求解一组(f_1，f_2)，使其满足方程(5-77)条件下总的拦截时间 $t_{all} \triangleq t_1+t_3$ 最小，并且消耗的燃料小于某个给定的值。本节中，我们首先求解给定脉冲点 f_1 下的正切脉冲拦截问题，然后最小时间拦截解可以通过优化自由变量 f_1 得到。

5.3.2 飞行时间方程

设初始时刻，P_{10} 点对应的真近点角为 f_{10}，P_{20} 点对应的真近点角为 f_{20}。P_1 点到 P_2 点为转移轨道。对于转移轨道的两点边值问题，飞行时间可以写成不同的独立变量方程，如经典的拉格朗日时间方程写成半长轴的形式。另外，文献[55]给出了利用初始飞行路径角为自由变量的转移时间方程。脉冲位置点的飞行路径角为

$$\gamma=\arctan\left(\frac{e_1 \sin f_1}{1+e_1 \cos f_1}\right) \tag{5-78}$$

令转移角度为 θ，并定义中间变量

$$\lambda \triangleq \frac{r_2(1-\cos\theta)}{r_1 \cos^2\gamma - r_2 \cos(\theta+\gamma)\cos\gamma} \tag{5-79}$$

上式 λ 值可用于判断转移轨道类型为椭圆、双曲线，还是抛物线。于是，转移轨道在 P_1 点需要的速度大小为

$$v_{1t}=\sqrt{\frac{\mu\lambda}{r_1}} \tag{5-80}$$

进一步，转移时间分为三种情况：

(1) 如果 $0<\lambda<2$，则转移轨迹为椭圆，转移时间为

$$\begin{aligned} t_3=&\frac{2}{\sqrt{\mu}}\left(\frac{r_1}{2-\lambda}\right)^{3/2}\arctan\left(\frac{\sqrt{2/\lambda-1}}{\cos\gamma\cot(\theta/2)-\sin\gamma}\right)+\\ &r_2\sqrt{\frac{r_1}{\mu\lambda}}\frac{\tan\gamma(1-\cos\theta)+(1-\lambda)\sin\theta}{(2-\lambda)\cos\gamma} \end{aligned} \tag{5-81}$$

(2) 如果 $\lambda>2$，则转移轨迹为双曲线，转移时间为

$$t_3=-\frac{1}{\sqrt{\mu}}\left(\frac{r_1}{\lambda-2}\right)^{3/2}\ln\frac{\sin\gamma-\cos\gamma\cot(\theta/2)-\sqrt{1-2/\lambda}}{\sin\gamma-\cos\gamma\cot(\theta/2)+\sqrt{1-2/\lambda}}+ \tag{5-82}$$
$$r_2\sqrt{\frac{r_1}{\mu\lambda}}\frac{\tan\gamma(1-\cos\theta)+(1-\lambda)\sin\theta}{(2-\lambda)\cos\gamma}$$

(3) 如果 $\lambda=2$，则转移轨迹为抛物线，转移时间为

$$t_3=\frac{2}{3}\sqrt{\frac{r_1^3}{\mu\lambda}}\left[\frac{3\cos\gamma\cot(\theta/2)}{[\cos\gamma\cot(\theta/2)-\sin\gamma]^2}+\frac{1}{[\cos\gamma\cot(\theta/2)-\sin\gamma]^3}\right] \tag{5-83}$$

对于初始和目标轨道，下面求解飞行时间 t_j 和导数 $\mathrm{d}t_2/\mathrm{d}f_2$。设当前时刻，$P_1$ 点对应的真近点角为 f_1，P_2 点对应的真近点角为 f_2。当初始和目标轨道为椭圆时，零圈转移时间为

$$t_j=\begin{cases}\chi_j, & 若\ f_j\geqslant f_{j0}\\ 2\pi\sqrt{\dfrac{a_j^3}{\mu}}+\chi_j, & 若\ f_j<f_{j0}\end{cases},\quad j=1,\ 2 \tag{5-84}$$

其中

$$\chi_j=\sqrt{\frac{a_j^3}{\mu}}\left[2\arctan\left(\sqrt{\frac{1-e_j}{1+e_j}}\tan\frac{f_j}{2}\right)-\frac{e_j\sqrt{1-e_j^2}}{1+e_j\cos f_j}\sin f_j\right]- \tag{5-85}$$
$$\sqrt{\frac{a_j^3}{\mu}}\left[2\arctan\left(\sqrt{\frac{1-e_j}{1+e_j}}\tan\frac{f_{j0}}{2}\right)-\frac{e_j\sqrt{1-e_j^2}}{1+e_j\cos f_{j0}}\sin f_{j0}\right]$$

利用方程(5-84)，可得

$$\frac{\mathrm{d}t_2}{\mathrm{d}f_2}=\sqrt{\frac{a_2^3}{\mu}}\frac{(1-e_2^2)^{3/2}}{(1+e_2\cos f_2)^2} \tag{5-86}$$

另外，t_3 关于 f_2 的导数为

$$\frac{\mathrm{d}t_3}{\mathrm{d}f_2}=\left(\frac{\partial t_3}{\partial r_2}+\frac{\partial t_3}{\partial\lambda}\frac{\partial\lambda}{\partial r_2}\right)\frac{\mathrm{d}r_2}{\mathrm{d}f_2}+\left(\frac{\partial t_3}{\partial\theta}+\frac{\partial t_3}{\partial\lambda}\frac{\partial\lambda}{\partial\theta}\right)\frac{\mathrm{d}\theta}{\mathrm{d}f_2} \tag{5-87}$$

为了得到 $\mathrm{d}t_3/\mathrm{d}f_2$，需要求解偏微分 $\partial t_3/\partial r_2$，$\partial t_3/\partial\lambda$，$\partial t_3/\partial\theta$，$\partial\lambda/\partial r_2$，$\partial\lambda/\partial\theta$，以及全微分 $\mathrm{d}r_2/\mathrm{d}f_2$。对于共面轨道，$\mathrm{d}\theta/\mathrm{d}f_2=1$。由于抛物线的对应真近点角 f_2 并不连续，因此当 $\lambda=2$ 时，不需要求解 $\mathrm{d}t_3/\mathrm{d}f_2$。

事实上，对于椭圆轨道和双曲线轨道，偏微分 $\partial t_3/\partial\lambda$ 和 $\partial t_3/\partial\theta$ 的推导公式不同；而偏微分 $\partial t_3/\partial r_2$、$\partial\lambda/\partial r_2$ 和 $\partial\lambda/\partial\theta$ 相同。对于椭圆转移轨道，可得到

$$
\begin{aligned}
\frac{\partial t_3}{\partial \lambda}=&\frac{3}{\sqrt{\mu}}\left(\frac{r_1}{2-\lambda}\right)^{3/2}\frac{1}{2-\lambda}\arctan\left(\frac{\sqrt{2/\lambda-1}}{\cos\gamma\cot(\theta/2)-\sin\gamma}\right)-\\
&\frac{2}{\sqrt{\mu}}\left(\frac{r_1}{2-\lambda}\right)^{3/2}\frac{1}{\lambda^2(2/\lambda-1)^{1/2}}\frac{\cos\gamma\cot(\theta/2)-\sin\gamma}{(2/\lambda-1)+[\cos\gamma\cot(\theta/2)-\sin\gamma]^2}-\\
&\frac{r_2}{2}\sqrt{\frac{r_1}{\mu\lambda^3}}\frac{\tan\gamma(1-\cos\theta)+(1-\lambda)\sin\theta}{(2-\lambda)\cos\gamma}+r_2\sqrt{\frac{r_1}{\mu\lambda}}\frac{\tan\gamma(1-\cos\theta)-\sin\theta}{(2-\lambda)^2\cos\gamma}
\end{aligned}
\tag{5-88}
$$

$$
\begin{aligned}
\frac{\partial t_3}{\partial \theta}=&r_2\sqrt{\frac{r_1}{\mu\lambda}}\frac{\tan\gamma\sin\theta+(1-\lambda)\cos\theta}{(2-\lambda)\cos\gamma}+\\
&2\sqrt{\frac{2/\lambda-1}{\mu}}\left(\frac{r_1}{2-\lambda}\right)^{3/2}\frac{\cos\gamma/(1-\cos\theta)}{(2/\lambda-1)+[\cos\gamma\cot(\theta/2)-\sin\gamma]^2}
\end{aligned}
\tag{5-89}
$$

对于双曲线转移轨道，得到

$$
\begin{aligned}
\frac{\partial t_3}{\partial \lambda}=&\frac{3}{2}\sqrt{\frac{r_1^3}{\mu(\lambda-2)^5}}\ln\frac{\sin\gamma-\cos\gamma\cot(\theta/2)-(1-2/\lambda)^{1/2}}{\sin\gamma-\cos\gamma\cot(\theta/2)+(1-2/\lambda)^{1/2}}+\\
&\frac{2}{\sqrt{\mu}}\left(\frac{r_1}{\lambda-2}\right)^{3/2}\frac{1}{\lambda^2(1-2/\lambda)^{1/2}}\cdot\frac{[\sin\gamma-\cos\gamma\cot(\theta/2)]}{[\sin\gamma-\cos\gamma\cot(\theta/2)]^2-(1-2/\lambda)}-\\
&\frac{r_2}{2}\sqrt{\frac{r_1}{\mu\lambda^3}}\frac{\tan\gamma(1-\cos\theta)+(1-\lambda)\sin\theta}{(2-\lambda)\cos\gamma}+r_2\sqrt{\frac{r_1}{\mu\lambda}}\frac{\tan\gamma(1-\cos\theta)-\sin\theta}{(2-\lambda)^2\cos\gamma}
\end{aligned}
\tag{5-90}
$$

$$
\begin{aligned}
\frac{\partial t_3}{\partial \theta}=&r_2\sqrt{\frac{r_1}{\mu\lambda}}\frac{\tan\gamma\sin\theta+(1-\lambda)\cos\theta}{(2-\lambda)\cos\gamma}-\\
&2\sqrt{\frac{1-2/\lambda}{\mu}}\left(\frac{r_1}{\lambda-2}\right)^{3/2}\frac{\cos\gamma/(1-\cos\theta)}{[\sin\gamma-\cos\gamma\cot(\theta/2)]^2-(1-2/\lambda)}
\end{aligned}
\tag{5-91}
$$

对于椭圆和双曲线转移轨道，下面的偏微分公式相同：

$$
\frac{\partial t_3}{\partial r_2}=\sqrt{\frac{r_1}{\mu\lambda}}\frac{\tan\gamma(1-\cos\theta)+(1-\lambda)\sin\theta}{(2-\lambda)\cos\gamma}
\tag{5-92}
$$

$$
\frac{\partial \lambda}{\partial r_2}=\frac{r_1(1-\cos\theta)}{[r_1\cos\gamma-r_2\cos(\theta+\gamma)]^2}
\tag{5-93}
$$

$$
\frac{\partial \lambda}{\partial \theta}=\frac{r_1r_2\sin\theta\cos\gamma+r_2^2[\sin\gamma-\sin(\theta+\gamma)]}{\cos\gamma[r_1\cos\gamma-r_2\cos(\theta+\gamma)]^2}
\tag{5-94}
$$

且全微分公式为

$$\frac{\mathrm{d}r_2}{\mathrm{d}f_2}=\frac{e_2p_2\sin f_2}{(1+e_2\cos f_2)^2} \tag{5-95}$$

利用上面的偏微分和全微分表达式，可以得到 $\mathrm{d}t_3/\mathrm{d}f_2$，即方程(5-87)。

对于给定的脉冲点，拦截器在脉冲点之前的漂移时间与 f_2 无关，即 $\mathrm{d}t_1/\mathrm{d}f_2=0$。最终得到

$$\eta'\triangleq\frac{\mathrm{d}\eta}{\mathrm{d}f_2}=\frac{1}{T_2}\left(\frac{\mathrm{d}t_3}{\mathrm{d}f_2}-\frac{\mathrm{d}t_2}{\mathrm{d}f_2}\right) \tag{5-96}$$

其中$(\cdot)'$表示关于真近点角的导数。

5.3.3 给定脉冲点下解的存在条件

本小节将在给定脉冲点情况下，求解任意转移轨迹的存在条件，并表示为目标轨道真近点角范围。由上面的分析知，利用方程(5-80)可知解存在的一个必要条件为由方程(5-79)得到的 λ 满足 $\lambda>0$。由飞行路径角的定义，$\gamma\in(-\pi/2,\ \pi/2)$，于是 $\cos\gamma>0$ 对任意 γ 均成立。由方程(5-79)知，$\lambda>0$ 等价于

$$r_1\cos\gamma-r_2\cos(\theta+\gamma)>0 \tag{5-97}$$

初始飞行方向角为飞行路径角的余角，即

$$\bar{\gamma}=\frac{\pi}{2}-\gamma \tag{5-98}$$

于是方程(5-97)可写成

$$r_1\sin\bar{\gamma}+r_2\sin(\theta-\bar{\gamma})>0 \tag{5-99}$$

假设脉冲点 P_1 速度矢量 $\boldsymbol{v}_1$ 延长线与目标轨道的两个交点分别为 S_1 和 S_2，于是目标轨道上的弧段 $\widehat{S_1P_{2a}S_2}$ 正好是满足 $\lambda>0$ 的范围(图 5-8)。下面我们用几何方法来证明这一性质。

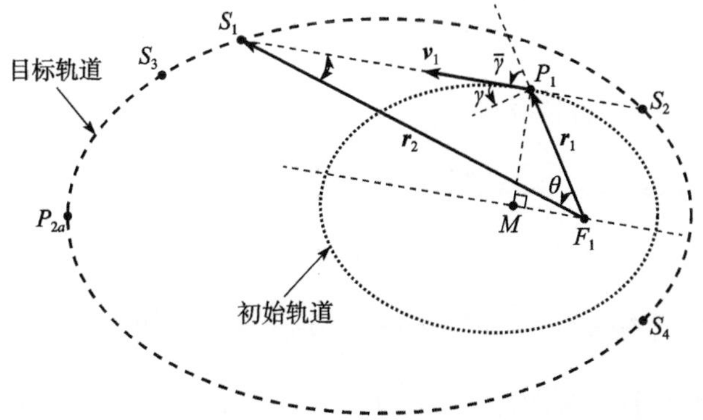

图 5-8　解的存在范围的几何理解

证明：如图5-8所示，经过地心 F_1 作速度矢量 $\boldsymbol{v}_1$ 的平行线 MF_1，且 M 点为经过 P_1 作 MF_1 垂线的垂足，即 $P_1M \perp MF_1$。当拦截点 P_2 正好位于 S_1 和 S_2 时，有

$$r_1\sin\bar{\gamma} = -r_2\sin(\theta-\bar{\gamma}) = \|P_1M\| \tag{5-100}$$

因此，拦截点 S_1 和 S_2 正好满足方程(5-99)的等式条件，即 $\lambda=0$。

另外，对于弧段 $\widehat{S_1P_{2a}S_2}$ 上的任意点，由几何性质知

$$-r_2\sin(\theta-\bar{\gamma}) < \|P_1M\| = r_1\sin\bar{\gamma} \tag{5-101}$$

表示满足方程(5-99)的不等式条件，即 $\lambda>0$。因此，对于给定的脉冲点 P_1，$\lambda>0$ 成立的充分必要条件是拦截点 P_2 位于弧段 $\widehat{S_1P_{2a}S_2}$ 上。证毕。

下面我们用代数方法求解给定脉冲点 P_1 时，$\lambda>0$ 成立的 f_2 范围精确数值。对于共面轨道，转移角度

$$\theta = f_2+\chi \tag{5-102}$$

其中 $\chi \triangleq \omega_2-\omega_1-f_1$。为了得到解的存在区间的精确值，方程(5-99)两边同时乘以 $1/r_2=(1+e_2\cos f_2)/p_2$ 得

$$\frac{r_1}{p_2}(1+e_2\cos f_2)\sin\bar{\gamma}+\sin(f_2+\chi-\bar{\gamma})>0 \tag{5-103}$$

进一步，可化简为

$$c_1\cos f_2+c_2\sin f_2>c_3 \tag{5-104}$$

其中

$$\begin{cases} c_1=\sin(\chi-\bar{\gamma})+e_2\dfrac{r_1}{p_2}\sin\bar{\gamma} \\ c_2=\cos(\chi-\bar{\gamma}) \\ c_3=-\dfrac{r_1}{p_2}\sin\bar{\gamma} \end{cases} \tag{5-105}$$

且 p_j 为半通径。分三种情况讨论：

(1)如果 $c_3/\sqrt{c_1^2+c_2^2}<-1$，则 $f_2\in[0, 2\pi)$；

(2)如果 $c_3/\sqrt{c_1^2+c_2^2}>1$，则 f_2 无解；

(3)如果 $-1\leqslant c_3/\sqrt{c_1^2+c_2^2}\leqslant 1$，则满足方程(5-99)的 f_2 范围为

$$\arcsin\left(\frac{c_3}{\sqrt{c_1^2+c_2^2}}\right)-\operatorname{arctan2}(c_1, c_2)<f_2<\pi-\arcsin\left(\frac{c_3}{\sqrt{c_1^2+c_2^2}}\right)-\operatorname{arctan2}(c_1, c_2) \tag{5-106}$$

对于任意的椭圆转移轨道，需要满足 $0<\lambda<2$。由方程(5-79)知，

$$\frac{r_2}{r_1}\cos(2\bar{\gamma}-\theta)>\frac{r_2}{r_1}-1+\cos(2\bar{\gamma}) \tag{5-107}$$

上式两边同时乘以 $1/r_2=(1+e_2\cos f_2)/p_2$ 得

$$\frac{1}{r_1}\cos(2\bar{\gamma}-\theta)>\frac{1}{r_1}-\frac{1}{p_2}[1+e_2\cos(\theta-\chi)]\cdot[1+\cos(2\bar{\gamma})] \tag{5-108}$$

其仅为转移角度 θ 的单变量函数。方程(5-108)可简化为

$$c_4\cos\theta+c_5\sin\theta>c_6 \tag{5-109}$$

其中

$$\begin{cases} c_4=\dfrac{p_2}{r_1}\cos(2\bar{\gamma})+e_2(1-\cos(2\gamma))\cos\chi \\ c_5=\dfrac{p_2}{r_1}\sin(2\bar{\gamma})+e_2(1-\cos(2\gamma))\sin\chi \\ c_6=\dfrac{p_2}{r_1}+\cos(2\bar{\gamma})-1 \end{cases} \tag{5-110}$$

也分三种情况讨论：

(1)如果 $c_6/\sqrt{c_4^2+c_5^2}<-1$，则 $f_2\in[0,\ 2\pi)$；

(2)如果 $c_6/\sqrt{c_4^2+c_5^2}>1$，则 f_2 无解；

(3)如果 $-1\leqslant c_6/\sqrt{c_4^2+c_5^2}\leqslant 1$，则满足方程(5-107)的 f_2 范围为

$$\begin{aligned} &-\chi-\arctan2(c_4,\ c_5)+\arcsin\left(\frac{c_6}{\sqrt{c_4^2+c_5^2}}\right)<f_2 \\ &<\pi-\chi-\arctan2(c_4,\ c_5)-\arcsin\left(\frac{c_6}{\sqrt{c_4^2+c_5^2}}\right) \end{aligned} \tag{5-111}$$

通过上面的方法，求得满足 $\lambda>0$ 的 f_2 范围，令 $f_2\in(f_{2,s1},\ f_{2,s2})$；满足 $0<\lambda<2$ 的 f_2 范围，令 $f_2\in(f_{2,s3},\ f_{2,s4})$。对于椭圆转移轨道，解的存在范围即为 $f_2\in(f_{2,s3},\ f_{2,s4})$。当 $f_2\in(f_{2,s4},\ f_{2,s2})$时，转移角度大于 180°，且对应的转移轨迹为双曲线。但是，如果 $\theta>\pi$，文献[55]指出，飞行路径角的最小值 $\gamma_{\min}=-90°$，而并不是由 $\lambda=0$ 得到；换句话说，区间$(f_{2,s4},\ f_{2,s2})$并不是双曲线转移轨迹解的存在区间。事实上，通过数值分析可知，当 $f_2\in(f_{2,s4},\ f_{2,s2})$时，由方程(5-82)得到的转移时间为负数，因此并不能采用。最终，对于任意的转移轨迹类型，解的存在范围为 $f_2\in(f_{2,s1},\ f_{2,s4})$。

5.3.4 求解轨道拦截问题

5.3.4.1 给定脉冲点

由方程(5-77)中 η 的定义可知，$\eta>-1$ 且 $\lim_{f_2\to f_{2,s4}}\eta(f_2)=+\infty$。因此，方程(5-77)中 $\eta=0$ 有多个 f_2 解，对应目标轨道的多个圈数。本小节将求解给定脉冲点的最小时间轨道拦截。当 $0\in(f_{2,s1},\ f_{2,s4})$ 时，为了使得函数 η 在 $f_2=0$ 时连续，$f_{2,s1}$ 应该为负数。如果初始时刻的目标真近点角 f_{20} 包含于解的存在区间，于是函数 η 在 f_{20} 时有一个不连续点(图 5-9(a))。此时，我们知道 $\eta(f_{20}+\delta)=\eta(f_{20})+1$，其中 δ 是非常小的正实数。定义一个新的函数

$$\bar{\eta}=\begin{cases}\eta, & f_2\leqslant f_{20}\\ \eta-1, & f_2>f_{20}\end{cases} \tag{5-112}$$

于是函数 $\bar{\eta}$ 对于任意的 $f_2\in(f_{2,s1},\ f_{2,s4})$ 均连续。如果初始目标真近点角 f_{20} 不包含于解的存在区间，函数 $\bar{\eta}=\eta$ 仍然是连续函数(图 5-9(b))。因此，无论 f_{20} 是否包含于$(f_{2,s1},\ f_{2,s4})$，均采用新的函数 $\bar{\eta}$ 来求解 f_2。但需要注意的是，利用这个新函数，如果初始位置满足 $f_{20}\in(f_{2,s1},\ f_{2,s4})$，最终的解 f_2 应该大于 f_{20}，解对应的圈数应为 $\eta=\bar{\eta}+1$。

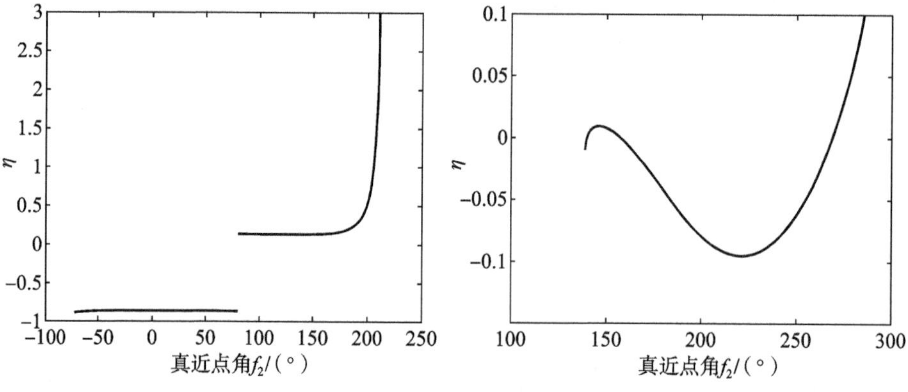

(a) f_1=240°　　(b) f_1=90°

图 5-9 不同脉冲点对应的函数 η，椭圆目标轨道

需要注意的是，$\bar{\eta}'(f_2)=\eta'(f_2)$。另外，$\eta'(f_2)$ 可由方程(5-96)计算得到。于是，$\eta'=0$ 的解可由数值迭代方法(如黄金分割法)得到。如果 $\eta'=0$ 没有解，则函数 $\bar{\eta}$ 在解的存在区间$(f_{2,s1},\ f_{2,s4})$为单调递增或递减函数，包括三种情况：

(1) 如果$\lfloor\bar{\eta}(f_{2,s1}+\delta)\rfloor=\lfloor\bar{\eta}(f_{2,s4}-\delta)\rfloor$，其中下取整函数$\lfloor y\rfloor$表示不大于 y 的最大整数，那么方程(5-77)在可行范围$(f_{2,s1},\ f_{2,s4})$内无解；

(2) 如果$\lfloor\bar{\eta}(f_{2,s1}+\delta)\rfloor<\lfloor\bar{\eta}(f_{2,s4}-\delta)\rfloor$，则该拦截问题存在$\lfloor\bar{\eta}(f_{2,s4}-\delta)\rfloor-\lfloor\bar{\eta}(f_{2,s1}+\delta)\rfloor$个解，其数值可通过下面割线法得到

$$f_{2,n+1}=f_{2,n}-(f_{2,n}-f_{2,n-1})\frac{\bar{\eta}(f_{2,n})-N_2}{\bar{\eta}(f_{2,n})-\bar{\eta}(f_{2,n-1})},\quad n>0 \tag{5-113}$$

式中：$N_2=\lfloor\bar{\eta}(f_{2,s1}+\delta)\rfloor+1$，$\lfloor\bar{\eta}(f_{2,s1}+\delta)\rfloor+2$，…，$\lfloor\bar{\eta}(f_{2,s4}-\delta)\rfloor$，两个初始猜测值为$f_{2,0}=f_{2,s1}+\delta$和$f_{2,1}=f_{2,s4}-\delta$；

(3) 如果$\lfloor\bar{\eta}(f_{2,s1}+\delta)\rfloor>\lfloor\bar{\eta}(f_{2,s4}-\delta)\rfloor$，则该拦截问题存在$\lfloor\bar{\eta}(f_{2,s1}+\delta)\rfloor-\lfloor\bar{\eta}(f_{2,s4}-\delta)\rfloor$个解，其值可通过方程(5-113)得到，其中$N_2=\lfloor\bar{\eta}(f_{2,s4}-\delta)\rfloor+1$，$\lfloor\bar{\eta}(f_{2,s4}-\delta)\rfloor+2$，…，$\lfloor\bar{\eta}(f_{2,s1}+\delta)\rfloor$。

如果$\eta'=0$有m个解，可将解的存在区间$(f_{2,s1}, f_{2,s4})$划分为$m+1$个子区间。对于每个子区间$[f_{2,g1}, f_{2,g2})$，利用割线法求解方程(5-113)得到所有可行解，其初始猜测值为$f_{2,0}=f_{2,g1}$和$f_{2,1}=f_{2,g2}-\delta$。由于需要得到最小时间解，等价于最小的圈数$N_2=\eta$，于是最小时间拦截解可通过比较所有可行解的圈数$N_2=\eta$得到。

5.3.4.2　考虑初始漂移段

5.3.4.1 节给出了在给定脉冲点f_1下的最小时间轨道拦截解。当考虑初始漂移段时，脉冲点自由。于是，对于每个脉冲点f_1，可通过 5.3.4.1 节的方法得到不同圈数N_2的解，比较可得到最小时间解。因此，最小拦截时间$t_{\text{all}}\triangleq t_1+t_3$仅是脉冲点$f_1$的单变量函数，于是考虑初始漂移段的全局最小时间解可通过优化脉冲点f_1得到。

对于轨道拦截问题，拦截器自身携带的燃料有限，可表示为脉冲幅值上界约束

$$\Delta V\triangleq|v_{1t}-v_1|<\Delta V_{\max} \tag{5-114}$$

其中，v_1为初始轨道在脉冲点P_1的速度大小，即

$$v_1=\sqrt{\mu\left(\frac{2}{r_1}-\frac{1}{a_1}\right)}=\sqrt{\frac{\mu}{p_1}(1+e_1^2+2e_1\cos f_1)} \tag{5-115}$$

v_{1t}为转移轨道在脉冲点的速度大小。把$v_{1t}=\sqrt{\mu\lambda/r_1}$代入式(5-114)得

$$\frac{r_1}{\mu}(v_1-\Delta V_{\max})^2<\lambda<\frac{r_1}{\mu}(v_1+\Delta V_{\max})^2 \tag{5-116}$$

由方程(5-79)知$\lambda<\lambda_m$等价于

$$\frac{r_2(1-\cos\theta)}{r_1\cos^2\gamma-r_2\cos(\theta+\gamma)\cos\gamma}<\lambda_m \tag{5-117}$$

上式可写成关于f_2的不等式

$$c_7\cos f_2+c_8\sin f_2>c_9 \tag{5-118}$$

其中

$$\begin{cases}c_7=\dfrac{\lambda_m}{p_2}e_2r_1\cos^2\gamma-\lambda_m\cos\gamma\sin(\Delta\omega-f_1+\gamma)+\sin(\Delta\omega-f_1)\\ c_8=\lambda_m\cos\gamma\sin(\Delta\omega-f_1+\gamma)-\sin(\Delta\omega-f_1)\\ c_9=1-\dfrac{\lambda_m}{p_2}r_1\cos^2\gamma\end{cases} \tag{5-119}$$

分三种情况讨论：

(1)如果 $c_9/\sqrt{c_7^2+c_8^2}<-1$，则$f_2\in[0,\ 2\pi)$；

(2)如果 $c_9/\sqrt{c_7^2+c_8^2}>1$，则f_2无解；

(3)如果$-1\leqslant c_9/\sqrt{c_7^2+c_8^2}\leqslant 1$，则满足方程(5-117)的$f_2$范围为

$$\arcsin\left(\frac{c_9}{\sqrt{c_7^2+c_8^2}}\right)-\arctan2(c_7,\ c_8)<f_2<\pi-\arcsin\left(\frac{c_9}{\sqrt{c_7^2+c_8^2}}\right)-\arctan2(c_7,\ c_8) \tag{5-120}$$

相似地，满足$\lambda>\lambda_n$的f_2范围也可以求出。最终，满足上下界约束的方程(5-116)的f_2范围为满足$\lambda<\lambda_m$和$\lambda>\lambda_n$的交集。在脉冲大小上界$\Delta V_{\max}$的约束下，f_2的解应该在此交集范围内。于是，对每个脉冲点，舍去不在此交集范围内的解，最终最小时间拦截解可通过比较所有满足能量约束的可行解得到。

给定初始和目标轨道参数，初始轨道上拦截器初始点P_{10}的真近点角f_{10}，目标轨道上目标器初始点P_{20}的真近点角f_{20}，以及正切脉冲大小的上界$\Delta V_{\max}$，求解给定脉冲点下的所有拦截可行解和全局最小时间拦截解的步骤如下：

(1)对于给定的初始脉冲点f_1，利用方程(5-106)和方程(5-111)把解的存在范围写成目标真近点角范围的形式，即$(f_{2,s1},\ f_{2,s4})$；

(2)利用黄金分割法得到η的所有极值点，即满足$\eta'(f_2)=0$的解；

(3)所有极值点把$(f_{2,s1},\ f_{2,s4})$分割为有限个子区间，利用割线法方程(5-113)得到每个子区间的所有拦截解；

(4)利用方程(5-120)得到满足能量上界约束的f_2范围，删除拦截解中不在此范围的解；

(5)对于给定的初始脉冲点f_1，比较得到最小时间$N_2=\eta$的拦截可行解；

(6)令脉冲点f_1自由，利用数值优化算法循环步骤(1)~(5)，得到全局最小时间的拦截可行解。

5.3.5 仿真算例

假设初始轨道参数为 $a_1=2R_E+4000\text{km}$，$e_1=0.6$，$\omega_1=10°$和 $f_{10}=240°$。目标轨道参数为 $a_2=2R_E+10000\text{km}$，$e_2=0.6$，$\omega_2=0°$，$f_{20}=80°$，初始轨道和目标轨道共面。正切脉冲幅值的上界 $\Delta V_{\max}=3\text{km/s}$。

如果脉冲施加在初始时刻，即 $f_1=f_{10}=240°$，利用方程(5-106)和方程(5-111)得到解的存在区间为$(f_{2,s1},f_{2,s4})=(-72.1751°, 215.1949°)$。图 5-9(a)给出了不同 f_2 下 η 的曲线，其不连续点正好为 $f_{20}=80°$，可看出 $\eta=0$ 无解。而 $\eta=1$ 有单根，其解可通过方程(5-113)得到为 $f_2=205.8010°$，由开普勒方程得到其对应的转移时间 $t_3=56395.0\text{s}$，且其能量消耗为 $\Delta V=1.0244\text{km/s}$。由方程(5-79)得到该解对应 $\lambda=1.5446$，表示转移轨迹为椭圆，如图 5-10 所示。

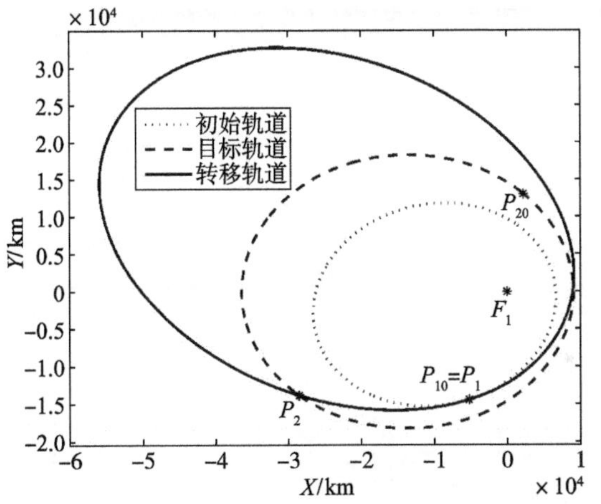

图 5-10　初始时刻正切脉冲椭圆转移轨道拦截

如果单次正切脉冲施加在 $f_1=90°$，解的存在区间为$(f_{2,s1},f_{2,s4})=(138.7613°, 354.9628°)$，表明初始真近点角 f_{20} 不包含于该区间。初始漂移时间为 $t_1=4400.6\text{s}$。图 5-9(b)给出了不同 f_2 下 η 的曲线，可看出 $\eta=0$ 有三个解，利用方程(5-113)得到其值分别为 139.7644°，157.3536°，268.8748°。最小时间解为 $f_2=139.7644°$，对应的转移时间为 $t_3=702.7\text{s}$，对应的能量消耗为 $\Delta V=21.6212\text{km/s}$，远远超过了最大脉冲 $\Delta V_{\max}$，故舍去。实际上，满足能量约束方程(5-114)的可行范围为(149.3831°, 366.1235°)，于是满足约束的最小时间解为 $f_2=157.3536°$，对应的转移时间为 $t_3=4294.8\text{s}$，对应的能量消耗为 $\Delta V=1.7834\text{km/s}$，其对应 $\lambda=2.1279$，因此转移轨迹为双曲线，如图 5-11 所示。

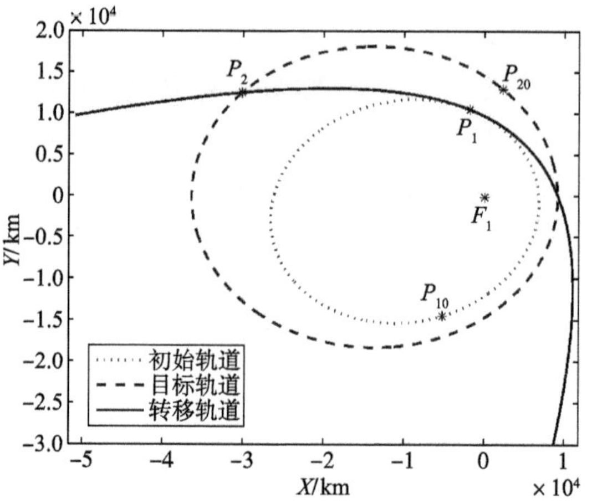

图 5-11　正切脉冲双曲线转移轨道拦截

对于不同的脉冲点f_1，方程(5-77)中最小圈数$N_2=\eta$对应的所有可行解f_2可由方程(5-113)得到，见表5-7。表5-7中同时给出了转移时间t_3由方程(5-81)~方程(5-83)得到，总的拦截时间$t_{all}\triangleq t_1+t_3$，能量消耗$\Delta V\triangleq|v_{1t}-v_1|$的值。

表 5-7　两种脉冲下，不同f_1对应的最小时间解

f_1/(°)	正切脉冲最小时间解				非正切脉冲最小时间解			
	(f_2/(°)，N_2)	t_3/s	t_{all}/s	ΔV/(km/s)	f_2/(°)	t_{all}/s	h_{ps}/km(Y/N)	ΔV/(km/s)
240	(205.8010，1)	56395.0	56395.0	1.0243	266.9412	29585.8	8432.8(Y)	3
270	(224.2550，1)	58544.6	59871.7	0.8025	310.1965	31128.2	3886.5(Y)	3
300	(238.5905，1)	59628.6	61660.0	0.6818	191.0192	18375.6	0(Y)	0.4147
330	(251.2599，1)	60281.2	62772.6	0.6218	177.9094	14455.2	0(Y)	0.5493
0	(192.0139，0)	15796.3	18660.2	0.2434	160.3945	9457.3	0(Y)	1.6046
	(215.0055，0)	21288.8	24152.7	0.2162				
30	(180.5453，0)	12018.8	15255.2	0.3180	151.3823	7318.8	477.8(Y)	3
	(232.1471，0)	23538.3	26774.8	0.2223				
60	(171.6806，0)	8893.1	12589.4	0.5076	150.8809	7210.6	1311.7(N)	3
	(247.8581，0)	24648.1	28344.5	0.2472				
90	(139.7644，0)	702.7	5103.3	21.6205	152.3065	7521.2	1960.3(N)	3

续表

$f_1/(°)$	正切脉冲最小时间解				非正切脉冲最小时间解			
	$(f_2/(°),\ N_2)$	t_3/s	t_{all}/s	ΔV/(km/s)	$f_2/(°)$	t_{all}/s	h_{ps}/km(Y/N)	ΔV/(km/s)
90	(157.3536, 0)	4294.7	8695.4	1.7834				
	(268.8748, 0)	25283.4	29684.0	0.2988				
120	(307.2467, 0)	25324.6	31052.4	0.4016	157.5042	8732.2	832.6(N)	3
150	(33.4279, 0)	24273.6	32833.9	0.6140	169.9053	12070.6	−4480.3(N)	0.8378
180	(127.4437, 1)	23861.4	37518.5	0.9250	197.4502	20158.5	−6074.3(N)	1.6499
210	(169.2423, 1)	27288.8	46042.5	0.9040	38.2947	32941.0	2905.0(N)	3

注：Y/N 表示是否经过近地点。

对于每个脉冲点 f_1，通过比较最小圈数 $N_2=\eta$ 对应的所有可行解得到最小时间解。于是，不同脉冲点 f_1 条件下总拦截时间 t_{all} 的变化曲线如图 5-12 所示。图中有两个不连续点，其中一个 $f_1=351.3673°$ 为最小圈数 $N_2=0$ 和 $N_2=1$ 的临界点，另一个 $f_1=453.2597°$ 能量消耗正好为 $\Delta V_{max}=3$km/s。于是，最小时间拦截解对应 $f_1=453.2597°$、$\eta=0$ 有三个解，其值分别为 145.1779°、152.6532° 和 271.8509°，对应的转移时间分别为 6061.1s、7598.2s 和 29827.5s，对应的能量消耗分别为 7.9998km/s、3km/s 和 0.3068km/s；因此，最小时间解为 $f_2=152.6532°$，转移时间 7598.2s，能量消耗 3km/s。对于该全局最小时间拦截解，$f_1=453.2597°$、$f_2=152.6532°$，可得到 $\lambda=2.7461$，因此转移轨迹为双曲线，如图 5-13 所示。

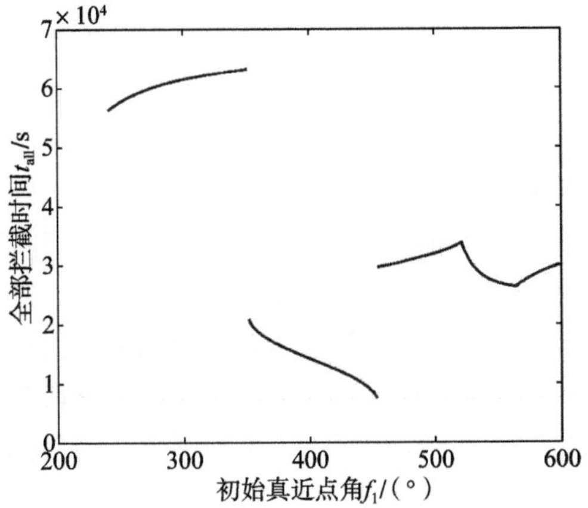

图 5-12　不同 f_1 下的最小拦截时间 t_{all}

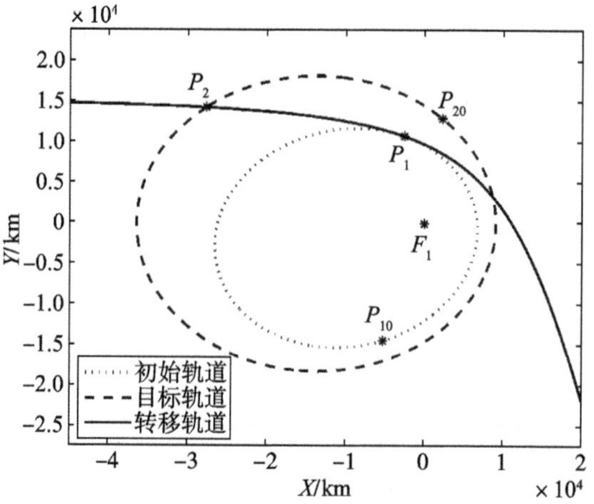

图 5-13　全局最小时间正切脉冲轨道拦截，双曲线转移

另外，为了分析正切脉冲的有效性，对于不同的脉冲点，利用 Lambert 算法求解了单次非正切脉冲的可行最小时间拦截解，见表 5-7。对于非正切脉冲拦截，可行解需要满足两个条件，即能量约束和近地点半径大于 200km 的轨迹半径约束，即 $h_{ps}=a_3(1-e_3)-R_E-200\text{km}>0$，来避免地球影响轨迹。表 5-7 中“Y”和“N”分别表示转移轨道是否经过近地点。当转移轨迹不经过近地点时，不需要近地点约束条件，这是由于当目标轨道高于初始轨道时，正的正切脉冲使得转移轨迹的近地点高度大于初始轨道的近地点高度。对于给定的初始脉冲点，由表 5-7 可知两种方法的最小拦截时间差别较大。对于非正切脉冲拦截，全局最小时间拦截解为 $f_1=57.5304°$ 和 $f_2=150.8748°$，总的拦截时间为 $t_{\text{all}}=7209.3\text{s}$，能量消耗为 3km/s。因此，两种方法对应的全局最小拦截时间非常接近。

5.3.6　小结

本节研究了脉冲大小约束下的单次正切脉冲轨道拦截问题。对于给定的脉冲点，先求解出目标真近点角的可行范围，脉冲大小约束可转换为目标真近点角的范围约束。对于不同的脉冲点，转移轨迹可为椭圆、抛物线、双曲线。考虑脉冲点自由，可通过优化算法得到最小时间拦截解。提出的算法既适用于给定的脉冲点，也适用于脉冲点自由下求解优化问题。正切轨道拦截问题只需要在速度方向施加一次脉冲，即可完成运行于椭圆轨道的目标器的拦截。

第6章 多脉冲访问单目标轨道机动与优化

与单脉冲轨道机动相比，多脉冲机动能够增加任务的灵活性，从而为航天器提供更强的空间响应能力。对于地面目标访问任务，多脉冲星下点轨迹调整能够确定目标轨道的形状，例如令目标轨道为回归轨道，则响应卫星能够在一定时间内多次经过指定的地面目标[56]。对于空间目标访问任务，与单脉冲解相比，多脉冲解能够节省燃料消耗，从而减少任务成本。此外，对于轨道交会任务，至少需要两次脉冲机动[57-60]。本章主要求解多脉冲访问单目标轨道机动与优化，通过施加多次脉冲机动，实现对指定目标点的快速访问。

6.1 双脉冲星下点轨迹调整

考虑一颗在近地轨道上运行的航天器，其轨道参数已知，能够执行脉冲轨道机动使得星下点轨迹经过指定的地面目标点 S，其经度和纬度分别为 λ 和 φ。由于改变轨道平面通常需要消耗较多的燃料，本章仅考虑利用共面脉冲机动调整星下点轨迹。另外，脉冲速度矢量假设为沿着当前速度方向，即假设为正切脉冲，因为正切脉冲是改变轨道能量最有效的方向策略。本节考虑双脉冲轨道机动到达圆形目标轨道。

本节中，下标“0”表示初始轨道，初始时刻真近点角为 f_{00}，对应的参数纬度幅角为 u_{00}；最终经过目标点 S 的目标轨道无下标，且经过目标点 S 时对应的卫星位置点为 P。另外，目标轨道上初始时刻和 P 处的参数纬度幅角分别为 u_0 和 u_t。

6.1.1 初始圆形轨道

对初始圆形轨道来说，第一次脉冲施加在初始时刻，而第二次脉冲施加在

180°转移角处，该位置对应目标轨道的参数纬度幅角变为 $u_{00}+\pi$。因此，利用开普勒方程，从初始时刻到 P 点的飞行时间为

$$t_K=\pi\sqrt{\frac{(a_0+a)^3}{8\mu}}+(u_t-u_{00}-\pi+2\pi N_R)\sqrt{\frac{a^3}{\mu}} \tag{6-1}$$

式中飞行时间 t_K 与霍曼转移段和目标轨道的半长轴 a 有关，等式右端的第一项表示霍曼转移时间 t_H，转移圈数 N_R 可由式(5-8)估计得到。由于 a 与初始轨道的半长轴 a_0 接近，可利用一阶泰勒展开得到近似表达式

$$\left(\frac{a_0+a}{2}\right)^{3/2}=a^{3/2}\left[1+\frac{1}{2}\left(\frac{a_0}{a}-1\right)\right]^{3/2}\approx a^{3/2}\left[1+\frac{3}{4}\left(\frac{a_0}{a}-1\right)\right]\approx\frac{1}{4}a^{3/2}+\frac{3}{4}a_0a^{1/2} \tag{6-2}$$

把式(6-2)代入式(6-1)，最终得到$\sqrt{a}$的一个三次多项式

$$\left[\frac{\pi}{4}+(u_t-u_{00}-\pi+2\pi N_R)\right](\sqrt{a})^3+\frac{3\pi}{4}a_0\sqrt{a}-t_G\sqrt{\mu}=0 \tag{6-3}$$

其中 t_G 为利用格林尼治时间变化方程得到的飞行时间，即式(5-7)。t_G 与霍曼转移段无关，但由于 $\dot{\Omega}_{J_2}$ 是半长轴 a 的函数，转移轨道对 J_2 摄动下的 $t_{G_{J_2}}$ 有细微的影响。该三次多项式仅有一个实根，于是可得到目标圆形轨道半长轴的解析解。

当考虑线性 J_2 摄动时，飞行时间方程中应该包含长期漂移率 $\dot{\Omega}_{J_2}$、$\dot{\omega}_{J_2}$ 和 $\dot{M}_{J_2}$。J_2 摄动下从初始时刻到 P 点的飞行时间可由开普勒方程计算得到为

$$t_{K_{J_2}}=\chi_H\pi\sqrt{\frac{(a_0+\bar{a})^3}{8\mu}}+\chi(u_t-u_{00}-\pi+2\pi N_R)\sqrt{\frac{\bar{a}^3}{\mu}} \tag{6-4}$$

其中新的参数χ定义为

$$\chi\triangleq\left[1+(\dot{M}_{J_2}+\dot{\omega}_{J_2})\sqrt{\bar{a}^3/\mu}\right]^{-1} \tag{6-5}$$

而χ_H仅需要把方程(6-5)的 a 和 e 替换为 $a_H=(a+a_0)/2$ 和 $e_H=|a-a_0|/(a+a_0)$，下标 H 表示霍曼转移段。对于目标圆形轨道，$e=0$。注意到χ 和χ_H 均为 $\bar{a}$ 的函数，因此，利用方程(6-4)不能得到 $\bar{a}$ 的解析表达式。但是，由于二体模型和 J_2 摄动模型的半长轴差别非常小，我们可以用下式来近似方程(6-4)，即

$$t_{K_{J_2}}\approx\chi_{Hs}\pi\sqrt{\frac{(a_0+\bar{a})^3}{8\mu}}+\chi_s(u_t-u_{00}-\pi+2\pi N_R)\sqrt{\frac{\bar{a}^3}{\mu}} \tag{6-6}$$

其中χ_s 和χ_{Hs} 由方程(6-3)二体模型下的解 a_s 计算得到，同时用 a_s 来计算 $\dot{\Omega}_{J_2}$、$\dot{\omega}_{J_2}$ 和 $\dot{M}_{J_2}$。与方程(6-3)类似，最终可得到$\sqrt{a}$的一个三次多项式

$$\left[\frac{\pi}{4}\chi_{Hs}+\chi_s(u_t-u_{00}-\pi+2\pi N_R)\right](\sqrt{\bar{a}})^3+\frac{3\pi}{4}\chi_{Hs}a_0\sqrt{\bar{a}}-t_{G_{J_2}}\sqrt{\mu}=0 \tag{6-7}$$

该方程考虑了线性 J_2 摄动影响，最终转换平均半长轴 $\bar{a}$ 到瞬时半长轴 a。一旦目标圆形轨道的半长轴得到，对于初始圆形轨道，采用霍曼转移方式，两次脉冲的总能量为

$$\Delta V_{\text{tot}}=\sqrt{\frac{\mu}{a_0}}\left|\sqrt{\frac{2a}{a_0+a}}-1\right|+\sqrt{\frac{\mu}{a}}\left|1-\sqrt{\frac{2a_0}{a_0+a}}\right| \tag{6-8}$$

对于初始圆轨道，给定初始时刻、初始轨道参数和指定的目标点 S，到达目标圆形轨道的双脉冲星下点轨迹调整问题的求解步骤如下：

(1) 基于二体模型，利用方程(6-3)得到二体模型下的半长轴 a_s，其中 t_G 由方程(5-7)得到；

(2) 利用方程(2-19)和 a_s 计算 $\dot{\Omega}_{J_2}$、$\dot{\omega}_{J_2}$ 和 $\dot{M}_{J_2}$，然后利用方程(5-9)计算 $t_{G_{J_2}}$，并利用方程(6-5)计算 χ_s 和 χ_{Hs}；

(3) 利用方程(6-7)得到线性 J_2 模型下目标圆形轨道的平均半长轴 $\bar{a}$ 的解析解；

(4) 其他轨道参数与初始轨道相同，令这些轨道参数为平均轨道参数，转换到瞬时轨道参数；

(5) 利用方程(6-8)得到两次脉冲大小，第一次脉冲施加在初始时刻，第二次脉冲施加在 180°转移角处；第二次脉冲时刻 t_H 可由方程(6-4)得到；

(6) 对于所有可行圈数 N_R，循环步骤(1)~(5)得到最小能量解 ΔV_{tot}。

6.1.2　初始椭圆轨道

如果初始轨道为椭圆轨道，令第一次脉冲施加在远地点，第二次脉冲发生在 180°转移角处，对应的真近点角为 0。如果初始真近点角 $f_{00}\neq\pi$，第一次脉冲前有一个初始漂移段。在二体模型下，目标轨道在第二次脉冲处的参数纬度幅角等于 ω_0。于是，从初始时刻到 P 点的飞行时间为

$$t_K=(\pi-M_{00})\sqrt{\frac{a_0^3}{\mu}}+\pi\sqrt{\frac{[a_0(1+e_0)+a]^3}{8\mu}}+(u_t-\omega_0+2\pi N_R)\sqrt{\frac{a^3}{\mu}} \tag{6-9}$$

其中等式右端的第一和第二项分别表示初始漂移时间 t_{coasting} 和霍曼转移时间 t_H。由于 $a\approx a_0(1+e_0)$ 和 $t_K=t_G$，与方程(6-3)类似，得到如下三次多项式

$$\left[\frac{\pi}{4}+(u_t-\omega_0+2\pi N_R)\right](\sqrt{a})^3+\frac{3\pi}{4}a_0(1+e_0)\sqrt{a}-\left[t_G\sqrt{\mu}-(\pi-M_{00})\sqrt{a_0^3}\right]=0$$

(6-10)

可得到半长轴的解析解。

考虑线性 J_2 摄动，从初始时刻到第一次脉冲点（远地点）的飞行时间与目标轨道无关。因此，可以采用迭代方法得到初始漂移时间 t_{coasting} 的数值解，该解可用来代替方程(6-9)中的第一项。于是，远地点的轨道参数可看成新的初始轨道。因此，J_2 摄动下从初始时刻到 P 点的飞行时间为

$$t_{K_{J_2}} \approx t_{\text{coasting}} + \chi_{Hs}\pi\sqrt{\frac{[a_0(1+e_0)+\bar{a}]^3}{8\mu}} + \chi_s(u_t-\omega_0+2\pi N_R)\sqrt{\frac{\bar{a}^3}{\mu}} \tag{6-11}$$

式中：χ_s 是由方程(6-10)得到的二体模型半长轴的解析解 a_s 计算得到；χ_{Hs} 是用半长轴 $a_{Hs}=[a_s+a_0(1+e_0)]/2$ 和偏心率 $e_{Hs}=|a_s-a_0(1+e_0)|/[a_s+a_0(1+e_0)]$ 计算得到。同时 a_s 用来计算 $\dot{\Omega}_{J_2}$、ω_{J_2} 和 $\dot{M}_{J_2}$，与方程(6-3)类似，最终可得到 J_2 摄动下$\sqrt{a}$的三次多项式

$$\left[\frac{\pi}{4}\chi_{Hs}+\chi_s(u_t-\omega_0+2\pi N_R)\right](\sqrt{a})^3+\frac{3\pi}{4}\chi_{Hs}a_0(1+e_0)\sqrt{a}-(t_{G_{J_2}}-t_{\text{coasting}})\sqrt{\mu}=0 \tag{6-12}$$

当求解得到目标轨道的半长轴后，利用速度与半长轴的关系式 $v=\sqrt{\mu(2/r-1/a_t)}$，总的能量为

$$\Delta V_{\text{tot}}=\sqrt{\frac{\mu}{a_0(1+e_0)}}\left|\sqrt{\frac{2a}{a_0(1+e_0)+a}}-\sqrt{1-e_0}\right|+\sqrt{\frac{\mu}{a}}\left|1-\sqrt{\frac{2a_0(1+e_0)}{a_0(1+e_0)+a}}\right| \tag{6-13}$$

综上所述，对于初始椭圆轨道，双脉冲星下点轨迹调整问题的求解步骤如下：

(1) 基于二体模型，利用方程(6-9)得到二体模型解 a_s，其中 t_G 由方程(5-7)得到；

(2) 利用方程(2-19)和 a_s 的值计算 $\dot{\Omega}_{J_2}$、$\dot{\omega}_{J_2}$ 和 $\dot{M}_{J_2}$，然后利用方程(5-9)计算 $t_{G_{J_2}}$，并利用方程(6-5)计算χ_s 和χ_{Hs}；

(3) 对于 J_2 摄动模型，采用迭代方法得到初始漂移时间 t_{coasting} 的数值解，远地点的轨道参数构成新的初始轨道，利用方程(6-12)得到目标圆形轨道的平均半长轴 $\bar{a}$ 的解析解；

(4) 其他轨道参数与初始轨道在 t_{coasting} 时的参数相同，令这些轨道参数为平均轨道参数，并转换到瞬时轨道参数；

(5) 利用方程(6-13)得到两次脉冲大小，第一次脉冲施加在远地点，第二次脉冲施加在 180°转移角处；第二次脉冲时刻 t_H 可由方程(6-11)得到；

(6) 对于所有可行圈数 N_R，循环步骤(1)~(5)得到最小能量解 ΔV_{tot}。

6.1.3　仿真算例

为了验证本节提出的算法，考虑初始圆轨道和椭圆轨道两种情况。初始时刻设置为 2015 年 7 月 1 日 08：00：00(UTC)，对应的格林尼治时间为 $\alpha_{G0}=0.681733$。2008 年经历大地震的四川汶川设为地面目标点 S。汶川的经度为 $\lambda=103.4°$，纬度为 $\varphi=31°$。

对于两种情况，利用本章提出的解析近似方法进行求解。在下面的星下点轨迹图中，实线表示机动轨道星下点轨迹，虚线表示无机动的参考星下点轨迹，五角星代表目标点 S。在星下点轨迹计算中，考虑了非线性 J_2 摄动的影响。在下面的表格中，大写“D”和“A”分别表示降轨和升轨段访问。

6.1.3.1　初始和目标圆形轨道

本算例中初始轨道为太阳同步圆轨道，轨道参数为 $a_0=R_E+400\text{km}$，$e_0=0$，$i_0=97.0346°$，$\Omega_0=280°$，$u_{00}=0°$。首先考虑 1 天内降轨访问的情况，利用方程(6-7)得到考虑 J_2 摄动的目标轨道平均半长轴为 $\bar{a}=6610.234\text{km}$，转换为瞬时半长轴为 $a=6620.078\text{km}$；两次脉冲分别为 $\Delta V_1=-0.045368\text{km/s}$ 和 $\Delta V_2=-0.045637\text{km/s}$，总速度增量为 $\Delta V_{tot}=0.091005\text{km/s}$；最小速度增量对应的转移圈数为 $N_R=14$，与方程(5-8)得到的估计值 $N_{Ropt}=13.46$ 非常接近。第一次脉冲发生在初始时刻；第二次脉冲发生在 $t_2=t_H=2729.2\text{s}$。图 6-1 给出了参考轨道和机动轨道的星下点轨迹。

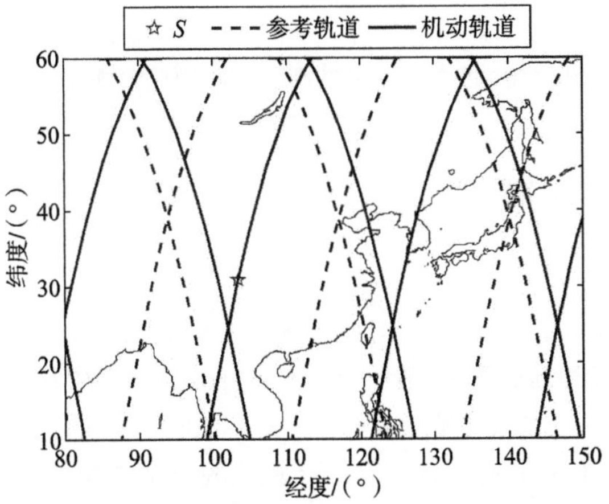

图 6-1　初始和目标圆形轨道，双脉冲星下点轨迹调整

对于不同的天数，表 6-1 给出了双脉冲飞越情况下到目标点上空的飞行时间 t_S、脉冲速度大小 ΔV、脉冲时刻 t_2 和地面距离误差 d_{min}。第一次脉冲发生

在初始时刻；第二次脉冲发生在 t_2 时刻。

表 6-1　双脉冲初始和目标圆形轨道，$t_1=0\text{s}$

访问弧段	天数	$\Delta V_1/(\text{km/s})$	$\Delta V_2/(\text{km/s})$	$\Delta V_{tot}/(\text{km/s})$	t_2/s	d_{min}/km	t_S/h
D	1	-0. 045368	-0. 045637	0. 091005	2729. 1	1. 5	21. 460
A	1	0. 164651	0. 161113	0. 325764	2968. 8	3. 8	8. 877
D	2	0. 003186	0. 003184	0. 006370	2781. 1	1. 4	24+21. 452
A	2	0. 014935	0. 014905	0. 029840	2793. 9	1. 4	24+8. 883
D	3	-0. 010070	-0. 010083	0. 020153	2766. 7	1. 3	48+21. 459
A	3	-0. 006328	-0. 006333	0. 012662	2770. 8	1. 4	48+8. 889
D	4	0. 004479	0. 004477	0. 008956	2782. 5	1. 6	72+21. 452
A	4	0. 009418	0. 009407	0. 018825	2787. 9	1. 4	72+8. 882
D	5	-0. 003626	-0. 003628	0. 007254	2773. 7	1. 1	96+21. 458
A	5	-0. 000818	-0. 000818	0. 001636	2776. 7	1. 3	96+8. 888
D	6	0. 004893	0. 004890	0. 009783	2782. 9	1. 6	120+21. 451
A	6	-0. 007195	-0. 007201	0. 014396	2769. 8	3. 9	120+8. 895
D	7	0. 000922	0. 000922	0. 001844	2776. 6	1. 1	144+21. 457
A	7	0. 001229	0. 001229	0. 002458	2779. 0	1. 3	144+8. 888

6. 1. 3. 2　初始椭圆和目标圆形轨道

在本算例中，初始椭圆轨道的近地点和远地点半径分别为 $r_p=R_E+400\text{km}$ 和 $r_a=R_E+1000\text{km}$，其他轨道参数为 $i_0=97.0346°$，$\omega_0=0°$，$\Omega_0=280°$，$f_{00}=0°$。初始偏心率为 $e_0=0.042384$。考虑 1 天精确飞越情况，在 J_2 摄动下初始漂移时间为 $t_{coasting}=2065.6\text{s}$。对于降轨情况，利用方程(6-12)得到目标轨道平均半长轴为 $\bar{a}=7371.676\text{km}$；利用式(6-13)计算得到两次脉冲大小分别为 $\Delta V_1=0.155486\text{km/s}$ 和 $\Delta V_2=-0.003960\text{km/s}$，总速度增量为 $\Delta V_{tot}=0.159446\text{km/s}$。第一次脉冲发生在 $t_1=t_{coasting}=2065.6\text{s}$；第二次脉冲发生在 $t_2=t_{coasting}+t_H=5226.5\text{s}$。

对于升轨情况，目标轨道平均半长轴为 $\bar{a}=7548.458\text{km}$，两次脉冲大小分别为 $\Delta V_1=0.198771\text{km/s}$ 和 $\Delta V_2=0.039116\text{km/s}$，总速度增量为 $\Delta V_{tot}=0.237887\text{km/s}$。第一次脉冲发生在 $t_1=t_{coasting}=2065.6\text{s}$；第二次脉冲发生在 $t_2=5283.3\text{s}$。图 6-2 给出了参考轨道和机动轨道的星下点轨迹。

对于不同的天数，表 6-2 给出了精确飞越情况下的指标，其中第一次脉冲时刻 $t_1=t_{coasting}$，第二次脉冲时刻 $t_2=t_{coasting}+t_H$。所有情况的第一次脉冲时刻相同。表中结果表明除了 1 天升轨其他情况的能量消耗非常接近，这是由于在 J_2 摄动下转移至圆形轨道的最小能量为 $\Delta V_{tot}=0.159444\text{km/s}$，且对应的轨道高度

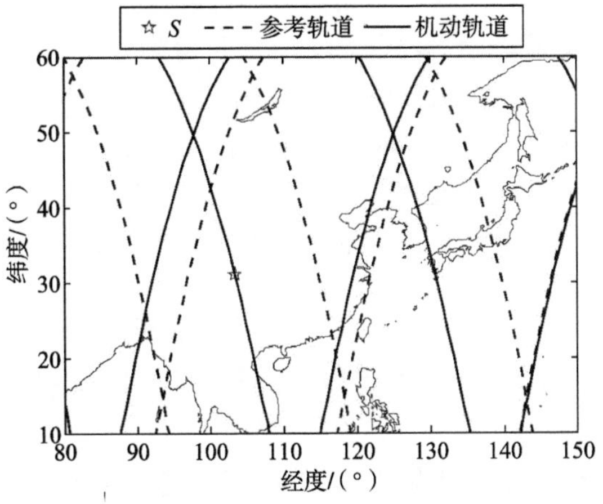

图 6-2　初始椭圆和目标圆形轨道，双脉冲星下点轨迹调整

等于远地点高度。

表 6-2　双脉冲初始椭圆和目标圆形轨道，$t_1=2065.6\mathrm{s}$

访问弧段	天数	ΔV_1/(km/s)	ΔV_2/(km/s)	ΔV_{tot}/(km/s)	t_2/s	d_{min}/km	t_S/h
D	1	0.155486	−0.003960	0.159446	5226.5	0.4	21.438
A	1	0.198771	0.039116	0.237887	5283.3	0.4	8.879
D	2	0.140757	−0.018734	0.159491	5207.7	2.3	24+21.426
A	2	0.145415	−0.014055	0.159470	5213.6	2.1	24+8.867
D	3	0.136387	−0.023129	0.159516	5202.1	4.3	48+21.423
A	3	0.138051	−0.021455	0.159506	5204.2	4.1	48+8.853
D	4	0.157215	−0.002229	0.159444	5228.7	1.1	72+21.388
A	4	0.135123	−0.024401	0.159524	5200.5	6.0	72+8.840
D	5	0.151214	−0.008239	0.159453	5221.0	3.1	96+21.356
A	5	0.153923	−0.005524	0.159448	5224.5	2.9	96+8.816
D	6	0.147277	−0.012187	0.159464	5216.0	5.1	120+21.363
A	6	0.149085	−0.010373	0.159458	5218.3	4.8	120+8.803
D	7	0.157430	−0.002014	0.159444	5229.0	2.0	144+21.338
A	7	0.145785	−0.013684	0.159469	5214.1	6.7	144+8.790

6.1.4　小结

本节研究了针对目标圆形轨道的双正切脉冲星下点轨迹调整问题，以实现

对地面目标点的飞越观测。考虑了初始圆形轨道和椭圆轨道两种情况。通过求解三次多项式得到目标轨道的半长轴，进一步得到了 J_2 摄动下脉冲大小和脉冲时刻的解析近似解，并对升轨和降轨情况分别求解。通过施加本节所提方法求解得到的脉冲，3 天内精确飞越目标点的最小距离误差小于 5km。本节提出的解析近似解可以作为考虑地理纬度和高精度解的初始猜测。降轨星下点轨迹调整解可用于太阳同步轨道。由于本节得到了解析近似解，在紧急任务下可用于航天器在轨快速计算。

6.2 指定最终轨道的多脉冲星下点轨迹调整

星下点轨迹调整问题的求解方法可按是否需要参考轨道(即初始未机动的轨道)的星下点轨迹分为两类：不基于参考星下点轨迹方法和基于参考星下点轨迹方法。之前方法求解过程中不需要参考星下点轨迹，属于前者。由于在星下点轨迹调整问题中，轨道机动非常小，参考星和机动星几乎受到相同的摄动力。利用该性质，本节提出一种基于参考星下点轨迹的方法。

6.2.1 问题描述

考虑一颗轨道参数已知的近地轨道卫星，该卫星能够通过脉冲机动，调整其星下点轨迹，使之经过指定的地面目标点 S。目标点 S 的经度和纬度分别记为 λ^* 和 φ^*。本节仅考虑使用共面轨道机动，目标点 S 的最大纬度与轨道倾角一致。此外，终端轨道是指定的回归轨道。由于切向脉冲能够最大化轨道能量变化，所有脉冲都沿着轨道切向施加，而切向脉冲的幅值和相应的脉冲时刻需要进行求解。

在本节中，下标“1”表示初始(参考或者未机动)轨道，初始时刻的真近点角记为 f_{10}。下标“2”表示星下点轨迹经过 S 的指定终端轨道。轨道倾角 i 和升交点赤经 Ω 不添加下标，因为共面机动不改变轨道平面。卫星星下点轨迹经过目标点 S 时，终端轨道上的点记为 P_t，相应的真近点角记为 f_{2t}。

6.2.2 指定纬度处的经度差

本节考虑高精度的动力学模型，提出一种半解析方法来求解参考星下点轨迹和目标点 S 在指定纬度 φ^* 处的经度差 $\Delta\lambda$。对于未机动的初始轨道，考虑地球扁率和大气阻力，SGP4(简化广义摄动-4)是一种解析轨道预报的常用模型[61]，考虑了地球扁率(包括 J_2、J_3 和 J_4 项)和大气阻力。对于初始轨道，从初始时刻到纬度 φ^* 的飞行时间将通过 SGP4 模型得到。

给定初始轨道参数，可以得到相应的双行元数据，然后每个时刻的轨道参数可以通过 SGP4 预报器解析得到。基于 SGP4 模型得到的轨道参数，可以得到地理纬度 φ_s，该值与地心纬度相近，即

$$\sin\varphi_s \approx \frac{\boldsymbol{r}(3)}{r} = \sin(\omega+f)\sin i \tag{6-14}$$

将式(6-14)对时间求导，得到

$$\cos\varphi_s\dot{\varphi}_s \approx \cos(\omega+f)\sin i(\dot{\omega}+\dot{f}) \tag{6-15}$$

然后，纬度的时间变化率为

$$\dot{\varphi}_s \approx \frac{1}{\cos\varphi_s}\cos(\omega+f)\sin i(\dot{\omega}+\dot{f}) \tag{6-16}$$

平近点角可以写为偏近点角的函数，即

$$M = E - e\sin E \tag{6-17}$$

式(6-17)的导数为

$$\dot{M} = (1-e\cos E)\dot{E} - \sin E\,\dot{e} \tag{6-18}$$

真近点角和偏近点角的映射关系为

$$\tan\frac{f}{2} = \sqrt{\frac{1+e}{1-e}}\tan\frac{E}{2} \tag{6-19}$$

对式(6-19)求导，然后代入式(6-18)，可以得到真近点角的变化率，即

$$\dot{f} = \frac{(1+e\cos f)^2}{\eta^3}\dot{M} + \frac{\sin f}{\eta^2}(2+e\cos f)\,\dot{e} \tag{6-20}$$

式中：$\eta \triangleq \sqrt{1-e^2}$。线性 J_2 摄动中 a、e 和 i 保持不变（ω、Ω 和 M 发生变化），而大气阻力使得 a 和 e 发生变化。对于近地轨道卫星，J_2 摄动的影响远大于大气阻力，因此 $\dot{e}$ 在这里忽略不计。最终，纬度的时间变化率的近似表达式为

$$\dot{\varphi}_s \approx \frac{1}{\cos\varphi_s}\cos(\omega+f)\sin i\left[\dot{\omega}_{J_2} + \frac{(1+e\cos f)^2}{\eta^3}(\bar{n}+\dot{M}_{J_2})\right] \tag{6-21}$$

式中：$\bar{n}=\sqrt{\mu/a^3}$ 表示平均角速度。

一旦得到了纬度的时间变化率，在 SGP4 模型中，从初始时刻到纬度 φ^* 的飞行时间可通过数值迭代算法求解，即

$$t_R^{(k+1)} = t_R^{(k)} - \frac{1}{\dot{\varphi}_s(t_R^{(k)})}\left[\varphi_s(t_R^{(k)}) - \varphi^*\right], \quad k=0,1,2,\cdots \tag{6-22}$$

式中：初始猜测为 $t_R^{(0)} = t_G$，t_G 为由格林尼治恒星时角变化得到的转移时间，可由式(5-7)计算得到。

对于不同的圈数 N_R，航天器沿参考轨道从初始时刻到纬度 φ^* 的飞行时间

t_R 可以由式(6-22)得到，然后通过 SGP4 轨道预报器，经度可以由 2.4 节星下点轨迹模型得到。然后，对于指定的 λ^* 和圈数 N_R，可以得到两个最近的经度值。N_R 的值与式(5-8)中 N_{Ropt} 的值相近。

注意到参考轨道和机动轨道受到的自然摄动力基本一致。因此，到达指定纬度 φ^* 的时间差仅在二体模型中通过求解开普勒方程得到。这样避免了直接考虑复杂的自然摄动力，使得可以通过机动轨道和参考轨道的时间差来求解星下点轨迹调整问题。

根据上述分析，高保真模型中的星下点轨迹调整问题可以转换为二体轨道交会问题。基于主矢量理论[62]，最优多脉冲轨道交会问题已经有多位学者研究[63-66]基于线性动力学模型的最优共面交会至多需要四次脉冲机动。对于近圆轨道，文献[65-66]提供了半解析最优四脉冲解。然而，线性近似解会造成一些终端轨道误差和终端地面距离误差。为了消除终端轨道误差，机动参数需要通过迭代算法进行修正，但是需要一些数值计算。

6.2.3 三脉冲方法

对于不同共面圆轨道间的二体轨道交会问题，Vallado[29]提供了一种考虑第一次脉冲前等待时间的霍曼转移型的双脉冲方法。然而，对于近圆轨道，可能不存在可行的等待时间的解。此外，对于低轨初始轨道，等待时间会造成轨道衰减。为了避免这些不利因素，本节基于经典的双椭圆转移，提出了一种三脉冲星下点轨迹调整方法(图 6-3)。第一次脉冲在初始轨道的初始位置施加。第三次脉冲在终端轨道上施加。然后，需要确定的是第二次脉冲时的轨道半径 r_3。基于参考轨道和机动轨道在指定纬度 φ^* 上的时间差，给出了 r_3 的解析近似解。

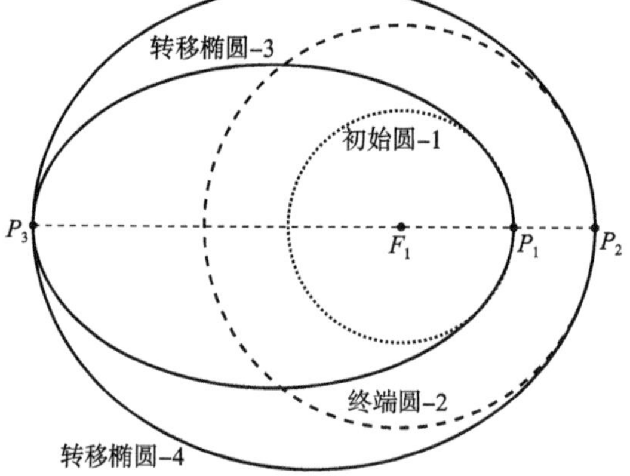

图 6-3　双椭圆转移的三脉冲方法

6.2.3.1　圆轨道间的转移

对于给定的初始和终端轨道，整段转移过程中有四个弧段：①初始轨道上第一次脉冲前的初始滑行弧段“1”；②第一次脉冲和第二次脉冲间的转移弧段“3”；③第二次脉冲和第三次脉冲间的转移弧段“4”；④终端轨道上第三次脉冲和 P_t 点之间的终端滑行弧段“2”。对于初始圆轨道，第一次脉冲施加在初始时刻，因此初始滑行弧段“1”就可以不用考虑。三次脉冲分别出现在 P_1、P_3 和 P_2 点(图 6-3)。弧段“2、3、4”的圈数分别记为 N_2、N_3 和 N_4。

对于二体模型中的非机动初始轨道，从初始位置 P_1 到指定纬度 φ^* 的飞行时间可以通过开普勒方程得到

$$t_N=[(M_{1t}-M_{10})+2\pi N_R]\sqrt{\frac{a_1^3}{\mu}} \tag{6-23}$$

式中：M_{1t} 由式(6-17)和式(6-19)计算得到，其中 $f_{1t}=\arcsin(\sin\varphi^*/\sin i)-\omega_1$；$M_{10}$ 表示初始平近点角。注意式(6-23)对于初始圆轨道和椭圆轨道都是适用的。

对于二体模型中的机动轨道，从初始位置 P_1 到指定纬度 φ^* 的飞行时间可以通过开普勒方程得到

$$t_M=\pi(2N_3+1)\sqrt{\frac{(r_3+a_1)^3}{8\mu}}+\pi(2N_4+1)\sqrt{\frac{(r_3+a_2)^3}{8\mu}}+(2\pi N_2+u_{2t}-u_{10})\sqrt{\frac{a_2^3}{\mu}} \tag{6-24}$$

式(6-24)中等号右边的三项分别表示弧段“3、4、2”的转移时间。因为 r_3 接近 a_1，通过二阶泰勒展开，可以得到如下近似表达式：

$$\begin{aligned}\left(\frac{r_3+a_1}{2}\right)^{3/2}&\approx r_3^{3/2}\left[1+\frac{3}{4}\left(\frac{a_1}{r_3}-1\right)+\frac{3}{32}\left(\frac{a_1}{r_3}-1\right)^2\right]\\&\approx\frac{11}{32}r_3^{3/2}+\frac{9}{16}a_1r_3^{1/2}+\frac{3}{32}a_1^2r_3^{-1/2}\end{aligned} \tag{6-25}$$

类似的，通过将式(6-25)中的 a_1 替换为 a_2，$[(r_3+a_2)/2]^{3/2}$ 也可以由式(6-25)进行近似。将式(6-25)代入式(6-24)，两边同时乘以 $\sqrt{r_3}$，可以得到关于 $\sqrt{r_3}$ 的四次方程，

$$\begin{aligned}&\frac{11\pi}{32}[(2N_3+1)+(2N_4+1)]r_3^2+\frac{9\pi}{16}[a_1(2N_3+1)+a_2(2N_4+1)]r_3+\\&[(2\pi N_2+u_{2t}-u_{10})a_2^{3/2}-t_M\sqrt{\mu}]r_3^{1/2}+\frac{3\pi}{32}[a_1^2(2N_3+1)+a_2^2(2N_4+1)]=0\end{aligned} \tag{6-26}$$

此外，二体模型中的机动轨道的总飞行时间也可以表示为

$$t_M=\delta\tilde{t}+t_N \tag{6-27}$$

式中二体模型中的时间差 $\delta\tilde{t}$ 可以由经度差 $\Delta\lambda$ 计算得到

$$\delta\tilde{t}=\frac{\Delta\lambda}{\omega_E} \tag{6-28}$$

将式(6-27)和式(6-28)代入式(6-26)，最终可以得到关于 $\sqrt{r_3}$ 的四次方程，即

$$\begin{aligned}&\frac{11\pi}{32}[(2N_3+1)+(2N_4+1)]r_3^2+\frac{9\pi}{16}[a_1(2N_3+1)+a_2(2N_4+1)]r_3+\\&[(2\pi N_2+u_{2t}-u_{10})a_2^{3/2}-(t_N+\Delta\lambda/\omega_{\oplus})\sqrt{\mu}]r_3^{1/2}+\\&\frac{3\pi}{32}[a_1^2(2N_3+1)+a_2^2(2N_4+1)]=0\end{aligned} \tag{6-29}$$

该方程可以得到封闭解。

一旦得到了 r_3，三次切向脉冲为

$$\begin{cases}\Delta V_1=\sqrt{\dfrac{2\mu r_3}{a_1(r_3+a_1)}}-\sqrt{\dfrac{\mu}{a_1}}\\ \Delta V_2=\sqrt{\dfrac{2\mu a_2}{r_3(r_3+a_2)}}-\sqrt{\dfrac{2\mu a_1}{r_3(r_3+a_1)}}\\ \Delta V_3=\sqrt{\dfrac{\mu}{a_2}}-\sqrt{\dfrac{2\mu r_3}{a_2(r_3+a_2)}}\end{cases} \tag{6-30}$$

相应的脉冲时刻为

$$\begin{cases}t_1=0\\ t_2=\pi(2N_3+1)\sqrt{\dfrac{(r_3+a_1)^3}{8\mu}}\\ t_3=t_2+\pi(2N_4+1)\sqrt{\dfrac{(r_3+a_2)^3}{8\mu}}\end{cases} \tag{6-31}$$

总的能量消耗为

$$\Delta V_{\text{tot}}=\sum_{j=1}^{3}|\Delta V_j| \tag{6-32}$$

最小能量解可以通过选择合适的圈数 N_2、N_3、N_4 得到。总的圈数 $\left(\sum_{j=2}^{4}N_j\right)$ 和式(5-8)中的 N_{Ropt} 相接近。

给定初始时刻、初始和终端圆轨道，以及指定的地面目标点 S，三脉冲星下点轨迹调整方法的整体步骤总结如下：

(1) 对于每一个可行圈数 N_R，通过 SGP4 模型，由式(6-22)可以得到初始轨道上到达指定纬度 φ^* 的飞行时间 t_R。然后，可以得到最小经度差 $\Delta\lambda$ 和相应的圈数 N_R。

(2) 由式(6-29)计算得到第二次脉冲时的轨道半径 r_3。

(3) 由式(6-30)和式(6-31)分别计算所需的三次脉冲和相应的脉冲时刻。脉冲矢量与当前时刻的速度矢量重合。

(4) 对于所有可行的 N_2、N_3 和 N_4，通过遍历步骤(2)到步骤(3)，可以得到最小的 ΔV_{tot}。

6.2.3.2　圆轨道和椭圆轨道间的转移

对于共面圆轨道和椭圆轨道间的转移，也使用了双椭圆型的三脉冲方法。不失一般性，假设初始轨道为圆轨道和终端轨道为椭圆轨道。当 $u_1=\omega_2$ 时，施加第一次脉冲，第三次脉冲在终端轨道的近地点施加，即 $u_2=\omega_2$。第二次脉冲时的轨道半径 r_3 需要求解。

对于二体模型中的机动轨道，从初始时刻到 P_t 点的总飞行时间可以通过开普勒方程得到

$$\begin{aligned} t_M=&\pi(2N_3+1)\sqrt{\frac{(r_3+a_1)^3}{8\mu}}+\pi(2N_4+1)\sqrt{\frac{[r_3+a_2(1-e_2)]^3}{8\mu}}+\\ &(2\pi N_2+M_{2t})\sqrt{\frac{a_2^3}{\mu}}+t_{\text{coasting}}+2\pi N_1\sqrt{\frac{a_1^3}{\mu}} \end{aligned} \tag{6-33}$$

式中：第一次脉冲前的滑行时间为 $t_{\text{coasting}}=\text{mod}(\omega_2-u_{10},\ 2\pi)\sqrt{a_1^3/\mu}$。因此，使用下面的近似

$$\left[\frac{r_3+a_2(1-e_2)}{2}\right]^{3/2}\approx\frac{11}{32}r_3^{3/2}+\frac{9}{16}a_2(1-e_2)r_3^{1/2}+\frac{3}{32}a_2^2(1-e_2)^2r_3^{-1/2} \tag{6-34}$$

第二次脉冲时的轨道半径 r_3 可通过下式求解

$$\begin{aligned} &\frac{11\pi}{32}[(2N_3+1)+(2N_4+1)]r_3^2+\frac{9\pi}{16}[a_1(2N_3+1)+a_2(1-e_2)(2N_4+1)]r_3+\\ &[(2\pi N_2+M_{2t})a_2^{3/2}+t_{\text{coasting}}\sqrt{\mu}+2\pi N_1a_1^{3/2}-(t_N+\Delta\lambda/\omega_{\oplus})\sqrt{\mu}]r_3^{1/2}+\\ &\frac{3\pi}{32}[a_1^2(2N_3+1)+a_2^2(1-e_2)^2(2N_4+1)]=0 \end{aligned} \tag{6-35}$$

一旦得到了 r_3，三次切向脉冲为

$$\begin{cases}\Delta V_1=\sqrt{\dfrac{2\mu r_3}{a_1(r_3+a_1)}}-\sqrt{\dfrac{\mu}{a_1}}\\ \Delta V_2=\sqrt{\dfrac{2\mu a_2(1-e_2)}{r_3[r_3+a_2(1-e_2)]}}-\sqrt{\dfrac{2\mu a_1}{r_3(r_3+a_1)}}\\ \Delta V_3=\sqrt{\dfrac{\mu(1+e_2)}{a_2(1-e_2)}}-\sqrt{\dfrac{2\mu r_3}{a_2(1-e_2)[r_3+a_2(1-e_2)]}}\end{cases} \tag{6-36}$$

相应的脉冲时刻为

$$\begin{cases}t_1=t_{\text{coasting}}+2\pi N_1\sqrt{\dfrac{a_1^3}{\mu}}\\ t_2=t_1+\pi(2N_3+1)\sqrt{\dfrac{(r_3+a_1)^3}{8\mu}}\\ t_3=t_2+\pi(2N_4+1)\sqrt{\dfrac{[r_3+a_2(1-e_2)]^3}{8\mu}}\end{cases} \tag{6-37}$$

对于圆轨道和椭圆轨道间的星下点轨迹调整问题，第二次脉冲时的轨道半径 r_3 可通过式(6-35)得到。脉冲矢量和相应的脉冲时刻分别由式(6-36)和式(6-37)得到。其他的步骤与 6.2.3.1 节中圆轨道间的转移相同。

6.2.4 四脉冲方法

如果初始轨道和终端轨道都是椭圆轨道，对于共面共轴椭圆轨道，双椭圆型三脉冲方法也是适用的。对于共面非共轴椭圆轨道，基于 Lawden 问题(拱线的最优旋转)的切向脉冲的解析解[67-68](见附录 B)，提出了两种四脉冲星下点轨迹调整方法：①旋转初始轨道拱线的四脉冲方法；②旋转转移弧段拱线的四脉冲方法。对于这两种情况，弧段“3”的远地点半径 r_3 通过求解一个四次方程得到。对于四脉冲方法，$\alpha\triangleq\Delta\omega$ 表示拱线的旋转角度。

6.2.4.1 旋转初始轨道拱线的四脉冲方法

整个转移过程中有 5 个弧段(图 6-4)：①第一次脉冲前的滑行弧段“1”；②第一次脉冲和第二次脉冲间的转移弧段“5”；③第二次脉冲和第三次脉冲间的转移弧段“3”；④第三次脉冲和第四次脉冲间的转移弧段“4”；⑤第四次脉冲和 P_t 点间的终端滑行弧段“2”。四次脉冲分别出现在 P_1、P_3、P_4 和 P_2 点。弧段“1、2、3、4 和 5”的圈数分别记为 N_1、N_2、N_3、N_4 和 N_5。

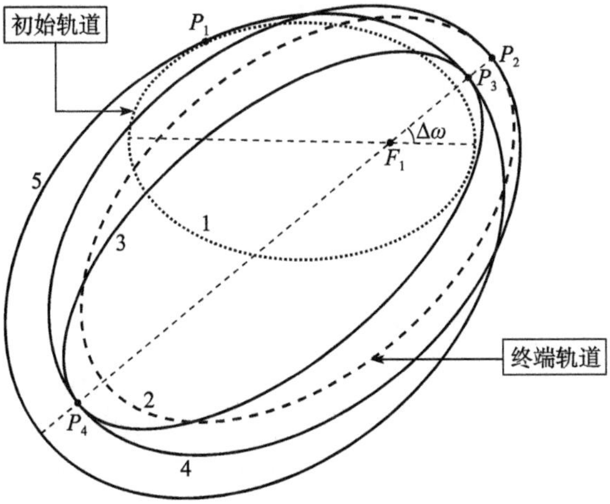

图 6-4　四脉冲方法，旋转初始轨道拱线

第一次脉冲用来旋转拱线 $\Delta\omega$ 角，第二次脉冲出现在转移弧段“5”的近地点，第三次脉冲在转移弧段“3”的远地点处施加，第四次脉冲出现在终端轨道的近地点。P_4 点的轨道半径(弧段“3”的远地点)为 r_3。

从初始时刻到 P_t 点的总飞行时间为

$$t_M=\delta t_1+2\pi N_1\sqrt{\frac{a_1^3}{\mu}}+\delta t_5+2\pi N_5\sqrt{\frac{a_5^3}{\mu}}+\pi(2N_3+1)\sqrt{\frac{[r_3+a_5(1-e_5)]^3}{8\mu}}+$$
$$\pi(2N_4+1)\sqrt{\frac{[r_3+a_2(1-e_2)]^3}{8\mu}}+(2\pi N_2+M_{2t})\sqrt{\frac{a_2^3}{\mu}} \tag{6-38}$$

式中：δt_j 表示零圈转移时间；a_5 和 e_5 分别由式(B-7)和式(B-6)得到。由附录 B 的结果可知

$$f_{1F}=f_{1,\text{opt}},\quad f_{5I}=f_{1,\text{opt}}-\alpha,\quad f_{5F}=2\pi \tag{6-39}$$

式中：下标“I”和“F”分别表示相应转移弧段的初始和终端位置。由式(6-39)中的值，δt_1 和 δt_5 的值分别为

$$\delta t_1=\text{mod}(M_{1F}-M_{10},\ 2\pi)\sqrt{a_1^3/\mu} \tag{6-40}$$
$$\delta t_5=\text{mod}(M_{5F}-M_{5I},\ 2\pi)\sqrt{a_5^3/\mu}$$

由式(6-34)的近似表达式，第三次脉冲的半径 r_3 可通过求解下式得到

$$\frac{11\pi}{32}[(2N_3+1)+(2N_4+1)]r_3^2+\frac{9\pi}{16}[a_5(1-e_5)(2N_3+1)+a_2(1-e_2)(2N_4+1)]r_3+$$

$$[(\delta t_1+\delta t_5)\sqrt{\mu}+2\pi(N_1a_1^{3/2}+N_5a_5^{3/2})+(2\pi N_2+M_{2t})a_2^{3/2}-(t_N+\Delta\lambda/\omega_{\oplus})\sqrt{\mu}]r_3^{1/2}+$$
$$\frac{3\pi}{32}[a_5^2(1-e_5)^2(2N_3+1)+a_2^2(1-e_2)^2(2N_4+1)]=0 \tag{6-41}$$

一旦得到了 r_3 的值，四次脉冲为

$$\begin{cases}\Delta V_1=\Delta V_{\text{opt}}\\ \Delta V_2=\sqrt{\dfrac{2\mu r_3}{a_5(1-e_5)[r_3+a_5(1-e_5)]}}-\sqrt{\dfrac{\mu(1+e_5)}{a_5(1-e_5)}}\\ \Delta V_3=\sqrt{\dfrac{2\mu a_2(1-e_2)}{r_3[r_3+a_2(1-e_2)]}}-\sqrt{\dfrac{2\mu a_5(1-e_5)}{r_3[r_3+a_5(1-e_5)]}}\\ \Delta V_4=\sqrt{\dfrac{\mu(1+e_2)}{a_2(1-e_2)}}-\sqrt{\dfrac{2\mu r_3}{a_2(1-e_2)[r_3+a_2(1-e_2)]}}\end{cases} \tag{6-42}$$

式中：ΔV_{opt} 由式(B-10)和式(B-12)得到，相应的脉冲时刻为

$$\begin{cases}t_1=\delta t_1+2\pi N_1\sqrt{\dfrac{a_1^3}{\mu}}\\ t_2=t_1+\delta t_5+2\pi N_5\sqrt{\dfrac{a_5^3}{\mu}}\\ t_3=t_2+\pi(2N_3+1)\sqrt{\dfrac{[r_3+a_5(1-e_5)]^3}{8\mu}}\\ t_4=t_3+\pi(2N_4+1)\sqrt{\dfrac{[r_3+a_2(1-e_2)]^3}{8\mu}}\end{cases} \tag{6-43}$$

6.2.4.2 旋转转移弧段拱线的四脉冲方法

四次脉冲分别出现在 P_1、P_3、P_4 和 P_2 点(图 6-5)。第一次脉冲用于改变远地点半径，第二次脉冲用于改变拱线 $\Delta\omega$，第三次脉冲在转移弧段“5”的远地点施加，第四次脉冲在终端轨道的近地点施加。弧段“3”的远地点半径为 r_3。

注意到 $a_3=[r_3+a_1(1-e_1)]/2$，然后

$$a_3^{1/2}\approx r_3^{1/2}\left[1+\frac{1}{4}\left(\frac{a_1(1-e_1)}{r_3}-1\right)\right]\approx\frac{3}{4}r_3^{1/2}+\frac{1}{4}a_1(1-e_1)r_3^{-1/2} \tag{6-44}$$

因为 $a_3(1-e_3)=a_1(1-e_1)$，得到 $a_3e_3=a_3-a_1(1-e_1)$。然后，

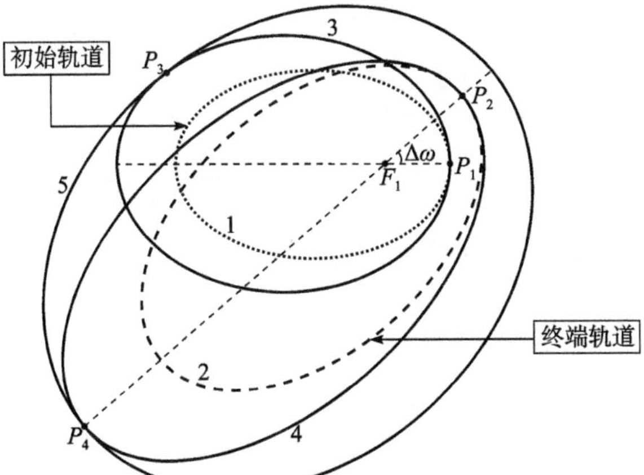

图 6-5　四脉冲方法，旋转转移弧段的拱线

$$\begin{aligned} a_3^{3/2}e_3 &= [a_3-a_1(1-e_1)]a_3^{1/2} \\ &\approx \frac{r_3-a_1(1-e_1)}{2}\left[\frac{3}{4}r_3^{1/2}+\frac{1}{4}a_1(1-e_1)r_3^{-1/2}\right] \\ &\approx \frac{3}{8}r_3^{3/2}-\frac{1}{4}a_1(1-e_1)r_3^{1/2}-\frac{1}{8}a_1^2(1-e_1)^2r_3^{-1/2} \end{aligned} \tag{6-45}$$

因此，飞行时间 δt_3 为

$$\begin{aligned} \delta t_3 &= \mathrm{mod}(M_{3F}-M_{3I},\ 2\pi)\sqrt{a_3^3/\mu} \approx [A_3+B_3e_3]a_3^{3/2}\mu^{-1/2} \\ &\approx \left[\left(\frac{11}{32}A_3+\frac{3}{8}B_3\right)r_3^{3/2}+\left(\frac{9}{16}A_3-\frac{1}{4}B_3\right)a_1(1-e_1)r_3^{1/2}+\right. \\ &\quad \left.\left(\frac{3}{32}A_3-\frac{1}{8}B_3\right)a_1^2(1-e_1)^2r_3^{-1/2}\right]\mu^{-1/2} \end{aligned} \tag{6-46}$$

式中：$A_3=\pi/2+\alpha$，$B_3=-\cos\alpha$。类似的，飞行时间 δt_5 也可由式(6-46)得到，只要分别把 A_3 和 B_3 替换为 $A_5=0.5\pi+2\pi N_5$ 和 $B_5=\cos\alpha+0.75\pi\sin\alpha+3\pi N_5\sin\alpha$。

从初始时刻到 P_t 点的总飞行时间为

$$\begin{aligned} t_M = &\mathrm{mod}(2\pi-M_{10},\ 2\pi)\cdot\sqrt{\frac{a_1^3}{\mu}}+2\pi N_1\sqrt{\frac{a_1^3}{\mu}}+\delta t_3+2\pi N_3\sqrt{\frac{[r_3+a_1(1-e_1)]^3}{8\mu}}+ \\ &\delta t_5+\pi(2N_4+1)\sqrt{\frac{a_4^3}{\mu}}+(2\pi N_2+M_{2t})\sqrt{\frac{a_2^3}{\mu}} \end{aligned} \tag{6-47}$$

此外，让弧段“5”的远地点半径为

$$r_{5a}\triangleq a_5(1+e_5)=a_3(A_4+B_4e_3) \tag{6-48}$$

式中：$A_4=1$；$B_4=\sin\alpha+\cos\alpha$。为了获得 r_3 的四次多项式，使用如下近似：

$$\begin{cases} r_{5a}^{3/2}=a_3^{3/2}(A_4+B_4e_3)^{3/2}\approx a_3^{3/2}\left(A_4+\dfrac{3}{2}B_4e_3\right) \\ \qquad\approx\left(\dfrac{11}{32}A_4+\dfrac{9}{16}B_4\right)r_3^{3/2}+\left(\dfrac{9}{16}A_4-\dfrac{3}{8}B_4\right)a_1(1-e_1)r_3^{1/2}+\left(\dfrac{3}{32}A_4-\dfrac{3}{16}B_4\right)a_1^2(1-e_1)^2r_3^{-1/2} \\ r_{5a}^{1/2}\approx\left(\dfrac{3}{4}A_4+\dfrac{1}{4}B_4\right)r_3^{1/2}+\left(\dfrac{1}{4}A_4-\dfrac{1}{4}B_4\right)a_1(1-e_1)r_3^{-1/2} \\ r_{5a}^{-1/2}\approx r_3^{-1/2} \end{cases} \tag{6-49}$$

可以得到

$$\begin{aligned} a_4^{3/2}&=\left[\frac{a_5(1+e_5)+a_2(1-e_2)}{2}\right]^{3/2} \\ &\approx\frac{11}{32}r_{5a}^{3/2}+\frac{9}{16}a_2(1-e_2)r_{5a}^{1/2}+\frac{3}{32}a_2^2(1-e_2)^2r_{5a}^{-1/2} \\ &\approx\left[\frac{11}{32}a_1(1-e_1)\left(\frac{9}{16}A_4-\frac{3}{8}B_4\right)+\frac{9}{16}a_2(1-e_2)\left(\frac{3}{4}A_4+\frac{1}{4}B_4\right)\right]r_3^{1/2}+ \\ &\quad\frac{11}{32}\left(\frac{11}{32}A_4+\frac{9}{16}B_4\right)r_3^{3/2}+\left[\frac{11}{32}a_1^2(1-e_1)^2\left(\frac{3}{32}A_4-\frac{3}{16}B_4\right)+\right. \\ &\quad\left.\frac{9}{16}a_1a_2(1-e_1)(1-e_2)\left(\frac{1}{4}A_4-\frac{1}{4}B_4\right)+\frac{3}{32}a_2^2(1-e_2)^2\right]r_3^{-1/2} \end{aligned} \tag{6-50}$$

最终，半径 r_3 可以通过求解下式得到

$$\begin{aligned} &\left[\frac{11}{32}(A_3+A_5+2\pi N_3)+\frac{11}{1024}\pi(2N_4+1)(11A_4+18B_4)+\frac{3}{8}(B_3+B_5)\right]r_3^2+ \\ &\left[\frac{9}{16}a_1(1-e_1)(A_3+A_5+2\pi N_3)-\frac{1}{4}a_1(1-e_1)(B_3+B_5)+\right. \\ &\left.\pi(2N_4+1)\left(\frac{33}{512}a_1(1-e_1)(3A_4-2B_4)+\frac{9}{64}a_2(1-e_2)(3A_4+B_4)\right)\right]r_3+ \\ &[\mathrm{mod}(2\pi-M_{10},\ 2\pi)\cdot a_1^{3/2}+2\pi N_1a_1^{3/2}+(2\pi N_2+M_{2t})a_2^{3/2}-(t_N+\Delta\lambda/\omega_{\oplus})\sqrt{\mu}]r_3^{1/2}+ \\ &\left[\frac{3}{32}a_1^2(1-e_1)^2(A_3+A_5+2\pi N_3)-\frac{1}{8}a_1^2(1-e_1)^2(B_3+B_5)+\pi(2N_4+1)\times\right. \\ &\left.\left(\frac{33}{1024}a_1^2(1-e_1)^2(A_4-2B_4)+\frac{9}{64}a_1a_2(1-e_1)(1-e_2)(A_4-B_4)+\frac{3}{32}a_2^2(1-e_2)^2\right)\right]=0 \end{aligned} \tag{6-51}$$

一旦得到了 r_3 的值，四次脉冲为

$$\begin{cases}\Delta V_1=\sqrt{\dfrac{2\mu r_3}{a_1(1-e_1)[r_3+a_1(1-e_1)]}}-\sqrt{\dfrac{\mu(1+e_1)}{a_1(1-e_1)}}\\ \Delta V_2=\Delta V_{\text{opt}}\\ \Delta V_3=\sqrt{\dfrac{2\mu a_2(1-e_2)}{a_5(1+e_5)[a_5(1+e_5)+a_2(1-e_2)]}}-\sqrt{\dfrac{\mu(1-e_5)}{a_5(1+e_5)}}\\ \Delta V_4=\sqrt{\dfrac{\mu(1+e_2)}{a_2(1-e_2)}}-\sqrt{\dfrac{2\mu a_5(1+e_5)}{a_2(1-e_2)[a_5(1+e_5)+a_2(1-e_2)]}}\end{cases} \tag{6-52}$$

相应的脉冲时刻为

$$\begin{cases}t_1=\text{mod}(2\pi-M_{10},\ 2\pi)\cdot\sqrt{\dfrac{a_1^3}{\mu}}+2\pi N_1\sqrt{\dfrac{a_1^3}{\mu}}\\ t_2=t_1+\delta t_3+2\pi N_3\sqrt{\dfrac{[r_3+a_1(1-e_1)]^3}{8\mu}}\\ t_3=t_2+\delta t_5+2\pi N_5\sqrt{\dfrac{a_5^3}{\mu}}\\ t_4=t_3+\pi(2N_4+1)\sqrt{\dfrac{[a_5(1+e_5)+a_2(1-e_2)]^3}{8\mu}}\end{cases} \tag{6-53}$$

当使用上述四脉冲解析近似解时，终端轨道会有一些误差。这些误差会造成机动星下点轨迹的地面距离误差。为了减少这些误差，使用关于 r_3 的牛顿-辛普森迭代，以匹配所需的飞行时间 $t_M=t_N+\Delta\lambda/\omega_E$，即

$$r_3^{(n+1)}=r_3^{(n)}+\frac{t_M(r_3^{(n)})-(t_N+\Delta\lambda/\omega_E)}{t'_M(r_3^{(n)})} \tag{6-54}$$

其中 t'_M 表示关于 r_3 的导数，由式(6-38)和式(6-47)得到。数值结果表明，至多需要两次迭代就可以达到足够的精度。

6.2.5 数值算例

本节提供几个数值算例以验证所提方法的有效性，包括两种情况：①初始和终端均为圆轨道(三脉冲方法)；②初始和终端为非共轴椭圆轨道(四脉冲方法)。任务初始时间为 2015 年 7 月 1 日上午 8 点整。初始时刻的格林尼治平恒星时角度为 $\alpha_{G0}=0.681733\text{rad}$。指定地面目标点为四川(2008 年发生地震)，经

纬度分别为 $\lambda^* = 103.4°$ 和 $\varphi^* = 31°$。

对于两种情况，采用所提出的方法得到脉冲矢量和脉冲时刻的解析解，星下点轨迹在高保真模型中数值计算得到，该高保真模型包括大气（NRLMSISE00 模型）、三体效应、太阳光压和地球引力摄动。星下点轨迹图中的虚线和实线分别表示参考轨道和机动轨道。图中的五角星表示目标点 S。在后续表格中，"D"和"A"分别表示降轨和升轨。

6.2.5.1 情况 1，初始和终端圆轨道

初始轨道为太阳同步轨道，轨道参数为 $a_1 = R_E + 300\text{km}$、$e_1 = 0$、$i_1 = 96.6765°$、$\Omega_1 = 270°$ 和 $u_{10} = 0°$。终端共面圆轨道为天回归轨道，轨道高度为 $h = 559.3\text{km}$。对于不同的圈数 N_2、N_3 和 N_4，能量消耗 ΔV_{tot} 是不同的。可以通过遍历计算得到能量最优解。

首先考虑一天内通过目标点 S 的星下点轨迹。当使用降轨观测时，能量最优解对应的圈数为 $N_2 = 0$、$N_3 = 1$ 和 $N_4 = 11$。由式(6-29)得到第二次脉冲的轨道半径为 $r_3 = 6688.124\text{k}$。三次脉冲幅值分别为 $\Delta V_1 = 0.002886\text{km/s}$、$\Delta V_2 = 0.073193\text{km/s}$ 和 $\Delta V_3 = 0.069667\text{km/s}$。总能量消耗为 $\Delta V_{tot} = 0.145746\text{km/s}$，相应的脉冲时刻分别为 $t_1 = 0\text{s}$、$t_2 = 8155.9\text{s}$ 和 $t_3 = 72512.8\text{s}$。在第三次脉冲之后，近地点和远地点高度分别为 544.4km 和 572.5km。参考轨道和机动轨道的星下点轨迹绘制在图 6-6 中。

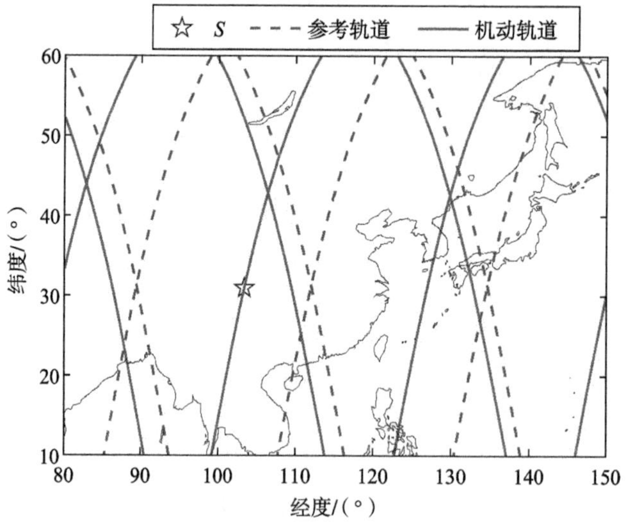

图 6-6　三脉冲初始和终端圆轨道的星下点轨迹，1D 情况

当选择升轨观测时，最优能量解的圈数分别为 $N_2 = 0$、$N_3 = 0$ 和 $N_4 = 4$。第

二次脉冲的轨道半径为 $r_3 = 7107.342$km。三次脉冲和相应的脉冲时刻列在表 6-3 中。第三次脉冲之后，近地点和远地点高度分别为 554.2km 和 563.3km。值得注意的是，对于 1A 情况，霍曼转移型双脉冲方法无可行的等待时间解[65]。

表 6-3　初始和终端圆轨道三脉冲解

天数与弧段	ΔV_1/(km/s)	ΔV_2/(km/s)	ΔV_3/(km/s)	ΔV_{tot}/(km/s)	t_1/s	t_2/s	t_3/s	(N_2, N_3, N_4)	d_{min}/km
1D	0.002886	0.073193	0.069667	0.145746	0	8，155.9	72，512.8	(0, 1, 11)	1.0
1A	0.119348	0.072067	−0.045712	0.237127	0	2，847.5	29，201.8	(0, 0, 4)	1.6
2D	0.002379	0.073197	0.070169	0.145746	0	111，442.0	159，000.9	(0, 20, 8)	0.8
2A	0.002691	0.073194	0.069861	0.145746	0	62，523.8	115，684.2	(0, 11, 9)	4.1
3D	0.000673	0.073213	0.071858	0.145745	0	209，154.8	245，499.8	(0, 38, 6)	4.3
3A	0.000410	0.073215	0.072119	0.145745	0	160，245.1	202，177.4	(0, 29, 7)	1.1

对于不同的天数和升降轨弧段，脉冲和相应的脉冲时刻、机动星下点轨迹和目标点 S 的最小地面距离 d_{min} 在表 6-3 列出。结果表明两天和三天的燃料消耗基本是相同的，它们接近于霍曼转移的消耗 0.145744km/s。

6.2.5.2　情况 2，初始和终端非共轴椭圆

对于初始椭圆轨道，近地点半径为 $r_{p1} = R_E + 300$km，远地点半径为 $r_{a1} = R_E + 500$km，其他的轨道要素分别为 $i_1 = 96.6765°$、$\omega_1 = 0°$、$\Omega_1 = 280°$ 和 $f_{10} = 0°$。对于终端共面椭圆轨道，近地点半径为 $r_{p2} = R_E + 400$km，远地点半径为 $r_{a2} = R_E + 718.7$km，近地点幅角分别为 $\omega_2 = 148.8°$(降轨)和 $\omega_2 = 31.2°$(升轨)。这些 ω_2 的值保证了观测目标点 S 时处于轨道近地点附近，从而获得较高的地面分辨率。终端轨道的偏心率为 $e_2 = 0.023061$。终端轨道是天回归轨道。

首先，使用旋转转移弧段拱线的四脉冲方法，考虑一天内星下点轨迹经过目标点 S。当在降轨段观测时，$\omega_2 = 148.8°$，能量最优解的圈数分别为 $N_1 = 0$、$N_2 = 0$、$N_3 = 0$、$N_4 = 0$ 和 $N_5 = 11$。由式(6-51)可以得到第二次脉冲时的轨道半径为 $r_3 = 7047.748$km。四次脉冲分别为 $\Delta V_1 = 0.046548$km/s、$\Delta V_2 = 0.052975$km/s、$\Delta V_3 = -0.093418$km/s 和 $\Delta V_4 = 0.081858$km/s。总的能量消耗为 $\Delta V_{tot} = 0.274798$km/s。相应的脉冲时刻分别为 $t_1 = 0$s、$t_2 = 3774.3$s、$t_3 = 68744.0$s 和 $t_4 = 71527.1$s。施加最后一次脉冲后，近地点和远地点高度分别为 390.9km 和

718.8km。当在升轨段观测时，$\omega_2 = 31.2°$。能量最优解的圈数分别为 $N_1 = 0$、$N_2 = 0$、$N_3 = 0$、$N_4 = 0$ 和 $N_5 = 4$。第二次脉冲的轨道半径为 $r_3 = 7635.966$km。四次脉冲和相应的脉冲时刻在表 6-4 列出。在最后一次脉冲后，近地点和远地点高度分别为 398.1km 和 707.0km。参考轨道和机动轨道的星下点轨迹绘制在图 6-7 中。

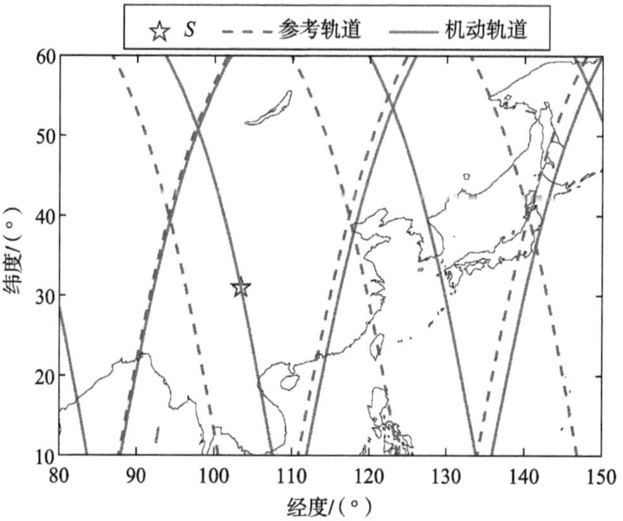

图 6-7　四脉冲初始和终端非共轴椭圆轨道的星下点轨迹，1A 情况

表 6-4 和表 6-5 分别列出了旋转转移弧段拱线和旋转初始轨道拱线的非共轴椭圆轨道四脉冲方法的结果。这些结果表明除了 1D 情况，旋转转移弧段拱线的代价均小于旋转初始轨道拱线。

为比较不同方法的燃料消耗，共面椭圆轨道间的最优四脉冲交会问题也通过数值优化算法（如遗传算法）求解。四次脉冲时刻和前两次脉冲矢量是优化变量，最后两次脉冲矢量由求解 Lambert 问题得到。第一次和第四次脉冲不分别约束在初始和终端位置。每次转移弧段的近地点高度需要大于 200km。相应的结果在表 6-6 中列出。对于每种情况，两种提出的双脉冲方法中燃料消耗较小的一个与遗传算法的结果相近。最大偏差为 10.2%，这意味着提出的方法给出了一个半解析次优解。

更进一步地，表 6-3～表 6-6 的结果表明对于所有情况，机动星下点轨迹与目标点 S 的最小地面距离均小于 5km，这意味着提出的方法在高保真模型中是准确的。此外，对于给定的终端轨道（不局限于回归轨道），总的能量消耗不随着相应天数的增加而减少。

表 6-4 初始和终端非共轴椭圆轨道解，旋转转移弧段拱线的四脉冲方法

天数与弧段	ΔV_1/(km/s)	ΔV_2/(km/s)	ΔV_3/(km/s)	ΔV_4/(km/s)	ΔV_{tot}/(km/s)	t_1/s	t_2/s	t_3/s	t_4/s	(N_2, …, N_5)	d_{min}/km
1D	0.046548	0.052975	−0.093418	0.081858	0.274798	0	3774.3	68744.0	71527.1	(0, 0, 0, 0, 11)	3.6
1A	0.197519	0.128310	−0.054151	−0.183773	0.563753	0	1971.8	28987.7	32094.0	(0, 0, 0, 0, 4)	0.2
2D	−0.016639	0.020712	−0.018928	0.102845	0.159125	0	3667.6	155221.4	157981.7	(0, 0, 0, 0, 27)	4.1
2A	0.027508	0.043298	0.000616	0.016553	0.087975	0	108557.2	115713.3	118569.4	(0, 0, 19, 0, 1)	1.4
3D	−0.032653	0.012469	0.000029	0.108146	0.153298	0	42019.2	241723.5	244478.1	(0, 0, 7, 0, 36)	0.3
3A	0.028627	0.043868	0.000248	0.015232	0.087975	0	69283.6	202170.3	205028.0	(0, 0, 12, 0, 23)	2.6

表 6-5 初始和终端非共轴椭圆轨道解，旋转初始轨道拱线的四脉冲方法

天数与弧段	ΔV_1/(km/s)	ΔV_2/(km/s)	ΔV_3/(km/s)	ΔV_4/(km/s)	ΔV_{tot}/(km/s)	t_1/s	t_2/s	t_3/s	t_4/s	(N_2, …, N_5)	d_{min}/km
1D	0.029249	0.096607	−0.038096	0.000242	0.164194	3695.1	19131.6	62902.0	71527.1	(0, 0, 7, 1, 2)	2.5
1A	0.029249	0.336469	0.009209	−0.287085	0.662011	1858.5	6083.0	9324.6	32094.0	(0, 0, 0, 3, 0)	0.1
2D	0.029249	0.096829	−0.038095	0.000018	0.164191	3695.1	24749.0	91869.6	158001.2	(0, 0, 11, 11, 3)	2.0
2A	0.029249	0.028237	0.009671	0.020826	0.087982	1858.5	107196.4	115718.2	118569.4	(0, 0, 1, 0, 18)	3.0
3D	0.029249	0.096780	−0.038095	0.000068	0.164192	3695.1	35983.8	132285.4	244419.2	(0, 0, 16, 19, 5)	1.3
3A	0.029249	0.048884	0.009643	0.000203	0.087978	1858.5	101579.0	115900.9	205028.0	(0, 0, 2, 15, 17)	4.8

表 6-6　非共轴椭圆轨道解，遗传算法优化的最优四脉冲方法(ECI 坐标系)

天数与弧段	ΔV_1/(km/s)	ΔV_2/(km/s)	ΔV_3/(km/s)	ΔV_4/(km/s)	ΔV_{tot}/(km/s)	t_1/s	t_2/s	t_3/s	t_4/s	d_{min}/km
1D	$\begin{bmatrix}-0.000503\\0.005838\\-0.004425\end{bmatrix}$	$\begin{bmatrix}0.006196\\0.020446\\-0.082455\end{bmatrix}$	$\begin{bmatrix}0.003868\\-0.004624\\-0.025682\end{bmatrix}$	$\begin{bmatrix}-0.002161\\0.024752\\-0.018539\end{bmatrix}$	0. 149902	1947. 4	2572. 0	2968. 7	22210. 0	0. 7
1A	$\begin{bmatrix}-0.015758\\0.001908\\0.129745\end{bmatrix}$	$\begin{bmatrix}-0.002043\\0.001921\\0.014340\end{bmatrix}$	$\begin{bmatrix}-0.034238\\0.149652\\0.066045\end{bmatrix}$	$\begin{bmatrix}0.042295\\-0.111784\\-0.190007\end{bmatrix}$	0. 536917	40. 0	131. 0	1032. 5	32091. 5	0. 3
2D	$\begin{bmatrix}0.001127\\0.026070\\-0.048153\end{bmatrix}$	$\begin{bmatrix}0.004503\\0.015497\\-0.060875\end{bmatrix}$	$\begin{bmatrix}-0.000167\\0.015512\\-0.021610\end{bmatrix}$	$\begin{bmatrix}0.000010\\-0.000020\\-0.000053\end{bmatrix}$	0. 144406	2336. 9	8531. 7	57309. 0	78544. 7	1. 8
2A	$\begin{bmatrix}-0.001530\\0.006809\\0.002773\end{bmatrix}$	$\begin{bmatrix}-0.000539\\-0.001615\\0.006933\end{bmatrix}$	$\begin{bmatrix}-0.008896\\0.027110\\0.034626\end{bmatrix}$	$\begin{bmatrix}0.000954\\0.011976\\-0.025796\end{bmatrix}$	0. 087972	1027. 6	5388. 5	89948. 6	91782. 6	0. 8
3D	$\begin{bmatrix}0.003183\\0.019319\\-0.055440\end{bmatrix}$	$\begin{bmatrix}0.000249\\0.031538\\-0.048876\end{bmatrix}$	$\begin{bmatrix}0.001272\\0.008822\\-0.023784\end{bmatrix}$	$\begin{bmatrix}0.000043\\-0.000180\\-0.000096\end{bmatrix}$	0. 142572	8321. 9	13625. 6	103741. 2	116578. 0	3. 2
3A	$\begin{bmatrix}-0.000928\\0.001159\\0.006085\end{bmatrix}$	$\begin{bmatrix}0.000036\\-0.000268\\0.000098\end{bmatrix}$	$\begin{bmatrix}-0.009691\\0.027976\\0.040032\end{bmatrix}$	$\begin{bmatrix}0.000567\\0.015403\\-0.027621\end{bmatrix}$	0. 087971	179. 8	71323. 6	72920. 4	80410. 1	0. 7

6.2.6　小结

本节研究了高精度动力学模型下针对指定终端轨道形状的多脉冲星下点轨迹调整问题。针对共面圆轨道和共面非共轴的椭圆轨道分别提出了三脉冲转移和四脉冲转移方法。提出了一种利用 SGP4 预报器求解指定纬度处飞行时间和经度差的半解析方法。数值仿真结果表明，该方法提供了一个半解析次优解。通过脉冲幅值和机动时间的求解，用户指定地点与所求解机动轨道星下点轨迹之间的最小地面距离小于 5km。对于指定的最终轨道，总能量成本不随着响应天数的增加而减少。所提出的多脉冲星下点轨迹调整解析解可用于在指定的最终轨道(例如，回归轨道或太阳同步轨道)上访问指定的地面目标。

6.3　多脉冲访问空间目标

快速响应卫星除了通过星下点轨迹调整访问地面目标外，还可通过轨道机动实现对空间目标的访问任务。对于多脉冲访问空间单目标问题，通常要求航天器在一定时间内完成轨道交会或轨道转移。本节将求解时间约束下的燃料最优访问问题，首先介绍基于智能搜索算法求解交会问题的思路与方法，之后介绍基于正切脉冲初值的多脉冲轨道转移问题。

6.3.1　基于遗传算法的多脉冲轨道交会

遗传算法是一种收敛性好、鲁棒性高的搜索算法，且不需要未知量的初始猜测，适用于全局优化。采用遗传算法求解多脉冲轨道交会问题，可以简单高效地得到全局最优解。

6.3.1.1　问题描述

假设追踪航天器和目标航天器正在已知的初始轨道和目标轨道上运行，追踪航天器为完成规定时间内与目标航天器的交会任务，需要施加数次机动脉冲。现需要求解追踪航天器每次机动的脉冲矢量和机动时刻，使得转移过程中总燃料消耗量最小。本节问题在二体模型下的地心惯性系中展开研究，不考虑摄动的影响。

假设追踪航天器在任务过程中总共要施加 n 次脉冲，Δt_i 表示施加第 i 次脉冲时刻与上次脉冲时刻之间的时间间隔，$\Delta \boldsymbol{V}_i$ 表示第 i 次脉冲速度矢量，ΔV_i 表示 $\Delta \boldsymbol{V}_i$ 的大小。施加第 n 次脉冲结束时刻在目标轨道上与目标航天器完成交会，则优化指标为

$$J=\min\sum_{i=1}^{n}\Delta V_i \tag{6-55}$$

机动过程中需要考虑的约束条件包括：①交会任务需要在规定时间 $t_{\max}$ 内完成，本节对于近地轨道取 $t_{\max}=12\text{h}$；②考虑到实际工程中脉冲机动并非一瞬间完成的，相邻两次脉冲机动的间隔时间应大于 $\Delta t_{\min}=300\text{s}$；③考虑单次脉冲幅值 $\Delta V_{\max}$ 约束，本节取 $\Delta V_{\max}=1\text{km/s}$；④为避免大气阻力的影响，整个运行过程中近地点高度 h_p 不低于 $h_{p\min}=200\text{km}$；⑤追踪航天器最终应与目标航天器完成交会，即位置速度矢量均一致。上述约束可写作如下形式：

$$\begin{cases}\sum_{i=1}^{n}\Delta t_i\leqslant t_{\max}\\ \Delta t_i\geqslant\Delta t_{\min}\\ \sqrt{\Delta V_{xi}^2+\Delta V_{yi}^2+\Delta V_{zi}^2}\leqslant\Delta V_{\max}\\ h_p\geqslant h_{p\min}\\ \boldsymbol{r}_{af}=\boldsymbol{r}_{bf},\ \boldsymbol{v}_{af}=\boldsymbol{v}_{bf}\end{cases} \tag{6-56}$$

式中：下标“x”“y”和“z”分别表示沿地心惯性系 x 轴、y 轴和 z 轴方向；下标“a”表示追踪航天器；下标“b”表示目标航天器；下标“f”表示追踪航天器与目标航天器交会时刻。

6.3.1.2 优化变量

追踪航天器在初始时刻 $t=0$ 运行在初始轨道上，经过一段时间 Δt_1 后施加第一次脉冲 $\Delta\boldsymbol{V}_1=[\Delta V_{x1},\ \Delta V_{y1},\ \Delta V_{z1}]$，再经过一段时间 Δt_2 后施加第二次脉冲 $\Delta\boldsymbol{V}_2=[\Delta V_{x2},\ \Delta V_{y2},\ \Delta V_{z2}]$，依此类推，最终共施加 n 次脉冲。其中最后两次脉冲 $\Delta\boldsymbol{V}_{n-1}$，$\Delta\boldsymbol{V}_n$ 可通过求解 Lambert 问题计算得到，由已知或优化变量求得两次脉冲间转移轨道起始速度矢量 $\boldsymbol{w}_{n-1}$ 和终端速度矢量 $\boldsymbol{w}_n$。这一过程需要的变量包括：最后两次脉冲时间间隔 Δt_n，施加第 $n-1$ 次脉冲时的位置矢量 $\boldsymbol{r}_{n-1}$，速度矢量 $\boldsymbol{v}_{n-1}$，第 n 次脉冲时的位置矢量 $\boldsymbol{r}_n$ 和此时目标航天器速度矢量 $\boldsymbol{v}_{bf}$。则 $\Delta\boldsymbol{V}_{n-1}$，$\Delta\boldsymbol{V}_n$ 可表示为

$$\begin{cases}\Delta\boldsymbol{V}_{n-1}=\boldsymbol{w}_{n-1}-\boldsymbol{v}_{n-1}\\ \Delta\boldsymbol{V}_n=\boldsymbol{v}_{bf}-\boldsymbol{w}_n\end{cases} \tag{6-57}$$

综上所述，在整个任务过程中，需要优化的变量包括：①每次脉冲时间间隔 Δt_i，共 n 个变量；②从第一次到第 $n-2$ 次脉冲矢量在三个方向的分量，即 ΔV_{xi}、ΔV_{yi} 和 ΔV_{zi}，共 $3n-6$ 个变量。因此，该问题总计有 $4n-6$ 个优化变量。

6.3.1.3　仿真算例

追踪航天器与目标航天器在初始时刻 $t=0$ 的轨道参数如表 6-7 所示。现要求追踪航天器在任务期限 t_{max} 内通过施加多次脉冲机动实现对目标航天器的交会任务。对于近地轨道交会通常采取两脉冲或三脉冲。采用两脉冲和三脉冲进行仿真，相邻脉冲机动之间的时间间隔和对应的脉冲幅值如表 6-8 所示。转移轨迹分别如图 6-8 和图 6-9 所示。注意，当采用两脉冲轨道交会时，仅需优化两次脉冲的时刻，脉冲矢量可由 Lambert 问题直接求解得到。由仿真结果可知，在该初始条件下，三脉冲相比两脉冲的燃料消耗量减少了 6.53%。但需要指出的是，并非所有情况下三脉冲效果均优于两脉冲，设计时应当全面考虑。

表 6-7　初始时刻追踪航天器与目标航天器的轨道参数

	a/km	e	i/(°)	Ω/(°)	ω/(°)	f/(°)
追踪器	6878.14	0.03	40	30	50	280
目标器	7178.14	0.01	40.2	29.7	55	330

表 6-8　两脉冲和三脉冲仿真结果

脉冲次数	Δt_1/h	Δt_2/h	Δt_3/h	ΔV_1/(km/s)	ΔV_2/(km/s)	ΔV_3/(km/s)	ΔV_{all}/(km/s)
两脉冲	2.941	1.065	—	0.4039	0.1061	—	0.5100
三脉冲	2.918	2.548	1.018	0.2412	0.2165	0.019	0.4767

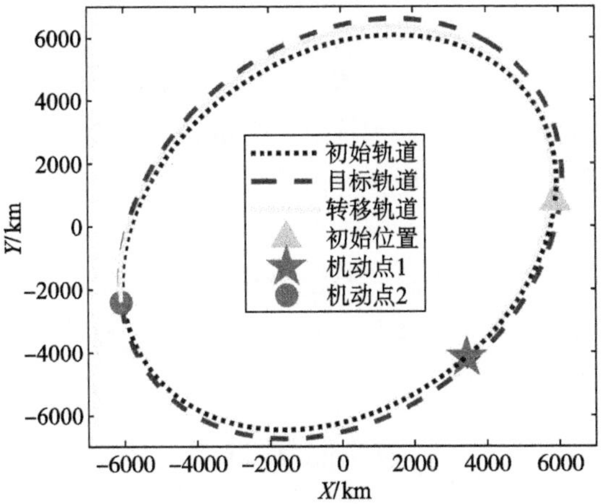

图 6-8　两脉冲轨道交会算例

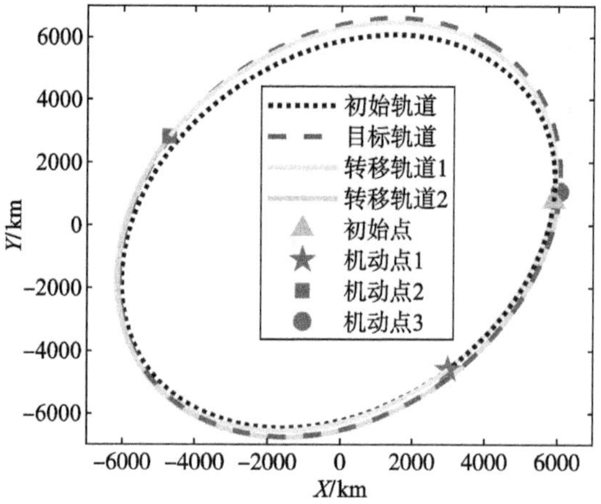

图 6-9　三脉冲轨道交会算例

6.3.2　基于正切脉冲初值的多脉冲轨道转移

正切脉冲是指推力方向与速度方向共线的脉冲，在工程上有易于实现、安全性高、求解方便、能量近似最优的特点，正切方向是改变轨道能量最快的推力方向。由于正切脉冲限制了推力方向，可以有效减少优化过程中的优化变量数目，本小节将介绍一种基于正切脉冲初值的燃料最优多脉冲轨道转移求解方法。先求解正切脉冲下的全局最优解，并以此解作为局部优化算法的初始猜测，采用局部优化算法得到方向自由脉冲的最终解，所提方法在保证燃料最优的同时节省了计算时间。

6.3.2.1　问题描述

假设航天器正在已知的初始轨道上运行，需要在规定时间内施加多次脉冲转移至已知的目标轨道。问题即为求解每次机动的时刻和对应的脉冲矢量，使得总燃料消耗量最小。本节问题在二体模型下地心惯性系中展开研究，不考虑摄动影响。为简化问题模型及求解难度，本节只考虑共面轨道转移。

假设航天器在任务过程中总共要施加 n 次脉冲，$\Delta\boldsymbol{V}_i$ 表示第 i 次脉冲速度矢量，ΔV_i 表示 $\Delta\boldsymbol{V}_i$ 的大小。航天器在施加第 n 次脉冲结束时刻转移至给定的目标轨道上，则优化指标为

$$J=\min\sum_{i=1}^{n}\Delta V_i \tag{6-58}$$

机动过程中需要考虑的约束条件与 6.3.1 节中基本一致，仅需将终端约束条件变为：航天器最终应转移至目标轨道，即轨道六根数中的前五项与目标轨道一致，最终真近点角无要求。

$$\begin{cases}\sum_{i=1}^{n}\Delta t_i \leqslant t_{\max}\\ \Delta t_i \geqslant \Delta t_{\min}\\ \sqrt{\Delta V_{ri}^2+\Delta V_{ti}^2}\leqslant \Delta V_{\max}\\ h_p \geqslant h_{p\min}\\ [a_a,\ e_a,\ i_a,\ \Omega_a,\ \omega_a]=[a_f,\ e_f,\ i_f,\ \Omega_f,\ \omega_f]\end{cases} \tag{6-59}$$

式中：脉冲下标“r”“t”分别表示沿径向和周向；轨道元素的下标“a”表示航天器状态；下标“f”表示目标轨道相关参数。

6.3.2.2　计算过程

基于正切脉冲初值的多脉冲轨道转移求解方法的流程如图6-10所示。首先限制每次机动的脉冲方向为正切脉冲求得初始猜测。当采用正切脉冲时，至少需要$2n-3$个优化变量，优化变量可表示为

$$\boldsymbol{X}=[\theta_1,\ \theta_2,\ \cdots,\ \theta_{n-1},\ \Delta V_1,\ \Delta V_2,\ \cdots,\ \Delta V_{n-2}] \tag{6-60}$$

式中：n表示脉冲次数；θ_i表示第i次脉冲时航天器所在位置与初始轨道近心点矢径方向OX之间的夹角；ΔV_i为第i次脉冲的大小。

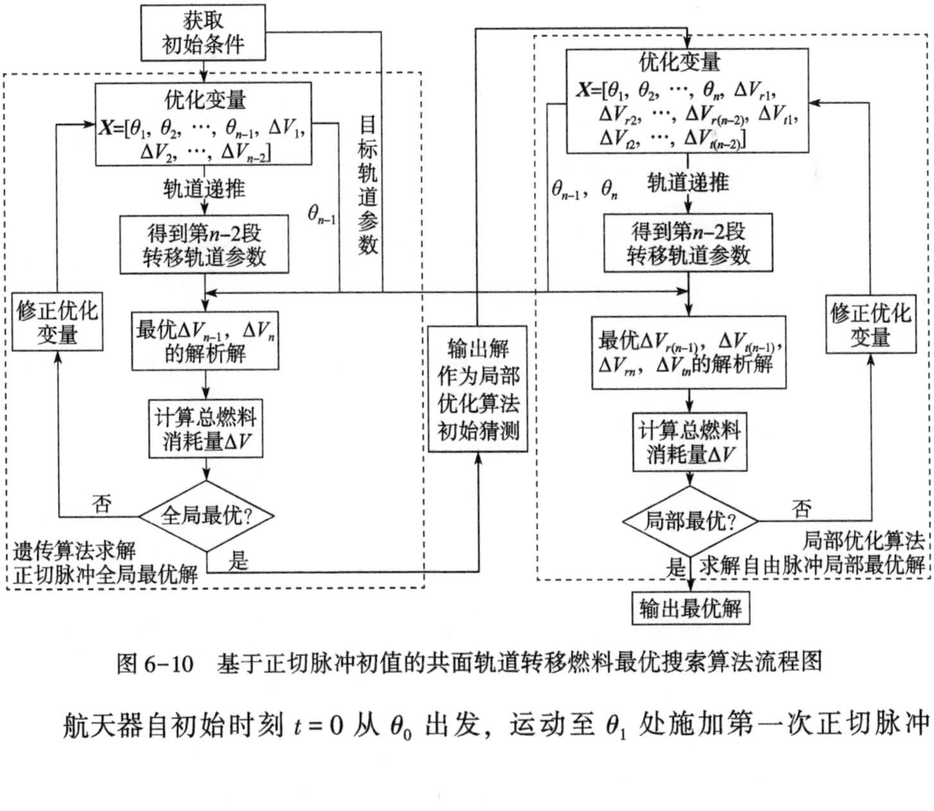

图6-10　基于正切脉冲初值的共面轨道转移燃料最优搜索算法流程图

航天器自初始时刻$t=0$从θ_0出发，运动至θ_1处施加第一次正切脉冲

$\boldsymbol{\Delta V}_1$，进入第一段转移轨道，此后施加数次脉冲运动至 θ_{n-1} 处(图 6-11)，在已知目标轨道的参数和航天器在 θ_{n-1} 处的轨道参数，可以利用优化变量 θ_{n-1} 求解得到转移至目标轨道的燃料最优解 $\boldsymbol{\Delta V}_{n-1}$ 和 $\boldsymbol{\Delta V}_n$ 的大小。

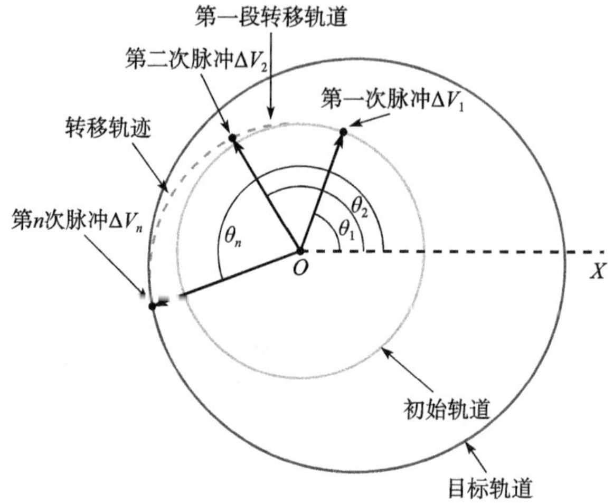

图 6-11　轨道转移过程示意图

首先定义

$$\lambda \triangleq \omega_{n-1}+f_{n-1}-\omega_n \tag{6-61}$$

$$\theta \triangleq \theta_n-\theta_{n-1}=\omega_n+f_n-\omega_{n-1}-f_{n-1} \tag{6-62}$$

对于正切轨道，有如下性质：

$$\frac{\sin\bar{\gamma}_{n-1}}{r_{n-1}\sin\bar{\gamma}_{n-1}+r_n\sin(\theta-\bar{\gamma}_{n-1})}=\frac{\sin\bar{\gamma}_n}{r_n\sin\bar{\gamma}_n+r_{n-1}\sin(\theta+\bar{\gamma}_n)} \tag{6-63}$$

式中：γ 为飞行方向角，消去式中分母可得

$$r_{n-1}\sin\bar{\gamma}_{n-1}\sin\left(\bar{\gamma}_n+\frac{\theta}{2}\right)\cos\frac{\theta}{2}=r_n\sin\bar{\gamma}_n\sin\left(\bar{\gamma}_{n-1}-\frac{\theta}{2}\right)\cos\frac{\theta}{2} \tag{6-64}$$

当 $\theta\neq\pi$ 时 $\cos(\theta/2)\neq0$，则有

$$\begin{aligned}&r_{n-1}\sin\bar{\gamma}_{n-1}\left(\sin\bar{\gamma}_n\cos\frac{\theta}{2}+\cos\bar{\gamma}_n\sin\frac{\theta}{2}\right)\\&=r_n\sin\bar{\gamma}_n\left(\sin\bar{\gamma}_{n-1}\cos\frac{\theta}{2}-\cos\bar{\gamma}_{n-1}\sin\frac{\theta}{2}\right)\end{aligned} \tag{6-65}$$

$$\begin{aligned}&r_{n-1}\sin\bar{\gamma}_{n-1}\cos\bar{\gamma}_n\sin\frac{\theta}{2}+r_n\cos\bar{\gamma}_{n-1}\sin\bar{\gamma}_n\sin\frac{\theta}{2}\\&=(r_n-r_{n-1})\sin\bar{\gamma}_{n-1}\sin\bar{\gamma}_n\cos\frac{\theta}{2}\end{aligned} \tag{6-66}$$

对上式两边同时除以 $r_{n-1}r_n\sin\bar{\gamma}_{n-1}\sin\bar{\gamma}_n\sin(\theta/2)$，整理得

$$\frac{\cot\bar{\gamma}_{n-1}}{r_{n-1}}+\frac{\cot\bar{\gamma}_n}{r_n}=\left(\frac{1}{r_{n-1}}-\frac{1}{r_n}\right)\cot\frac{\theta}{2} \tag{6-67}$$

由飞行方向角 $\bar{\gamma}$ 的定义

$$\tan\bar{\gamma}=\frac{1+e\cos f}{e\sin f} \tag{6-68}$$

引入 r 与半通径 p 的关系可得

$$\frac{\cot\bar{\gamma}_j}{r_j}=\frac{e_j}{p_j}\sin f_j(j=n-1,\ n) \tag{6-69}$$

由式(6-62)可得

$$f_n=\lambda+\theta \tag{6-70}$$

将式(6-68)~式(6-70)代入式(6-67)中可得

$$\frac{\cot\bar{\gamma}_{n-1}}{r_{n-1}}+\frac{e_n}{p_n}\sin(\lambda+\theta)=\left(\frac{1}{r_{n-1}}-\frac{1+e_n\cos(\lambda+\theta)}{p_n}\right)\cot\frac{\theta}{2} \tag{6-71}$$

两边同乘 $p_n\sin\theta$，得

$$\frac{p_n}{r_{n-1}}\cot\bar{\gamma}_{n-1}\sin\theta+e_n\cos\lambda=\left(\frac{p_n}{r_{n-1}}-1\right)(\cos\theta+1)-e_n\cos(\lambda+\theta) \tag{6-72}$$

整理可得

$$\begin{aligned}&\left(\frac{p_n}{r_{n-1}}\cot\bar{\gamma}_{n-1}-e_n\sin\lambda\right)\sin\theta+\left(e_n\cos\lambda+1-\frac{p_n}{r_{n-1}}\right)\cos\theta\\&=-\left(e_n\cos\lambda+1-\frac{p_n}{r_{n-1}}\right)\end{aligned} \tag{6-73}$$

令

$$\begin{cases}k_1=e_n\cos\lambda+1-\dfrac{p_n}{r_{n-1}}\\ k_2=\dfrac{p_n}{r_{n-1}}\cot\bar{\gamma}_{n-1}-e_n\sin\lambda\end{cases} \tag{6-74}$$

式(6-73)可改写为

$$k_2\sin\theta+k_1\cos\theta=-k_1 \tag{6-75}$$

则

$$\sin(\theta+\varphi)=-\sin\varphi\rightarrow2\sin\left(\frac{\theta}{2}+\varphi\right)\cos\frac{\theta}{2}=0 \tag{6-76}$$

在 $\theta\neq\pi$ 时有

$$\theta=2(\pi-\varphi) \tag{6-77}$$

其中

$$\begin{cases}\sin\varphi=\dfrac{k_1}{\sqrt{k_1^2+k_2^2}}\\ \cos\varphi=\dfrac{k_2}{\sqrt{k_1^2+k_2^2}}\end{cases} \tag{6-78}$$

该过程中第 $n-1$ 段转移轨道半通径为

$$p_{n-1}=\frac{r_{n-1}r_n(1-\cos\theta)\sin\overline{\gamma}_{n-1}}{r_{n-1}\sin\overline{\gamma}_{n-1}+r_n\sin(\theta-\overline{\gamma}_{n-1})} \tag{6-79}$$

第 $n-1$ 段转移轨道角动量为

$$h_{n-1}=\sqrt{\mu p_{n-1}} \tag{6-80}$$

从而推导得到最后两次脉冲的幅值 ΔV_{n-1} 和 ΔV_n 为

$$\Delta V_{n-1}=w_{n-1}-v_{n-1}=\frac{h_{n-1}}{r_{n-1}|\sin\overline{\gamma}_{n-1}|}-\sqrt{\frac{2\mu}{r_{n-1}}-\frac{\mu}{a_{n-1}}} \tag{6-81}$$

$$\Delta V_n=v_n-w_n=\sqrt{\frac{2\mu}{r_n}-\frac{\mu}{a_f}}-\frac{h_{n-1}}{r_n|\sin\overline{\gamma}_n|} \tag{6-82}$$

式中：w_{n-1} 和 w_n 分别表示第 $n-1$ 段转移轨道上起始点速度大小和终端点速度大小；v_{n-1} 和 v_n 分别表示第 $n-1$ 次脉冲前和最后一次脉冲后的速度大小。

通过遗传算法对式(6-60)中的未知量进行优化求解，得到正切脉冲作用下的轨道转移燃料最优解。将正切脉冲解作为初始猜测，可进一步通过局部优化算法得到脉冲方向自由的多脉冲轨道转移问题的燃料最优解。

对于共面多脉冲轨道转移问题，当机动脉冲方向自由时，至少需要 $3n-4$ 个优化变量，优化变量可表示为

$$\boldsymbol{X}=[\theta_1,\ \theta_2,\ \cdots,\ \theta_n,\ \Delta V_{r1},\ \Delta V_{r2},\ \cdots,\ \Delta V_{r(n-2)},\ \Delta V_{t1},\ \Delta V_{t2},\ \cdots,\ \Delta V_{t(n-2)}] \tag{6-83}$$

式中：ΔV_{ri} 表示第 i 次机动时径向脉冲的大小；ΔV_{ti} 第 i 次机动时周向脉冲的大小。

航天器自 $t=0$ 时刻从 θ_0 出发，运动至 θ_1 处施加第一次脉冲 $\Delta\boldsymbol{V}_1$，进入第一段转移轨道，此后施加数次脉冲运动至 θ_{n-1} 处，最后两次脉冲可通过求解 Lambert 即可得到。这里另外介绍一种通过八次多项式计算燃料最优双脉冲转移的解析方法：

用$[\boldsymbol{r}_1,\ \boldsymbol{v}_1]$和$[\boldsymbol{r}_2,\ \boldsymbol{v}_2]$表示地心惯性坐标系下的初始和终端位置和速度矢

量，两次脉冲机动为

$$\begin{cases}\Delta \boldsymbol{V}_1=\boldsymbol{w}_1-\boldsymbol{v}_1\\ \Delta \boldsymbol{V}_2=\boldsymbol{v}_2-\boldsymbol{w}_2\end{cases} \tag{6-84}$$

式中：$\boldsymbol{w}_1$ 和 $\boldsymbol{w}_2$ 分别表示转移轨道上起始点速度矢量和终端点速度矢量。

将速度矢量改写为

$$\begin{cases}\boldsymbol{w}_1=w_c\hat{\boldsymbol{c}}+w_\rho\hat{\boldsymbol{r}}_1\\ \boldsymbol{w}_2=w_c\hat{\boldsymbol{c}}-w_\rho\hat{\boldsymbol{r}}_2\end{cases} \tag{6-85}$$

式中：$\hat{\boldsymbol{c}}=(\boldsymbol{r}_2-\boldsymbol{r}_1)/c$，$\hat{\boldsymbol{r}}_i=\boldsymbol{r}_i/r_i$，$c$ 表示 $\boldsymbol{r}_1$，$\boldsymbol{r}_2$ 端点连线长度，且有

$$w_c=\frac{c\sqrt{\mu p}}{r_1r_2\sin\theta},\qquad w_\rho=\sqrt{\frac{\mu}{p}}\frac{1-\cos\theta}{\sin\theta} \tag{6-86}$$

其中：p 是转移轨道的半通径长。

令

$$K\triangleq w_cw_\rho=\frac{\mu c}{2r_1r_2\sin\theta}\sec^2\frac{\theta}{2}=\frac{\mu c}{r_1r_2+\boldsymbol{r}_1\cdot\boldsymbol{r}_2} \tag{6-87}$$

表示乘积 w_cw_ρ 为常数且它的值仅由初始条件决定。于是，需要的速度矢量仅仅是 w_c 或 p 的函数。

初始和终端矢量 $\boldsymbol{v}_i(i=1,\ 2)$ 也可以表示成下面的形式

$$\boldsymbol{v}_i=V_{ic}\hat{\boldsymbol{c}}+V_{ir}\hat{\boldsymbol{r}}_i+V_{ih}\hat{\boldsymbol{h}} \tag{6-88}$$

式中：$\hat{\boldsymbol{h}}=(\boldsymbol{r}_1\times\boldsymbol{r}_2)/\boldsymbol{r}_1\times\boldsymbol{r}_2$。注意 $\hat{\boldsymbol{c}}$、$\hat{\boldsymbol{r}}_i$ 和 $\hat{\boldsymbol{h}}$ 并非单位正交矢量。用这些矢量来分解速度脉冲可得到

$$\begin{cases}\Delta \boldsymbol{V}_1=(w_c-V_{1c})\hat{\boldsymbol{c}}+(K/w_c-V_{1r})\hat{\boldsymbol{r}}_1-V_{1h}\hat{\boldsymbol{h}}\\ \Delta \boldsymbol{V}_2=(V_{2c}-w_c)\hat{\boldsymbol{c}}+(K/w_c+V_{2r})\hat{\boldsymbol{r}}_2+V_{2h}\hat{\boldsymbol{h}}\end{cases} \tag{6-89}$$

最优 w_{cop} 应满足

$$\frac{\mathrm{d}\Delta V}{\mathrm{d}w_c}=0\ 且\ \frac{\mathrm{d}^2\Delta V}{\mathrm{d}w_c^2}>0 \tag{6-90}$$

由上式第一个条件可得

$$\frac{\mathrm{d}\Delta V}{\mathrm{d}w_c}=\frac{1}{2\Delta V_1}\frac{\mathrm{d}(\Delta V_1^2)}{\mathrm{d}w_c}+\frac{1}{2\Delta V_2}\frac{\mathrm{d}(\Delta V_2^2)}{\mathrm{d}w_c}=0 \tag{6-91}$$

进一步

$$\frac{1}{\Delta V_1}\frac{\mathrm{d}(\Delta V_1^2)}{\mathrm{d}w_c}=-\frac{1}{\Delta V_2}\frac{\mathrm{d}(\Delta V_2^2)}{\mathrm{d}w_c} \tag{6-92}$$

两边同时乘 $\Delta V_1\Delta V_2$ 后平方可得

$$\Delta V_2^2\left[\frac{\mathrm{d}(\Delta V_1^2)}{\mathrm{d}w_c}\right]^2-\Delta V_1^2\left[\frac{\mathrm{d}(\Delta V_2^2)}{\mathrm{d}w_c}\right]^2=0 \tag{6-93}$$

由于 w_c^{-8}、w_c^{-7}、w_c^3 和 w_c^4 这些项的系数均等于零，式(6-93)乘以$-w_c^6/4$ 可得到一个八阶多项式

$$\sum_{j=0}^{8} a_j w_c^j=0 \tag{6-94}$$

对于任意给定的初始条件，八阶多项式的系数如下：

$$\begin{cases}
a_0=K^4(V_1^2-V_2^2+2K\cos\phi_1+2K\cos\phi_2-V_{1r}^2+V_{2r}^2)\\
a_1=2K^3(-V_{1r}^2V_{2r}+V_{1r}V_2^2-2KV_{1r}\cos\phi_2-2KV_{1c}+2KV_{2c}+\\
\quad 2KV_{2r}\cos\phi_1+V_{2r}V_1^2-V_{1r}V_{2r}^2)\\
a_2=K^2(2KV_{1c}V_{1r}-8KV_{1c}V_{2r}+2KV_{2r}^2\cos\phi_1+V_{2r}^2V_1^2-8KV_{1r}V_{2c}+\\
2KV_{2r}V_{2c}-V_{1r}^2V_2^2+2KV_{1r}^2\cos\phi_2)\\
a_3=2K^2(2KV_{1r}+2KV_{2r}+2V_{2r}V_{1r}V_{1c}-V_{1c}V_2^2+2KV_{1c}\cos\phi_2+\\
\quad V_{1r}^2V_{2c}-V_{1c}V_{2r}^2+2KV_{2c}\cos\phi_1+V_{2c}V_1^2-2V_{1r}V_{2c}V_{2r})\\
a_4=-K(2KV_1^2-2KV_2^2-2V_2^2V_{1r}V_{1c}+4K^2\cos\phi_1+4K^2\cos\phi_2+4K\cos\phi_2V_{1r}V_{1c}+\\
\quad KV_{1r}^2-KV_{2r}^2-4KV_{2r}V_{2c}\cos\phi_1-2V_{2r}V_{2c}V_1^2-KV_{2c}^2+KV_{1c}^2)\\
a_5=-2K(V_{1c}^2V_{2r}+V_{1r}V_2^2-2KV_{1r}\cos\phi_2-2KV_{1c}+2KV_{2c}+2V_{2c}V_{1r}V_{1c}+2V_{1c}V_{2r}V_{2c}+\\
\quad 2KV_{2r}\cos\phi_1+V_{2r}V_1^2+V_{1r}V_{2c}^2)\\
a_6=2KV_{1r}V_{1c}+8KV_{1r}V_{2c}+8KV_{2r}V_{1c}+2KV_{2r}V_{2c}+2KV_{2c}^2\cos\phi_1+V_{2c}^2V_1^2-V_{1c}^2V_2^2+2KV_{1c}^2\cos\phi_2\\
a_7=-4KV_{1r}-4KV_{2r}+2V_{1c}V_2^2-4KV_{1c}\cos\phi_2+2V_{1c}^2V_{2c}-2V_{1c}V_{2c}^2-4KV_{2c}\cos\phi_1-2V_{2c}V_1^2\\
a_8=V_1^2-V_2^2+2K\cos\phi_1+2K\cos\phi_2+V_{2c}^2-V_{1c}^2
\end{cases}$$

式(6-90)的第二个条件可写为

$$\begin{aligned}\frac{\mathrm{d}^2\Delta V}{\mathrm{d}w_c^2}=&\frac{1}{2\Delta V_1}\frac{\mathrm{d}^2(\Delta V_1^2)}{\mathrm{d}w_c^2}-\frac{1}{4\Delta V_1^3}\left[\frac{\mathrm{d}(\Delta V_1^2)}{\mathrm{d}w_c}\right]^2+\\
&\frac{1}{2\Delta V_2}\frac{\mathrm{d}^2(\Delta V_2^2)}{\mathrm{d}w_c^2}-\frac{1}{4\Delta V_2^3}\left[\frac{\mathrm{d}(\Delta V_2^2)}{\mathrm{d}w_c}\right]^2\end{aligned} \tag{6-95}$$

为求得式(6-95)中的一阶和二阶微分，可利用下面的表达式

$$\begin{cases}
\Delta V_1^2=V_1^2+2K\cos\phi_1+w_c^2+\dfrac{K^2}{w_c^2}-2V_{1c}w_c-\dfrac{2K}{w_c}V_{1r}\\
\Delta V_2^2=V_2^2-2K\cos\phi_2+w_c^2+\dfrac{K^2}{w_c^2}-2V_{2c}w_c+\dfrac{2K}{w_c}V_{2r}
\end{cases} \tag{6-96}$$

式中：$\cos\phi_i=\hat{\boldsymbol{c}}\cdot\hat{\boldsymbol{r}}_i$；$V_{ic}=\hat{\boldsymbol{c}}\cdot\boldsymbol{v}_i$；$V_{ir}=\hat{\boldsymbol{r}}_i\cdot\boldsymbol{v}_i$。则一阶微分为

$$\begin{cases}\dfrac{\mathrm{d}(\Delta V_1^2)}{\mathrm{d}w_c}=2w_c-\dfrac{2K^2}{w_c^3}-2V_{1c}+\dfrac{2K}{w_c^2}V_{1r}\\ \dfrac{\mathrm{d}(\Delta V_2^2)}{\mathrm{d}w_c}=2w_c-\dfrac{2K^2}{w_c^3}-2V_{2c}-\dfrac{2K}{w_c^2}V_{2r}\end{cases}\tag{6-97}$$

二阶微分为

$$\begin{cases}\dfrac{\mathrm{d}^2(\Delta V_1^2)}{\mathrm{d}w_c^2}=2+\dfrac{6K^2}{w_c^4}-\dfrac{4K}{w_c^3}V_{1r}\\ \dfrac{\mathrm{d}^2(\Delta V_2^2)}{\mathrm{d}w_c^2}=2+\dfrac{6K^2}{w_c^4}+\dfrac{4K}{w_c^3}V_{2r}\end{cases}\tag{6-98}$$

注意到式(6-93)或八阶多项式(6-94)是式(6-92)的平方形式，所以式(6-93)的部分根可能并不满足式(6-92)，这种情况下，需要删除那些不满足式(6-92)的根。运用式(6-92)的根，判断条件 $\mathrm{d}^2\Delta V/\mathrm{d}w_c^2>0$ 是否成立，然后得到满足式(6-90)的最小能量解 w_{cop}。利用上面的方法可得到燃料最优条件下的两个实数根 w_{cop}，其中，正根对应于 θ，负根对应于 $2\pi-\theta$。需要说明的是，当 θ 等于 0、π 和 2π 时，式(6-85)并不成立，因此上面的方法对 180°转移将会出现奇异情况。

由此，完成了脉冲方向自由条件下的多脉冲轨道转移燃料消耗计算方法，将正切脉冲初始猜测代入局部优化算法之中，可以得到进一步优化后的燃料最优解。

6.3.2.3　仿真算例

本节提供几个算例来验证本节所提方法的有效性。将所提的采用正切脉冲初值的计算方法称为新方法，而将不限制脉冲方向直接采用优化算法进行求解的方法称为传统方法。以下为一组两脉冲轨道转移问题的具体算例，算例中航天器初始和目标轨道参数如表 6-9 所示。通过所提方法进行求解，仿真结果如表 6-10 所示。

表 6-9　两脉冲仿真轨道参数

	a/km	e	i/(°)	Ω/(°)	ω/(°)
初始轨道	8929.98	0.24	60	60	191.9
目标轨道	14755.78	0.15	60	60	125.65

表 6-10　两脉冲仿真结果

	总燃料消耗量 ΔV/(km/s)	计算时间 t/s	两次机动位置 θ/(°)
传统方法	1.4674	0.3643	[156.22, 375.30]
新方法	1.4673	0.0232	[154.96, 374.58]

以下为一组三脉冲的具体算例，算例中航天器初始和目标轨道参数如表 6-11 所示。仿真结果如表 6-12 所示。由两脉冲和三脉冲的仿真结果可见，新方法与传统方法燃料消耗量基本一致，二者收敛到同一组解，并且在计算效率上有着较大优势。

表 6-11　三脉冲仿真轨道参数

	a/km	e	i/(°)	Ω/(°)	ω/(°)
初始轨道	8901.8	0.211	60	60	344.089
目标轨道	25107.4	0.067	60	60	235.244

表 6-12　三脉冲仿真结果

	总燃料消耗量 ΔV/(km/s)	计算时间 t/s	三次机动位置 θ/(°)
传统方法	2.4870	1.0800	[332.26, 550.31, 881.51]
新方法	2.4866	0.1563	[340.04, 600.04, 878.90]

接下来为进一步验证该结论的可靠性，进行大量仿真验证：航天器初始轨道近地点高度选取 300~2000km 的随机数，目标轨道近地点高度为初始轨道近地点高度的 0.3~3 倍，倍数为随机数。初始轨道偏心率 e_0、目标轨道偏心率 e_f 为 0~0.7 的随机数。ω_0、ω_f 为 0~2π 的随机数。以上随机数均满足均匀分布，对于两脉冲、三脉冲轨道转移各进行 1000 次蒙特卡洛仿真。得到的传统方法与新方法计算时间的对比如表 6-13 所示。

表 6-13　计算时间对比表

	传统方法平均计算时间 t_1/s	新方法平均计算时间 t_2/s	计算时间之比 t_1/t_2
两脉冲	0.3864	0.0105	36.8033
三脉冲	1.0644	0.0959	11.1018

将新方法求得的燃料最优解与传统方法得到的燃料最优解的燃料进行对比，对比结果如图 6-12 和图 6-13 所示。图例的百分比为本方法相比传统方法多消耗的燃料百分比，由于两个轨道之间相互转移所消耗的燃料相同，为绘图方便，默认 e_0 小于 e_f。纵轴高度表示符合 e_0、e_f 分类的仿真组数。

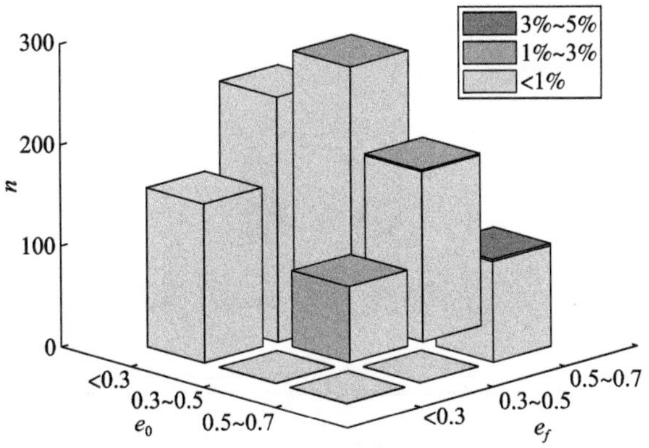

图 6-12　两脉冲燃料对比图

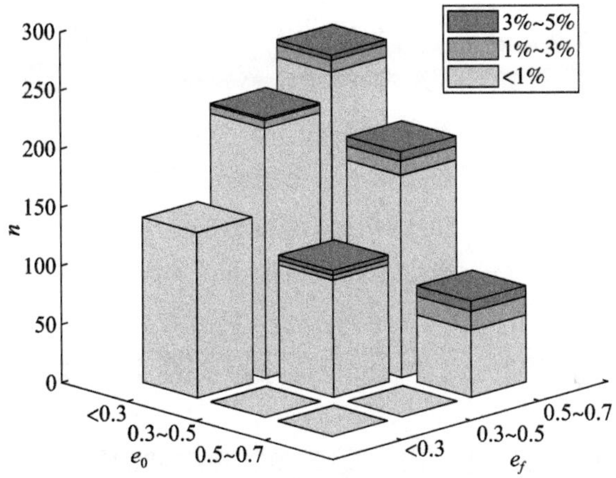

图 6-13　三脉冲燃料对比图

由图 6-12 和图 6-13 结果可知，在偏心率较小情况下，基于正切脉冲初值的方法与传统方法求得的燃料指标几乎没有差别。由于地球轨道卫星一般不会设计大偏心率轨道，基于正切初值的方法是具有普遍性的。可见，大量算例表明，基于正切初值的方法并不会明显增加燃料消耗，并且在计算时间上有着 1~2 个数量级的优势。

6.3.3　小结

本节讨论了多脉冲访问空间目标轨道机动，介绍了基于遗传算法的多脉冲轨道交会方法，研究了基于正切脉冲初值的共面轨道转移燃料最优搜索算法。本节提出的基于正切脉冲初值的多脉冲轨道转移方法，燃料消耗量与传统方法基本一致，但在计算时间上有 1~2 个数量级的优势。

第7章
脉冲访问多目标机动优化

航天器在单次任务中访问多个目标能显著降低任务成本，提高收益[69-73]。对于多目标访问任务，其求解过程可分为两步：求解给定目标点的访问序列（包括目标访问顺序和访问时刻），优化转移轨迹[74]。与此同时，在多个目标的访问过程中，若能通过单次轨道机动实现对多个指定目标的访问[75-77]，能大大减少操作风险，提升任务效率，并节省地面测控系统的资源，节省发射成本。本章首先给出了航天器在单脉冲轨道机动下访问多个地面目标和访问多个空间目标的求解方法，然后给出了脉冲机动下访问多目标序列优化策略。

7.1 单脉冲访问多地面目标星下点轨迹调整

本节研究了在 J_2 摄动作用下，通过施加单次共面脉冲机动调整在轨卫星的星下点轨迹，使其分别飞越一个地面目标、两个地面目标以及三个地面目标的星下点轨迹调整问题。

7.1.1 问题描述和分析

考虑一颗轨道参数已知的近地轨道卫星，该卫星能够通过单次脉冲机动，调整其星下点轨迹，使之经过指定的地面目标点。为了简化计算，地面目标的位置由地心经度和纬度给出。脉冲方向角 $\beta\in[-\pi/2,\ \pi/2]$ 是指由轨道周向转到脉冲方向的角度（图 7-1，其中 $\hat{\boldsymbol{r}}$ 和 $\hat{\boldsymbol{t}}$ 分别表示径向和周向的单位矢量）。脉冲幅值 $\Delta V\in[-\Delta V_{\max},\ \Delta V_{\max}]$，其中 $\Delta V_{\max}$ 表示航天器允许的最大脉冲幅值。

对于单次共面脉冲星下点轨迹调整问题，有三个设计变量，包括脉冲时刻的参数纬度幅角 u_{01}、脉冲幅值 ΔV 以及脉冲方向角 β。此外，对于每一个目标点，转移圈数 N_r 是一个可控参数。对于一个固定的 N_r，从初始时刻到飞越目

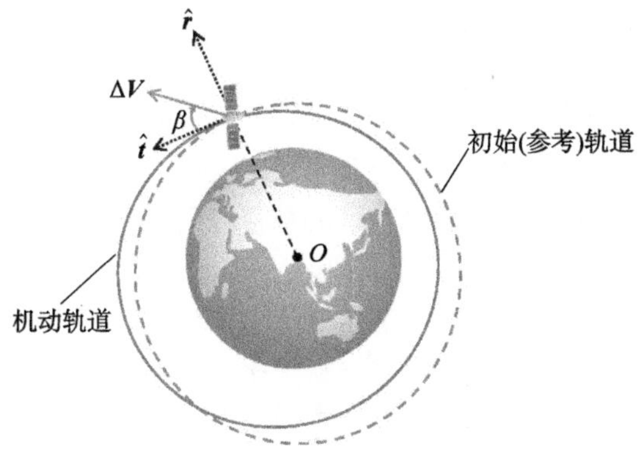

图 7-1 脉冲方向角的几何解释

标点纬度的飞行时间 $\delta t(u_{01}, \Delta V, \beta)$ 是三个设计变量的函数。对于每一个地面目标点，仅有一个关于飞越目标点纬度时的卫星星下点经度值的等式约束条件，该约束与飞行时间 δt 有关。因此，从理论上来说，单脉冲机动后的机动星下点轨迹至多能够同时经过三个地面目标点。根据地面目标点的个数，本节分别考虑了一个目标点、两个目标点和三个目标点的三种情况。

本节中采用的下标叙述如下：对于轨道要素，下标“0”和“1”分别表示初始轨道和机动轨道。对于轨道要素和格林尼治平恒星时 α_G，下标“00”和“01”分别表示初始轨道上的初始时刻和脉冲时刻；下标“10”和“1t”分别表示机动轨道上的脉冲时刻和飞越目标点纬度的时刻。注意下标“01”和“10”表示脉冲前后瞬间的值。此外，下标“s_1”“s_2”和“s_3”分别表示第一个、第二个和第三个地面目标点。

7.1.2 访问单个地面目标

为了求解多目标星下点轨迹调整问题，首先需要研究任意脉冲位置和任意脉冲方向的单目标星下点轨迹调整问题。在 5.1 节单次正切脉冲星下点轨迹调整中，考虑的是近似最优的脉冲位置和脉冲方向，而本小节将推导“真实”最优解。

7.1.2.1 固定脉冲位置和固定脉冲方向的解析解

对于脉冲位置任意的星下点轨迹调整问题，仅考虑关于半长轴 a_{01} 的线性 J_2 摄动模型会产生低精度的 ΔV 值，从而导致星下点轨迹调整的较大误差。为了减小误差，此处同时考虑半长轴的短周期项和长期项：

$$a_{01} = \bar{a}_0 + a_{sp}(u_{01})$$

$$= \bar{a}_0 + \frac{J_2 R_E^2}{2\bar{a}_0}\left\{(3\cos^2 i_0 - 1)\left[\left(\frac{1+e_0\cos(u_{01}-\omega_{01})}{1-e_0^2}\right)^3 - \frac{1}{(1-e_0^2)^{3/2}}\right] + \right.$$

$$3(1-\cos^2 i_0)\left(\frac{1+e_0\cos(u_{01}-\omega_{01})}{1-e_0^2}\right)^3\cos(2u_{01})\Bigg\} \tag{7-1}$$

式中：$\bar{a}_0$ 表示初始轨道的平均半长轴。尽管半长轴同时考虑短周期项和长期项，其他轨道要素仍仅考虑长期项，即 e 和 i 保持不变，ω、Ω 和平近点角 M 的平均变化率通过式(2-19)计算得到。脉冲前的漂移时间可通过开普勒方程得到

$$\delta t_a=\frac{\widetilde{M}_{01}-M_{00}+2\pi N_a}{\sqrt{\mu/\bar{a}_0^3}+\dot{\omega}_{J_2}+\dot{M}_{J_2}} \tag{7-2}$$

式中：机动前的平近点角 $\widetilde{M}_{01}$ 在二体模型下计算得到，即有 $\widetilde{M}_{01}=\widetilde{E}_{01}-e_0\sin\widetilde{E}_{01}$，其中 $\tan(\widetilde{E}_{01}/2)=\sqrt{(1-e_0)/(1+e_0)}\tan[(u_{01}-\omega_{00})/2]$。脉冲前和脉冲后的圈数分别记作 N_a 和 N_b。总的圈数为 $N_r\triangleq N_a+N_b$。一旦 δt_a 求解得到了，脉冲前的轨道要素 ω、Ω 和 M 通过考虑长期项的影响得到

$$\begin{cases}\omega_{01}=\omega_{00}+\dot{\omega}_{J_2}\delta t_a\\ \Omega_{01}=\Omega_{00}+\dot{\Omega}_{J_2}\delta t_a\\ M_{01}=M_{00}+(\sqrt{\mu/\bar{a}_0^3}+\dot{M}J_2)\delta t_a\end{cases} \tag{7-3}$$

式中各项的漂移量可通过式(2-19)计算得到。

5.1 节求解了正切脉冲单目标星下点轨迹调整问题。然而，在多目标星下点轨迹调整问题中，脉冲方向角是一个设计变量。因此，这里求解了任意脉冲方向的单目标星下点轨迹调整问题，它的解将会应用到多目标星下点轨迹调整问题中。尽管 5.1 节中使用的是切向脉冲，但其推导过程可以推广到任意脉冲方向。5.1 节针对切向脉冲情况推导得到了关于 $\sqrt{a_1}$ 的三次方程，只需要将飞行路径角替换为脉冲方向角 β，即可以推广到任意脉冲方向的情况，

$$(q-\psi)\sqrt{a_1^3}+\psi a_{01}\sqrt{a_1}-\delta t_b\sqrt{\mu}=0 \tag{7-4}$$

式中：δt_b 表示从脉冲时刻到飞越目标点纬度的飞行时间，

$$\begin{cases}q\triangleq f_s+2\pi N_b-2e_0\sin f_s-M_{01}-(\dot{M}_{J_2}+\dot{\omega}_{J_2})\delta t_b\\ \psi\triangleq 2k_2\sin f_s+k_1-k_3-2e_0k_1\cos f_s\\ f_s\triangleq u_{1t}-\omega_{01}\\ \delta t_b\triangleq\delta t-\delta t_a=\dfrac{\alpha_{G1t}-\alpha_{G00}+2\pi(D-1)}{\omega_E-\dot{\Omega}_{J_2}}-\delta t_a\end{cases} \tag{7-5}$$

式中：α_{G1t} 为飞越目标时刻的格林尼治平恒星时角，可通过式(5-6)计算得到；D 表示天数。式(7-5)中的其他参数定义为

$$
\begin{cases}
k_i \triangleq \dfrac{\xi_i \tan\beta+\eta_i}{(e_0\sin f_{01})\tan\beta+(1+e_0\cos f_{01})}, \quad i=1, 2, 3 \\
\xi_1 \triangleq \dfrac{1-e_0^2}{2e_0}\cos f_{01}, \quad \eta_1 \triangleq \dfrac{1-e_0^2}{2e_0}\dfrac{2+e_0+\cos f_{01}}{1+e_0+\cos f_{01}}+\sin f_{01} \\
\xi_2 \triangleq \dfrac{1-e_0^2}{2}\sin f_{01}, \quad \eta_2 \triangleq \dfrac{1-e_0^2}{2}\left(\dfrac{e_0+\cos f_{01}}{1+e_0+\cos f_{01}}+\cos f_{01}\right) \\
\xi_3 \triangleq \dfrac{(1-e_0^2)^{3/2}}{2e_0}\left(\dfrac{2e_0}{1+e_0\cos f_{01}}-\cos f_{01}\right), \quad \eta_3 \triangleq \dfrac{(1-e_0^2)^{3/2}}{2e_0}\dfrac{2+e_0\cos f_{01}}{1+e_0\cos f_{01}}\sin f_{01}
\end{cases}
\tag{7-6}
$$

一旦平均轨道半长轴 $\bar{a}_1$ 通过式(7-4)求解得到，相应的密切值就可以得到，然后脉冲后的速度可以通过能量积分得到。因此，所需的脉冲幅值为

$$
\Delta V=-V_{01}\cos(\beta-\gamma_{01})\pm\sqrt{V_{10}^2-V_{01}^2\sin^2(\beta-\gamma_{01})} \tag{7-7}
$$

式中：V_{01} 表示机动前的速度。初始轨道上的脉冲时刻的飞行路径角为

$$
\gamma_{01}=\arctan\left(\frac{e_0\sin f_{01}}{1+e_0\cos f_{01}}\right) \tag{7-8}
$$

7.1.2.2　脉冲位置自由和脉冲方向自由的燃料最优解

对于小偏心率轨道，最优脉冲方向与周向方向相近，因此角度 β 比较小，式(7-7)中的“±”应该取正号以获得燃料最优解。

对于自由的脉冲位置和自由的脉冲方向，单脉冲星下点轨迹调整问题存在多个解。为了获得燃料最优解，脉冲位置 u_{01} 和脉冲方向角 β 需要同时进行优化。对于 $\Delta V(\beta, u_{01})$ 的极值点，下面两个表达式应该同时满足：

$$
\begin{cases}
\partial\Delta V(\beta, u_{01})/\partial\beta=0 \\
\partial\Delta V(\beta, u_{01})/\partial u_{01}=0
\end{cases}
\tag{7-9}
$$

将式(7-7)代入式(7-9)得到

$$
\begin{cases}
\dfrac{\partial\Delta V(\beta, u_{01})}{\partial\beta}=V_{01}\sin(\beta-u_{01})+\dfrac{\partial V_{10}^2/\partial\beta-V_{01}^2\sin(2\beta-2\gamma_{01})}{2\sqrt{V_0^2-V_{01}^2\sin^2(\beta-\gamma_{01})}}=0 \\
\dfrac{\partial\Delta V(\beta, u_{01})}{\partial u_{01}}=\dfrac{\cos^2(\beta-u_{01})\partial V_{10}^2/\partial u_{01}+V_{01}^2\sin(2\beta-2\gamma_{01})\partial\gamma_{01}/\partial u_{01}}{2\sqrt{V_{10}^2-V_{01}^2\sin^2(\beta-\gamma_{01})}}- \\
\qquad\cos(\beta-u_{01})\dfrac{\partial V_{01}}{\partial u_{01}}-V_{01}\sin(\beta-\gamma_{01})\dfrac{\partial\gamma_{01}}{\partial u_{01}}=0
\end{cases}
\tag{7-10}
$$

式中轨道要素关于 u_{01} 和 β 的一阶导数在附录 C 中给出。

使用周向方向和初始时刻后第一个近地点作为初始猜测，即有 $\beta^{(0)}=0$ 和 $u_{01}^{(0)}=2\pi+\omega_{00}$，式(7-9)的精确数值解由双变量的牛顿-辛普森迭代得到

$$\begin{Bmatrix}\beta\\u_{01}\end{Bmatrix}_{k+1}=\begin{Bmatrix}\beta\\u_{01}\end{Bmatrix}_{k}-\begin{bmatrix}\dfrac{\partial^2\Delta V(\beta,\ u_{01})}{\partial\beta^2} & \dfrac{\partial^2\Delta V(\beta,\ u_{01})}{\partial\beta\partial u_{01}}\\ \dfrac{\partial^2\Delta V(\beta,\ u_{01})}{\partial u_{01}\partial\beta} & \dfrac{\partial^2\Delta V(\beta,\ u_{01})}{\partial u_{01}^2}\end{bmatrix}_k^{-1}\begin{Bmatrix}\dfrac{\partial\Delta V(\beta,\ u_{01})}{\partial\beta}\\ \dfrac{\partial\Delta V(\beta,\ u_{01})}{\partial u_{01}}\end{Bmatrix}_k,\quad k=0,\ 1,\ 2,\ \cdots \tag{7-11}$$

由于式(7-10)的解析导数表达式太过复杂，式中 $\Delta V(\beta,\ u_{01})$ 关于 u_{01} 和 β 的二阶导数由一阶导数的有限差分法得到。类似的，如果脉冲位置或者脉冲方向固定，ΔV 的极值点可分别通过求解 $\partial\Delta V(\beta,\ u_{01})/\partial\beta=0$ 和 $\partial\Delta V(\beta,\ u_{01})/\partial u_{01}=0$ 得到。

由于牛顿-辛普森迭代只能产生局部最优解，不同圈数的燃料最优解可通过比较极值和边界值得到，其中边界值由脉冲位置 $u_{01}=u_{00}$ 时的关于脉冲方向角 β 的单变量牛顿-辛普森迭代得到。单目标星下点轨迹调整问题的最终的燃料最优解可通过比较所有可行圈数处的解得到。

7.1.3 访问两个地面目标

对于双目标星下点轨迹调整问题，有两个等式约束和三个设计变量。本小节考虑了三种情况。首先得到了固定脉冲位置的解析解，然后通过优化脉冲位置得到燃料最优解。此外，求解了脉冲方向固定的双目标星下点轨迹调整问题。

7.1.3.1 脉冲位置固定的解析解

对于双目标星下点轨迹调整问题，假设脉冲位置固定为任一参数纬度幅角 u_{01}，然后，两个设计变量，即脉冲方向角 β 和脉冲幅值 ΔV 可通过求解两个等式约束条件得到。重新整理式(7-4)为关于 β 的形式，

$$A\tan\beta=B \tag{7-12}$$

式中：

$$\begin{cases} Y_\chi \triangleq 2\sin f_s \chi_2 + \chi_1 - 2e_0 \cos f_s \chi_1 - \chi_3, \ \chi = \xi, \ \eta \\ A \triangleq Y_\xi(\sqrt{\bar{a}_1^3} - a_{01}\sqrt{\bar{a}_1}) - e_0 \sin f_{01}(q\sqrt{\bar{a}_1^3} - \delta t_b \sqrt{\mu}) \\ B \triangleq -Y_\eta(\sqrt{\bar{a}_1^3} - a_{01}\sqrt{\bar{a}_1}) + (1 + e_0 \cos f_{01})(q\sqrt{\bar{a}_1^3} - \delta t_b \sqrt{\mu}) \end{cases} \tag{7-13}$$

对于双目标星下点轨迹调整问题，下述两个表达式应该同时满足：

$$\begin{cases} A_{s_1} \tan\beta = B_{s_1} \\ B_{s_2} \tan\beta = B_{s_2} \end{cases} \tag{7-14}$$

联立式(7-14)中的两个公式，消去 $\tan\beta$ 项，最终得到一个关于 $\sqrt{\bar{a}_1}$ 的三次方程，

$$Q_{1,s_{1,2}}\sqrt{\bar{a}_1^3} + Q_{2,s_{1,2}}\sqrt{\bar{a}_1} + Q_{3,s_{1,2}} = 0 \tag{7-15}$$

其中：

$$\begin{cases} Q_{1,s_{1,2}} \triangleq F_{s_{1,2}} + q_{s_1}F_{s_1} - q_{s_2}F_{s_2} \\ Q_{2,s_{1,2}} \triangleq -F_{s_{1,2}}a_{01} \\ Q_{3,s_{1,2}} \triangleq -\sqrt{\mu}(F_1 \delta t_{b,s_1} - F_2 \delta t_{b,s_2}) \\ F_{s_{1,2}} \triangleq Y_{\eta,s_1}Y_{\xi,s_2} - Y_{\eta,s_2}Y_{\xi,s_1} \\ F_{s_j} \triangleq e_0 \sin f_{01} Y_{\eta,s_j} - (1 + e_0 \cos f_{01}) Y_{\xi,s_j}, \quad j = 1, 2 \end{cases}$$

一旦机动后轨道的平均半长轴 $\bar{a}_1$ 通过式(7-15)计算得到，脉冲方向角 β 可通过将 $\bar{a}_1$ 代入式(7-14)得到。

值得注意的是，式(7-15)中的三次方程没有二次项，因此，由 Vieta 定理可知其三个根的和等于 0。因为只有正根才是可行的，脉冲位置固定的双目标星下点轨迹调整问题至多有两个可行解。

7.1.3.2　脉冲位置自由的燃料最优解

注意，式(7-15)中的 N_{r1} 和 N_{r2} 的值是可变的。每一对可行的 N_{r1} 和 N_{r2} 表示双目标问题的一种可行的组合。因为周向方向是近似最优的方向，对于每个目标点，满足燃料约束的可行的 N_r 的值可由 7.1.2.2 节中的最优周向脉冲 $\Delta\hat{V}_t(N_r)$ 确定。由于使用了近似最优解，在估计 N_r 的可行值时需要保留一定的裕度 $\varepsilon_{\Delta V}$，即 $|\Delta\hat{V}_t(N_r)| \leqslant \Delta V_{\max} + \varepsilon_{\Delta V}$。

对于双目标问题的每一种组合，基于 7.1.3.1 节中的解析解，燃料最优问题转化为了关于脉冲位置 u_{01} 的单变量函数优化问题，可以通过分段黄金分割法数值求解。然后，剩下的问题就是确定脉冲位置的可行范围，这个范围是由圈数 N_a 的范围确定。

为了更好地理解圈数 N_a 的范围，考虑一个数值算例，初始协调世界时为 2021 年的 1 月 1 日的上午 8 点整。在 2010 年遭受到强烈地震的海地的城市——太子港，选择为地面目标点 S。太子港的经纬度分别为 $\lambda=-72.5°$ 和 $\varphi=18.5°$。假设初始近地点轨道半径为 $r_p=R_E+400\text{km}$，远地点轨道半径为 $r_a=R_E+1500\text{km}$。其他轨道要素为 $i_0=97.0346°$、$\omega_{00}=0°$、$\Omega_{00}=270°$ 和 $f_{00}=100°$。观测时间选为 1 天，降轨部分用来进行目标观测。脉冲方向角固定为周向方向，即 $\beta=0$。对于前三圈，不同脉冲位置 u_{01} 的所需的脉冲幅值 ΔV 如图 7-2 所示，结果表明 ΔV 随着 N_a 的增加而增加。因此，对于一个给定的最大脉冲幅值 $\Delta V_{\max}$，对于每个目标点，存在一个最大的圈数 $N_{a,\max}$。

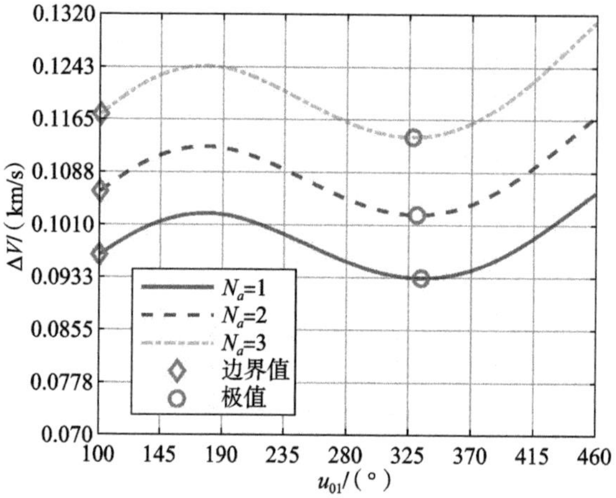

图 7-2　不同脉冲位置的周向脉冲幅值，单目标

图 7-2 的结果表明对于不同的圈数 N_a，最优的脉冲位置 u_{01} 基本是相同的。因此，只计算第一圈内的最优脉冲位置即可。类似于计算 N_r 的可行值，对于每一个 N_a，最优的周向脉冲 $\Delta\hat{V}_t(N_a)$ 可以用来估计 $N_{a,\max}$。然后，对于两个目标点，选择较小的 $N_{a,\max}$ 进行后续计算。通过 $N_{a,\max}$ 的值和 7.1.3.1 节提出的解析方法，双目标星下点轨迹调整问题的燃料最优解可以通过分段黄金分割法。

综上所述，单脉冲访问两个地面目标问题的燃料最优解的求解过程可以总结为：

(1) 对于每个目标点，不同 N_r 的最优周向脉冲可以通过 7.1.2.2 节的方法得到，并获得可行的 N_r 的值。然后，可以得到双目标问题的所有可行的圈数组合。

(2) 对于每一种组合，$N_{a,\max}$ 的值可以确定。然后，每种组合的燃料最优解可以通过分段黄金分割法得到。最终的燃料最优解可以通过比较所有的可行解得到。

7.1.3.3　固定脉冲方向的解

本小节求解脉冲方向固定的双目标星下点轨迹调整问题。下述两个类似于式(7-4)的表达式应该同时满足：

$$\begin{cases}(q_{s_1}-\psi_{s_1})\sqrt{\bar{a}_1^3}+\psi_{s_1}a_{01}\sqrt{\bar{a}_1}-\delta t_{b,s_1}\sqrt{\mu}=0\\(q_{s_2}-\psi_{s_2})\sqrt{\bar{a}_1^3}+\psi_{s_2}a_{01}\sqrt{\bar{a}_1}-\delta t_{b,s_2}\sqrt{\mu}=0\end{cases}\tag{7-16}$$

结合式(7-16)中的两个式子，分别消去$\sqrt{\bar{a}_1^3}$项和$\sqrt{\bar{a}_1}$项，得到如下两个方程：

$$\begin{cases}[(q_{s_2}-\psi_{s_2})\psi_{s_1}-(q_{s_1}-\psi_{s_1})\psi_{s_2}]a_{01}\sqrt{\bar{a}_1}-[(q_{s_2}-\psi_{s_2})\delta t_{b,s_1}-(q_{s_1}-\psi_{s_1})\delta t_{b,s_2}]\sqrt{\mu}=0\\[(q_{s_1}-\psi_{s_1})\psi_{s_2}-(q_{s_2}-\psi_{s_2})\psi_{s_1}]\sqrt{\bar{a}_1^3}-(\psi_{s_2}\delta t_{b,s_1}-\psi_{s_1}\delta t_{b,s_2})\sqrt{\mu}=0\end{cases}\tag{7-17}$$

联立式(7-17)中的两个式子，消去 $\bar{a}_1$ 项，最终可得到一个仅关于 u_{01} 的方程：

$$\begin{aligned}\mathcal{F}(u_{01})\triangleq{}&[(q_{s_2}-\psi_{s_2})\delta t_{b,s_1}-(q_{s_1}-\psi_{s_1})\delta t_{b,s_2}]^3\mu-\\&[(q_{s_2}-\psi_{s_2})\psi_{s_1}-(q_{s_1}-\psi_{s_1})\psi_{s_2}]^2(\psi_{s_1}\delta t_{b,s_2}-\psi_{s_2}\delta t_{b,s_1})a_{01}^3=0\end{aligned}\tag{7-18}$$

上述方程可以比较容易地通过数值方法进行求解(如分段黄金分割法和割线法)。

7.1.4　访问三个地面目标

对于三目标星下点轨迹调整问题，有三个设计变量和三个等式约束方程。一般来说，一般需要采用三维数值迭代方法来求解这样的三维方程。然而，通过 7.1.3.1 节提出的解析方法，原来的三维问题可以简化为仅关于脉冲位置的单变量方程的求根问题，该问题可以通过数值方法较为容易地求解出来。

对于三目标问题，下述两个类似于式(7-15)的表达式应该同时满足：

$$\begin{cases}Q_{1,s_{1,2}}\sqrt{\bar{a}_1^3}+Q_{2,s_{1,2}}\sqrt{\bar{a}_1}+Q_{3,s_{1,2}}=0\\Q_{1,s_{2,3}}\sqrt{\bar{a}_1^3}+Q_{2,s_{2,3}}\sqrt{\bar{a}_1}+Q_{3,s_{2,3}}=0\end{cases}\tag{7-19}$$

联立式(7-19)中的两个式子，分别消去$\sqrt{\bar{a}_1^3}$项和$\sqrt{\bar{a}_1}$项，得到如下两个方程：

$$\begin{cases}(Q_{2,s_{1,2}}Q_{1,s_{2,3}}-Q_{1,s_{1,2}}Q_{2,s_{2,3}})\sqrt{\bar{a}_1}+(Q_{3,s_{1,2}}Q_{1,s_{2,3}}-Q_{1,s_{1,2}}Q_{3,s_{2,3}})=0\\(Q_{1,s_{1,2}}Q_{2,s_{2,3}}-Q_{2,s_{1,2}}Q_{1,s_{2,3}})\sqrt{\bar{a}_1^3}+(Q_{3,s_{1,2}}Q_{2,s_{2,3}}-Q_{2,s_{1,2}}Q_{3,s_{2,3}})=0\end{cases}\tag{7-20}$$

进一步联立式(7-20)中的两个式子，可得到一个仅关于 u_{01} 的方程，即

$$\mathcal{W}(u_{01}) \triangleq (Q_{3,s_{1,2}}Q_{1,s_{2,3}}-Q_{1,s_{1,2}}Q_{3,s_{2,3}})^3+ (Q_{3,s_{1,2}}Q_{2,s_{2,3}}-Q_{2,s_{1,2}}Q_{3,s_{2,3}})(Q_{2,s_{1,2}}Q_{1,s_{2,3}}-Q_{1,s_{1,2}}Q_{2,s_{2,3}})^2=0 \tag{7-21}$$

最终，三目标星下点轨迹调整问题可以转换为求解式(7-21)中的 u_{01} 的问题，可以通过分段黄金分割法和割线法得到数值解。

综上所述，单脉冲访问三个地面目标的具体求解流程可总结如下：

(1)通过分段黄金分割法，可以得到一维非线性方程 $\mathcal{W}(u_{01})$ 的所有极值点，记作 $u_{01}^{(j)}(j=1,2,\cdots,K)$，其中 K 表示极值点个数。让 $u_{01}^{(0)}=u_{01}^{lb}$ 和 $u_{01}^{(K+1)}=u_{01}^{ub}$，其中 u_{01}^{lb} 和 u_{01}^{ub} 分别表示下界和上界，然后，整个脉冲机动范围分为 $K+1$ 个子区间，$[u_{01}^{(j)}, u_{01}^{(j+1)}](j=0,1,\cdots,K)$。

(2)对于每一个子区间 $[u_{01}^{(j)}, u_{01}^{(j+1)}]$，如果 $\mathcal{W}(u_{01}^{(j)})\cdot\mathcal{W}(u_{01}^{(j+1)})>0$，表示不存在解；否则，存在方程 $\mathcal{W}(u_{01})=0$ 的唯一根。这个唯一解可以通过割线法求得，初值选为 $u_{01}^{(j)}+\delta$ 和 $u_{01}^{(j+1)}-\delta$，其中 δ 是一个很小的正数。

类似于双目标问题，每一个 N_{r1}、N_{r2} 和 N_{r3} 的可行对表示三目标问题的一种组合。通过 7.1.2.2 节提出的方法，每个目标的可行圈数 N_r 由最优周向脉冲得到，然后可以得到三目标问题的所有可行组合。最终，所有可行组合的解由数值方法得到。值得注意的是，三目标问题可能不存在解，即 $\mathcal{W}(u_{01})=0$ 无根。

7.1.5 仿真算例

本节提供几个数值算例来分别验证提出的针对一个目标、两个目标和三个目标的单共面脉冲星下点轨迹调整方法的可行性。初始协调世界时为 2021 年的 1 月 1 日的上午 8 点整。选择的三个目标分别是海地的太子港、中国的汶川以及土耳其的阿菲永卡拉希萨尔，这三个地方分别在 2010 年、2008 年和 2002 年经历过地震。三个目标点的地心经纬度分别为 $(\lambda_1,\varphi_1)=(-72.5°,18.5°)$、$(\lambda_2,\varphi_2)=(103.4°,31°)$ 和 $(\lambda_3,\varphi_3)=(31.21°,38.74°)$。航天器初始轨道根数与 7.1.3.2 节的算例相同。最大脉冲幅值设为 $\Delta V_{max}=0.2$km/s。首先分析了短周期项的影响，然后分别考虑了飞越一个目标、两个目标和三个目标的情况。

在下面的表格和图片中，“D”表示降轨段访问，“A”表示升轨段访问。星下点轨迹通过非线性 J_2 摄动模型得到，实线和虚线分别表示机动轨道和初始(参考)轨道。星和方块标记分别表示指定地面目标点和施加脉冲的位置。

7.1.5.1 短周期项的影响

当计算脉冲前的半长轴 a_{01} 时，比较了不同方法的效果以验证短周期项的优

越性。然而，在不同的方法中，脉冲机动后，只考虑长期项的影响。“长期”表示仅考虑长期项，“长期+短周期”表示同时考虑长期项和短周期项，以及“非线性 J_2”表示考虑非线性 J_2 模型，并采用数值积分方法得到脉冲前的精确轨道根数。

对于第一个目标点，观测时间选为 1 天，选择降轨观测目标。脉冲方向角固定为 0，即 $\beta=0$。对于不同的脉冲位置，脉冲前的半长轴通过三种方法得到(即“长期”“长期+短周期”和“非线性 J_2”)，然后前三圈所需的脉冲幅值 ΔV 绘制在图 7-3(a)中。此外，在非线性 J_2 模型中，通过在脉冲位置作用求解得到的脉冲矢量，目标点纬度处的最小经度差绘制在图 7-3(b)中，该图清晰地表明短周期项的优越性。在后面的数值算例中，当计算 a_{01} 时，均考虑了短周期项。

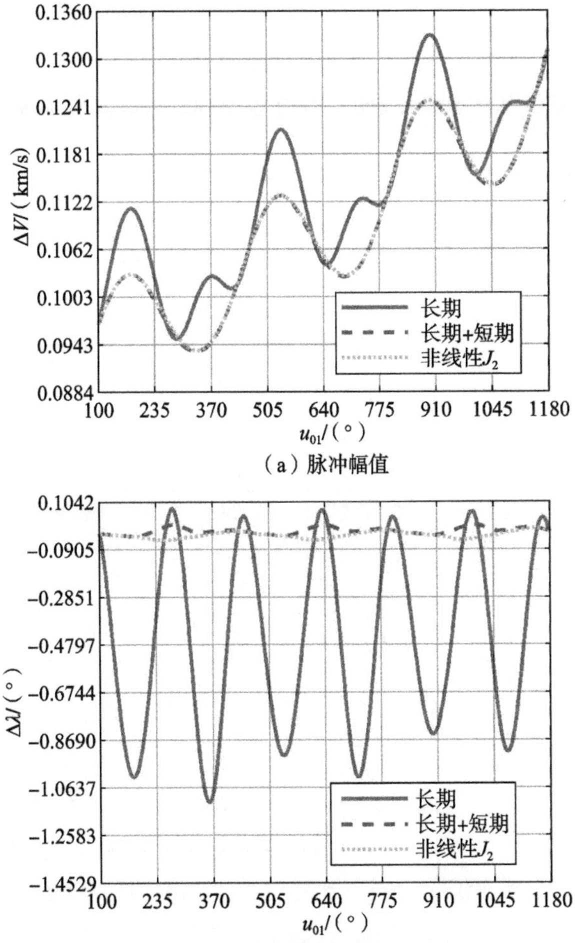

(a) 脉冲幅值

(b) 最小经度差

图 7-3　半长轴的短周期项的影响

7.1.5.2 单目标算例

根据问题的自由度，考虑三种情况的燃料最优解：①情况 1，脉冲位置自由和脉冲方向自由；②情况 2，固定脉冲位置和自由脉冲方向；③情况 3，自由脉冲位置和固定脉冲方向。

对于情况 1，$\Delta V(\beta, u_{01})$的极值可通过求解式(7-11)得到。对比极值和边界值 $\Delta V(\beta, u_{00})$，最终可以得到单目标星下点轨迹调整问题的燃料最优解。燃料最优解和 ΔV 的相对误差在表 7-1 中列出，其中“精确”表示情况 1 中使用两维搜索方法(如序列二次规划)，以及情况 2 和 3 中使用一维搜索方法(如黄金分割法)，并在非线性 J_2 模型中进行数值积分。此外，通过使用文献[78]中的方法，降轨和升轨的 ΔV 值分别为 0.093903km/s 和-0.141452km/s，ΔV 的相对误差分别为0.725%和16.664%。然而，表 7-1 的结果表示本节提出方法的 ΔV 的相对误差在 0.2%以内，表明本节方法得到的燃料最优解更接近“精确”值。

表 7-1 燃料最优解和 ΔV 的相对误差，单目标

情况	弧段	方法	u_{01}/(°)	β/(°)	ΔV/(km/s)	ΔV 的相对误差
1	D	近似	332.190	-0.872	0.093385	0.169%
		精确	333.467	-0.769	0.093227	
	A	近似	100	5.089	-0.121252	0.004%
		精确	100	5.231	-0.121247	
2	D	近似	100(固定)	4.707	0.096486	0.194%
		精确	100(固定)	24.622	0.096299	
	A	近似	100(固定)	5.089	-0.121252	0.004%
		精确	100(固定)	5.231	-0.121247	
3	D	近似	333.137	0(固定)	0.093395	0.172%
		精确	334.204	0(固定)	0.093235	
	A	近似	100	0(固定)	-0.121740	0.017%
		精确	100	0(固定)	-0.121761	

对于情况 2，脉冲位置固定 $u_{01}=u_{00}$，燃料最优解通过关于 β 的单变量牛顿-辛普森迭代得到。对于情况 3，脉冲方向固定 $\beta=0$，燃料最优解通过关于 u_{01} 的单变量牛顿-辛普森迭代得到。情况 2 和情况 3 的燃料最优解和相应的相对误差也在表 7-1 中列出。这些结果表明 ΔV 的相对误差均在 0.2%以内。

7.1.5.3 双目标算例

类似于单目标算例，考虑三种情况。然而，对于双目标问题，仅针对情况 1

得到了燃料最优解，情况 2 和情况 3 得到的是离散解。对于情况 1，1 天内的不同圈数 N_r 的最优周向脉冲在表 7-2 中列出。N_r 的可行解通过 $|\Delta\hat{V}_t| \leqslant \Delta V_{max} + \varepsilon_{\Delta V}$ 得到，其中 $\varepsilon_{\Delta V}=0.05$km/s。事实上，$\varepsilon_{\Delta V}$ 为 0.1km/s、0.15km/s 和 0.2km/s 的结果与 $\varepsilon_{\Delta V}=0.05$km/s 的结果是一样的。表 7-2 的结果表明对于目标 1 和目标 2，均只有一个正脉冲解和两个负脉冲解。一般来说，只有当两个目标点的脉冲符号相同时，才是一种可行的组合。因此，共有 5 种可行组合并在表 7-3 中列出。

表 7-2 不同圈数的最优周向脉冲，前两个目标

天数	目标 1			目标 2		
	弧段	N_{r1}	$\Delta\hat{V}_t$/(km/s)	弧段	N_{r2}	$\Delta\hat{V}_t$/(km/s)
1	D	11	0.093397	A	11	0.151207
		12	−0.115341		12	−0.059894
	A	5	−0.121738	D	5	−0.092572

表 7-3 所有可行的组合，双目标

序号	目标 1		目标 2		$N_{a,max}$	ΔV/(km/s)
	弧段	N_{r1}	弧段	N_{r2}		
1	D	12	D	5	5	−0.127008
2	A	5	D	5	5	无解
3	D	11	A	11	6	无解
4	D	12	A	12	10	无解
5	A	5	A	12	4	无解

对于每一种可行的组合，燃料最优解通过分段黄金分割法得到。通过比较所有的解，双目标问题的燃料最优解和相应的非线性 J_2 模型中得到的最优经度差在表 7-4 中列出(见情况 1)。通过作用燃料最优解(即第一种组合)，机动轨道和参考轨道的星下点轨迹绘制在图 7-4 中。此外，通过在非线性 J_2 模型中进行数值积分，求解得到精确的燃料最优解为$(u_{01}, \beta, \Delta V)=(701.242°, -0.592°, -0.126785\text{km/s})$。本书提出的方法与精确数值方法的 ΔV 的相对误差为 0.151%。

表 7-4 三种情况的解，双目标

情况	u_{01}/(°)	β/(°)	ΔV/(km/s)	$\Delta\lambda_1$/(°)	$\Delta\lambda_2$/(°)
1	699.114	−0.647	−0.126976	0.024	0.019
2	670(固定)	−43.507	−0.171209	0.029	0.013
3	699.212	0(固定)	−0.126978	0.024	0.020

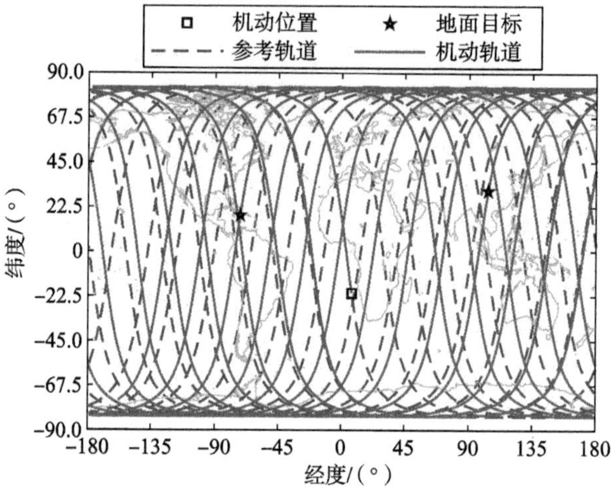

图 7-4 双目标星下点轨迹调整，燃料最优解

此外，对于情况 2，脉冲位置固定为 $u_{01}=670°$；对于情况 3，脉冲方向固定为 $\beta=0$，求得的解也在表 7-4 中列出。结果表示在这个算例中，$\beta=0$ 的解接近燃料最优解。

7.1.5.4 三目标算例

对于三目标问题，对于每一个目标点，可以得到不同圈数 N_r 的最优周向脉冲。由于前两个目标点的数据已经在表 7-2 中列出，只有第三个目标的值在表 7-5 中列出。表 7-3 和表 7-5 中的结果表明对于三目标问题，只有一种可行的组合，即全是降轨观测，三个目标的圈数分别为 $N_{r1}=12$、$N_{r2}=5$ 和 $N_{r3}=8$。

表 7-5 不同圈数的最优周向脉冲，第三个目标

天数	弧段	N_{r3}	ΔV/(km/s)
1	D	7	0. 215788
		8	−0. 108381
	A	0. 024	无解

通过 7. 1. 4 节中提出的方法，可求得两个满足燃料约束的可行解，脉冲位置、脉冲方向角和脉冲幅值分别是 $(u_{01}, \beta, \Delta V)$ = (729. 164°, 43. 820°, −0. 174653km/s) 和 $(u_{01}, \beta, \Delta V)$ = (663. 591°, −49. 431°, −0. 189138km/s)。通过应用燃料最优解(即第一个解)，机动轨道和参考轨道的星下点轨迹绘制在图 7-5 中。在非线性 J_2 模型中，三个目标点纬度处的最小经度差分别为

$(\Delta\lambda_1, \Delta\lambda_2, \Delta\lambda_3) = (0.014°, 0.015°, 0.017°)$，该结果表明提出的方法是准确的。

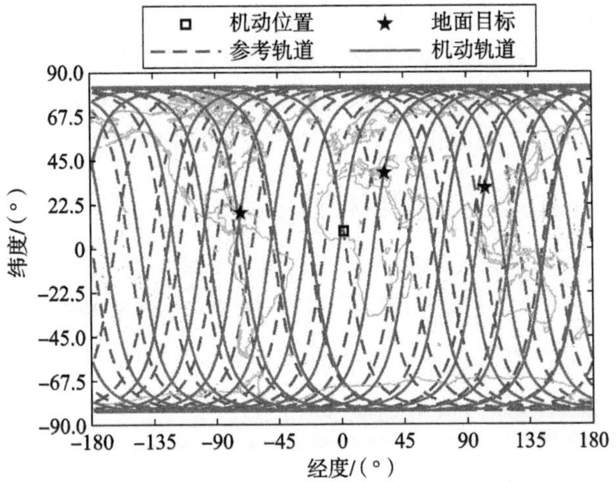

图 7-5　三目标星下点轨迹调整

7.1.6　小结

本节求解了单次共面脉冲下飞越一个、两个和三个地面目标的多目标星下点轨迹调整问题。针对一个目标点，通过优化脉冲位置和脉冲方向，得到最小燃料解。对于两个目标，考虑脉冲位置固定，通过求解三次方程解析得到了机动轨道的半长轴。基于所提解析解，将双目标最小燃料问题转化为仅关于脉冲位置的一维搜索问题。针对三个目标点，将星下点轨迹调整问题转化为仅关于脉冲位置的一维非线性方程求根问题，用数值方法进行求解。此外，验证了 J_2 摄动模型下半长轴短周期项在脉冲前的影响，显著提高了星下点轨迹调整解的精度。数值结果表明，与非线性 J_2 摄动模型相比，所提方法的脉冲幅值误差和访问地面目标时星下点经度误差较小。

7.2　单脉冲访问多空间目标轨道机动

空间中通过一次轨道机动对多个目标进行访问可以大幅提升任务效率，减少地面测控资源的消耗，节省发射成本。在本节中，对单次脉冲实现多个空间目标的访问问题进行研究。本节将从共面和异面两种情况对问题进行分类讨论。首先分析不同情况下，问题的数学模型所包含的约束方程数量与自由变量的数量，以此为依据，判断不同情况下单次脉冲可以访问的目标数量。此后，考虑到多目标访问的问题维度较高，求解难度较大，因而针对共面或异面的情况，给出不同的研究方法以实现对问题方程组的降维处理，使问题简化，便于求解。最后，通过牛顿迭代等方法对问题进行求解。此外，对共面和异面情况均进一步分析由于地球引力摄动引起的轨道访问误差，并通过微分修正算法和同伦法对其进行修正，从而得到 J_2 摄动模型下的结果。

7.2.1 问题描述与可访问目标数量确定

以访问三个空间目标的任务为例，如图 7-6 所示，假设已知轨道的 4 个空间物体 $S_0 \sim S_3$，其中 S_0 为执行任务的航天器，$S_1 \sim S_3$ 为目标。在初始时刻 t_i，它们分别处于空间中的 $S_{0,t_i} \sim S_{3,t_i}$ 位置。之后在 t_0 时刻航天器 S_0 在 S_{0,t_0} 处施加速度脉冲 $\boldsymbol{\Delta V}$，使航天器的初始轨道转变为访问轨道，并在之后的飞行过程中，分别于 t_1 至 t_3 时刻（$t_0<t_1<t_2<t_3$）与目标 $S_1 \sim S_3$ 抵达空间相同位置实现多目标访问。如果目标数量为 2，则只需在此基础上忽略其中一个目标即可。

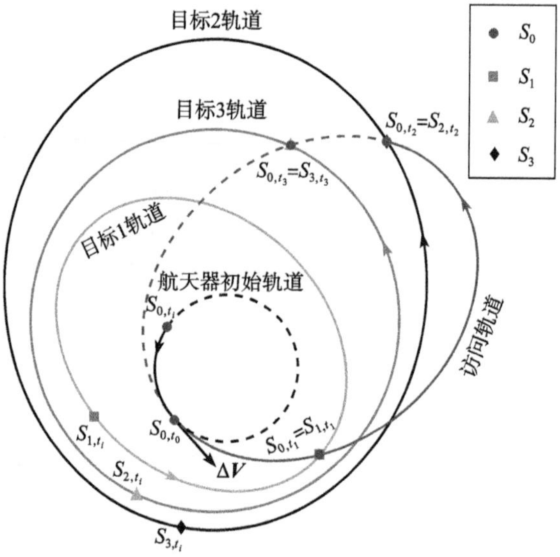

图 7-6　单脉冲访问多目标示意图

需要注意的是，访问顺序并不一定与目标序号一致，也就是说，访问顺序既可以是 $S_1 \to S_2 \to S_3$，也可以是 $S_2 \to S_1 \to S_3$，等等。访问时刻 $t_1 \sim t_3$ 仅表示时间顺序上访问的是第几个空间目标，而非目标编号。

对于此问题，不难发现其中包含的自由变量包括 $t_0 \sim t_N$（N 为访问目标的数量)，以及速度改变量 ΔV(共面情况为 2 个变量，异面为 3 个)。即当轨道面都为共面时，自由变量的数量为 $N+3$ 个，异面时则为 $N+4$ 个。另外，对于实现目标访问需要满足的约束方程数量，共面条件下的每一个待访问的空间目标有 2 个终端位置约束，异面条件下则有 3 个。因此，可以总结出共面及异面情况下此问题的分析性结论，见表 7-6。

表 7-6　单脉冲访问多目标问题变量及约束情况分析

	自由变量数	约束方程数	情况分析
共面	$N+3$	$2N$	$N=2$：无穷多解，可优化 $N=3$：可求可行解
异面	$N+4$	$3N$	$N=2$：可求可行解

从以上分析可知，对于共面单脉冲访问三目标和异面单脉冲访问二目标，约束方程的数量与自由变量的数量恰好相等，均为 6 个。当目标数量在此基础上增加时，约束方程的数量将多于自由变量的数量，使问题不存在解。所以，本节的主要研究内容即为共面单脉冲访问二目标或三目标，以及异面单脉冲访问二目标问题。

7.2.2　二体模型下访问共面二目标

共面情况问题中，将共计涉及 5 条航天器轨道，分别是航天器 S_0 的初始轨道，目标 1、2、3(指访问顺序，并非目标编号)的飞行轨道，以及 S_0 施加速度脉冲以后得到的访问轨道。这 5 种轨道将在本节中分别以前下标“0、1、2、3、4”进行表示。同时，本节中还将涉及 5 个时刻分别是初始时刻 t_i，脉冲时刻 t_0 以及访问目标 1、2、3 的时刻 t_1、t_2、t_3。这 5 个时刻将分别以后下标的形式进行表示。例如，S_{0,t_1} 表示航天器在其初始轨道上，t_1 时刻所处的空间位置，对应的位置矢量和速度矢量则相应表示为 $\boldsymbol{r}_{0,t_1}$、$\boldsymbol{v}_{0,t_1}$。本节内容所有的位置和速度矢量均默认在 ECI 系下表示。

7.2.2.1　利用 Gibbs 方法确定访问轨道参数

在二体模型下，航天器或目标在空间中的位置矢量 $\boldsymbol{r}_{j,t_k}(j=0\sim4,\ k=0\sim3)$ 表示为式(7-22)的形式。注意到此处 $j=3$ 及 $k=3$ 的情况在二目标访问问题中不会被使用，但是对于三目标访问的情况同样适用，因此一并写出。

$$\boldsymbol{r}_{j,t_k}=r_{j,t_k}\boldsymbol{\Gamma}_{j,t_k} \tag{7-22}$$

$$r_{j,t_k}=\frac{a_j(1-e_j^2)}{1+e_j\cos f_{j,t_k}} \tag{7-23}$$

$$\boldsymbol{\Gamma}_{j,t_k}=\begin{bmatrix}\cos\Omega_j\cos(\omega_j+f_{j,t_k})-\sin\Omega_j\cos i_j\sin(\omega_j+f_{j,t_k})\\ \sin\Omega_j\cos(\omega_j+f_{j,t_k})+\cos\Omega_j\cos i_j\sin(\omega_j+f_{j,t_k})\\ \sin i_j\sin(\omega_j+f_{j,t_k})\end{bmatrix}\tag{7-24}$$

由第 2 章中介绍的 Gibbs 三矢量定轨理论可知，在地球二体引力模型下，3 个共面的位置矢量可以唯一确定一条经过此 3 个位置的开普勒轨道。而在本节的共面情况问题中，所要求的共面条件天然满足，因此，假设 t_0、t_1 和 t_2 是已知的，则与之分别唯一对应的 3 个位置矢量 $\boldsymbol{r}_{0,t_0}$、$\boldsymbol{r}_{1,t_1}$、$\boldsymbol{r}_{2,t_2}$ 就可以通过 Gibbs 方法，确定出一条航天器轨道。这条被确定的轨道，就是本问题需要求解的访问轨道。具体的 Gibbs 方法确定 $\boldsymbol{v}_{4,t_k}$ 过程详见 2.7 节，此处不再赘述。过程中涉及的三个位置矢量由目标访问约束可以表示为

$$\begin{cases}\boldsymbol{r}_{4,t_0}=\boldsymbol{r}_{0,t_0}\\ \boldsymbol{r}_{4,t_1}=\boldsymbol{r}_{1,t_1}\\ \boldsymbol{r}_{4,t_2}=\boldsymbol{r}_{2,t_2}\end{cases}\tag{7-25}$$

注意到式(7-25)中的所有矢量都可以表示为 t_0、t_1 以及 t_2 的函数，因此可以得出，由 $t_0\sim t_2$ 可以确定航天器在 t_0 时刻应具有的速度 $\boldsymbol{v}_{4,t_0}$。

但是，仅能够使访问轨道通过这三个位置是不够的，因为到达对应位置处的时刻并不能够保证与原定的时刻相同。所以，只要能够保证在由 Gibbs 方法确定的访问轨道上，可以于 t_0、t_1 和 t_2 时刻分别到达对应的 $\boldsymbol{r}_{0,t_0}$、$\boldsymbol{r}_{1,t_1}$ 和 $\boldsymbol{r}_{2,t_2}$，就能够实现单脉冲访问这两个目标。

为了能够获得在轨道上飞行的时间关系，需要通过开普勒方程相关理论，将轨道根数中的真近点角与各个时刻建立联系。因此，需要对访问轨道的轨道根数进行求取。由活力公式可得访问轨道的半长轴为

$$a_4=\frac{\mu r_{4,t_k}}{2\mu-r_{4,t_k}v_{4,t_k}^2}\tag{7-26}$$

其偏心率矢量也可以由 $\boldsymbol{r}_{4,t_k}$ 和 $\boldsymbol{v}_{4,t_k}$ 表示

$$\boldsymbol{e}_4=\frac{1}{\mu}\left[\left(v_{4,t_k}^2-\frac{\mu}{r_{4,t_k}}\right)\boldsymbol{r}_{4,t_k}-(\boldsymbol{r}_{4,t_k}\cdot\boldsymbol{v}_{4,t_k})\boldsymbol{v}_{4,t_k}\right]\tag{7-27}$$

偏心率的大小 $e_4=\|\boldsymbol{e}_4\|$。对式(7-27)左右分别点乘 $\boldsymbol{r}_{4,t_k}$，可以得到相应轨道位置处的真近点角 f_{4,t_k}。

$$
f_{4,t_k}=\begin{cases}\arccos\left[\dfrac{(r_{4,t_k}^2 v_{4,t_k}^2-\mu r_{4,t_k})}{\mu e_4 r_{4,t_k}}-\dfrac{(\boldsymbol{r}_{4,t_k}\cdot\boldsymbol{v}_{4,t_k})^2}{\mu e_4 r_{4,t_k}}\right], & 若\ \boldsymbol{r}_{4,t_k}\cdot\boldsymbol{v}_{4,t_k}\geqslant 0\\ 2\pi-\arccos\left[\dfrac{(r_{4,t_k}^2 v_{4,t_k}^2-\mu r_{4,t_k})}{\mu e_4 r_{4,t_k}}-\dfrac{(\boldsymbol{r}_{4,t_k}\cdot\boldsymbol{v}_{4,t_k})^2}{\mu e_4 r_{4,t_k}}\right], & 若\ \boldsymbol{r}_{4,t_k}\cdot\boldsymbol{v}_{4,t_k}<0\end{cases}
\tag{7-28}
$$

7.2.2.2 转移时间形式的终端约束方程组降维与建立

当求解得到访问轨道的轨道参数后，可以得到相应的偏近点角和平近点角表达式

$$
\begin{cases}\begin{cases}M_{j,t_k}=E_{j,t_k}-e_j\sin E_{j,t_k}\\ E_{j,tk}=2\arctan\left(\sqrt{\dfrac{1-e_j}{1+e_j}}\tan\dfrac{f_{j,t_k}}{2}\right), & 0\leqslant e_j<1\end{cases}\\ \begin{cases}M_{j,t_k}=\dfrac{1}{2}\tan\dfrac{f_{j,t_k}}{2}+\dfrac{1}{6}\tan^3\dfrac{f_{j,t_k}}{2}, & e_j=1\end{cases}\\ \begin{cases}M_{j,t_k}=e_j\sinh E_{j,t_k}-E_{j,t_k}\\ E_{j,t_k}=2\arctan\left(\sqrt{\dfrac{e_j-1}{e_j+1}}\tan\dfrac{f_{j,t_k}}{2}\right), & e_j>1\end{cases}\end{cases}
\tag{7-29}
$$

当平近点角得到以后，就可以通过开普勒方程建立关于目标 1、2 的访问时刻约束方程组

$$
\begin{cases}t_1-t_0=\dfrac{M_{4,t_1}-M_{4,t_0}}{n_4}\\ t_2-t_0=\dfrac{M_{4,t_2}-M_{4,t_0}}{n_4}\end{cases}
\tag{7-30}
$$

式中：$n_4=\sqrt{\mu/a_4^3}$ 为访问轨道的轨道角速度。

从式(7-30)可以看出，等式右侧的项均为关于 $t_0\sim t_2$ 的函数，所以该方程组为一个 3 元 2 维的非线性方程组。通过 Gibbs 方法将 $\boldsymbol{v}_{4,t_k}$ 表示为 $t_0\sim t_2$ 的函数同时满足空间位置约束，并通过开普勒方程建立时间方程满足时刻约束。最终使问题的维度减少 4 维，转化为一个 2 维非线性方程组求解问题。

由于自变量的数量多于方程的数量，可以得出结论，共面单脉冲访问两个目标的问题具有无穷多解。但是与此同时，进一步我们还可以额外施加约束条件，求出一些特殊解。例如，可以通过给定 $t_0\sim t_2$ 其中之一，即实现任意时刻施加脉冲，或给定期望访问时刻，都可以实现问题的求解。下面具体介绍一下该方程组的求解过程。

7.2.2.3 给定脉冲时刻的求解方法

将式(7-30)重新写为下面的形式：

$$\boldsymbol{F}(t_0,\ t_1,\ t_2) \triangleq \begin{bmatrix} Q_1 \\ Q_2 \end{bmatrix} = \begin{bmatrix} 0 \\ 0 \end{bmatrix} \tag{7-31}$$

$$\begin{cases} Q_1 \triangleq (t_1 - t_0) - \dfrac{M_{4,t_1} - M_{4,t_0}}{n_4} \\ Q_2 \triangleq (t_2 - t_0) - \dfrac{M_{4,t_2} - M_{4,t_0}}{n_4} \end{cases} \tag{7-32}$$

三个时刻其中任意一个给定时，通过牛顿迭代求解的过程都是相似的，此处以给定脉冲时刻 t_0 为例，则自由变量为 t_1 和 t_2。牛顿迭代需要得到方程组的雅可比矩阵，该方程组的雅可比矩阵为

$$\boldsymbol{J} = \begin{bmatrix} \dfrac{\partial Q_1}{\partial t_1} & \dfrac{\partial Q_1}{\partial t_2} \\ \dfrac{\partial Q_2}{\partial t_1} & \dfrac{\partial Q_2}{\partial t_2} \end{bmatrix} \tag{7-33}$$

式中

$$\begin{cases} \dfrac{\partial Q_1}{\partial t_1} = 1 - \dfrac{1}{n_4}\left(\dfrac{\partial M_{4,t_1}}{\partial t_1} - \dfrac{\partial M_{4,t_0}}{\partial t_1}\right) + \dfrac{1}{n_4^2}\dfrac{\partial n_4}{\partial t_1}(M_{4,t_1} - M_{4,t_0}) \\ \dfrac{\partial Q_1}{\partial t_2} = -\dfrac{1}{n_4}\left(\dfrac{\partial M_{4,t_1}}{\partial t_2} - \dfrac{\partial M_{4,t_0}}{\partial t_2}\right) + \dfrac{1}{n_4^2}\dfrac{\partial n_4}{\partial t_2}(M_{4,t_1} - M_{4,t_0}) \\ \dfrac{\partial Q_2}{\partial t_1} = -\dfrac{1}{n_4}\left(\dfrac{\partial M_{4,t_2}}{\partial t_1} - \dfrac{\partial M_{4,t_0}}{\partial t_1}\right) + \dfrac{1}{n_4^2}\dfrac{\partial n_4}{\partial t_1}(M_{4,t_2} - M_{4,t_0}) \\ \dfrac{\partial Q_2}{\partial t_2} = 1 - \dfrac{1}{n_4}\left(\dfrac{\partial M_{4,t_2}}{\partial t_2} - \dfrac{\partial M_{4,t_0}}{\partial t_2}\right) + \dfrac{1}{n_4^2}\dfrac{\partial n_4}{\partial t_2}(M_{4,t_2} - M_{4,t_0}) \end{cases} \tag{7-34}$$

式(7-34)中的各项偏导数都可以通过解析推导获得，推导过程较为冗繁，此处不展开描述。在实际求解过程中，也可以选择通过数值差分的方法获得近似的雅可比矩阵数值。

此时，对于方程组的求解工作，还需要得到合理的迭代初值点。由于其非线性程度很高，初值点的选取很难直接通过理论推导给出简洁的方法。所以，得益于我们的工作已经将问题的方程组维度降至 2 维且只包含两个自由变量，可以采取网格法对 2 元 2 维方程组进行迭代初值的搜索。此时设定指标函数为式(7-32)中的 $|Q_1|+|Q_2|$，即

$$P=\left|t_1-t_0-\frac{M_{4,t_1}-M_{4,t_0}}{n_4}\right|+\left|t_2-t_0-\frac{M_{4,t_2}-M_{4,t_0}}{n_4}\right| \tag{7-35}$$

该指标函数的物理意义为航天器 S_0 与目标 S_1、S_2 抵达相应访问位置处的时间差绝对值之和，当 $P=0$ 时就表示 S_0 恰好分别与 S_1 和 S_2 同时到达对此二目标的访问点，可以实现单脉冲对二目标的访问。同时给定指标 P 的筛选上界 $P_{\max}$，所有符合 $P<P_{\max}$ 的网格点都视为合理的初值点，应用牛顿迭代求解方程组，最终可以整理出相应的解集。

通过以上思路过程，我们可以得到固定脉冲时刻 t_0 或任意一个访问时刻 t_1 或 t_2 条件下的共面单脉冲访问两个目标的可行解集。而当三个时刻均自由时，此问题还可以进行燃料最优的优化求解。例如在限定脉冲时刻在初始时刻之后的一个轨道周期内时，可以仅通过优化脉冲时刻的一维搜索，得到燃料最优解，即按照一定的时间步长，将脉冲时刻 t_0 在给定的时间约束范围内离散为一系列时间节点，之后对于每一个离散点，按照以上求解过程，求出相应解集。对于每一个时间离散点，选择解集中速度改变量最小的解进行比较，即可确定燃料最优解对应的脉冲时刻所在的时间区间。在该时间区间内采用序列二次规划算法对 ΔV 进行局部优化即可得到燃料最优脉冲时刻以及相应的单脉冲访问二目标的燃料最优解。

7.2.3　二体模型下访问共面三目标

在 7.2.2 节中，考虑了共面二目标的单脉冲访问问题，由于问题模型中的自由变量个数比终端约束的数量多，通过 Gibbs 三矢量定轨方法最终得到了一个 3 元 2 维的非线性方程组。可以通过给定其中一个变量使自由变量和约束的数量相同，另外，还可以考虑使目标数量再增加一个，使方程和未知量的数量相匹配，即共面单脉冲访问三目标。

7.2.3.1　利用 Lambert 问题确定访问轨道参数

虽然同样得益于天然共面的条件，使用 Gibbs 定轨的策略依然适用，但是不难发现，最终将会建立一个 3 元 3 维的方程组。对于这样高维度的非线性方程组，如果无法通过简单的方法得到迭代求解的初值，是很难进行方程组的有效求解的，雅可比矩阵将由 4 项增加至 9 项，初值选取也将变为 3 维搜索，这是非常复杂的。所以，对于共面三目标访问的问题，本节选择借助 Lambert 问题的理论对方程组进行简化。

由 Lambert 问题可知，当脉冲时刻 t_0 和访问第一个目标的时刻 t_1 已知时，可以得到一条能够满足访问目标 1 的访问轨道。同时，由于航天器的轨道与目标1的轨道共面，这条访问轨道也将在相同的轨道平面之中。换言之，此问题最终得到的访问轨道可以由$[t_0, t_1]$确定。

7.2.3.2 转移时间形式的终端约束方程组降维、建立与求解

当能够满足访问目标1的访问轨道确定以后，通过计算可以得到该轨道与目标2、3的轨道交点，这个过程在数学上可以描述为任意已知的共面两条轨道A与B，求其交点处各自的真近点角的问题。此问题求解过程如下。

考虑两条共面轨道(分别用A和B表示)，假设二者存在交点，则在交点处有

$$\frac{p_A}{1+e_A\cos f_A}=\frac{p_B}{1+e_B\cos f_B} \tag{7-36}$$

式中：$p_A=a_A(1-e_A^2)$；$p_B=a_B(1-e_B^2)$。

同时，在交点处，两条轨道的真近点角具有以下的几何关系：

$$\begin{cases}f_B=f_A-(\omega_B-\omega_A), & 若\ \hat{\boldsymbol{h}}_A=\hat{\boldsymbol{h}}_B \\ f_B=-f_A+(\pi-\omega_B-\omega_A), & 若\ \hat{\boldsymbol{h}}_A=-\hat{\boldsymbol{h}}_B\end{cases} \tag{7-37}$$

式中：ω_A和ω_B分别为A轨道和B轨道的近地点角距；$\hat{\boldsymbol{h}}_A$和$\hat{\boldsymbol{h}}_B$分别为A、B轨道的轨道角动量单位方向矢量。

令

$$\beta\triangleq\begin{cases}\omega_B-\omega_A, & 若\ \hat{\boldsymbol{h}}_A=\hat{\boldsymbol{h}}_B \\ \pi-\omega_B-\omega_A, & 若\ \hat{\boldsymbol{h}}_A=-\hat{\boldsymbol{h}}_B\end{cases}$$

则结合式(7-37)，代入式(7-36)，整理后可得

$$\frac{p_A-p_B}{p_Be_A}+\left(\frac{p_Ae_B\cos\beta}{p_Be_A}-1\right)\cos f_A+\frac{p_Ae_B\sin\beta}{p_Be_A}\sin f_A=0 \tag{7-38}$$

令

$$\begin{cases}K_1\triangleq\dfrac{p_A-p_B}{p_Be_A} \\ K_2\triangleq\dfrac{p_Ae_B\cos\beta}{p_Be_A}-1 \\ K_3\triangleq\dfrac{p_Ae_B\sin\beta}{p_Be_A}\end{cases} \tag{7-39}$$

同时将式(7-38)左右同时除以$\sqrt{K_2^2+K_3^2}$，可将其重新写为

$$\frac{K_2}{\sqrt{K_2^2+K_3^2}}\cos f_A+\frac{K_3}{\sqrt{K_2^2+K_3^2}}\sin f_A=-\frac{K_1}{\sqrt{K_2^2+K_3^2}} \tag{7-40}$$

由此式可以通过三角函数关系求解 f_A。

$$f_A = \pm\arccos\left(-\frac{K_1}{\sqrt{K_2^2+K_3^2}}\right)+\alpha \tag{7-41}$$

式中：$\alpha=\arctan2(K_3, K_2)$。同时，当 f_A 得到后，f_B 也可以通过式(7-37)获得。

所以，如果令访问轨道为 A 轨道，目标 2、3 的轨道分别作为 B 轨道，则可以根据以上过程得到访问轨道与目标 2、3 轨道交点处各自的真近点角 f_{4,t_2}、f_{4,t_3}、f_{2,t_2} 和 f_{3,t_3}。同样，为了建立关于时间的方程组，需要得到对应的平近点角。真近点角到平近点角的转换过程可以参考式(7-29)。

当平近点角可以确定以后，则可以建立共面三目标访问的方程组：

$$\begin{cases}\dfrac{M_{2,t_2}-M_{2,t_0}}{n_2}-t_0=\dfrac{M_{4,t_2}-M_{4,t_0}}{n_4}\\[2ex]\dfrac{M_{3,t_3}-M_{3,t_0}}{n_3}-t_0=\dfrac{M_{4,t_3}-M_{4,t_0}}{n_4}\end{cases} \tag{7-42}$$

在式(7-42)中，自由变量仅包含 t_0 和 t_1。所以，原本 6 自由变量 6 终端约束的共面访问三目标问题通过引入 Lambert 算法，可以降维简化为求解 2 元 2 维非线性方程问题。但是，与通过 Gibbs 方法建立方程组相比，用 Lambert 方法的缺点之处在于，Lambert 问题的求解过程并不是解析的，从而将会导致方程组(7-42)的雅可比矩阵无法通过数学推导得到解析的表达式，只能通过数值差分算法近似计算，不过虽然如此，2 元 2 维方程组相比于 3 元 3 维方程组，求解起来的复杂程度能够得到非常大的降低，所以 Lambert 算法的应用还是具有简化问题的效果。

方程组的求解方法同样是采用网格法搜索迭代初值，再通过牛顿迭代求解。此时，网格法的指标函数 P 变为

$$P=\left|\frac{M_{2,t_2}-M_{2,t_0}}{n_2}-t_0-\frac{M_{4,t_2}-M_{4,t_0}}{n_4}\right|+\left|\frac{M_{3,t_3}-M_{3,t_0}}{n_3}-t_0-\frac{M_{4,t_3}-M_{4,t_0}}{n_4}\right| \tag{7-43}$$

该指标函数的物理意义与式(7-35)相似，表示航天器 S_0 与目标 S_2 和 S_3 分别抵达各自待访问点处所需时间差的绝对值之和。只有当 $P=0$ 时，S_0 才能与 S_2 和 S_3 分别同时到达待访问点，从而实现单脉冲访问多目标任务。值得说明的是，对于三目标访问问题，虽然与二目标访问问题一样，最后都转化为求解 2 维非线性方程组的问题，但是对于问题本身的约束强弱大小而言，三目标访问的约束显然比二目标访问中任意给定一个时刻的约束性更强，以至于如果给定的时间范围较小(如限制在一个轨道周期内施加脉冲)，可能难以得到合理的初值点，此时可以考虑放宽时间约束，在更大的时间范围内进行搜索。

7.2.4 二体模型下访问异面二目标

共面条件下的多目标访问问题虽然可以在访问两个目标时进行优化得到燃料最优解，或可以实现单次脉冲机动访问三个目标，但是在实际应用中，多数情况下目标的轨道并非与航天器轨道共面，所以有必要研究异面情况下的多目标访问问题。异面情况下，由 7.2.1 节分析可知，一次脉冲机动最多访问两个空间目标，产生 6 个自由变量和 6 个约束方程，维度太高使求解非常困难，所以解决该问题的基本思想仍然要使问题的方程组降维。此外，在地球非球形引力摄动的影响下，航天器的轨道面会产生进动，这种进动的速率与轨道倾角相关程度较大。当轨道面相同时，摄动带来的影响相对较小，而当航天器、目标之间的轨道倾角不同时，二体条件下的解在摄动模型下将带来较大的访问误差。因此对于异面多目标访问问题，还需要研究在引力摄动条件下的求解策略。考虑到地球引力摄动的最主要项为 J_2 项，所以本节将问题分为二体问题下的求解过程与 J_2 摄动问题下的求解过程两部分进行研究。

7.2.4.1 访问轨道平面与目标轨道的交点确定

在二体模型下，航天器的轨道是一条空间中固定平面内的圆锥曲线，该平面可以由轨道上任意个非共线的位置矢量唯一确定。因此，对于待求解的访问轨道，也可以通过脉冲时刻 t_0 的航天器位置矢量 $\boldsymbol{r}_{0,t_0}$ 与访问第一个目标的目标位置矢量 $\boldsymbol{r}_{1,t_1}$ 确定。如果访问轨道的轨道面与目标 2 的轨道面不是共面的，那么在空间中，其与目标 2 的轨道一定会产生两个线面交点。进而如果此问题存在可行解，则访问目标 2 的位置一定是在这两个交点之一处。

以上分析过程的几何示意图如图 7-7 所示。图中的 $\boldsymbol{h}$ 表示轨道角动量，$\hat{\boldsymbol{h}}$ 为其单位矢量，下标 2 和 4 分别表示目标 2 的轨道和访问轨道。由轨道角动量的方向垂直于轨道平面可知有

$$\hat{\boldsymbol{h}}_4=\frac{\boldsymbol{r}_{0,t_0}\times\boldsymbol{r}_{1,t_1}}{\|\boldsymbol{r}_{0,t_0}\times\boldsymbol{r}_{1,t_1}\|} \tag{7-44}$$

则访问轨道的轨道面与目标 2 的轨道面的交线在空间中的方向应为 $\hat{\boldsymbol{h}}_4\times\hat{\boldsymbol{h}}_2$，因此，该交线与目标 2 的轨道交点就是可能的访问点。我们设定 $\hat{\boldsymbol{h}}_4\times\hat{\boldsymbol{h}}_2$ 正方向的交点为 1 号访问点，记为#1。则由真近点角的物理定义可知，#1 在目标 2 轨道上的真近点角应为

$$\cos f_{2,t_2}=\frac{(\hat{\boldsymbol{h}}_4\times\hat{\boldsymbol{h}}_2)\cdot\hat{\boldsymbol{e}}_2}{\|\hat{\boldsymbol{h}}_4\times\hat{\boldsymbol{h}}_2\|} \tag{7-45}$$

由矢量运算法则可知$(\hat{\boldsymbol{h}}_4\times\hat{\boldsymbol{h}}_2)\cdot\hat{\boldsymbol{e}}_2=(\hat{\boldsymbol{h}}_2\times\hat{\boldsymbol{e}}_2)\cdot\hat{\boldsymbol{h}}_4$，所以式(7-45)可重写为

$$\cos f_{2,t_2}=\frac{\hat{\boldsymbol{p}}_2\cdot\hat{\boldsymbol{h}}_4}{\|\hat{\boldsymbol{h}}_4\times\hat{\boldsymbol{h}}_2\|} \tag{7-46}$$

式中：$\hat{\boldsymbol{p}}_2=\hat{\boldsymbol{h}}_2\times\hat{\boldsymbol{e}}_2$。注意到虽然由式(7-46)可以得到 f_{2,t_2} 的两个对应的角度，但是由真近点角的物理意义可以确定两个解中只有一个是正确的，在取反余弦函数的正负号时，可根据$[(\hat{\boldsymbol{h}}_4\times\hat{\boldsymbol{h}}_2)\times\hat{\boldsymbol{e}}_2]\cdot\hat{\boldsymbol{h}}_2$ 的符号进行判断，结果应为

$$f_{2,t_2}=\begin{cases}\arccos\dfrac{\hat{\boldsymbol{p}}_2\cdot\hat{\boldsymbol{h}}_4}{\|\hat{\boldsymbol{h}}_4\times\hat{\boldsymbol{h}}_2\|}, & 若[(\hat{\boldsymbol{h}}_4\times\hat{\boldsymbol{h}}_2)\times\hat{\boldsymbol{e}}_2]\cdot\hat{\boldsymbol{h}}_2<0\\ 2\pi-\arccos\dfrac{\hat{\boldsymbol{p}}_2\cdot\hat{\boldsymbol{h}}_4}{\|\hat{\boldsymbol{h}}_4\times\hat{\boldsymbol{h}}_2\|}, & 若[(\hat{\boldsymbol{h}}_4\times\hat{\boldsymbol{h}}_2)\times\hat{\boldsymbol{e}}_2]\cdot\hat{\boldsymbol{h}}_2>0\end{cases} \tag{7-47}$$

一旦#1 点的真近点角确定，则#2 点的真近点角易知应为 $f_{2,t_2}+\pi$。

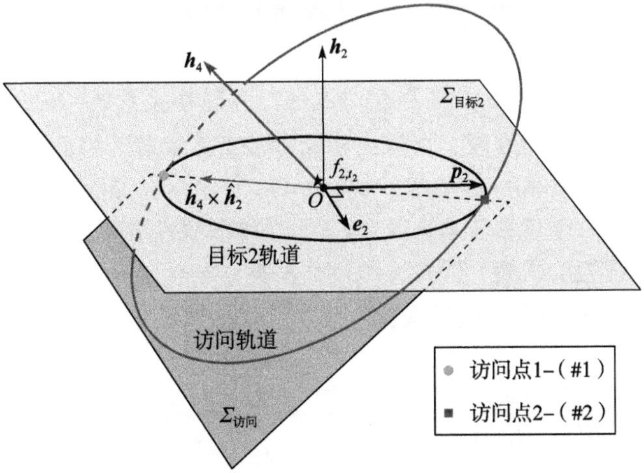

图 7-7　访问点示意图

需要注意的是，上述推导过程中并不涉及目标 2 的状态，仅应用到了其轨道的一些基本性质，所以 f_{2,t_2} 仅为 t_0 和 t_1 的函数。

7.2.4.2　基于 Gibbs 方法对终端约束方程组进行降维与建立

此时，在目标 2 轨道上真近点角 f_{2,t_2} 处对应的位置矢量，必然也处于访问轨道的轨道面内，同时为了满足访问约束，该位置也是航天器和目标 2 在 t_2 时刻需要到达的空间位置，不妨记为 $\boldsymbol{r}_{2,t_2}$。这为使用 Gibbs 方法提供了基本条件。通过 $\boldsymbol{r}_{0,t_0}$、$\boldsymbol{r}_{1,t_1}$ 与 $\boldsymbol{r}_{2,t_2}$，基于 Gibbs 方法，即可确定一条访问轨道。但同样地，此时得到的访问轨道虽然能够保证与目标 1 和目标 2 都存在交点，但是由于没有考虑各自飞行至对应交点处的时刻，所以并不能满足访问约束。因此，接下

来需要研究的就是如何使航天器与目标 1、2 分别在 t_1 时刻 t_2 时刻抵达对应的交点处，这也就需要求解开普勒方程来建立起位置与时间的关系。

记在 $t_k(k=0,\ 1,\ 2)$ 时刻，航天器在访问轨道上的速度矢量为 $\boldsymbol{v}_{4,t_k}$，则对应的半长轴 a_4、偏心率矢量 $\boldsymbol{e}_4$、真近点角 f_{4,t_k}，以及航天器和目标在相应时刻的平近点角，都同样可以由如式(7-26)~式(7-29)的过程得到。

当以上各参数都得到以后，就可以建立起关于到达目标位置时刻的方程组：

$$\begin{cases} t_1-t_0=\dfrac{M_{4,t_1}-M_{4,t_0}}{n_4} \\ t_2-t_0=\dfrac{M_{4,t_2}-M_{4,t_0}}{n_4} \end{cases} \tag{7-48}$$

式中：n_4 为访问轨道的轨道平均角速度。而 t_2 则可以由下式确定：

$$t_2=\frac{M_{2,t_2}-M_{2,t_i}}{n_2} \tag{7-49}$$

式中的 M_{2,t_2} 则可以通过 f_{2,t_2} 的表达式(7-47)和转换关系式(7-29)获得。而 n_2 为目标 2 的轨道平均角速度，可以由初始参数直接求取。因此，由于整个推导过程都没有涉及与 t_2 相关的参数，式(7-48)所建立的异面情况下的两目标访问问题方程组是一个仅关于 t_0 和 t_1 的 2 元 2 维非线性方程组。

对于该方程组的求解，同样采取网格法搜索初值点与牛顿迭代求解。将方程组(7-48)重新写为下面的形式：

$$\boldsymbol{F}(t_0,\ t_1)=\begin{bmatrix} (t_1-t_0)-\dfrac{M_{3,t_1}-M_{3,t_0}}{n_4} \\ (t_2-t_0)-\dfrac{M_{3,t_2}-M_{3,t_0}}{n_4} \end{bmatrix} \triangleq \begin{bmatrix} Q_1 \\ Q_2 \end{bmatrix}=\begin{bmatrix} 0 \\ 0 \end{bmatrix} \tag{7-50}$$

则雅可比矩阵的 4 个分项为

$$\begin{cases} \dfrac{\partial Q_1}{\partial t_0}=-1+\dfrac{1}{n_4^2}\dfrac{\partial n_4}{\partial t_0}(M_{4,t_1}-M_{4,t_0})-\dfrac{1}{n_4}\left(\dfrac{\partial M_{4,t_1}}{\partial t_0}-\dfrac{\partial M_{4,t_0}}{\partial t_0}\right) \\ \dfrac{\partial Q_1}{\partial t_1}=1+\dfrac{1}{n_4^2}\dfrac{\partial n_4}{\partial t_1}(M_{4,t_1}-M_{4,t_0})-\dfrac{1}{n_4}\left(\dfrac{\partial M_{4,t_1}}{\partial t_1}-\dfrac{\partial M_{4,t_0}}{\partial t_1}\right) \\ \dfrac{\partial Q_2}{\partial t_0}=\dfrac{\partial t_2}{\partial t_0}-1+\dfrac{1}{n_4^2}\dfrac{\partial n_4}{\partial t_0}(M_{4,t_2}-M_{4,t_0})-\dfrac{1}{n_4}\left(\dfrac{\partial M_{4,t_2}}{\partial t_0}-\dfrac{\partial M_{4,t_0}}{\partial t_0}\right) \\ \dfrac{\partial Q_2}{\partial t_1}=\dfrac{\partial t_2}{\partial t_1}+\dfrac{1}{n_4^2}\dfrac{\partial n_4}{\partial t_1}(M_{4,t_2}-M_{4,t_0})-\dfrac{1}{n_4}\left(\dfrac{\partial M_{4,t_2}}{\partial t_1}-\dfrac{\partial M_{4,t_0}}{\partial t_1}\right) \end{cases} \tag{7-51}$$

式中的各项偏导数都可以通过解析推导获得，然而其推导过程较为冗繁，此处不展开描述。在实际求解过程中，也可以选择通过数值差分的方法获得近似的雅可比矩阵数值。

7.2.5 J_2 摄动模型下的结果修正

本节将基于二体模型下的单脉冲访问多目标问题的解，对考虑 J_2 摄动情况下的该问题进行分析求解。由于 J_2 摄动的影响，航天器的轨道平面不再是惯性空间内固定不变的，因此无法通过 Gibbs 方法等理论过程获取其可能的访问位置，这也导致难以直接建立起如二体模型下此问题的 2 维非线性方程组。但是，得益于我们已经得到了二体条件下的解，在轨道设计和轨道机动问题的相关研究中，从二体模型到 J_2 模型的转化过程往往可以通过微分修正方法实现。

7.2.5.1 微分修正方法

对于本节研究的多目标访问问题，不论是共面情况或异面情况，采用微分修正算法将二体模型下的解修正至 J_2 摄动模型下的过程都是相似的，以异面单脉冲访问两目标问题为例，由于二体模型下的 2 维方程组不再适用，所以问题中涉及的最基本的 6 个自由变量$[\Delta\boldsymbol{V},\ t_0,\ t_1,\ t_2]$都是需要修正的参数。微分修正方法的过程可描述如下：

令$[\Delta\boldsymbol{V}_n,\ t_{0,n},\ t_{1,n},\ t_{2,n}]$为第 n 次修正过程的初始值。当 $n=1$ 时，对应的值为二体模型下得到的相应解。则对于 J_2 模型下，航天器与目标按照此组参数飞行，至 $t_{1,n}$ 和 $t_{2,n}$ 时刻时，抵达的空间位置分别记为 $\tilde{\boldsymbol{r}}_{4,t_1}$、$\tilde{\boldsymbol{r}}_{4,t_2}$ 和 $\tilde{\boldsymbol{r}}_{1,t_1}$、$\tilde{\boldsymbol{r}}_{2,t_2}$。

计算 J_2 模型下，对目标 1 和目标 2 的访问误差为

$$\begin{cases}\boldsymbol{E}_{1,n}=\tilde{\boldsymbol{r}}_{4,t_1}-\tilde{\boldsymbol{r}}_{1,t_1}\\ \boldsymbol{E}_{2,n}=\tilde{\boldsymbol{r}}_{4,t_2}-\tilde{\boldsymbol{r}}_{2,t_2}\end{cases}\tag{7-52}$$

则总访问误差的大小可以表示为

$$E_{\text{total}}=\sqrt{\|\boldsymbol{E}_{1,n}\|^2+\|\boldsymbol{E}_{2,n}\|^2}\tag{7-53}$$

当 E_{total} 小于一个给定的精度 ε 时，则认为修正完成；否则，则需要计算此时的雅可比矩阵并更新参数值。雅可比矩阵的形式为

$$\boldsymbol{M}_n^{6\times6}=\begin{bmatrix}\dfrac{\partial\boldsymbol{E}_{1,n}}{\partial\Delta\boldsymbol{V}_n} & \dfrac{\partial\boldsymbol{E}_{1,n}}{\partial t_{0,n}} & \dfrac{\partial\boldsymbol{E}_{1,n}}{\partial t_{1,n}} & \dfrac{\partial\boldsymbol{E}_{1,n}}{\partial t_{2,n}}\\ \dfrac{\partial\boldsymbol{E}_{2,n}}{\partial\Delta\boldsymbol{V}_n} & \dfrac{\partial\boldsymbol{E}_{2,n}}{\partial t_{0,n}} & \dfrac{\partial\boldsymbol{E}_{2,n}}{\partial t_{1,n}} & \dfrac{\partial\boldsymbol{E}_{2,n}}{\partial t_{2,n}}\end{bmatrix}\tag{7-54}$$

由于在非线性 J_2 摄动模型下，方程组的非线性很高，同时，6×6 的偏导数矩阵理论推导过于复杂。所以，在实际应用时，宜在 J_2 模型下采用数值差分的方法对该矩阵进行计算。

当计算得到雅可比矩阵以后，更新自变量参数：

$$\begin{bmatrix} \Delta \boldsymbol{V}_{n+1} \\ \Delta t_{0,n+1} \\ \Delta t_{1,n+1} \\ \Delta t_{2,n+1} \end{bmatrix} = \begin{bmatrix} \Delta \boldsymbol{V}_{n} \\ \Delta t_{0,n} \\ \Delta t_{1,n} \\ \Delta t_{2,n} \end{bmatrix} - \boldsymbol{M}_n^{-1} \begin{bmatrix} \boldsymbol{E}_{1,n} \\ \boldsymbol{E}_{2,n} \end{bmatrix} \tag{7-55}$$

经过数次迭代修正的过程，即可得到修正后满足精度要求的 J_2 摄动模型下的结果。对于共面情况，则可以将误差函数式(7-52)和待修正参数式(7-55)进行相应变化，整体策略完全一致，此处不再赘述。此外，由于误差传播会随着时间的延长而增加，对于微分修正策略而言，较小的误差可以实现快速修正，但是当误差较大时，其收敛性将受到很大影响，从而导致修正方法的失效。而为了解决这一问题，一种有效的解决策略为同伦方法。

7.2.5.2 同伦方法

首先给出同伦方法的流程图如图 7-8 所示。同伦法的主要思想为将较大的终端误差细分为若干较小的误差，每次修正一小部分误差，通过小幅多次修正，使微分修正方法能够得以有效工作。同伦方法在 J_2 摄动模型下 Lambert 问题的求解过程中得到了广泛应用。在 Lambert 问题中，可以将访问目标时的终端误差矢量分为若干段，每次修正其中一段，最终实现问题的求解。

但是对于异面单脉冲访问两目标问题，由于目标数量的增加，两个目标的终端误差矢量不是独立的，而是都与变量的初始值相关。这将导致其不适合直接通过分割两个目标终端误差矢量来进行修正。所以在本节中，我们提出一种更加简洁更加适合于本节问题的同伦参数，即 J_2 项的系数。

假设在第 m 次同伦过程中，J_2 系数为 $J_{2,m}$，表示为

$$J_{2,m} = J_2 \cdot \frac{m}{N_m},\ m = 0,\ 1,\ 2,\ \cdots,\ N_m \tag{7-56}$$

式中：N_m 为设定的同伦次数，m 则在 $0 \sim N_m$ 之间按照每次加 1 的规律变化。因此，在此过程中，$J_{2,m}$ 将会从 0 逐渐变化至真实的 J_2。当 $m=0$ 时，$J_{2,m}$ 为 0，动力学模型即为二体动力学模型，此时，二体模型下的解即可作为修正过程的初值，之后以第 m 次修正得到的结果作为第 $m+1$ 次修正的初值，如此循环进行。当修正过程逐步进行至 $m=N_m$ 以后，得到的结果自然就是 J_2 摄动模型下此问题的解。在每一次同伦过程中，都应用 7.2.5.1 节介绍的微分修正方

法对自变量的数值进行修正。

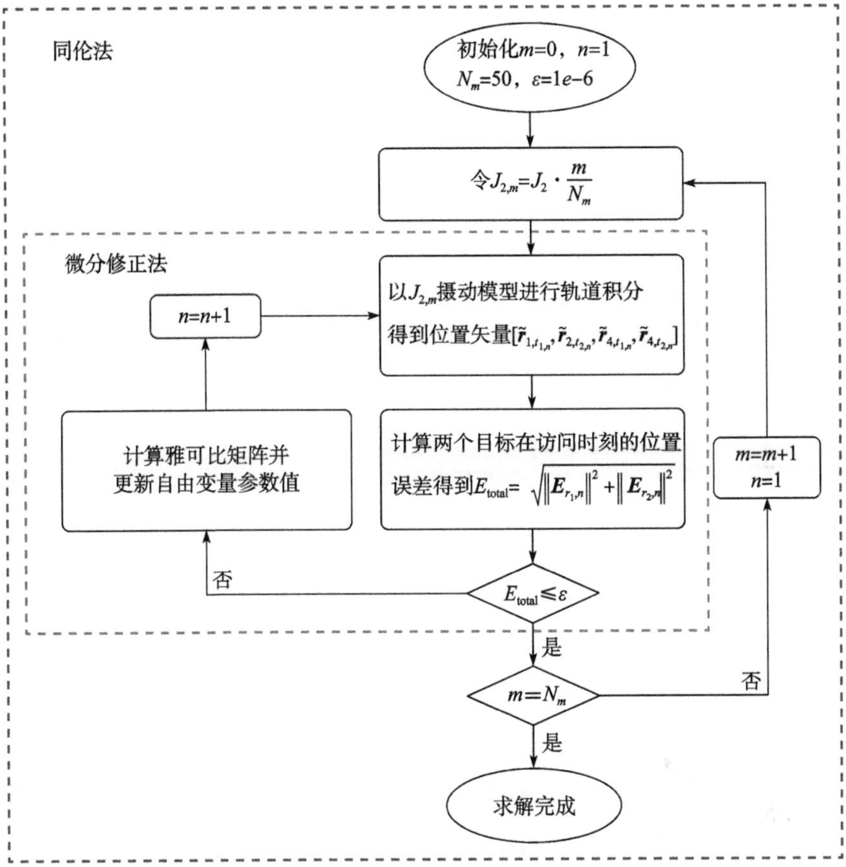

图 7-8　同伦法修正示意图

至此，对于 J_2 摄动模型下的异面单脉冲访问双目标问题，通过同伦及微分修正方法给出了基于二体模型解的修正求解方法。

7.2.6　仿真算例

7.2.6.1　共面二目标访问情况

(1)二体模型。

对访问两个目标的情况，我们给定初始时刻的航天器 S_0 与待访问目标 S_1 和 S_2 的轨道参数如表 7-7 所示。共面访问两个目标的情况，自由变量个数多于约束方程的个数，可以通过任意给定脉冲时刻或某一访问时刻对问题进行求解。在本算例中，以给定脉冲时刻 $t_0=1500\text{s}$ 为例，对问题进行求解。

表 7-7　共面访问二目标初始轨道参数

参数	a/km	e	i/(°)	Ω/(°)	ω/(°)	f/(°)
S_0	7500	0.06	60	90	0	160
S_1	8500	0.03	60	90	45	140
S_2	9500	0.01	60	90	90	110

求解过程首先需要用网格法对 t_1 和 t_2 的初值进行搜索，在搜索初值的过程中，需要注意到由于访问目标的顺序与航天器编号没有直接关系，所以第一个访问的目标既可以是 S_1 也可以是 S_2。给定时间约束范围为 $t_1 \in (t_0,\ T_1]$、$t_2 \in (t_0,\ T_2]$，T_1 和 T_2 分别为目标 1、2 的一个轨道周期。设定网格法的步长为 100s，指标函数 P 为式(7-35)的形式，得到网格法搜索结果的等高线图如图 7-9 所示(忽略 P>1000s 的数值点)。

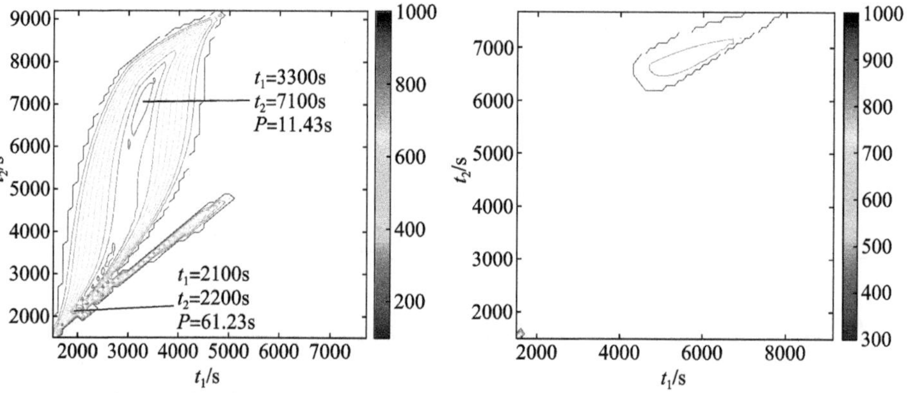

（a）S_1为目标1的网格法结果　（b）S_2为目标1的网格法结果

图 7-9　网格法初值搜索结果图

从图 7-9 中可以看出，当以 S_1 为目标 1 时，在给定的一个周期时间约束范围内，存在若干极小值点，例如图 7-9(a)中标注的两个点，其指标函数 P 的值都较小，可以认为该网格点对应的 t_1 和 t_2 足够接近较为精确的解，可以作为求解方程组的迭代初值。而从图 7-9(b)则可以看出，以 S_2 为目标 1 时，在给定的约束时间范围内，没有能够使指标函数 P 足够小的网格点，也就是说，在 t_0 = 1500s，且第一个访问目标为 S_2 的情况下，不存在一个轨道周期内能够实现单脉冲访问这两个目标的解。

通过将搜索得到的指标函数 P 值较小的点(仿真中设置为 P<500s)，作为初值点，通过牛顿迭代进行求解，得到能够收敛的满足访问精度的解集，如表 7-8 所示。解集中解相应的访问顺序均为 $S_0 \to S_1 \to S_2$。表中 $\Delta \boldsymbol{V}^{\mathrm{H}} = [\Delta V_r,$

ΔV_t, 0]^{T} 表示的是 S_0 在其轨道平面内的速度改变量，ΔV_r 与 ΔV_t 分别为轨道面内的径向速度改变量与周向速度改变量。

表 7-8　共面访问二目标解集

序号	t_0/s	t_1/s	t_2/s	$\Delta \boldsymbol{V}^{\mathrm{H}}$/(km/s)	$\|\Delta \boldsymbol{V}^{\mathrm{H}}\|$/(km/s)
1	1500.0	1539.2	1562.3	[16.050, 57.682, 0]	59.874
2	1500.0	2000.9	2225.5	[0.236, 3.769, 0]	3.777
3	1500.0	3288.0	7098.8	[0.122, 0.520, 0]	0.534

在表 7-8 中，可以看到 1 号解对应的速度改变量极大，幅值达到了 59.874km/s，这显然已经远远超出了实际应用可以接受的范围。但是，1 号解所对应的结果是一条双曲线访问轨道，能够得到这一结果可以说明本节所提出的理论方法同样适用于访问轨道为双曲线轨道的情况。在实际应用时，不同的初始轨道参数、不同的脉冲时刻以及访问时刻，都会影响到最终结果。即使是双曲线轨道的解，如果实际任务考虑的是直接从地面发射航天器入轨，以火箭的助推为基础，仍然具有一定的可行性。

另外，2 号解与 3 号解所对应的速度增量分别为 3.777km/s 与 0.534km/s。2 号解得到的访问轨道也是一条双曲线轨道，其偏心率可通过计算得到为 1.274。3 号解则对应一条椭圆访问轨道。同时，可以发现相应的访问时刻 t_2 和 t_3 也随着速度改变量的减小而增加。在实际任务中，如果存在多种可行解，则可以根据任务需求，选择时间更短或燃料更节省的访问策略。

以 2 号解与 3 号解为例，绘制飞行轨迹图如图 7-10 所示，从图中可以看出在二体模型下，S_0 在施加速度脉冲以后对 S_1 和 S_2 实现了准确的访问。以上

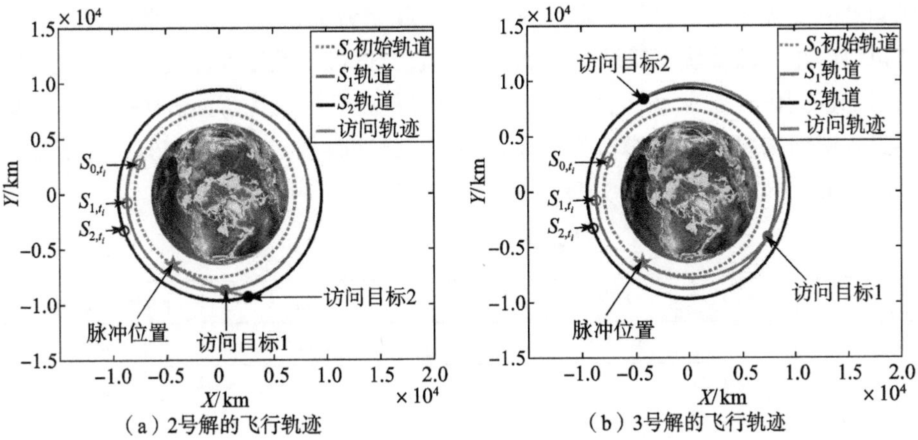

(a) 2号解的飞行轨迹　(b) 3号解的飞行轨迹

图 7-10　共面访问两目标飞行轨迹图(t_0=1500s)

仿真过程说明，本节提出的共面单脉冲访问两目标的方法是可行有效的，而且可以看出当脉冲时刻 t_0 给定时，此问题也存在多种可行解，而且不难分析，当时间约束范围更宽时，可行解的数量也还会随之增加。此外，方法对于双曲线和椭圆形式的访问轨道都可以实现有效的求解。

另外，由于任意给定脉冲时刻 t_0 都可以求解此问题，也即意味着该问题的解关于 t_0 是连续的，对 t_1 和 t_2 同理。所以此问题在给定的时间约束范围内，是可以进行 1 维优化求解燃料最优解的。例如在 S_0 的一个轨道周期时间内施加脉冲，可以得到最小燃料解随着 t_0 变化的曲线(以 10s 为步长)，如图 7-11 所示。

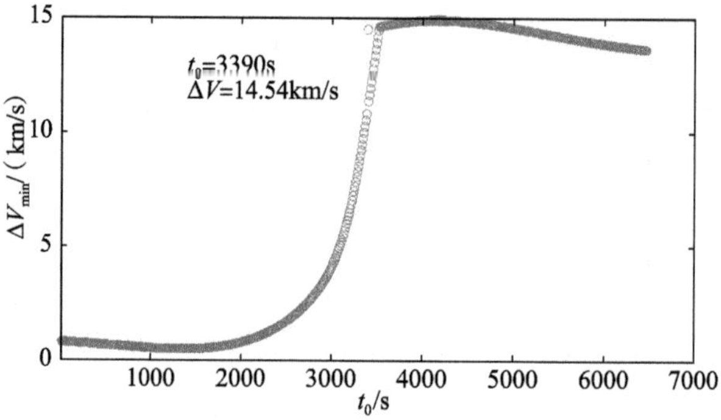

图 7-11　最小速度增量随脉冲时刻变化曲线

从图 7-11 可以看出，燃料最优解关于脉冲时刻 t_0 的关系曲线几乎可以认为是连续的，对于图中 $t_0=3390$s 时，最小脉冲出现了“跳跃”现象，是因为在这一时刻附近，访问轨道的形状逐渐趋于抛物线轨道并向着双曲线轨道的趋势发展。从惯性系的角度来看，访问轨道的运行方向即将反向，访问轨道的轨道倾角和升交点赤经即将从原本的 60°和 90°跳变为 120°与 270°。此外，从图中还可以看出，该情况下问题存在燃料最优解，通过一维搜索算法可以在最优解附近的区间内轻松求解出最优解。本仿真算例得到的最优解如表 7-9 所示。燃料最优解所需要的速度增量为 0. 520km/s，脉冲时刻 t_0 为 1337. 5s。其结果优于给定 $t_0=1500$s 时的最小速度增量解(0. 534km/s)。

表 7-9　共面访问二目标燃料最优解

序号	t_0/s	t_1/s	t_2/s	$\Delta \boldsymbol{V}^{H}$/(km/s)	$\lVert\Delta \boldsymbol{V}^{H}\rVert$/(km/s)
$S_0 \to S_1 \to S_2$	1337. 5	3255. 8	7063. 4	[-0. 008，0. 519，0]	0. 520

(2) J_2 摄动模型。

将二体模型下的解集(表 7-8)通过微分修正与同伦法进行修正，可以进一步

得到 J_2 摄动条件下，固定脉冲时刻为 $t_0=1500\text{s}$ 的相应结果如表 7-10 所示。以 3 号解为例，表 7-8 中二体模型下的解，在 J_2 摄动动力学模型下进行轨道递推，经计算可以得到在 S_0 施加脉冲机动以后，在 t_1 和 t_2 时刻对目标 S_1 和 S_2 的 ECI 系位置访问误差分别为[-5.011，5.439，4.970] km 和[4.931，-13.942，-7.552]km。而当经过修正以后，相应的访问误差则减小为[-1.618，0，-0.934]km 和[0.459，0，0.265]km。需要注意的是，在共面访问多目标问题的修正过程中，相应待修正误差函数也相应仅考虑了轨道平面内的项，而由于 J_2 摄动对轨道平面也会产生一定的影响，因此修正之后的结果在轨道面外方向上仍会存在较小的访问误差值。但是仍然可以看出经过修正后的结果相比于二体模型下的初步解，访问误差可以得到明显的减小。

表 7-10 J_2 摄动模型下共面访问二目标解集

序号	t_0/s	t_1/s	t_2/s	ΔV^H/(km/s)	$\|\Delta V^H\|$/(km/s)
1	1500.0	1541.8	1566.4	[15.035, 53.966, 0]	56.022
2	1500.0	1991.6	2213.4	[0.265, 3.846, 0]	3.856
3	1500.0	3282.2	7093.7	[0.126, 0.520, 0]	0.535

7.2.6.2 共面三目标访问情况

(1)二体模型。

对于共面三目标访问的情况，给定初始轨道的参数如表 7-11 所示。由于访问顺序不作约束，所以单脉冲访问三目标时，可以有 6 种访问顺序，而每种顺序的问题解决方法和过程都是相同的。所以仿真中选择以 $S_0 \to S_1 \to S_2 \to S_3$ 为例。首先对该种情况进行网格法初值搜索，给定时间约束为 $t_0 \in [0, T_0]$ 和 $t_1 \in (t_0, T_1]$。网格法的步长选择为 100s，仅保留 $P<1000\text{s}$ 的网格点，得到的等高线图结果如图 7-12 所示。

表 7-11 共面访问三目标初始轨道参数

参数	a/km	e	i/(°)	Ω/(°)	ω/(°)	f/(°)
S_0	7500	0.06	60	90	0	160
S_1	8500	0.03	60	90	45	140
S_2	9500	0.01	60	90	90	110
S_3	11500	0.01	60	90	120	90

在该情况下，最终通过迭代求解得到问题的解集如表 7-12 所示。在得到的解中，1 号解为一条椭圆访问轨道，2 号解则为一条双曲线访问轨道。同样地，虽然双曲线访问轨道的速度改变量较大，在实际任务中难以实现，但结果

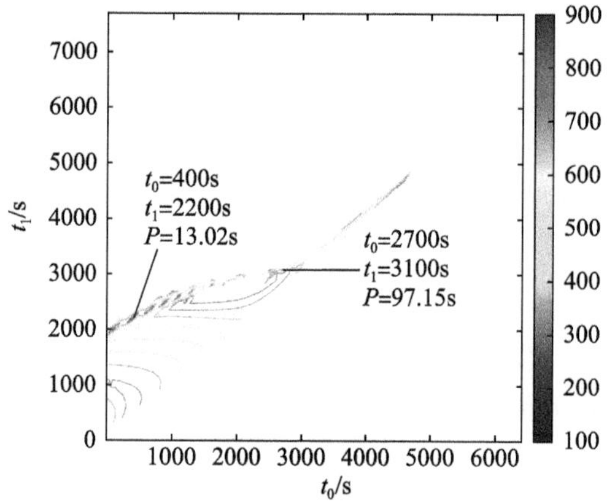

图 7-12　访问顺序 $S_0 \to S_1 \to S_2 \to S_3$ 的网格

依然可以证明本节提出的方法使用于各种类型的访问轨道。以 1 号解为例，得到其在轨道平面内的飞行轨迹如图 7-13 所示，可以看出访问轨迹能够实现对平面内三个目标的依次访问。

表 7-12　共面访问三目标解集

序号	t_0/s	t_1/s	t_2/s	t_3/s	ΔV^H/(km/s)	$\|\Delta V^H\|$/(km/s)
1	500.5	2262.8	2885.6	8137.5	[-0.861, 0.886, 0]	1.235
2	3271.6	3506.5	3775.3	5108.6	[6.419, -4.962, 0]	8.114

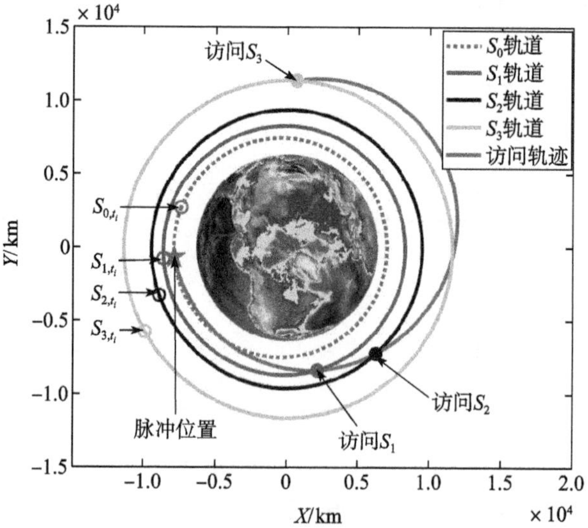

图 7-13　共面访问三目标 1 号解轨迹法结果

(2) J_2 摄动模型。

进一步考虑 J_2 摄动的影响，通过修正算法可以将对三个目标的访问精度进行提升。将表 7-12 中的共面三目标访问二体模型下的解进行修正后，可以得到相应的在 J_2 摄动模型下的修正解，如表 7-13 所示。

表 7-13　J_2 摄动模型下共面访问三目标解集

序号	t_0/s	t_1/s	t_2/s	t_3/s	ΔV^H/(km/s)	$\lVert\Delta V^H\rVert$/(km/s)
1	495.3	22569	2880.6	8128.9	[−0.860, 0.886, 0]	1.235
2	3266.8	3501.0	3769.9	5198.5	[6.427, −4.986, 0]	8.134

以二体和 J_2 模型解集的 1 号解为例，均在 J_2 轨道动力学下进行轨道递推计算，可以得到 ECI 系下二体模型中 1 号解对于空间目标 S_1~S_3 的位置访问误差分别为[−0.314, 5.656, 0.538]km、[−3.142, 8.492, 8.920]km 和[1.320, −30.175, −5.187]km。经过修正后的解相应的访问误差则分别为[−0.005, 0, −0.003]km、[1.496, 0, 0.864]km 和[−1.201, 0, −0.694]km。与共面访问二目标的情况相似，修正后剩余的较小误差量同样是由于在修正过程中仅考虑轨道面内项引起的，同时也同样可以看出对三个目标的位置访问误差在经过修正以后得到了明显的降低，可以证明修正策略是准确有效的。

7.2.6.3 异面二目标访问情况

(1) 二体模型。

在本节中，将分别对二体模型下的问题求解与 J_2 摄动模型下的问题求解给出若干仿真验证。在本节的所有仿真验证中，时间约束范围都给定为 $t_0 \in [0, T_0]$ 和 $t_1 \in (t_0, T_1]$，T_0 和 T_1 分别为航天器 S_0 和目标 1 的一个轨道周期。

航天器 S_0 和两个目标 S_1、S_2 的初始轨道根数如表 7-14 所示，其中选择近地点半径 r_p 和远地点半径 r_a 来代替半长轴 a 与偏心率 e。

表 7-14　异面访问二目标初始轨道参数

参数	r_p/km	r_a/km	i/(°)	Ω/(°)	ω/(°)	f/(°)
S_0	7000	8000	60	30	0	163
S_1	8200	8800	62	31	45	143
S_2	9400	9600	61	29	90	108

考虑到目标 1 既可以是 S_1 也可以是 S_2，同时根据图 7-7 可知对于目标 2 有两个可能的访问点#1 与#2。因此，异面访问两目标具有以下四种情况：

Case(1)：访问顺序为 $S_0 \to S_1 \to S_2$，访问点为#1；

Case(2)：访问顺序为 $S_0 \to S_1 \to S_2$，访问点为#2；

Case(3)：访问顺序为 $S_0 \to S_2 \to S_1$，访问点为#1；

Case(4)：访问顺序为 $S_0 \to S_2 \to S_1$，访问点为#2。

对于这四种情况，通过网格法，可以分别得到其结果等高线图如图 7-14 所示。在仿真中，网格法的步长取为 20s。

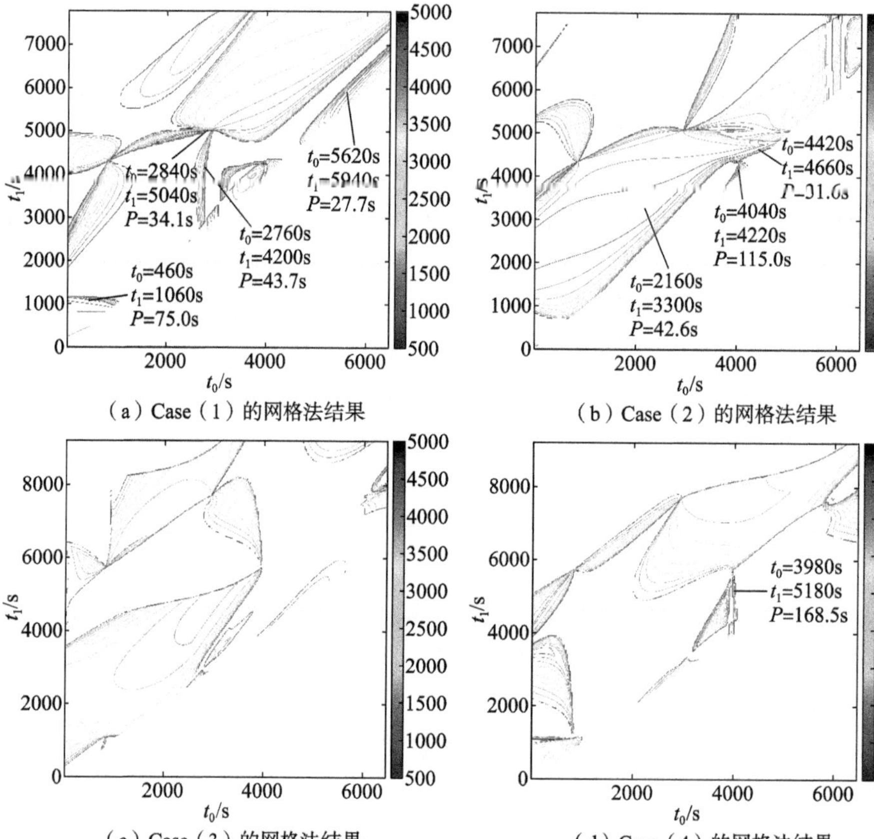

（a）Case（1）的网格法结果

（b）Case（2）的网格法结果

（c）Case（3）的网格法结果

（d）Case（4）的网格法结果

图 7-14 网格法初值搜索结果图

在所有的网格点中，P>5000s 的点都直接被舍弃，且若干 P<200s 的网格点在图中标记给出，这些点的指标函数值较小，可以作为牛顿迭代的初值点进行迭代求解。此外，对于图 7-14(c)，可以看出其中并没有 P<200s 的点，这说明在 Case(3)的条件下，极有可能不存在问题的可行解。通过将可能的初值点进行筛选后，进行数值迭代求解，可以得到若干组可行解，整理如表 7-15 所示。可以看出，即使在一个相应的轨道周期约束范围内，该问题也存在着多

组可行解。虽然在解集中，大多数的解都会带来较大的速度脉冲，但这是与初始轨道参数直接相关的，而对于何种类型的初始轨道以及航天器与目标之间的相对状态，才能得到速度改变量较小的解，是很难通过简单的理论分析得到结论的，只能通过对问题进行求解之后，再对解的状态进行统计。

表 7-15　异面访问二目标解集

序号	Case	t_0/s	t_1/s	t_2/s	ΔV^H/(km/s)	$\|\Delta V^H\|$/(km/s)
1	(1)	462.5	1065.8	1233.5	[2.977, -0.579, -4.041]	5.052
2	(1)	2758.0	4177.5	12324.0	[-11.231, -7.449, -1.408]	13.551
3	(1)	2869.1	5045.6	5423.0	[-9.192, -9.270, -6.234]	14.467
4	(1)	5620.0	5942.5	11794.1	[8.581, 8.917, 7.907]	14.685
5	(2)	2165.9	3270.2	7034.1	[0.574, 0.039, -0.973]	1.131
6	(2)	4044.4	4253.2	11455.9	[12.424, 1.915, -8.055]	14.931
7	(2)	4435.6	4669.5	4965.5	[14.261, 4.473, -4.836]	15.709
8	(2)	3972.9	5352.9	12168.9	[-0.348, -6.899, -10.229]	12.343

在解集中，选择脉冲幅值最小的 5 号解与对应一条双曲线形式访问轨道的 1 号解为例，得到其在惯性系下的飞行轨迹分别如图 7-15(a)与图 7-15(b)所示。图中可以看出，二者都实现了对两个目标的精确访问。对于 1 号解，其对应访问轨道的偏心率为 1.6871。

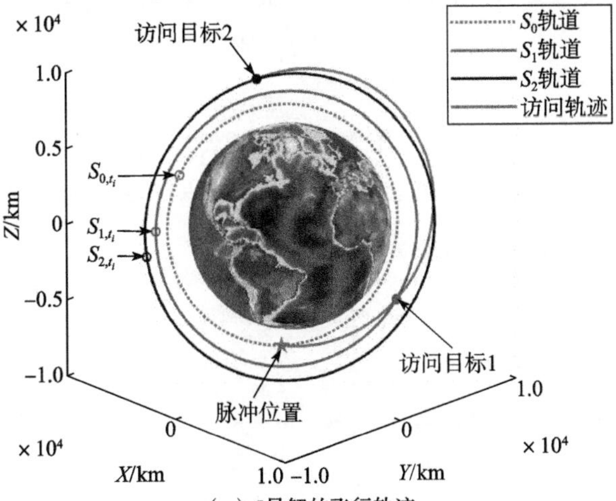

(a) 5号解的飞行轨迹

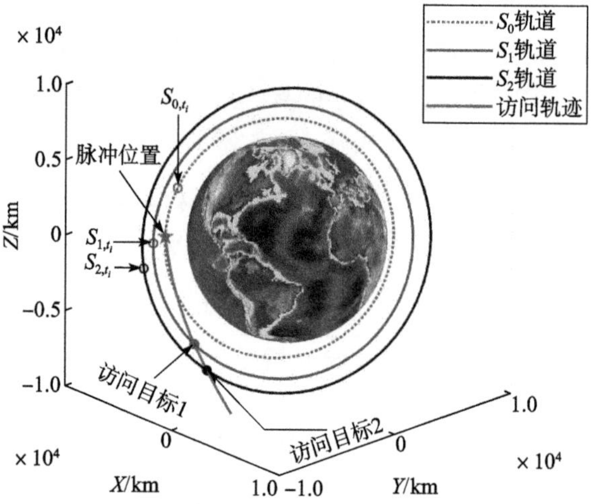

（b）1号解的飞行轨迹

图 7-15　异面访问两目标飞行轨迹图

但是，在实际求解此问题时，会发现在理论推导过程中十分容易被忽略的问题——访问轨道的多圈访问性质，即由于访问轨道的轨道参数在求解过程中是难以预测的，因此其轨道周期是不确定的。当访问轨道为椭圆轨道时，如果其轨道周期较小，则即使在 $t_1<T_1$ 的时间约束内，也会出现多次经过可能访问点的情况。分析此问题方程组式(7-48)，即

$$
\begin{cases}
t_1-t_0=\dfrac{M_{4,t_1}-M_{4,t_0}}{n_4} \\
t_2-t_0=\dfrac{M_{4,t_2}-M_{4,t_0}}{n_4}
\end{cases}
\tag{7-57}
$$

如果仅考虑在访问轨道的一个周期内实现对目标的访问，则此式的表达形式依然严谨，但是如果考虑访问轨道可以进行多圈访问，则该式应增加一个周期项，方程组重新写为

$$
\begin{cases}
F_1=t_1-t_0-\left[\dfrac{M_{4,t_1}-M_{4,t_0}}{n_4}+N_1T_4\right] \\
F_2=t_2-t_0-\left[\dfrac{M_{4,t_2}-M_{4,t_0}}{n_4}+N_2T_4\right]
\end{cases}
\tag{7-58}
$$

式中：$N_1=0, 1, \cdots, N_{1,\max}$、$N_2=0, 1, \cdots, N_{2,\max}$，$N_{1,\max}$ 和 $N_{2,\max}$ 分别为 t_1-t_0、t_2-t_0 除以 T_4 的商，即

$$N_{1,\max}=\text{floor}\left(\frac{t_1-t_0}{T_4}\right),\qquad N_{2,\max}=\text{floor}\left(\frac{t_2-t_0}{T_4}\right)\tag{7-59}$$

也就是说，不论 S_0 在访问轨道上第几圈抵达待访问点，都不会出现丢失解的情况。在求解时，只需要考虑 F_1、F_2 的绝对值极小值即可。因此，基于上述分析，则可以得到更新后的初值搜索图与增加的解集分别如图 7-16 和表 7-16 所示。

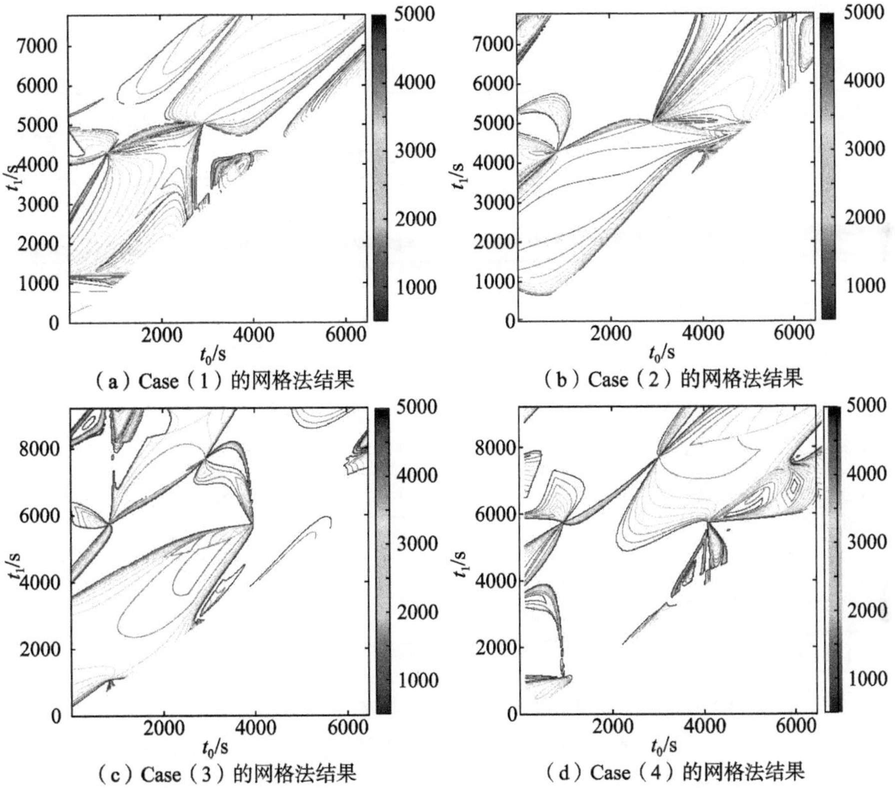

(a) Case (1) 的网格法结果

(b) Case (2) 的网格法结果

(c) Case (3) 的网格法结果

(d) Case (4) 的网格法结果

图 7-16　考虑多圈访问的网格法初值搜索结果图

表 7-16　考虑多圈访问后增加的解集

序号	Case	t_0/s	t_1/s	t_2/s	$\Delta\boldsymbol{V}^{\mathrm{H}}$/(km/s)	$\Vert\Delta\boldsymbol{V}^{\mathrm{H}}\Vert$/(km/s)
9	(1)	1338.2	4405.2	12863.0	[−11.138, −0.571, 8.676]	14.130
10	(2)	3946.9	6507.5	14950.2	[5.690, −4.966, −12.893]	14.942
11	(2)	4176.7	4449.8	13609.9	[10.903, 2.462, −5.486]	12.451
12	(3)	976.1	8313.10	15991.7	[0.864, 3.163, 4.096]	5.248
13	(4)	5853.3	6800.7	12953.7	[3.966, 8.059, 8.950]	12.680

以 Case(3)的两个网格法结果图为例可以看出，考虑多圈访问的条件后，在图中左上角等区域出现了可能存在可行解的网格点。最终，得到了新的 5 组可行解，使该问题在 $t_0<T_0$ 和 $t_0<t_1<T_1$ 的时间约束内就可以求得 17 组可行解。但仍然需要说明的是，该问题得到的解的数量与所需脉冲大小以及时间约束范围直接相关。对于本节给出的初始轨道参数，当时间约束放宽至 $t_0<3T_0$ 和 $t_1<5T_1$ 时，就可以得到 11 组 $\|\boldsymbol{V}\|<2$km/s 的解，如表 7-17 所示，其中最小的速度脉冲为 0.616km/s。

表 7-17　$t_0<3T_0$，$t_1<5T_1$ 的 $\|\boldsymbol{V}\|<2$(km/s)的解集

序号	Case	t_0/s	t_1/s	t_2/s	$\Delta\boldsymbol{V}^{\mathrm{H}}$/(km/s)	$\|\Delta\boldsymbol{V}^{\mathrm{H}}\|$/(km/s)
1	(2)	2165.9	3270.2	7034.1	[0.574, 0.039, −0.973]T	1.131
2	(3)	3118.6	45132.4	48965.3	[−0.962, −0.460, 0.944]T	1.424
3	(3)	903.1	42879.4	46821.1	[1.227, 1.386, 0.585]T	1.942
4	(4)	15807.0	43508.6	48033.4	[0.094, 0.176, 0.582]T	0.616
5	(4)	16357.2	43234.9	47716.4	[0.600, 0.412, 0.408]T	0.835
6	(4)	9344.2	44416.5	48519.9	[−0.512, −0.078, 0.983]T	1.111
7	(4)	2393.8	33865.4	40382.1	[0.037, 0.448, 1.335]T	1.408
8	(4)	10380.6	43184.6	47220.8	[1.077, 0.902, 0.764]T	1.600
9	(4)	3728.8	33568.0	39959.3	[1.144, 0.927, 0.834]T	1.682
10	(4)	13450.7	41777.4	46374.9	[1.265, 1.141, −0.343]T	1.738
11	(4)	4030.9	43127.6	46947.6	[1.318, 1.133, 0.942]T	1.977

(2)J_2 摄动模型。

对于表 7-15 以及表 7-16 中的 13 组可行解，考虑 J_2 摄动的影响，会产生相应的终端误差。通过本节所提同伦法以及微分修正方法，对二体问题下的解进行修正，可以得到相应的 J_2 摄动模型下的解集如表 7-18 所示。

表 7-18　J_2 摄动模型下的解集

序号	Case	t_0/s	t_1/s	t_2/s	$\Delta\boldsymbol{V}^{\mathrm{H}}$/(km/s)	$\|\Delta\boldsymbol{V}^{\mathrm{H}}\|$/(km/s)
1	(1)	459.8	1066.5	1235.0	[2.958, −0.577, −4.016]	5.021
2	(1)	2354.7	3882.1	11730.9	[−12.176, −5.016, 2.879]	13.480
3	(1)	2887.7	5074.5	5457.0	[−8.995, −9.300, −6.536]	14.496
4	(1)	5603.6	5925.3	11774.7	[8.716, 8.878, 7.809]	14.689
5	(2)	2158.3	3264.0	7028.5	[0.569, 0.038, −0.974]	1.129
6	(2)	4052.5	4262.4	11430.3	[12.494, 1.969, −7.997]	14.964

续表

序号	Case	t_0/s	t_1/s	t_2/s	$\Delta \boldsymbol{V}^{\mathrm{H}}$/(km/s)	$\|\Delta \boldsymbol{V}^{\mathrm{H}}\|$/(km/s)
7	(2)	4433.9	4667.5	4963.1	[14.310, 4.476, −4.839]	15.755
8	(4)	2791.4	4419.0	10724.1	[−10.899, −7.155, −1.967]	13.185
9	(1)	1342.5	4406.2	12858.5	[−11.195, −0.573, 8.608]	14.134
10	(2)	3787.7	6520.8	14950.0	[4.151, −6.091, −13.275]	15.184
11	(2)	4187.1	4432.6	12727.1	[12.037, 2.658, −6.162]	13.781
12	(3)	1749.7	9188.6	16819.5	[−2.237, 1.635, 4.188]	5.022
13	(4)	5768.7	6703.6	12862.8	[4.744, 8.157, 8.507]	12.705

同样以 5 号解为例，当将二体模型下的 5 号解代入 J_2 动力学模型进行轨道递推时，访问 S_1 和 S_2 的三轴位置误差分别为$[-1.685, -5.978, -10.492]^{\mathrm{T}}$km 以及$[22.892, 28.926, 23.916]^{\mathrm{T}}$km。而当该组解经过修正后，其对于 S_1 和 S_2 的访问位置误差均可以达到小于 10^{-6}km。结果可以证明本节中对 J_2 模型下问题求解的有效性。

7.2.7 小结

本节针对绝对运动条件下的单脉冲多目标访问问题，分为共面和异面两种情况进行了研究分析，对不同的情况采用不同的策略使问题最终都降维至 2 维，最后通过网格法搜索初值，并通过牛顿迭代进行求解。对于共面的情况，如果目标数量为 2，则存在无穷多解，可以任意给定脉冲时刻或访问时刻，通过 Gibbs 三矢量定轨方法，降低问题维度，求得可行解。也可以通过优化策略，求解得到燃料最优解；如果目标数量为 3，则不存在优化空间，可以通过使用 Lambert 方法，降低问题维度，得到可行解。对于异面的情况，通过 Gibbs 三矢量定轨方法，确定待访问点，使方程组维度降低；并考虑了 J_2 摄动的影响，对结果进行修正从而得到在 J_2 摄动条件下仍能实现精准访问的解。且不论共面或异面的情况，本节提出的方法对椭圆或双曲线形式的访问轨道，以及任意轨道面倾角差别的初始轨道均是有效的。仿真验证表明，在给定的时间约束范围内，单次脉冲机动访问多个空间目标通常存在多组可行解，随着时间范围的增大，可行解的数量也将随之增加。异面情况下，如果考虑访问轨道的多圈访问可能，则解的数量还会比单圈访问的情况更多，为实际应用提供更多的可能性。本节提出的方法可以有效地解决绝对运动条件下，大范围的单脉冲访问多个空间目标的问题，对于相应任务的初步轨道设计或机动策略，可以提供有效的参考。

7.3 脉冲访问多目标序列优化

航天器在单次任务中访问多个目标能够节省发射成本，使任务收益最大化。多目标访问任务包含两层优化子问题，分别为上层的单对多目标访问序列优化和下层的访问指定目标的轨迹优化。其中序列优化为混合整数优化问题，需对访问时刻和访问序列同时进行求解，下面分别给出航天器访问多个地面目标和多个空间目标的序列优化方法。

7.3.1 脉冲访问多地面目标

本节考虑一颗在近地轨道上运行的响应卫星，通过施加多次脉冲机动，对星下点轨迹进行调整，使其在给定的任务周期 d 天内经过用户指定的 m 个地面目标点，完成访问任务。响应卫星在初始时刻的轨道参数和所有地面目标的位置信息(经度、纬度)均已知，现需要求解地面目标的最佳访问序列，使得卫星在给定的机动策略下消耗最少的燃料完成任务。

7.3.1.1 问题分析

该问题需要求解航天器对地面目标的访问序列，包括目标点的访问顺序和访问时刻。一旦确定访问次序后，每次机动的脉冲幅值可通过给定的单脉冲或双脉冲星下点轨迹调整策略求解得到，目标函数可用访问所有目标点的累计速度增量代替表示，记为

$$J = \sum_{k=1}^{m} \Delta V_k \tag{7-60}$$

式中：ΔV_k 为航天器访问第 k 个地面目标点需要的速度增量大小。本节在求解过程中仅考虑 J_2 摄动的影响，为方便求解，采用如下假设：

(1)在脉冲次数方面，分别考虑单脉冲到达椭圆目标轨道，和双脉冲到达与原轨道形状相同的目标轨道。

(2)单脉冲机动位置为初始位置，或经过目标点的瞬间；双脉冲机动位置为近地点。

(3)每次施加的脉冲速度矢量均为正切脉冲。

(4)卫星星下点轨迹经过地面目标即认为完成访问任务。

在共面脉冲机动下，响应卫星的轨道平面不发生变化(注意，此处忽略由于轨道元素变化导致升交点赤经漂移率的轻微变化)，每个地面目标在地球自转的影响下，一天内有两次机会经过卫星的轨道平面，分别对应升轨段和降轨段飞越，即在任务周期 d 天内，共有 $2d$ 次访问机会。当卫星在初始时刻的轨

道参数确定后，每个访问机会对应的时刻可通过式(5-9)计算得到，可近似为已知常数。此外，对于每个访问机会，未机动的参考轨道和地面目标之间的最小经度差可计算得到。

注意，每个访问机会对应的时刻和经度差与机动策略和访问序列无关，可提前计算并储存在如表 7-19 所示的地面目标访问信息数据库中。表中参数的第一角标表示地面目标编号，第二角标表示访问天数和访问弧段，如 $t_{m,1A}$ 和 $t_{m,1D}$ 表示第 m 个地面目标在第 1 天升轨段(1A)和降轨段(1D)的访问时刻，$\Delta\lambda_{m,1A}$ 和 $\Delta\lambda_{m,1D}$ 分别表示这两次访问机会对应的经度差。

表 7-19　地面目标访问信息数据库

访问机会	地面目标			
	1	2	…	m
1	$(t_{1,1A}, \Delta\lambda_{1,1A})$	$(t_{2,1A}, \Delta\lambda_{2,1A})$	…	$(t_{m,1A}, \Delta\lambda_{m,1A})$
2	$(t_{1,1D}, \Delta\lambda_{1,1D})$	$(t_{2,1D}, \Delta\lambda_{2,1D})$	…	$(t_{m,1D}, \Delta\lambda_{m,1D})$
3	$(t_{1,2A}, \Delta\lambda_{1,2A})$	$(t_{2,2A}, \Delta\lambda_{2,2A})$	…	$(t_{m,2A}, \Delta\lambda_{m,2A})$
4	$(t_{1,2D}, \Delta\lambda_{1,2D})$	$(t_{2,2D}, \Delta\lambda_{2,2D})$	…	$(t_{m,2D}, \Delta\lambda_{m,2D})$
⋮	⋮	⋮	⋮	⋮
$2d-1$	$(t_{1,dA}, \Delta\lambda_{1,dA})$	$(t_{2,dA}, \Delta\lambda_{2,dA})$	…	$(t_{m,dA}, \Delta\lambda_{m,dA})$
$2d$	$(t_{1,dD}, \Delta\lambda_{1,dD})$	$(t_{2,dD}, \Delta\lambda_{2,dD})$	…	$(t_{m,dD}, \Delta\lambda_{m,dD})$

每个地面目标点最终的访问时刻和对应的经度差可从表 7-19 中对应列的 $2d$ 行中进行选择，当确定每个目标点的访问时刻后，即可通过排序确定所有目标的访问顺序。

综上所述，访问 m 个地面目标的序列优化问题转化为对 $\boldsymbol{X}_{1\times m}=[x_1, x_2, \cdots, x_m]$的求解，其中 $x_n\leqslant 2d$，且 $x_n\in\mathbf{N}$ 为正整数，表示第 n 个地面目标对应访问机会在表 7-19 中的行数。对于该问题，可通过非线性整数规划算法进行全局优化求解，求解关键为对指标函数的快速估计计算。下面分别针对单脉冲机动策略和双脉冲机动策略，推导求解访问所有目标需要的累计速度增量。

7.3.1.2　指标计算

对于一组给定的 $\boldsymbol{X}=[x_1, x_2, \cdots, x_m]$，每个目标的访问时刻和对应的经度差可通过查询表 7-19 得到，按照访问时刻进行排序，即可得到所有目标的访问顺序。将排序后的访问时刻记为 $T=[t_1, t_2, \cdots, t_m]$，对应的经度差记为 $\Delta\boldsymbol{\lambda}=[\Delta\lambda_1, \Delta\lambda_2, \cdots, \Delta\lambda_m]$，注意此处下标并不表示目标编号，而是目标访问顺序。为不失一般性，将初始时刻记为 $t_0=0$，令 $\Delta t_k\triangleq t_k-t_{k-1}$ 表示两次访问任务之间的时间间隔。

(1)单脉冲机动策略。

对于单脉冲星下点轨迹调整问题，访问每个地面目标需施加的脉冲矢量可通过5.1节所提方法计算得到，该方法主要思想为令机动后轨道运行至目标纬度处的开普勒时间方程 t_k 与通过格林尼治平恒星时角变化得到的时间方程 t_G 相等，即令 $t_k-t_G=0$，以得到机动后轨道的半长轴，并通过式(5-21)计算得到正切脉冲幅值。

然而，考虑轨道机动非常小，参考星和机动星几乎受到相同的摄动力，机动脉冲可基于机动轨道和参考轨道的时间差在二体模型下进行求解[79]。航天器沿未机动的参考轨道运行至与目标同一纬度的时间为 t_{k0}，对应经度差为 $\Delta\lambda$，为实现对目标的访问任务，令机动轨道的飞行时间 t_k 等于 $t_{k0}+\delta t$，其中 $\delta t=\Delta\lambda/\omega_E$。令 $t_k-(t_{k0}+\delta t)=0$，机动后轨道的半长轴可通过将式(5-18)中的 t_G 替换为 $t_{k0}+\delta t$ 计算得到，并通过式(5-21)计算得到需要施加的脉冲幅值。

在多地面目标访问任务中，当卫星施加单次脉冲作用后，其轨道参数将发生变化，从而导致在下次访问任务中需要重新计算卫星初始状态和目标点的经度差，从而降低求解效率。为快速估计访问所有目标需要的累计速度增量，此处提出一种指标函数的近似计算方法。

第一个访问目标的时间差可通过经度差计算得到，为 $\delta t_1=\Delta\lambda_1/\omega_E$。对于第二个访问目标，其与未机动的参考轨道之间的经度差为 $\Delta\lambda_2$，然而，当卫星施加完第一次脉冲，完成对第一次访问任务后，与第二个访问目标之间的时间差将发生变化，可估计为 $\delta t_2=(\Delta\lambda_2-\Delta\lambda_1-\Delta\lambda_1\Delta t_2/\Delta t_1)/\omega_E$，依此类推，可估计得到所有目标点的访问时间差，为

$$\delta t_k=\begin{cases}\dfrac{\Delta\lambda_1}{\omega_E}, & k=1\\[2ex] \dfrac{\Delta\lambda_2-\Delta\lambda_1}{\omega_E}-\dfrac{\Delta\lambda_1}{\omega_E}\dfrac{\Delta t_2}{\Delta t_1}, & k=2\\[2ex] \dfrac{\Delta\lambda_k-\Delta\lambda_{k-1}}{\omega_E}-\dfrac{\Delta\lambda_{k-1}-\Delta\lambda_{k-2}}{\omega_E}\dfrac{\Delta t_k}{\Delta t_{k-1}}, & k=3,4,\cdots,m\end{cases} \tag{7-61}$$

注意，此处机动脉冲仅用于指标函数的快速估计，当通过非线性整数规划算法得到目标点的访问序列和访问时刻后，可通过轨道递推精确计算每次访问任务后的轨道参数，并通过5.1节所提方法求解得到实际需要施加的脉冲矢量。

(2)双脉冲机动策略。

对于双脉冲轨道机动，考虑在近地点施加两次脉冲，通过调整航天器的相

位实现对地面目标的过顶飞越。由于两次机动后响应卫星的轨道形状不发生改变，双脉冲机动策略完成后仅对应星下点轨迹的左右平移，因此无须重新计算每次访问任务的初始状态和经度差。对于第 k 次访问任务，需要调整的时间差可通过数据库信息计算得到

$$\delta t_k = \begin{cases} \dfrac{\Delta\lambda_1}{\omega_E}, & k=1 \\ \dfrac{\Delta\lambda_k - \Delta\lambda_{k-1}}{\omega_E}, & k=2, 3, \cdots, m \end{cases} \tag{7-62}$$

脉冲机动前后轨道周期的变化需满足

$$T_k - T_0 = \frac{2\pi}{\sqrt{\mu/a_k^3}} - \frac{2\pi}{\sqrt{\mu/a_0^3}} = \frac{\delta t_k}{N_k} \tag{7-63}$$

式中：T_k 和 T_0 分别为机动后轨道和机动前原轨道的周期；N_k 可通过 $\Delta t_k/T_0$ 估计得到，并通过向下取整得到转移轨道圈数的整数值。第一次机动后轨道的半长轴通过式(7-63)计算得到

$$a_k = \left(a_0^{3/2} + \frac{\sqrt{\mu}\,\delta t_k}{2\pi N_k}\right)^{2/3} \tag{7-64}$$

由此可得第一次脉冲的幅值为

$$\Delta V_1 = \sqrt{\mu\left(\frac{2}{r_p} - \frac{1}{a_k}\right)} - \sqrt{\mu\left(\frac{2}{r_p} - \frac{1}{a_0}\right)} \tag{7-65}$$

式中：r_p 为近地点轨道半径。航天器在运行 N_k 圈后，在近地点施加第二次切向脉冲，第二次脉冲为 $\Delta V_2 = -\Delta V_1$。两次机动后，响应卫星回到原轨道，星下点发生平移，并精确通过指定的地面目标。为访问第 k 个地面目标，两次脉冲机动累计的速度增量为

$$\Delta V_k = |\Delta V_1| + |\Delta V_2| = 2\left|\sqrt{\mu\left(\frac{2}{r_p} - \frac{1}{a_k}\right)} - \sqrt{\mu\left(\frac{2}{r_p} - \frac{1}{a_0}\right)}\right| \tag{7-66}$$

将其代入式(7-60)即可得到访问所有地面目标的累计速度增量。

7.3.1.3　整数规划模型与求解

对于本节的单星多地面目标访问序列优化问题，访问时刻为一系列离散的点，因此，该问题为整数优化问题，优化变量为

$$\boldsymbol{X}_{1\times m} = [x_1, x_2, \cdots, x_m], \quad x_n \in \mathbf{N}, \quad n=1, 2, \cdots, m \tag{7-67}$$

式中：$x_n \leqslant 2d$ 为第 n 个地面目标选择的访问机会。指标函数为航天器访问所有目标点的累计速度增量，即式(7-60)。考虑航天器发动机能力限制，单次脉

冲幅值存在上限，此外，为避免大气阻力导致轨道衰减，在任务过程中还需考虑轨道高度限制。综上所述，地面目标访问序列优化问题可写作

$$\min_{X_{1\times m}} J=\sum_{k=1}^{m}\Delta V_k$$
$$\text{s. t.}\begin{cases}h>h_{\min}\\|\Delta V|<\Delta V_{\max}\end{cases} \tag{7-68}$$

式中：$h_{\min}$ 为转移过程中允许的最小轨道高度；$\Delta V_{\max}$ 为单次机动所能施加的最大脉冲幅值。对于式(7-68)的非线性整数规划问题，可采用遗传算法(Matlab 中的 Ga 函数)进行全局优化搜索。

7.3.1.4 仿真算例

此处提供一个算例来验证本节所提方法的有效性。任务初始时刻设置为 2023 年 1 月 1 日 00 时整，对应的格林尼治平恒星时角为 $\alpha_{t_0}=1.7522\text{rad}$。响应卫星初始时刻的轨道参数已知，近地点和远地点高度分别为 500km 和 800km，轨道倾角为 97.60°，升交点赤经为 10.39°，其余轨道参数均为 0。用户指定 10 个地面目标，对应的经、纬度如表 7-20 所示，要求响应卫星在 10 天内完成所有目标点的访问任务，任务过程中轨道高度不得低于 $h_{\min}=200\text{km}$，单次机动脉冲幅值不得超过 $\Delta V_{\max}=0.1\text{km/s}$。对于表 7-20 中的目标，首先计算每个目标在 10 天内的访问机会，并计算每个访问机会对应的具体时刻和最小经度差以构成访问信息数据库。

表 7-20 用户指定地面目标点的地心经、纬度

目标编号	地点	经度/(°)	纬度/(°)
1	美国华盛顿	-77.03	38.88
2	俄罗斯莫斯科	37.60	55.75
3	中国北京	116.42	39.92
4	澳大利亚堪培拉	149.13	-35.28
5	巴西圣保罗	-46.60	-23.57
6	德国柏林	13.42	52.50
7	日本东京	139.75	35.67
8	加拿大渥太华	-3.70	45.40
9	埃及开罗	31.35	30.30
10	西班牙马德里	-3.70	40.43

采用遗传算法(Ga)对目标点的访问序列进行优化，以获得最少的累计速度增量。Ga 函数中初始种群数量和代数均设置为 1000，其余参数均取默认值，

由于遗传算法的结果具有随机性，对于单脉冲机动和双脉冲机动两种访问模式，分别进行 20 次随机运算，平均计算时间为 5.55s 和 8.80s（配置为 Intel（R）Core（TM）i7-8750H CPU @ 2.20GHz 2.21 GHz，Matlab 2018a），得到指标排名前三的结果如表 7-21 所示。

表 7-21　地面目标访问序列

访问方式	$X_{1\times m}$	访问顺序	指标/（m/s）
单脉冲机动	[7，17，15，12，9，20，1，14，4，15]	7，9，1，5，4，8，3，10，2，6	173.66
	[15，17，8，11，10，9，15，13，4，19]	9，3，5，6，4，8，7，1，2，10	181.01
	[6，9，7，14，11，4，20，16，12，15]	6，1，3，2，9，5，4，8，10，7	191.12
双脉冲机动	[6，18，6，4，9，10，15，8，19，14]	4，1，3，8，6，5，10，7，2，9	322.21
	[18，11，6，16，20，1，1，7，4，19]	7，6，9，3，8，2，4，1，5，10	338.73
	[13，18，1，20，3，15，9，7，5，8]	3，5，9，10，8，7，1，6，2，4	351.02

由仿真结果可见，两种机动方式相比，单脉冲轨道机动所消耗的燃料更少，这是因为在本节所采用的双脉冲机动策略中，航天器在每次访问任务中均需返回原有轨道，从而需要消耗更多的燃料，但双脉冲机动策略能保证每次访问地面目标时的轨道高度相同，从而可获得相同的分辨率。对于两种机动策略指标第一的解，施加脉冲时刻和对应正切脉冲矢量如表 7-22 所示，注意表中脉冲矢量为正表示沿切向，为负则表示沿着反切向。

表 7-22　两种机动策略具体机动信息

单脉冲机动策略（J=173.66m/s）		双脉冲机动策略（J=322.21m/s）			
机动时刻/天	脉冲矢量/（m/s）	第一次机动时刻/天	脉冲矢量/（m/s）	第二次机动时刻/天	脉冲矢量/（m/s）
0.0000	6.7162	0.0000	22.6473	1.7795	-22.6473
0.3465	-26.2546	1.8459	-12.5125	2.4531	12.5125
1.1752	31.0840	2.5205	-69.6431	2.9162	69.6431
3.9465	-1.0613	2.9839	-5.0317	3.2546	5.0317
4.8881	3.6846	3.3222	29.0456	4.2143	-29.0456
5.8199	-2.2460	4.2813	-9.0779	4.8218	9.0779
6.2810	-30.3946	4.8892	5.1127	6.2483	-5.1127
7.4078	-21.9283	6.3152	6.4207	7.3350	-6.4207
7.7412	4.5268	7.4021	-0.2155	8.1479	0.2155
8.6132	45.7682	8.2152	-1.3981	9.6385	1.3981

7.3.2 脉冲访问多空间目标

多个空间目标的连续访问是一个经典的轨道交会设计问题，常用于解决空间碎片清除、小行星探测等任务。为了高效地利用空间资源，制定最优的航天器任务执行方案，一次性访问多个空间目标，在航天领域具有重要意义。

本节考虑一颗在近地轨道上运行的响应卫星，通过施加多次脉冲机动，使其在给定的任务周期内经过用户指定的多个空间目标，完成访问任务。响应卫星和空间目标在初始时刻的轨道参数均已知，现需要求解空间目标的最佳访问序列，使得卫星在给定的机动策略下消耗最少的燃料完成任务。

7.3.2.1 空间目标序列优化

在多目标访问任务中，随着需要访问的空间目标增多，可选择的交会任务序列呈指数级增长，往往难以快速地寻找到最优序列。从所有的可行序列中，高效地寻找理想的输出是十分有必要的。

解决序列优化问题最直观的方法就是穷举所有可能的输出序列，并从所有的排列组合中找到输出条件概率最大的序列，即穷举搜索。贪心算法每一步选择中都采取在当前状态下最好或最优的选择，通过这种局部最优策略期望产生全局最优解。集束搜索(Beam Search，BS)是对贪心搜索的一个改进算法，它会在搜索空间中按照一定的规则搜索，并且每次只保留最优的几个结果，从而提高搜索效率。相对于贪心搜索，集束搜索扩大了搜索空间，但远远不及穷举搜索的搜索空间，是二者的一个折中方案。

集束搜索有一个超参数，名为束宽，记作 w。通过灵活地选择束宽，集束搜索可以在精度和计算成本之间找到平衡。如图 7-17 所示，在第一个步骤中，从可选目标中选择收益指标最高的 w 个目标(图中 $w=2$)作为候选序列的初始目标。在后续的每一个步骤中，基于上一步的 w 个候选序列，计算后续可选择的目标的收益指标，并保留指标最高的 w 个候选序列，直至序列完成。采用多次集束搜索得到的目标序列可以作为进化算法(如遗传算法、粒子群算法等)的初始种群，通过交叉、变异等操作，进一步地寻找最优解。

7.3.2.2 空间目标交会访问

对于近距离的空间目标交会常采用线性方程进行研究，而远距离的空间目标交会任务常基于二体模型采用 Lambert 方法进行求解。多脉冲空间目标交会方法可详见 6.3 节。

由于采用不同脉冲次数最优交会的燃料消耗等目标值通常相差不大，在多空间目标脉冲交会访问问题中，可采用较简单的交会方案(如 Lambert 双脉冲交会)依次访问每个空间目标，从而估计多空间目标序列的总指标。当选取最

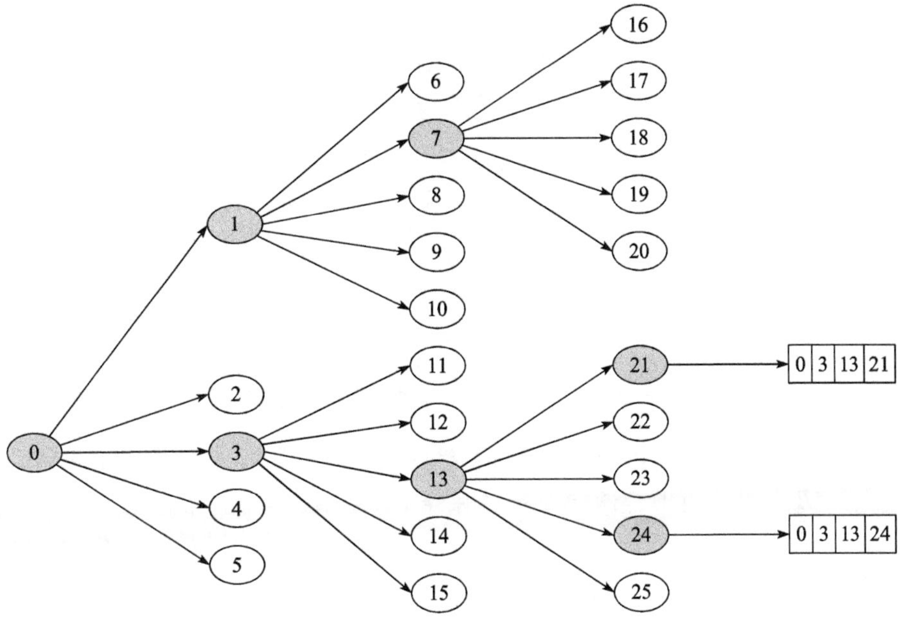

图 7-17　集束搜索示意图

优目标序列后，再比较每一次交会中不同脉冲次数的目标函数值。通过全局优化选取的空间目标序列仅确定了访问目标的顺序，而每个目标的具体访问时间也是需要优化的变量。针对每一次转移，可采用非线性规划算法进行局部优化。

7.3.2.3　空间目标飞越访问

交会访问要求航天器在访问时刻位置速度与目标点保持一致，可用于在轨加注等在轨服务任务。而飞越访问仅对访问位置有严格要求，可用于对空间目标的飞掠巡检等。

假定访问空间目标时的最大相对速度为 $\Delta V_{\max}$，采用几何法分析最优飞越脉冲，如图 7-18 所示。采用 Lambert 方法计算得到飞越目标的前后两次脉冲矢量分别记作 $\Delta \boldsymbol{V}_1$ 和 $\Delta \boldsymbol{V}_2$，由两矢量确定一个平面。以原点 O 为圆心作半径为 $R=\Delta V_{\max}$ 的圆，空间目标飞越约束优化问题被转化为在圆 O 内寻找一点 P，两次脉冲矢量依次为 $\Delta \boldsymbol{V}_1^*=\overrightarrow{AP}$，$\Delta \boldsymbol{V}_2^*=\overrightarrow{PB}$，使得总速度增量最小。

对于燃料最优问题，空间目标最优飞越任务的目标函数为

$$J=\|\Delta \boldsymbol{V}_1\|+\|\Delta \boldsymbol{V}_2\| \tag{7-69}$$

即最小化 $\|AP\|+\|BP\|$。当线段 AB 经过圆 O 时，点 P 可以是 AB 在圆 O 内上的任意一点，目标最小值即为线段的长 $\|AB\|$。当点 A、B 至少有一点在圆 O 外

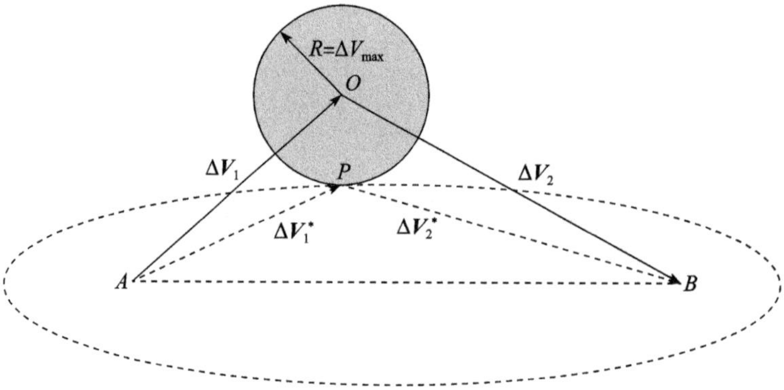

图 7-18 飞越速度约束几何方法示意图

时，取线段 AB 在圆 O 内的任一点，目标函数有最小值 $J=\|AB\|=\|\Delta \boldsymbol{V}_1+\Delta \boldsymbol{V}_2\|$。当线段 AB 在圆 O 外时，两线段长之和等于以点 A、B 为焦点的椭圆的长轴，即 $\|AP\|+\|BP\|=2a$，此椭圆的焦距为常值 $2c=\|AB\|$。当此椭圆与圆 O 相切时，取切点 P 可得目标函数 $\|AP\|+\|BP\|$ 的最小值。

当点 P 在圆周上时，下面给出一个简单的迭代求解方法：定义 OA 为 X 轴，单位矢量为 $\boldsymbol{i}=-\Delta \boldsymbol{V}_1/\|\Delta \boldsymbol{V}_1\|$，平面 OAB 的法向量为 Z 轴，单位向量为 $\boldsymbol{k}=\boldsymbol{i}\times\Delta \boldsymbol{V}_2/\|\Delta \boldsymbol{V}_2\|$，$Y$ 轴构成右手坐标系，单位向量为 $\boldsymbol{j}=\boldsymbol{k}\times\boldsymbol{i}$。定义 $\angle AOB=\theta$，$\angle AOP=\varphi$，则 $\overrightarrow{OP}=R\cos\varphi\boldsymbol{i}+R\sin\varphi\boldsymbol{j}$，对 $\varphi\in[0,\ \theta]$ 迭代即可得到最优函数值 $\|AP\|+\|BP\|$ 及对应的脉冲向量 $\Delta \boldsymbol{V}_1^*=\overrightarrow{AP}$，$\Delta \boldsymbol{V}_2^*=\overrightarrow{PB}$。

7.3.2.4 仿真算例

为验证方法的有效性，考虑服务航天器的初始轨道高度为 550km，偏心率为 0.003，轨道倾角为 98°，升交点赤经为 156°，近心点角距为 120°，真近点角为 180°。待访问的 20 个空间碎片的初始轨道参数如表 7-23 所示，执行在轨服务任务的航天器，需在一天内连续访问其中任意 10 个空间目标，使得总速度增量最小。本节在求解过程中，忽略摄动影响，采用双脉冲 Lambert 转移，对于飞越任务，飞越目标时的相对速度需不超过 0.1km/s。

表 7-23 待访问空间碎片轨道要素

编号	半长轴/km	偏心率	轨道倾角/(°)	升交点赤经/(°)	近心点角距/(°)	真近点角/(°)
1	6940.066	0.00134	97.708	156.027	117.892	203.303
2	6945.736	0.00090	97.705	156.022	76.034	266.458
3	6931.522	0.00264	97.713	156.027	109.294	183.271
4	6938.944	0.00146	97.707	156.005	115.723	286.777

续表

编号	半长轴/km	偏心率	轨道倾角/(°)	升交点赤经/(°)	近心点角距/(°)	真近点角/(°)
5	6946.754	0.00160	97.702	156.010	78.980	293.312
6	6932.827	0.00103	97.711	156.005	169.431	253.079
7	6939.396	0.00142	97.707	156.005	118.042	283.105
8	6947.127	0.00115	97.703	156.016	70.336	282.172
9	6937.286	0.00172	97.710	156.028	119.315	193.182
10	6942.146	0.00153	97.706	156.007	104.983	287.492
11	6947.486	0.00134	97.702	156.013	71.002	290.121
12	6947.402	0.00133	97.703	156.013	72.076	290.484
13	6940.573	0.00113	97.707	156.011	65.531	77.182
14	6940.495	0.00125	97.707	156.026	116.357	206.106
15	6947.188	0.00117	97.704	156.007	120.453	52.221
16	6934.192	0.00089	97.710	156.014	15.685	106.995
17	6943.420	0.00086	97.705	156.025	96.704	235.812
18	6929.665	0.00291	97.715	156.026	101.504	181.072
19	6947.387	0.00102	97.705	156.007	125.885	56.903
20	6934.167	0.00220	97.712	156.028	115.900	186.616

为简化寻优的计算过程，在优化空间目标序列时，首先考虑多目标交会问题，即服务航天器到达空间目标时的相对速度为 0km/s。采用集束搜索得到的最优交会序列为[20，9，1，14，17，2，8，11，12，5]，总速度增量为 1.081km/s。将此交会序列的交会时间作为进一步优化的初值，同时考虑飞越约束优化访问目标的前后两次脉冲，采用序列二次规划优化后总速度增量减少为 0.503km/s，总用时 14.8h，多目标飞越任务优化结果如表 7-24 所示。

表 7-24　多目标飞越任务优化结果

编号	时刻/h	第一次脉冲 $\Delta \boldsymbol{V}_1^{\mathrm{T}}$/(km/s)	第二次脉冲 $\Delta \boldsymbol{V}_2^{\mathrm{T}}$/(km/s)	总速度增量/(km/s)
20	1.2315	[0.0123，-0.0331，0.0214]	[0，0，0]	0.0413
9	2.7417	[0.0117，0.0390，0.0682]	[0，0，0]	0.0794
1	4.2399	[-0.0304，0.0157，0.0056]	[0，0，0]	0.0347
14	5.7468	[-0.0220，0.0035，-0.0464]	[0，0，0]	0.0515
17	7.2194	[-0.0394，0.0258，0.0526]	[0，0，0]	0.0706
2	8.7064	[-0.0302，0.0120，-0.0147]	[0，0，0]	0.0357

续表

编号	时刻/h	第一次脉冲 $\Delta \boldsymbol{V}_1^{\mathrm{T}}$/(km/s)	第二次脉冲 $\Delta \boldsymbol{V}_2^{\mathrm{T}}$/(km/s)	总速度增量/(km/s)
8	10.2201	[-0.0153, 0.0081, -0.0119]	[0, 0, 0]	0.0210
11	11.7525	[0.0005, -0.0034, -0.0089]	[0, 0, 0]	0.0095
12	13.3078	[0.0282, -0.0222, -0.0369]	[0, 0, 0]	0.0515
5	14.8064	[-0.0516, 0.0281, 0.0219]	[0.0320, -0.0189, -0.0260]	0.1081

7.3.3 小结

本节求解了脉冲访问多目标序列优化问题。对于地面目标，构建了访问时刻和访问经度差的数据库，考虑单脉冲、双脉冲访问单个地面目标两种机动策略，并分别给出快速计算优化指标计算解析表达式，将脉冲访问多地面目标问题转化成整数规划问题，利用遗传算法进行优化求解。对于空间目标访问任务，考虑轨道交会，采用 Lambert 方法对两个目标之间的速度增量进行估计，并通过集束搜索算法求解最优访问序列，将其作为初值，通过序列二次规划算法对空间目标访问轨迹作进一步优化，获得多目标飞越任务的燃料最优转移轨迹。

第8章
连续推力访问单目标轨迹优化

连续推力轨道机动具有比冲高、寿命长、控制精度高等优势，已成功应用于地球同步轨道、近地轨道(如美国星链卫星)、深空探测器等，是未来航天器机动的重要方式[80]。连续推力轨迹优化本质上为最优控制问题，目前常用方法有直接法[81-83]、间接法[84-87]、形状法[79,88-93]等。形状法预设航天器的转移轨迹为某种函数，根据转移过程中的约束和边界条件来求解函数系数，并结合动力学方程推导得到推力加速度。与其他方法相比，形状法具有计算速度快、收敛性好等特点，常用于初始轨道设计，也可用于为直接法、间接法提供初始猜测[94]。本章针对地面目标和空间目标的不同特点，分别采用不同的形状法求解响应卫星的转移轨迹，实现对目标点的快速访问任务。

8.1 基于形状法访问单地面目标

假设响应卫星的初始轨道六根数已知，要求施加连续推力轨道机动，使得卫星的星下点轨迹经过指定的地面目标点 S，其经纬度分别为 λ 和 φ。

8.1.1 指定纬度的飞行时间和经度差计算

对于非机动的初始轨道，本小节给出了一种半解析方法来求解在 J_2 摄动的影响下到达纬度 φ 的时间和经度差。对于指定的目标点纬度 φ，星下点对应的轨道纬度幅角可通过星下点纬度约束计算得到，为

$$u_t=\omega+f_t=\begin{cases}\arcsin\left(\dfrac{\sin\varphi}{\sin i}\right), & \text{升轨}\\ \pi-\arcsin\left(\dfrac{\sin\varphi}{\sin i}\right), & \text{降轨}\end{cases} \tag{8-1}$$

式中两个值分别对应升轨和降轨段访问。

如果初始轨道为圆轨道，线性 J_2 模型下，航天器飞行时间为

$$t_{J_2}=\frac{(u_t-u_0)+2\pi N_R}{\dot{M}_{J_2}+\dot{\omega}_{J_2}+\sqrt{\mu/\bar{a}^3}} \tag{8-2}$$

式中：N_R 为圈数；u_0 为初始时刻纬度幅角。

如果初始轨道为椭圆，J_2 摄动下飞行时间由下式确定

$$M_t-M_0+2\pi N_R=\left(\sqrt{\frac{\mu}{\bar{a}^3}}+\dot{M}_{J_2}\right)t_{J_2} \tag{8-3}$$

在到达目标纬度 φ 时刻，真近点角为 $f_t=u_t-\omega_0-\dot{\omega}_{J_2}t_{J_2}$，根据平近点角 M_t 和真近点角之间的转换关系，式(8-3)可写作

$$\begin{aligned}&2\arctan\left(\sqrt{\frac{1-e}{1+e}}\tan\frac{u_t-\omega_0-\dot{\omega}_{J_2}t_{J_2}}{2}\right)-\\&e\sin\left[2\arctan\left(\sqrt{\frac{1-e}{1+e}}\tan\frac{u_t-\omega_0-\dot{\omega}_{J_2}t_{J_2}}{2}\right)\right]\\&=M_0-2\pi N_R+\left(\sqrt{\frac{\mu}{\bar{a}^3}}+\dot{M}_{J_2}\right)t_{J_2}\end{aligned} \tag{8-4}$$

注意到 $e=0$ 时方程(8-4)等价于方程(8-2)，因此方程(8-4)对圆轨道仍然成立。对于近地轨道，偏心率通常不大，于是可由下面的数值迭代得到方程(8-4)的半解析解

$$t_{J_2}^{(k+1)}=\frac{M_t(t_{J_2}^{(k)})-M_0+2\pi N_R}{\sqrt{\mu/\bar{a}^3}+\dot{M}_{J_2}},\quad k=0,1,2,\cdots \tag{8-5}$$

式中：$M_t(t_{J_2}^{(k)})$ 表示方程(8-4)等式左边项，其初始猜测 $t_{J_2}^{(0)}$ 选为圆轨道飞行时间的解析值，即方程(8-2)。最终，可求得在 J_2 影响下椭圆轨道的飞行时间 t_{J_2}。

对于给定的目标纬度 φ 和不同的圈数 N_R，利用方程(8-5)得到飞行时间 t_{J_2}，对应的经度可由2.4节星下点轨迹模型得到。由此，可得到距离目标点最近的经度 λ 以及对应的圈数 N_R，从而得到参考轨道与地面目标在同一纬度处的最小经度差 $\Delta\lambda$。

对于初始轨道，用上面的方法可得到 J_2 摄动下到达目标纬度 φ 的飞行时间 t_{J_2}。但是，在小的脉冲情况下，J_2 摄动对机动轨道和参考(无机动)轨道的影响几乎相同。因此，机动轨道和参考轨道到达目标纬度 φ 的飞行时间差可由二体问题的开普勒方程得到。这给我们提供了一种用机动轨道和参考轨道时间差求解星下点轨迹调整问题的方法。

下面我们用下标“1”表示初始轨道，初始时刻真近点角用 f_{10} 表示；下标“2”表示星下点轨迹经过 S 点的目标轨道，终端真近点角用 f_{2t} 表示。对于连续小推力方法，目标轨道给定为回归轨道或太阳同步等轨道，于是需要求解整个时间区间的推力加速度大小。

8.1.2　基于逆多项式和三角联合函数的星下点轨迹调整

5.1 节中给出了单次正切脉冲星下点轨迹调整解析控制策略。但是该方法得到的目标轨道无约束。如果目标轨道为天回归轨道，航天器在轨道机动后可以每天对目标点 S 访问一次。另外，如果 S 点对应的轨道位置在近地点附近，那么在同一相机下成像可得到更高的地面分辨率。本小节将给出给定目标轨道下，利用形状法得到正切小推力星下点轨迹调整算法。

由于正切推力是改变瞬间轨道机械能(和轨道半长轴)最有效的方向策略，因此假设轨道机动过程中推力方向始终沿着速度方向。于是，共面轨道运动方程在极坐标系下(轨迹半径 r，转移角度 θ)可写成

$$\begin{cases} \ddot{r}-r\dot{\theta}^2+\mu/r^2=T_a\sin\gamma \\ r\ddot{\theta}+2r\dot{\theta}^2\tan\gamma=T_a\cos\gamma \end{cases} \tag{8-6}$$

式中：T_a 为推力加速度大小；飞行路径角 γ 可由下式得到

$$\tan\gamma=\frac{\dot{r}}{r\dot{\theta}}=\frac{1}{r}\frac{\partial r}{\partial\theta} \tag{8-7}$$

由方程(8-6)第二个式子可知

$$T_a=\frac{r\ddot{\theta}+2r\dot{\theta}^2\tan\gamma}{\cos\gamma} \tag{8-8}$$

把方程(8-7)和式(8-8)代入方程(8-6)第一个式子，并简化得到

$$\dot{\theta}^2=\frac{\mu}{r^3(1+\tan^2\gamma-\partial\tan\gamma/\partial\theta)} \tag{8-9}$$

其中 $\tan\gamma$ 关于角度 θ 的偏导数为

$$\frac{\partial\tan\gamma}{\partial\theta}=-\frac{1}{r^2}\left(\frac{\partial r}{\partial\theta}\right)^2+\frac{1}{r}\frac{\partial^2 r}{\partial\theta^2} \tag{8-10}$$

对于时间固定的轨道交会问题，六阶逆多项式形状函数[89-90]最多有五个极值点，因此不能用于拟合多圈椭圆轨道半径振荡情况。通常来说，逆多项式和三角联合函数具有足够多的极值点，使得其可用作多圈椭圆轨道的形状函数。该形状函数可表示为

$$r=\frac{1}{q(\theta)} \tag{8-11}$$

其中

$$q(\theta)=(c_0+c_1\theta)\cos\theta+(c_2+c_3\theta)\sin\theta+c_4+c_5\theta+c_6\theta^2 \tag{8-12}$$

飞行路径角为

$$\tan\gamma=\frac{r'}{r}=-\frac{q'}{q} \tag{8-13}$$

其中：$(\cdot)'$表示关于 θ 的偏导数。注意到飞行路径角 γ 可写为真近点角的函数形式。于是，可得到

$$-\frac{\tan\gamma}{r}=\frac{e\sin f}{p}=q' \tag{8-14}$$

另外，轨迹半径 r 关于转移角度 θ 的一阶和二阶偏导数为

$$r'=-\frac{q'}{q^2} \tag{8-15}$$

$$r''=2\frac{(q')^2}{q^3}-\frac{q''}{q^2} \tag{8-16}$$

把式(8-10)、式(8-13)、式(8-15)、式(8-16)代入方程(8-9)可得

$$\dot{\theta}^2=\frac{\mu q^4}{q+q''} \tag{8-17}$$

对于初始和目标轨道来说，均有 $r^4\dot{\theta}^2=\mu p$，于是

$$\frac{\mu}{r^4\dot{\theta}^2}-\frac{1}{r}=\frac{1}{p}-\frac{1}{r}=q'' \tag{8-18}$$

在形状近似法中，形状函数的六个系数可由初始和目标轨道的边界条件得到。简单起见，令

$$\begin{cases}\boldsymbol{A}=[\boldsymbol{g}_q^{\mathrm{T}}|_{\theta=0},\ \boldsymbol{g}_q^{\mathrm{T}}|_{\theta=\theta_f},\ (\boldsymbol{g}_q')^{\mathrm{T}}|_{\theta=0},\ (\boldsymbol{g}_q')^{\mathrm{T}}|_{\theta=\theta_f},\ (\boldsymbol{g}_q'')^{\mathrm{T}}|_{\theta=0},\ (\boldsymbol{g}_q'')^{\mathrm{T}}|_{\theta=\theta_f}]^{\mathrm{T}}\\ \boldsymbol{b}=[1/r_1,\ 1/r_2,\ e_1\sin f_1/p_1,\ e_2\sin f_2/p_2,\ 1/p_1-1/r_1,\ 1/p_2-1/r_2]^{\mathrm{T}}\\ \hat{\boldsymbol{b}}=[0,\ -c_6\theta_f^2,\ 0,\ -2c_6\theta_f,\ -2c_6,\ -2c_6]^{\mathrm{T}}\end{cases} \tag{8-19}$$

其中：$\theta_f=f_{2t}+\omega_2-f_{10}-\omega_1$ 为转移角度，且

$$\begin{cases}\boldsymbol{g}_q=[\cos\theta,\ \theta\cos\theta,\ \sin\theta,\ \theta\sin\theta,\ 1,\ \theta]\\ \boldsymbol{g}_q'=[-\sin\theta,\ \cos\theta-\theta\sin\theta,\ \cos\theta,\ \sin\theta+\theta\cos\theta,\ 0,\ 1]\\ \boldsymbol{g}_q''=[-\cos\theta,\ -2\sin\theta-\theta\cos\theta,\ -\sin\theta,\ 2\cos\theta-\theta\sin\theta,\ 0,\ 0]\end{cases} \tag{8-20}$$

选择系数 c_6 作为自由变量来求解时间方程。其余系数 $\boldsymbol{x}\triangleq[c_0,\ c_1,\ c_2,$

c_3，c_4，c_5]^{T} 可由方程(8-11)、方程(8-14)、方程(8-18)得到，为

$$\boldsymbol{x}=\boldsymbol{A}^{-1}(\boldsymbol{b}+\hat{\boldsymbol{b}}) \tag{8-21}$$

由方程(8-17)中 $\dot{\theta}^2>0$ 的条件可知 $q+q''>0$，等价于

$$[(\boldsymbol{g}_q+\boldsymbol{g}_q'')\boldsymbol{A}^{-1}\hat{\boldsymbol{b}}+\theta^2+2]c_6+(\boldsymbol{g}_q+\boldsymbol{g}_q'')\boldsymbol{A}^{-1}\boldsymbol{b}>0 \tag{8-22}$$

大量的数值结果表明对于任意的 $\theta\in[0,\ \theta_f]$，均存在不等式

$$[(\boldsymbol{g}_q+\boldsymbol{g}_q'')\boldsymbol{A}^{-1}\hat{\boldsymbol{b}}+\theta^2+2]<0 \tag{8-23}$$

尽管该不等式不太容易由数学推导来证明。于是，系数 c_6 的范围为

$$c_6<\min_{\theta}\frac{(\boldsymbol{g}_q+\boldsymbol{g}_q'')\boldsymbol{A}^{-1}\boldsymbol{b}}{(\boldsymbol{g}_q+\boldsymbol{g}_q'')\boldsymbol{A}^{-1}\hat{\boldsymbol{b}}+\theta^2+2} \tag{8-24}$$

因此，方程(8-24)给出了 c_6 的一个上界，其下界可设为 $c_{6\min}=-10^{-6}$。

转移时间为

$$\Delta t=\int_0^{\theta_f}\sqrt{\frac{q+q''}{\mu q^4}}\mathrm{d}\theta \tag{8-25}$$

对于时间固定的轨道交会问题，方程(8-25)得到的转移时间应等于给定的飞行时间($t_1+\Delta\lambda/\omega_E$)，其中 t_1 为航天器在二体模型下，沿参考轨道运行至与目标点同一纬度的飞行时间，可由二体模型下开普勒方程计算得到，$\Delta\lambda$ 由 8.1.1 节所提方法得到，为 J_2 模型下的最小经度差。在区间[$c_{6\min}$，$c_{6\max}$]内仅存在单根，其值可由割线法得到

$$c_{6,k+1}=c_{6,k}-(c_{6,k}-c_{6,k-1})\frac{\Delta t(c_{6,k})-(t_1+\Delta\lambda/\omega_{\oplus})}{\Delta t(c_{6,k})-\Delta t(c_{6,k-1})},\quad k=1,\ 2,\ 3,\ \cdots \tag{8-26}$$

其初始猜测为 $c_{60}=c_{6\min}$，$c_{61}=c_{6\max}$。

一旦求解得到系数 c_6，形状函数就确定了。于是，$\ddot{\theta}$ 可由方程(8-17)得到；推力加速度大小由方程(8-6)第二个式子得到

$$T_a=-\frac{\mu}{2}\frac{q^2(q'+q''')\sqrt{q^2+(q')^2}}{(q+q'')^2} \tag{8-27}$$

能量消耗为

$$\Delta V=\int_0^{\theta_f}\frac{T_a(\theta)}{\dot{\theta}(\theta)}\mathrm{d}\theta \tag{8-28}$$

对于不同转移圈数来说，形状法对应的转移角度和能量消耗均不同。因此，可选择能量消耗最小的解。

8.1.3 仿真算例

下面给出初始圆和初始椭圆轨道两种情况，来验证提出的小推力形状法。2015 年 7 月 1 日 08：00：00(UTC)设为初始时刻。2008 年经历大地震的四川汶川，设为地面目标点 S。汶川的经度为 $\lambda=103.4°$，纬度为 $\varphi=31°$。

对于初始圆轨道，轨道半长轴为 $a_1=R_E+400\text{km}$；对于初始椭圆轨道，近地点和远地点半径分别为 $r_{p1}=R_E+400\text{km}$ 和 $r_{a1}=R_E+1000\text{km}$。其他轨道参数为 $i_1=97.0346°$，$\omega_1=0°$，$\Omega_1=280°$和$f_{10}=0°$。在下面的表格中，“D”代表降轨访问，“A”代表升轨访问；“D”或“A”前面的数字代表天数。图中星下点轨迹由 J_2 摄动下非线性动力学方程得到，实线和虚线分别表示机动星下点轨迹和参考(非机动)星下点轨迹，五角星表示目标点 S。

对于初始圆形轨道，目标轨道假设为天回归圆形轨道，其半长轴为 $a_2=R_E+560\text{km}$。对于 1D 情况，转移时间得到为 77280.8s，于是利用小推力形状法求解固定时间轨道交会问题，形状函数的系数可由方程(8-26)得到，其值为 $c_6=1.5680\times10^{-9}$，其能量消耗为 0.159735km/s，最大推力加速度为 $T_{a\max}=5.10\text{mm/s}^2$。对于 1A 情况，最小能量解的能量消耗为 0.567567km/s，但该解转移过程中最小半径小于 200km，因此其不满足约束；采用第二个最小的 $\Delta\lambda$，可得到其可行解对应的能量为 0.802539km/s。

对于初始椭圆轨道，目标轨道假设为天回归椭圆轨道，其近地点和远地点半径分别为 $r_{p2}=R_E+300\text{km}$ 和 $r_{a2}=R_E+820\text{km}$；假设目标真近点角为 $f_{2t}=0°$，从而使 S 点对应近地点，成像时可得到更高的地面分辨率。对于 1D 情况，转移时间得到为 77279.2s，于是利用小推力形状法，其最小能量消耗为 0.380399km/s，最大推力加速度为 $T_{a\max}=11.9\text{mm/s}^2$。在该方法下，机动星下点轨迹和参考星下点轨迹见图 8-1。轨迹半径和推力加速度曲线见图 8-2 和图 8-3 所示。可看出，整个过程轨迹轨道高度均大于 200km。

初始圆形和椭圆轨道下，小推力形状法的结果如表 8-1 所示，表明机动星下点轨迹与目标点 S 的经度差小于 0.04°。当小推力形状法应用于初始圆形轨道时，3A 和 3D 情况下的能量消耗与霍曼转移的能量非常接近，暗示着该方法可有效降低能量消耗。另外，对于初始圆形和初始椭圆轨道，随着时间天数的增加，最大加速度均减小。因此，在实际工程中，如果最大推力大小受上界约束，可通过增加时间来调整。

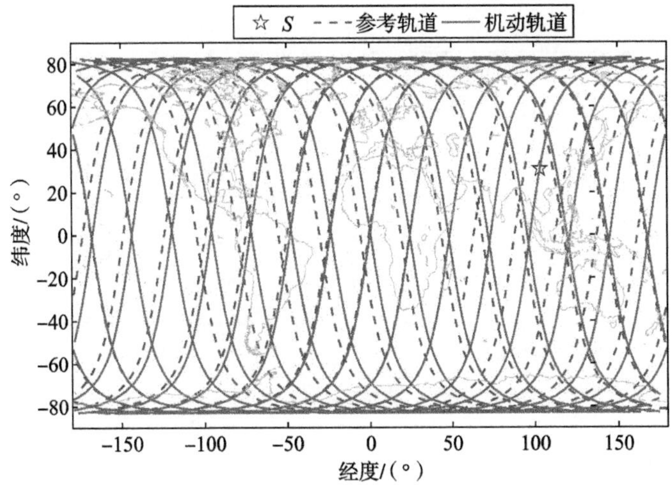

图 8-1　小推力形状法星下点轨迹调整(初始椭圆轨道 1D 情况)

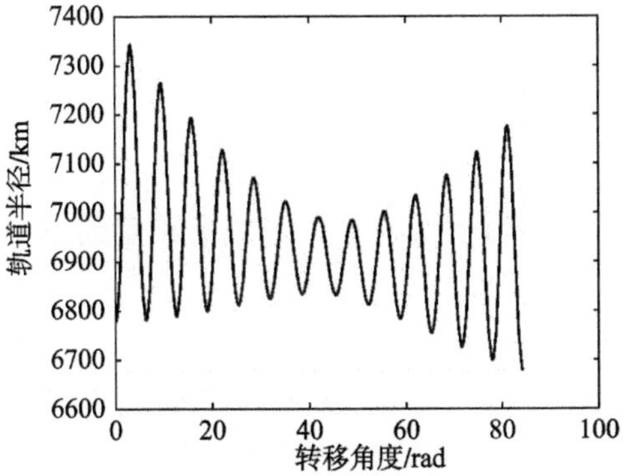

图 8-2　小推力形状法对应的轨迹半径曲线(初始椭圆轨道 1D 情况)

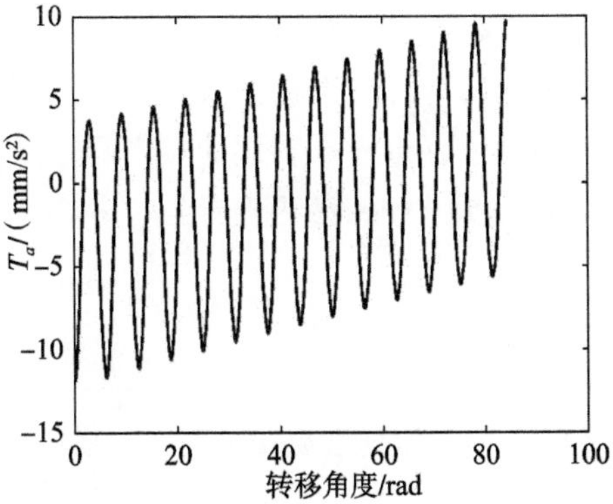

图 8-3　小推力形状法对应的推力加速度曲线(初始椭圆轨道 1D 情况)

表 8-1　小推力形状法星下点轨迹调整结果

Day	初始圆形轨道			初始椭圆轨道		
	ΔV/(km/s)	$T_{a\max}$/(mm/s^2)	$\Delta\lambda$/(°)	ΔV/(km/s)	$T_{a\max}$/(mm/s^2)	$\Delta\lambda$/(°)
1D	0.159735	5.10	0.0058	0.380399	11.9	0.0026
1A	0.802539	60.3	0.0050	0.551911	44.2	0.0331
2D	0.132023	1.90	0.0048	0.379181	5.55	0.0218
2A	0.088947	1.48	0.0148	0.132740	3.26	0.0354
3D	0.088938	0.539	0.0081	0.378270	3.00	0.0333
3A	0.088938	0.805	0.0144	0.116357	1.22	0.0200

8.1.4　小结

本节研究了共面星下点轨道调整的小推力形状法。该方法基于二体模型下的时间差，且对初始圆形轨道和初始椭圆轨道均适用。采用联合逆多项式和三角函数形状法求解固定时间轨道交会问题，提出的方法基于二体模型的时间差，在飞行时间计算中避免直接考虑非线性 J_2 摄动模型，而仅在求解经度差时用到线性 J_2 模型。数值结果表明，在非线性 J_2 摄动模型下，该方法的最大经度误差小于 0.04°。所提小推力形状法可用于给定的目标轨道，如回归轨道和太阳同步轨道。

8.2　基于形状法访问单空间目标

针对空间轨道转移时间自由和时间固定两种情况，Wall[89-90] 分别研究了五阶和六阶逆多项式形状，但是该形状的极小值常常小于地球半径和大气层高度(如 300km)之和，即该形状不一定能够满足工程上要求(轨迹安全约束)。另外，由于六阶逆多项式至多存在五个极值点，当共面椭圆轨道转移圈数超过三圈时，该形状无法模拟轨迹在近地点和远地点之间来回振荡，即无法实现多圈转移。鉴于此，本节研究了一种满足轨迹安全、多圈转移、能量、推力加速度等约束的径向形状函数。

8.2.1　问题描述

由轨道半长轴 a、偏心率 e 和真近点角 f 表示的径向大小为

$$r=\frac{a(1-e^2)}{1+e\cos f} \tag{8-29}$$

假设在 t 时刻径向大小为 $r(t)$，其单位矢量为 $\hat{\boldsymbol{r}}(t)$，在无外力的情况下，经过了一个轨道周期 T 之后回到原位置，即 $r(t+T)=r(t)$，$\hat{\boldsymbol{r}}(t+T)=\hat{\boldsymbol{r}}(t)$ 和 $a(t+T)=a(t)$。如果半长轴 a 是可变的，且假设 $a(t+T)>a(t)>a(t-T)$，于是从式(8-29)可知

$$\begin{aligned} r(t+T)&=\frac{a(t+T)(1-e^2)}{1+e\cos f}>r(t)=\frac{a(t)(1-e^2)}{1+e\cos f}> \\ r(t-T)&=\frac{a(t-T)(1-e^2)}{1+e\cos f},\ t\in(t_0,\ t_f),\ f\in[0,\ 2\pi) \end{aligned} \tag{8-30}$$

显然，当半长轴 a 为关于时间 t 的单调递增函数时，上式总是成立。

若在初始和终端时刻半长轴 a 分别满足 $a(t_0)=a_1$ 和 $a(t_f)=a_2$，其中 a_1 和 a_2 分别为初始和目标轨道的半长轴，于是航天器将从初始轨道 P_1 点开始以螺旋递增的形式向外转移到半长轴为 a_2 的目标轨道上，见图 8-4。由于在转移过程中 $e(t)\equiv e_1$ 和 $\omega(t)\equiv\omega_1$，即要求目标轨道的偏心率 $e_2=e_1$ 和近地点角距 $\omega_2=\omega_1$，于是只考虑半长轴变化的转移轨道仅适合共面圆轨道和共面同偏心率共轴轨道。尽管如此，为了实现任意共面轨道小推力轨道多圈转移，在初始和终端时刻，可让偏心率和近地点角距满足 $e(t_0)=e_1$，$e(t_f)=e_2$，$\omega(t_0)=\omega_1$ 及 $\omega(t_f)=\omega_2$，8.2.3 节详细分析了这种情况。

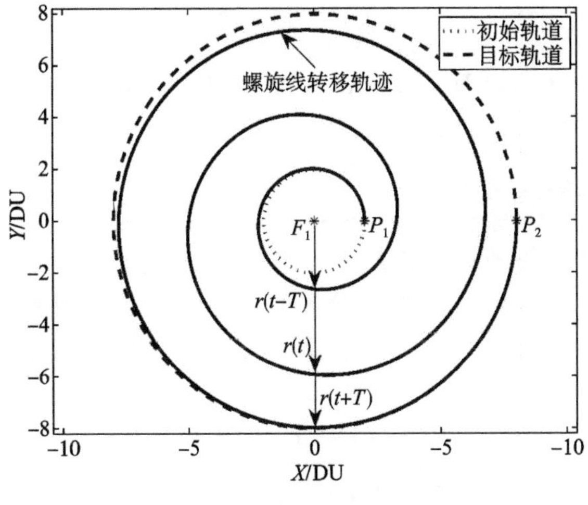

图 8-4　螺旋递增转移图

8.2.2　动力学模型

通常利用极坐标系来描述航天器轨迹的变化，如图 8-5 所示，其中极角 θ 以初始位置为参考(x 轴)，$\boldsymbol{r}$ 为径向矢量，$\boldsymbol{v}$ 为速度矢量，$v_r=\dot{r}$ 为径向速度的

大小，$v_\theta=r\dot{\theta}$ 为周向速度的大小，γ 为飞行路径角，$\tan\gamma=v_r/v_\theta$，T_a 为推力加速度的大小，δ 为相对于水平面的推力点角。

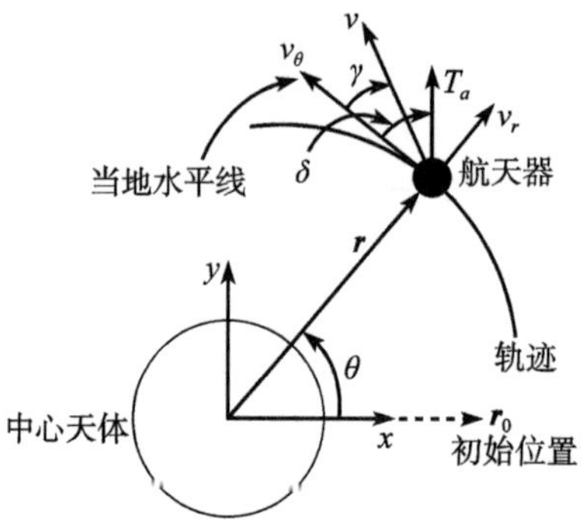

图 8-5　航天器轨迹变化示意图

航天器在极坐标下的动力学模型为

$$\ddot{r}-r\dot{\theta}^2+\frac{\mu}{r^2}=T_a\sin\delta \tag{8-31}$$

$$r\ddot{\theta}+2r\dot{\theta}^2\tan\gamma=T_a\cos\delta \tag{8-32}$$

注意，为了提高计算效率，通常将运动模型无量纲化，无量纲模型的径向、时间和速度的单位分别为 DU、TU 和 VU，其中，$1\text{DU}=R_E$、$1\text{TU}=\sqrt{\text{DU}^3/\mu}$ 及 $1\text{VU}=\text{DU}/\text{TU}$，量化之后式(8-31)中的 μ 变为 1。

8.2.3　轨道转移问题

8.2.3.1　半长轴函数形状法

从上节可知，将半长轴 a 表示为关于时间 t 的单调递增函数能够实现螺旋式转移。针对任意初始和目标轨道，本节基于轨迹成型法，设计了一种能够实现多圈转移的径向形状函数为

$$r=\frac{a_3(1-e_1^2)}{1+e_1\cos f_1}+\frac{a_4(1-e_2^2)}{1+e_2\cos f_2} \tag{8-33}$$

式中：$f_1=f_{10}+\theta$，f_{10} 为离开初始位置 P_{10} 的真近点角，θ 是以初始位置为参考的转移角或极角；$f_2=f_1-\Delta\omega$，$\Delta\omega=\omega_2-\omega_1$，$\omega$ 为近地点角距；e 为轨道的偏心率。下标“1”和“2”分别代表初始和目标轨道。

将式(8-33)中的 a_3 和 a_4 分别表示为五次多项式

$$\begin{cases}a_3=\alpha_0+\alpha_1\theta+\alpha_2\theta^2+\alpha_3\theta^3+\alpha_4\theta^4+\alpha_5\theta^5\\a_4=\beta_0+\beta_1\theta+\beta_2\theta^2+\beta_3\theta^3+\beta_4\theta^4+\beta_5\theta^5\end{cases} \tag{8-34}$$

系数 a_k 和 $b_k(k=0, 1, \cdots, 5)$由边界条件$(r, \tan\gamma, \dot{\theta})|_{\theta=0}$ 和$(r, \tan\gamma, \dot{\theta})|_{\theta=\theta_f}$ 确定，注意$(r, \tan\gamma, \dot{\theta})$这三个量可唯一确定一条开普勒轨道。

将式(8-33)的径向形状函数对时间求导可得

$$\dot{r} = \frac{\partial r}{\partial \theta}\dot{\theta} = \left(\frac{\partial a_3}{\partial \theta}H_1 + a_3 \frac{\partial H_1}{\partial \theta} + \frac{\partial a_4}{\partial \theta}H_2 + a_4 \frac{\partial H_2}{\partial \theta}\right)\dot{\theta} \tag{8-35}$$

式中：$H_j \triangleq (1-e_j^2)/(1+e_j\cos f_j) \neq 0$，$j=1, 2$。由于径向速度为 $v_r = \dot{r}$，周向速度为 $v_\theta = r\dot{\theta}$，于是，可获得航天器的飞行路径角为

$$\tan\gamma = \frac{v_r}{v_\theta} = \frac{\dot{r}}{r\dot{\theta}} = \frac{1}{r}\frac{\partial r}{\partial \theta} \tag{8-36}$$

进一步得到

$$\frac{\partial \tan\gamma}{\partial \theta} = -\frac{1}{r^2}\left(\frac{\partial r}{\partial \theta}\right)^2 + \frac{1}{r}\frac{\partial^2 r}{\partial \theta^2} \tag{8-37}$$

$$\frac{\partial^2 \tan\gamma}{\partial \theta^2} = 2\frac{1}{r^3}\left(\frac{\partial r}{\partial \theta}\right)^3 - 3\frac{1}{r^2}\frac{\partial r}{\partial \theta}\frac{\partial^2 r}{\partial \theta^2} + \frac{1}{r}\frac{\partial^3 r}{\partial \theta^3} \tag{8-38}$$

其中

$$\frac{\partial r}{\partial \theta} = \frac{\partial a_3}{\partial \theta}H_1 + a_3\frac{\partial H_1}{\partial \theta} + \frac{\partial a_4}{\partial \theta}H_2 + a_4\frac{\partial H_2}{\partial \theta} \tag{8-39}$$

$$\frac{\partial^2 r}{\partial \theta^2} = \frac{\partial^2 a_3}{\partial \theta^2}H_1 + 2\frac{\partial a_3}{\partial \theta}\frac{\partial H_1}{\partial \theta} + a_3\frac{\partial^2 H_1}{\partial \theta^2} + \frac{\partial^2 a_4}{\partial \theta^2}H_2 + 2\frac{\partial a_4}{\partial \theta}\frac{\partial H_2}{\partial \theta} + a_4\frac{\partial^2 H_2}{\partial \theta^2} \tag{8-40}$$

$$\frac{\partial^3 r}{\partial \theta^3} = \sum_{j=1}^{2}\left(\frac{\partial^3 a_{j+2}}{\partial \theta^3}H_j + 3\frac{\partial^2 a_{j+2}}{\partial \theta^2}\frac{\partial H_j}{\partial \theta} + 3\frac{\partial a_{j+2}}{\partial \theta}\frac{\partial^2 H_j}{\partial \theta^2} + a_{j+2}\frac{\partial^3 H_j}{\partial \theta^3}\right) \tag{8-41}$$

$$\frac{\partial H_j}{\partial \theta} = \frac{\partial H_j}{\partial f_j} = \frac{1-e_j^2}{(1+e_j\cos f_j)^2}e_j\sin f_j, \quad j=1, 2 \tag{8-42}$$

$$\frac{\partial^2 H_j}{\partial \theta^2} = \frac{2(1-e_j^2)}{(1+e_j\cos f_j)^3}e_j^2\sin^2 f_j + \frac{1-e_j^2}{(1+e_j\cos f_j)^2}e_j\cos f_j \tag{8-43}$$

$$\frac{\partial^3 H_j}{\partial \theta^3} = \frac{6(1-e_j^2)e_j^3\sin^3 f_j}{(1+e_j\cos f_j)^4} + \frac{3(1-e_j^2)e_j^2\sin(2f_j)}{(1+e_j\cos f_j)^3} - \frac{(1-e_j^2)e_j\sin f_j}{(1+e_j\cos f_j)^2} \tag{8-44}$$

$$\frac{\partial a_3}{\partial \theta} = \alpha_1 + 2\alpha_2\theta + 3\alpha_3\theta^2 + 4\alpha_4\theta^3 + 5\alpha_5\theta^4 \tag{8-45}$$

$$\frac{\partial^2 a_3}{\partial \theta^2} = 2\alpha_2 + 6\alpha_3\theta + 12\alpha_4\theta^2 + 20\alpha_5\theta^3 \tag{8-46}$$

$$\frac{\partial^3 a_3}{\partial \theta^3} = 6\alpha_3 + 24\alpha_4\theta + 60\alpha_5\theta^2 \tag{8-47}$$

$$\frac{\partial a_4}{\partial \theta}=\beta_1+2\beta_2\theta+3\beta_3\theta^2+4\beta_4\theta^3+5\beta_5\theta^4 \tag{8-48}$$

$$\frac{\partial^2 a_4}{\partial \theta^2}=2\beta_2+6\beta_3\theta+12\beta_4\theta^2+20\beta_5\theta^3 \tag{8-49}$$

$$\frac{\partial^3 a_4}{\partial \theta^3}=6\beta_3+24\beta_4\theta+60\beta_5\theta^2 \tag{8-50}$$

从式(8-36)可知，$\dot{r}=r\tan\gamma\dot{\theta}$，于是其二阶导数为

$$\ddot{r}=r\frac{\partial\tan\gamma}{\partial\theta}\dot{\theta}^2+r\dot{\theta}^2\tan^2\gamma+r\ddot{\theta}\tan\gamma \tag{8-51}$$

式中的 $\ddot{\theta}$ 由式(8-32)得到，将其代入式(8-51)可得到

$$\ddot{r}=T_a\cos\delta\tan\gamma+r\frac{\partial\tan\gamma}{\partial\theta}\dot{\theta}^2-r\dot{\theta}^2\tan^2\gamma \tag{8-52}$$

结合式(8-52)和式(8-32)得到

$$T_a\cos\delta\tan\gamma+r\frac{\partial\tan\gamma}{\partial\theta}\dot{\theta}^2-r\tan^2\gamma\dot{\theta}^2=T_a\sin\delta+r\dot{\theta}^2-\frac{1}{r^2} \tag{8-53}$$

若 $\delta=\gamma$，即推力矢量与瞬时速度方向相一致，可简化上式得

$$\dot{\theta}^2=r^{-3}\left(1+\tan^2\gamma-\frac{\partial\tan\gamma}{\partial\theta}\right)^{-1} \tag{8-54}$$

注意上式必须大于零，否则所设计的径向形状函数不可行。进一步，可获得角加速度为

$$\ddot{\theta}=-\frac{1}{2r^3}\left[\frac{3\tan\gamma}{1+\tan^2\gamma-\frac{\partial\tan\gamma}{\partial\theta}}+\frac{2\tan\gamma\frac{\partial\tan\gamma}{\partial\theta}-\frac{\partial^2\tan\gamma}{\partial\theta^2}}{\left(1+\tan^2\gamma-\frac{\partial\tan\gamma}{\partial\theta}\right)^2}\right] \tag{8-55}$$

将式(8-54)和式(8-55)代入式(8-32)可获得正切推力加速度为

$$T_a(\theta)=\frac{1}{2r^2\cos\gamma}\left[\frac{\tan\gamma}{1+\tan^2\gamma-\frac{\partial\tan\gamma}{\partial\theta}}-\frac{2\tan\gamma\frac{\partial\tan\gamma}{\partial\theta}-\frac{\partial^2\tan\gamma}{\partial\theta^2}}{\left(1+\tan^2\gamma-\frac{\partial\tan\gamma}{\partial\theta}\right)^2}\right] \tag{8-56}$$

于是航天器到达最终位置所需的飞行时间 t_f 和速度增量 ΔV 分别为

$$t_f=\int_0^{t_f}\mathrm{d}t=\int_0^{\theta_f}\frac{1}{\dot{\theta}(\theta)}\mathrm{d}\theta \tag{8-57}$$

$$\Delta V=\int_0^{\theta_f}\frac{T_a(\theta)}{\dot{\theta}(\theta)}\mathrm{d}\theta \tag{8-58}$$

式中的积分可利用辛普森求积公式(Simpson's rule)计算得到。

8.2.3.2　求解多项式系数

由于开普勒轨道可由 r、$\tan\gamma$ 和 $\dot{\theta}$ 唯一确定，因此，由边界值 $r|_{\theta=0}$、$r|_{\theta=\theta_f}$、$\tan\gamma|_{\theta=0}$、$\tan\gamma|_{\theta=\theta_f}$、$\dot{\theta}|_{\theta=0}$ 及 $\dot{\theta}|_{\theta=\theta_f}$，即可求出式(8-34)中的多项式系数。

(1)初始边界条件。

由于转移角 θ 以初始位置 P_{10} 为参考，当航天器离开初始轨道时，$\theta=0$、$f_1=f_{10}$、$r=r_1$。当 $\theta=0$ 时，由式(8-33)可知

$$r=a_3|_{\theta=0}\cdot\frac{1-e_1^2}{1+e_1\cos f_1}+a_4|_{\theta=0}\cdot\frac{1-e_2^2}{1+e_2\cos f_2}=r_1 \tag{8-59}$$

式中：$r_1=a_1(1-e_1^2)/(1+e_1\cos f_1)$，$a_1$ 为初始轨道的半长轴，可知，当

$$\begin{cases}a_3|_{\theta=0}=\alpha_0=a_1\\a_4|_{\theta=0}=\beta_0=0\end{cases} \tag{8-60}$$

式(8-59)总是成立。

由式(8-36)和式(8-39)可获得初始飞行路径角 γ_1 的形式为

$$\tan\gamma_1=\frac{1}{r_1}\left(\frac{\partial a_3}{\partial\theta}\bigg|_{\theta=0}\cdot H_1|_{\theta=0}+r_1\tan\gamma_1+\frac{\partial a_4}{\partial\theta}\bigg|_{\theta=0}\cdot H_2|_{\theta=0}\right) \tag{8-61}$$

由于 $H_1|_{\theta=0}\neq0$，$H_2|_{\theta=0}\neq0$，于是上式总是成立当

$$\begin{cases}\dfrac{\partial a_3}{\partial\theta}\bigg|_{\theta=0}=\alpha_0=0\\[2ex]\dfrac{\partial a_4}{\partial\theta}\bigg|_{\theta=0}=\beta_1=0\end{cases} \tag{8-62}$$

在初始位置处，从式(8-54)可得

$$\frac{\partial\tan\gamma}{\partial\theta}\bigg|_{\theta=0}=1+\tan^2\gamma_1-\frac{1}{r_1^3\dot{\theta}_1^2} \tag{8-63}$$

其中，$\dot{\theta}_1$ 为初始角速度，从式(8-37)、式(8-39)、式(8-41)、式(8-60)和式(8-62)可得

$$\frac{\partial\tan\gamma}{\partial\theta}\bigg|_{\theta=0}=-\frac{1}{r_1^2}\left(\frac{\partial r}{\partial\theta}\bigg|_{\theta=0}\right)^2+\frac{1}{r_1}\left(\frac{\partial^2 r}{\partial\theta^2}\bigg|_{\theta=0}\right) \tag{8-64}$$

$$\frac{\partial r}{\partial\theta}\bigg|_{\theta=0}=\left(\frac{\partial a_3}{\partial\theta}H_1+\frac{\partial a_4}{\partial\theta}H_2\right)\bigg|_{\theta=0}+r_1\tan\gamma_1=r_1\tan\gamma_1 \tag{8-65}$$

$$\frac{\partial^2 r}{\partial\theta^2}\bigg|_{\theta=0}=\left(\frac{\partial^2 a_3}{\partial\theta^2}H_1+\frac{\partial^2 a_4}{\partial\theta^2}H_2\right)\bigg|_{\theta=0}+2r_1\tan^2\gamma_1+r_1\frac{e_1\cos f_1}{1+e_1\cos f_1} \tag{8-66}$$

并将式(8-64)~式(8-66)代入式(8-63)可得

$$\frac{1}{r_1}\left(\frac{\partial^2 a_3}{\partial\theta^2}\bigg|_{\theta=0}\cdot H_1\big|_{\theta=0}+\frac{\partial^2 a_4}{\partial\theta^2}\bigg|_{\theta=0}\cdot H_2\big|_{\theta=0}\right)+\frac{e_1\cos f_1}{1+e_1\cos f_1}=1-\frac{1}{r_1^3\dot{\theta}_1^2} \tag{8-67}$$

注意，$\dot{\theta}=h/r^2$，角动量 $h=\sqrt{a(1-e^2)}$，于是有

$$r^3\dot{\theta}^2=\frac{h^2}{r}=1+e\cos f \tag{8-68}$$

进一步简化式(8-67)可得

$$\frac{\partial^2 a_3}{\partial\theta^2}\bigg|_{\theta=0}\cdot H_1\big|_{\theta=0}+\frac{\partial^2 a_4}{\partial\theta^2}\bigg|_{\theta=0}\cdot H_2\big|_{\theta=0}=0 \tag{8-69}$$

于是，当

$$\begin{cases}\dfrac{\partial^2 a_3}{\partial\theta^2}\bigg|_{\theta=0}=2\alpha_2=0\\[2ex]\dfrac{\partial^2 a_4}{\partial\theta^2}\bigg|_{\theta=0}=2\beta_2=0\end{cases} \tag{8-70}$$

上式总是成立。

(2)终端边界条件。

当航天器到达目标位置 P_2 时，$\theta=\theta_f$，$r=r_2$，从式(8-33)可知

$$r=a_3\big|_{\theta=\theta_f}\cdot\frac{1-e_1^2}{1+e_1\cos f_1}+a_4\big|_{\theta=\theta_f}\cdot\frac{1-e_2^2}{1+e_2\cos f_2}=r_2 \tag{8-71}$$

式中：$r_2=a_2(1-e_2^2)/(1+e_2\cos f_2)$，$a_2$ 为目标轨道的半长轴，可知，当

$$\begin{cases}a_3\big|_{\theta=\theta_f}=a_1+\alpha_3\theta_f^3+\alpha_4\theta_f^4+\alpha_5\theta_f^5=0\\a_4\big|_{\theta=\theta_f}=\beta_3\theta_f^3+\beta_4\theta_f^4+\beta_5\theta_f^5=a_2\end{cases} \tag{8-72}$$

上式总是成立。

由式(8-36)和式(8-39)可获得终端飞行路径角 γ_2 的形式为

$$\tan\gamma_2=\frac{1}{r_2}\left(\frac{\partial a_3}{\partial\theta}\bigg|_{\theta=\theta_f}\cdot H_1\big|_{\theta=\theta_f}+\frac{\partial a_4}{\partial\theta}\bigg|_{\theta=\theta_f}\cdot H_2\big|_{\theta=\theta_f}+r_2\tan\gamma_2\right) \tag{8-73}$$

由于 $H_1\big|_{\theta=\theta_f}\neq 0$，$H_2\big|_{\theta=\theta_f}\neq 0$，可知，当

$$\begin{cases}\dfrac{\partial a_3}{\partial\theta}\bigg|_{\theta=\theta_f}=3\alpha_3\theta_f^2+4\alpha_4\theta_f^3+5\alpha_5\theta_f^4=0\\[2ex]\dfrac{\partial a_4}{\partial\theta}\bigg|_{\theta=\theta_f}=3\beta_3\theta_f^2+4\beta_4\theta_f^3+5\beta_5\theta_f^4=0\end{cases} \tag{8-74}$$

上式总是成立。

在目标位置处，由式(8-54)得

$$\left.\frac{\partial \tan\gamma}{\partial \theta}\right|_{\theta=\theta_f}=1+\tan^2\gamma_2-\frac{1}{r_2^3\dot{\theta}_2^2} \tag{8-75}$$

其中，$\dot{\theta}_2$ 为终端角速度，从式(8-37)、式(8-39)、式(8-40)、式(8-72)和式(8-74)可得

$$\left.\frac{\partial \tan\gamma}{\partial \theta}\right|_{\theta=\theta_f}=-\frac{1}{r_2^2}\left(\left.\frac{\partial r}{\partial \theta}\right|_{\theta=\theta_f}\right)^2+\frac{1}{r_2}\left(\left.\frac{\partial^2 r}{\partial \theta^2}\right|_{\theta=\theta_f}\right) \tag{8-76}$$

$$\left.\frac{\partial r}{\partial \theta}\right|_{\theta=\theta_f}=\left.\left(\frac{\partial a_3}{\partial \theta}H_1+\frac{\partial a_4}{\partial \theta}H_2\right)\right|_{\theta=\theta_f}+r_2\tan\gamma_2=r_2\tan\gamma_2 \tag{8-77}$$

$$\left.\frac{\partial^2 r}{\partial \theta^2}\right|_{\theta=\theta_f}=\left.\left(\frac{\partial^2 a_3}{\partial \theta^2}H_1+\frac{\partial^2 a_4}{\partial \theta^2}H_2\right)\right|_{\theta=\theta_f}+2r_2\tan^2\gamma_2+r_2\frac{e_2\cos f_2}{1+e_2\cos f_2} \tag{8-78}$$

并将式(8-76)~式(8-78)代入式(8-75)，并用式(8-68)简化可得

$$\left.\frac{\partial^2 a_3}{\partial \theta^2}\right|_{\theta=\theta_f}\cdot H_1\big|_{\theta=\theta_f}+\left.\frac{\partial^2 a_4}{\partial \theta^2}\right|_{\theta=\theta_f}\cdot H_2\big|_{\theta=\theta_f}=0 \tag{8-79}$$

于是，当

$$\begin{cases}\left.\dfrac{\partial^2 a_3}{\partial \theta^2}\right|_{\theta=\theta_f}=6\alpha_3\theta_f+12\alpha_4\theta_f^2+20\alpha_5\theta_f^3=0\\[2ex]\left.\dfrac{\partial^2 a_4}{\partial \theta^2}\right|_{\theta=\theta_f}=6\beta_3\theta_f+12\beta_4\theta_f^2+20\beta_5\theta_f^3=0\end{cases} \tag{8-80}$$

上式总是成立。

最终，由式(8-72)、式(8-74)、式(8-80)可获得多项式系数 α_k 和 β_k($k=3$，4，5)为

$$\begin{bmatrix}\alpha_3 & \beta_3\\ \alpha_4 & \beta_4\\ \alpha_5 & \beta_5\end{bmatrix}=\begin{bmatrix}\theta_f^3 & \theta_f^4 & \theta_f^5\\ 3\theta_f^2 & 4\theta_f^3 & 5\theta_f^4\\ 6\theta_f & 12\theta_f^2 & 20\theta_f^3\end{bmatrix}^{-1}\begin{bmatrix}-a_1 & a_2\\ 0 & 0\\ 0 & 0\end{bmatrix} \tag{8-81}$$

于是两个多项式系数的解析解为

$$\begin{cases}\alpha_0=a_1，\ \alpha_1=0，\ \alpha_2=0，\ \alpha_3=-10\dfrac{a_1}{\theta_f^3}，\ \alpha_4=15\dfrac{a_1}{\theta_f^4}，\ \alpha_5=-6\dfrac{a_1}{\theta_f^5}\\[2ex]\beta_0=a_1，\ \beta_1=0，\ \beta_2=0，\ \beta_3=10\dfrac{a_1}{\theta_f^3}，\ \beta_4=-15\dfrac{a_2}{\theta_f^4}，\ \beta_5=6\dfrac{a_2}{\theta_f^5}\end{cases} \tag{8-82}$$

即

$$\begin{cases}a_3=a_1(1-A)=a_1(1-10\theta^3/\theta_f^3+15\theta^4/\theta_f^4-6\theta^5/\theta_f^5)\\a_4=a_2A=a_2(10\theta^3/\theta_f^3-15\theta^4/\theta_f^4+6\theta^5/\theta_f^5)\end{cases}\tag{8-83}$$

其中，$A\triangleq 10\theta^3/\theta_f^3-15\theta^4/\theta_f^4+6\theta^5/\theta_f^5$，其偏导数为

$$\frac{\partial A}{\partial\theta}=30\frac{\theta^2}{\theta_f^5}(\theta-\theta_f)^2\geqslant 0,\quad A|_{\theta=0}=0,\quad A|_{\theta=\theta_f}=1\tag{8-84}$$

可知 $A\in[0,1]$为单调递增函数。对于给定初始轨道和目标轨道，a_1 和 a_2 为常数，于是 a_3 和 a_4 分别为单调递减和递增函数。这一性质将在 8.2.3.3 节用到。

8.2.3.3 轨迹约束

由于工程上要求转移轨迹的近地点高度应大于地球半径和大气层高度(如 300km)之和。特别是对于交会问题，若转移轨迹与目标轨道相交多次，将增加追踪航天器与目标航天器相碰撞的可能性。因此，对于轨道转移和交会问题应考虑轨迹安全，本章要求转移轨迹始终介于初始与目标轨道之间。对于 $\theta\in[0,\theta_f]$，不妨假设 $r_1(\theta)<r_2(\theta)$，于是轨迹约束由以下形式给出

$$\frac{a_1(1-e_1^2)}{1+e_1\cos f_1}\leqslant\frac{a_3(1-e_1^2)}{1+e_1\cos f_1}+\frac{a_4(1-e_2^2)}{1+e_2\cos f_2}\leqslant\frac{a_2(1-e_2^2)}{1+e_2\cos f_2}\tag{8-85}$$

式中：$f_1=f_{10}+\theta$；$f_2=f_{10}+\theta-\Delta\omega$。

将式(8-85)的左边不等式重新表达为

$$\frac{(a_1-a_3)(1-e_1^2)}{1+e_1\cos(f_{10}+\theta)}\leqslant\frac{a_4(1-e_2^2)}{1+e_2\cos(f_{10}+\theta-\Delta\omega)}\tag{8-86}$$

显然，上式总是成立，因为 $a_1-a_3=a_1A$、$a_4=a_2A$ 及 $A\in[0,1]$。

将式(8-85)的右边不等式重新表达为

$$\frac{a_3(1-e_1^2)}{1+e_1\cos(f_{10}+\theta)}\leqslant\frac{(a_2-a_4)(1-e_2^2)}{1+e_2\cos(f_{10}+\theta-\Delta\omega)}\tag{8-87}$$

显然，上式总是成立，因为 $a_3=a_1(1-A)$、$a_2-a_4=a_2(1-A)$ 和 $A\in[0,1]$。

此外，进一步要求转移轨迹之间不相交，约束条件由以下形式给出

$$r_1(\theta)\leqslant r(\theta-2n\pi)<\cdots<r(\theta-2\pi)<r(\theta)<r(\theta+2m\pi)\leqslant r_2(\theta),\quad\forall\theta\in[0,\theta_f]\tag{8-88}$$

式中：$n=\lfloor\theta/(2\pi)\rfloor$、$m=\lfloor(\theta_f-\theta)/(2\pi)\rfloor$分别为当前位置到初始和目标轨道的转移圈数。由式(8-33)、式(8-83)和式(8-84)可得

$$\begin{aligned}r(\theta+2\pi)-r(\theta)&=r_1(\theta)[1-A(\theta+2\pi)]+r_2(\theta)A(\theta+2\pi)-\\&\quad r_1(\theta)[1-A(\theta)]-r_2(\theta)A(\theta)\\&=[A(\theta+2\pi)-A(\theta)][r_2(\theta)-r_1(\theta)]>0\end{aligned}\tag{8-89}$$

同理，$r(\theta)-r(\theta-2\pi)>0$，即式(8-88)总是成立的。对于 $\theta\in[0,\ \theta_f]$，如果初始与目标轨道不相交，则式(8-33)的径向形状满足式(8-85)和式(8-88)的轨迹约束。

8.2.4 轨道交会问题

对于轨道交会问题，将半长轴函数 a_3 和 a_4 分别表示为六次多项式

$$\begin{cases}a_3=\alpha_0+\alpha_1\theta+\alpha_2\theta^2+\alpha_3\theta^3+\alpha_4\theta^4+\alpha_5\theta^5+\alpha_6\theta^6\\ a_4=\beta_0+\beta_1\theta+\beta_2\theta^2+\beta_3\theta^3+\beta_4\theta^4+\beta_5\theta^5+\beta_6\theta^6\end{cases}\tag{8-90}$$

由于阶数最小的系数对转移时间的敏感性差，于是由系数 α_3 和 β_3 的范围确定转移时间范围。与时间自由问题类似，系数 α_0、α_1、α_2、β_0、β_1 及 β_2 由式(8-60)、式(8-72)、式(8-70)获得。余下系数由式式(8-72)、式(8-74)及式(8-80)获得

$$\begin{bmatrix}\alpha_4\\ \alpha_5\\ \alpha_6\end{bmatrix}=\begin{bmatrix}\theta_f^4 & \theta_f^5 & \theta_f^6\\ 4\theta_f^3 & 5\theta_f^4 & 6\theta_f^5\\ 12\theta_f^2 & 20\theta_f^3 & 30\theta_f^4\end{bmatrix}^{-1}\begin{bmatrix}-a_1-\alpha_3\theta_f^3\\ -3\alpha_3\theta_f^2\\ -6\alpha_3\theta_f\end{bmatrix}\tag{8-91}$$

$$\begin{bmatrix}\beta_4\\ \beta_5\\ \beta_6\end{bmatrix}=\begin{bmatrix}\theta_f^4 & \theta_f^5 & \theta_f^6\\ 4\theta_f^3 & 5\theta_f^4 & 6\theta_f^5\\ 12\theta_f^2 & 20\theta_f^3 & 30\theta_f^4\end{bmatrix}^{-1}\begin{bmatrix}a_2-\beta_3\theta_f^3\\ -3\beta_3\theta_f^2\\ -6\beta_3\theta_f\end{bmatrix}\tag{8-92}$$

即

$$\begin{cases}a_3=a_1\left\{1-\left[\dfrac{15}{\theta_f^4}\theta^4-\dfrac{24}{\theta_f^5}\theta^5+\dfrac{10}{\theta_f^6}\theta^6-\dfrac{\alpha_3}{a_1}\left(\theta^3-\dfrac{3}{\theta_f}\theta^4+\dfrac{3}{\theta_f^2}\theta^5-\dfrac{1}{\theta_f^3}\theta^6\right)\right]\right\}\\ a_4=a_2\bar{A}=a_2\left[\dfrac{15}{\theta_f^4}\theta^4-\dfrac{24}{\theta_f^5}\theta^5+\dfrac{10}{\theta_f^6}\theta^6+\dfrac{\beta_3}{a_2}\left(\theta^3-\dfrac{3}{\theta_f}\theta^4+\dfrac{3}{\theta_f^2}\theta^5-\dfrac{1}{\theta_f^3}\theta^6\right)\right]\end{cases}\tag{8-93}$$

下面首先推导得到 β_3 的范围，其次可获得 α_3 的范围。从式(8-83)可得偏导数 $\partial a_4/\partial\theta$ 和 $\partial^2 a_4/\partial\theta^2$ 分别为

$$\frac{\partial a_4}{\partial\theta}=60a_2\frac{\theta^3}{\theta_f^6}(\theta-\theta_f)^2+3\beta_3\frac{\theta^2}{\theta_f^3}(\theta_f-\theta)^2(\theta_f-2\theta)\tag{8-94}$$

$$\frac{\partial^2 a_4}{\partial\theta^2}=60a_2\frac{\theta^2}{\theta_f^6}(\theta-\theta_f)(5\theta-3\theta_f)+6\beta_3\frac{\theta}{\theta_f^3}[\theta_f^2(\theta_f-\theta)-5\theta(\theta_f-\theta)^2]\tag{8-95}$$

令 $\partial^2 a_4/\partial\theta^2=0$，可得到 β_3 关于 θ 的二次多项式为

$$(5\beta_3\theta_f^3-50a_2)\theta^2+(30a_2\theta_f-5\beta_3\theta_f^4)\theta+\beta_3\theta_f^5=0\tag{8-96}$$

其两个解分别为

$$\begin{cases}\theta_1^* = \dfrac{5\beta_3\theta_f^4-30a_2\theta_f+\sqrt{\Delta}}{10\beta_3\theta_f^3-100a_2} \\ \theta_2^* = \dfrac{5\beta_3\theta_f^4-30a_2\theta_f-\sqrt{\Delta}}{10\beta_3\theta_f^3-100a_2}\end{cases} \tag{8-97}$$

注意 θ^* 为 $\partial a_4/\partial\theta$ 的极值解，$\sqrt{\Delta}$ 为

$$\begin{aligned}\sqrt{\Delta} &= \sqrt{900a_2^2\theta_f^2-100a_2\beta_3\theta_f^5+5\beta_3^2\theta_f^8} \\ &= \sqrt{5(10a_2\theta_f-\beta_3\theta_f^4)^2+400a_2^2\theta_f^2} \geqslant 20a_2\theta_f\end{aligned} \tag{8-98}$$

对于转移问题，从式(8-84)可知 $\partial a_4/\partial\theta\geqslant 0$，式(8-59)满足轨迹约束。对于交会问题，也要求 $\partial a_4/\partial\theta\geqslant 0$（$\partial\bar{A}/\partial\theta\geqslant 0$，$a_4=a_2\bar{A}$）以满足轨迹约束。从式(8-96)可得到

$$\frac{a_2}{\theta_f^6} = \frac{\beta_3}{\theta_f^3}\frac{\theta_f^2-5\theta^*(\theta_f-\theta^*)}{10\theta^*(5\theta^*-3\theta_f)} \tag{8-99}$$

此外，$\partial a_4/\partial\theta\mid_{\theta=0}=0$，$\partial a_4/\partial\theta\mid_{\theta=\theta_f}=0$，将上式代入式(8-94)得到且要求

$$\left.\frac{\partial a_4}{\partial\theta}\right|_{\theta=\theta^*} = 3\beta_3\frac{(\theta^*)^2}{\theta_f^3}(\theta_f-\theta^*)^2\frac{\theta_f(\theta^*-\theta_f)}{5\theta^*-3\theta_f}>0,\quad 0<\theta^*<\theta_f \tag{8-100}$$

这里存在三种情况讨论上式大于零。

(1)情况 1：$\beta_3<0$。

如果极值点 $\theta^*\in(0,\ \theta_f)$，从式(8-100)可知，$\theta^*$ 必须在 $(3\theta_f/5,\ \theta_f)$ 范围内。若两个解均在 $(3\theta_f/5,\ \theta_f)$ 范围内，则满足式(8-100)；若一个解在 $(3\theta_f/5,\ \theta_f)$ 范围内，另一个解必须在 $(0,\ \theta_f)$ 范围之外。

记 λ_1 为 θ_1^* 的分子，于是 λ_1 相对于 β_3 的导数为

$$\frac{d\lambda_1}{d\beta_3} = \frac{5\theta_f^4\sqrt{\Delta}}{\sqrt{\Delta}}+\frac{5\beta_3\theta_f^8-50a_2\theta_f^5}{\sqrt{\Delta}} \tag{8-101}$$

且

$$(5\theta_f^4)^2\Delta-(5\beta_3\theta_f^8-50a_2\theta_f^5)^2 = 100[(\beta_3\theta_f^8-10a_2\theta_f^5)^2+100a_2^2\theta_f^{10}]>0 \tag{8-102}$$

即 $d\lambda_1/d\beta_3>0$，因此，λ_1 是一个递增函数，且 $\lambda_1\mid_{\beta_3=0}=0$。于是对于 $\beta_3<0$，$\lambda_1<0$，且 θ_1^* 的分母为负数，即 $\theta_1^*>0$。

计算 θ_1^* 相对于 β_3 的导数并简化可得

$$\begin{aligned}\frac{\mathrm{d}\theta_1^*}{\mathrm{d}\beta_3}&=\frac{5\theta_f^4+(10\beta_3\theta_f^8-100a_2\theta_f^5)/(2\sqrt{\Delta})}{10\beta_3\theta_f^3-100a_2}+\frac{30a_2\theta_f-5\beta_3\theta_f^4-\sqrt{\Delta}}{(10\beta_3\theta_f^3-100a_2)^2}10\theta_f^3\\&=\frac{1}{(10\beta_3\theta_f^3-100a_2)^2}\left[-200a_2\theta_f^4+\frac{(10\beta_3\theta_f^3-100a_2)^2\theta_f^5}{2\sqrt{\Delta}}-10\theta_f^3\frac{\Delta}{\sqrt{\Delta}}\right]\\&=\frac{1}{(10\beta_3\theta_f^3-100a_2)^2}\left[-200a_2\theta_f^4-4000\frac{a_2^2\theta_f^5}{\sqrt{\Delta}}\right]<0\end{aligned} \tag{8-103}$$

即 θ_1^* 是递减函数，其最小值为 $\theta_1^*>\theta_1^*|_{\beta_3=0}=0$，最大值为 $\theta_1^*|_{\beta_3\to-\infty}=(5-\sqrt{5})\theta_f/10$，于是

$$\theta_1^*\in\left(0,\ \frac{(5-\sqrt{5})\theta_f}{10}\right)\subset\left(0,\ \frac{3\theta_f}{5}\right) \tag{8-104}$$

记 λ_2 为 θ_2^* 的分子，可知 $\lambda_2<0$，且 θ_2^* 的分母为负数，即 $\theta_2^*>0$。计算 θ_2^* 相对于 β_3 的导数并简化可得

$$\begin{aligned}\frac{\mathrm{d}\theta_2^*}{\mathrm{d}\beta_3}&=\frac{5\theta_f^4-(10\beta_3\theta_f^8-100a_2\theta_f^5)/(2\sqrt{\Delta})}{10\beta_3\theta_f^3-100a_2}+\frac{30a_2\theta_f-5\beta_3\theta_f^4+\sqrt{\Delta}}{(10\beta_3\theta_f^3-100a_2)^2}10\theta_f^3\\&=\frac{1}{(10\beta_3\theta_f^3-100a_2)^2}\left[-200a_2\theta_f^4-\frac{(10\beta_3\theta_f^3-100a_2)^2\theta_f^5}{2\sqrt{\Delta}}+10\theta_f^3\frac{\Delta}{\sqrt{\Delta}}\right]\\&=\frac{1}{(10\beta_3\theta_f^3-100a_2)^2}\frac{4000a_2^2\theta_f^5-200a_2\theta_f^4\sqrt{\Delta}}{\sqrt{\Delta}}\\&=\frac{1}{(10\beta_3\theta_f^3-100a_2)^2}\frac{4000a_2^2\theta_f^5-200a_2\theta_f^4\sqrt{\Delta}}{\sqrt{\Delta}}<0\end{aligned} \tag{8-105}$$

即 θ_2^* 是递减函数，最小值为 $\theta_2^*>\theta_2^*|_{\beta_3=0}=3\theta_f/5$，最大值为 $\theta_2^*|_{\beta_3\to-\infty}=(5+\sqrt{5})\theta_f/10$，于是

$$\theta_2^*\in\left(\frac{3\theta_f}{5},\ \frac{(5+\sqrt{5})\theta_f}{10}\right)\subset\left(\frac{3\theta_f}{5},\ \theta_f\right) \tag{8-106}$$

从式(8-104)和式(8-106)可知 $\partial a_4/\partial\theta|_{\theta=\theta_1^*}<0$ 和 $\partial a_4/\partial\theta|_{\theta=\theta_2^*}>0$。因此，$\beta_3<0$ 不满足式(8-100)约束。

(2)情况 2：$\beta_3=0$。

当$\beta_3=0$时，由式(8-97)可获得两个可行解为$\theta_1^*=0$，$\theta_2^*=3\theta_f/5$，从式(8-94)可获得相应的$\partial a_4/\partial\theta\mid_{\theta=\theta_1^*}=0$和$\partial a_4/\partial\theta\mid_{\theta=\theta_2^*}=(1296a_2)/(625\theta_f)>0$。因此，$\beta_3=0$满足式(8-100)约束。

(3)情况3：$\beta_3>0$。

如果极值点$\theta^*\in(0,\ \theta_f)$，从式(8-100)可知，$\theta^*$必须在$(0,\ 3\theta_f/5)$范围内。若两个解均在此范围内，则满足式(8-100)；若一个解在$(0,\ 3\theta_f/5)$范围内，另一个解必须在$(0,\ \theta_f)$范围之外。

①若$0<\beta_3<10a_2/\theta_f^3$，根据式(8-101)和式(8-102)，对于$\lambda_1>0$，$\beta_3>0$，且$\theta_1^*$的分母为负数，即$\theta_1^*<0$。此外，$\lambda_2<(5\beta_3\theta_f^3-50a_2)\theta_f<0$，且$\theta_2^*$的分母为负数，即$\theta_2^*>0$。于是$\theta_2^*$是递减函数，其最大值为$\theta_2^*<\theta_2^*\mid_{\beta_3=0}=3\theta_f/5$，则$\theta_2^*\in(0,\ 3\theta_f/5)$。因此，$\beta_3\in(0,\ 10a_2/\theta_f^3)$满足式(8-100)约束。

②若$\beta_3=10a_2/\theta_f^3$，从式(8-96)可获得极值解

$$\theta_{1,2}^*=-\frac{\beta_3\theta_f^5}{30a_2\theta_f-5\beta_3\theta_f^4}=\frac{\theta_f}{2}<\frac{3\theta_f}{5} \tag{8-107}$$

于是$\beta_3=10a_2/\theta_f^3$满足式(8-100)约束。

③若$\beta_3>10a_2/\theta_f^3$，$\lambda_1>5\beta_3\theta_f^4-50a_2\theta_f+40a_2\theta_f>0$，且$\theta_1^*$的分母为正数，即$\theta_1^*>0$。由于$\theta_1^*$是递减函数，其最小值为$\theta_1^*>\theta_1^*\mid_{\beta_3\to+\infty}=(5+\sqrt{5})\theta_f/10>3\theta_f/5$，则进一步要求$\theta_1^*\geqslant\theta_f$，然后从式(8-97)可得到

$$\sqrt{900a_2^2\theta_f^2-100a_2\beta_3\theta_f^5+5\beta_3^2\theta_f^8}\geqslant5\beta_3\theta_f^4-70a_2\theta_f \tag{8-108}$$

对式(8-108)两边平方且求得$\beta_3\in(10a_2/\theta_f^3,\ 20a_2/\theta_f^3]$。

此外，根据式(8-102)，可得到λ_2相对于β_3的导数为

$$\frac{\mathrm{d}\lambda_2}{\mathrm{d}\beta_3}=\frac{5\theta_f^4\sqrt{\Delta}}{\sqrt{\Delta}}-\frac{5\beta_3\theta_f^8-50a_2\theta_f^5}{\sqrt{\Delta}}>0 \tag{8-109}$$

即λ_2为递增函数，于是对于$\beta_3>10a_2/\theta_f^3$，存在$\lambda_2\mid_{\beta_3=10a_2/\theta_f^3}=5\beta_3\theta_f^3-50a_2>0$，且$\theta_2^*$的分母为正数，即$\theta_2^*>0$。由于$\theta_2^*$是一个递减函数，其最大值为$\theta_2^*<\theta_2^*\mid_{\beta_3=10a_2/\theta_f^3}=\theta_f/2$，即$\theta_2^*\in(0,\ \theta_f/2)\subset(0,\ 3\theta_f/5)$。因此，$\beta_3\in(10a_2/\theta_f^3,\ 20a_2/\theta_f^3]$满足式(8-100)约束。

因此，对于情况3，$\beta_3\in(0,\ 20a_2/\theta_f^3]$。

根据上述三种情况，表8-2给出了满足式(8-100)要求的β_3范围，其中“N/A”代表无解。

表 8-2　β_3 的可行范围

情况	$\beta_3<0$	$\beta_3=0$	$\beta_3>0$
每种情况的范围	N/A	$\beta_3=0$	$0<\beta_3\leqslant 20a_2/\theta_f^3$
所有三种情况的范围	$0<\beta_3\leqslant 20a_2/\theta_f^3$		

当给定 θ_f 时，β_3 的范围由表 8-2 获得，t_f 的范围由 β_3 确定。若 $\alpha_3/a_1=-\beta_3/a_2$，从式(8-93)可知 $a_3=a_1(1-\bar{A})$ 为单调递减函数满足轨迹约束，即可取 α_3 为

$$\alpha_3=-\beta_3\frac{a_1}{a_2} \tag{8-110}$$

由于转移时间 t_f 是关于 β_3 和 θ_f 的函数，其中 $\theta_f=\mathrm{mod}[f_{2f}-f_{10}+\Delta\omega,\ 2\pi]+N\cdot 2\pi$，$N$ 为转移圈数。若给定交会时间 t_{fixed} 和 N，可利用黄金割线方法通过迭代求解 β_3

$$\beta_{3,n+1}=\beta_{3,n}-(\beta_{3,n}-\beta_{3,n-1})\frac{t_f(\beta_{3,n},\ N)-t_{\mathrm{fixed}}}{t_f(\beta_{3,n},\ N)-t_f(\beta_{3,n-1},\ N)},\quad n\geqslant 1 \tag{8-111}$$

其中，初始猜测值为 $\beta_{3,0}=0$ 和 $\beta_{3,1}=20a_2/\theta_f^3$。

8.2.5 数值算例

8.2.5.1 轨道转移

以初始轨道参数 $a_1=2\mathrm{DU}$，$e_1=0.3$，$\omega_1=10°$，目标轨道参数 $a_2=6\mathrm{DU}$，$e_2=0.6$，$\omega_2=30°$ 为例。若初始真近点角为 $f_{10}=330°$，目标真近点角为 $f_{2f}=120°$，最大转移圈数为 $N_{\max}=10$，则 $\theta_f=f_{2f}-f_{10}+\Delta\omega+N\cdot 2\pi$。将本节的形状与逆多项式形状法和改进逆多项式形状法相比较，二者形函数分别为

$$r(\theta)=1/(k_0+k_1\theta+k_2\theta^2+k_3\theta^3+k_4\theta^4+k_5\theta^5) \tag{8-112}$$

$$r(\theta)=1/[k_0+k_1(\cos\theta+k_2)+k_3\theta^3+k_4\theta^4+k_5\theta^5] \tag{8-113}$$

表 8-3 给出了相应的累计速度增量 ΔV 和最大推力加速度 $T_{a\max}$。从表 8-3 可知，本节所提的径向形状函数总是存在解，且适合初始设计共面小推力多圈转移轨道。

表 8-3　比较三种方法的转移结果

N	所提方法		逆多项式法		改进逆多项式法	
	ΔV(VU)	$T_{a\max}$(DU/TU^2)	ΔV(VU)	$T_{a\max}$(DU/TU^2)	ΔV(VU)	$T_{a\max}$(DU/TU^2)
0	0.8844	0.9801	0.4341	0.3024	0.4327	0.2899
1	0.2885	0.0293	0.4761	0.1169	0.2423	0.0142
2	0.3076	0.0167	0.6222	0.0958	0.3071	0.0224

续表

N	所提方法		逆多项式法		改进逆多项式法	
	ΔV(VU)	$T_{a\max}$(DU/TU^2)	ΔV(VU)	$T_{a\max}$(DU/TU^2)	ΔV(VU)	$T_{a\max}$(DU/TU^2)
3	0.3231	0.0180	1.1677	0.0828	N/A	N/A
4	0.3590	0.0158	N/A	N/A	N/A	N/A
5	0.4031	0.0132	N/A	N/A	N/A	N/A
6	0.4510	0.0136	N/A	N/A	N/A	N/A
7	0.5013	0.0128	N/A	N/A	N/A	N/A
8	0.5534	0.0119	N/A	N/A	N/A	N/A
9	0.6068	0.0120	N/A	N/A	N/A	N/A
10	0.6611	0.0116	N/A	N/A	N/A	N/A

从表 8-3 可知，当 $N=0$ 时，本节方法的最大推力加速度幅度与逆多项式和改进逆多项式两种方法相比要大，从而得到高能量 0.8844(VU)解，三种方法的推力加速度曲线如图 8-6(a)所示，显然本节方法所得到的推力加速度在开始阶段的振幅比较大。若当 $N=0$ 时，取目标真近点角为 $f_{2f}=5\pi/3$，本节方法、逆多项式及改进逆多项式方法所需的能量分别为 0.2260(VU)、0.2416(VU)和 0.2274(VU)。显然，本节方法的能量与逆多项式和改进逆多项式两种相比要小。但是所提方法的 $T_{a\max}$ 与两种逆多项式方法相比要大，三种推力加速度曲线如图 8-6(b)所示。总之，当 $N=0$ 时，本节方法所需要的能量并不总是大于两种逆多项式方法，但是对于小的转移角度，两种逆多项式方法能够获得更小的最大推力加速度。

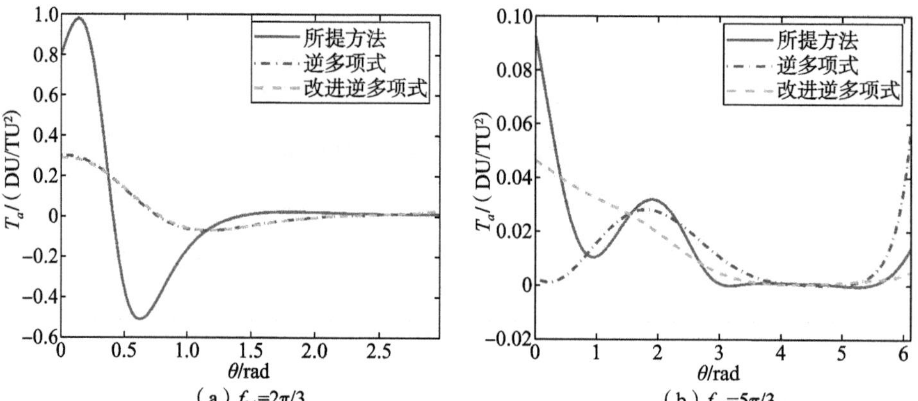

(a) $f_{2f}=2\pi/3$　(b) $f_{2f}=5\pi/3$

图 8-6　转移圈数 $N=0$

当 $N \geqslant 3$ 时，从表 8-3 可知，改进逆多项式方法不存在解，与逆多项式方法相比，本节所提方法能够提供能量更低的初始猜测。对于 $N=3$，由逆多项式方法得到的 ΔV 和 $T_{a\max}$ 分别是本节方法的 3.6 倍和 4.6 倍。本节方法和逆多项式方法求解系数的运算时间分别是 0.000730s 和 0.000734s。轨迹如图 8-7(a)所示，径向大小如图 8-7(b)所示。显然，由本节方法得到的径向大小始终介于初始轨道和目标轨道之间。推力加速度曲线如图 8-7(c)所示，显然，本节方法的最大推力加速度与逆多项式方法相比要小。此外，半长轴如图 8-7(d)所示，可知由逆多项式方法得到的半长轴并不总是介于初始和目标长半轴之间。

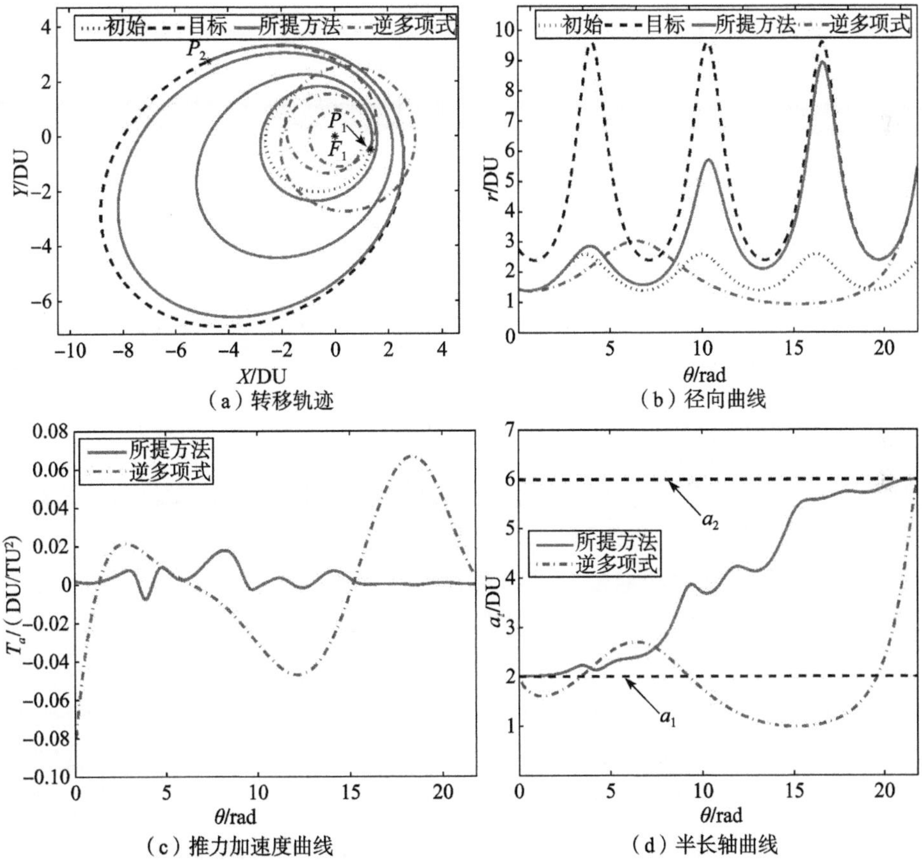

图 8-7　转移结果($N=3$)

进一步研究速度增量 ΔV 随着转移角的变化关系，以初始真近点角 $f_{10}=330°$，转移角 $\theta_f \in [\pi, 24\pi]$ 为例，ΔV 与转移角的关系如图 8-8(a)所示。显然，该 ΔV 存在极小值 θ_f^*，当 $\theta_f>\theta_f^*$，ΔV 随着转移角的增大而增大，即椭圆轨道多圈转移的 ΔV 是发散的。另外，考虑初始和目标轨道共轴同偏心率的情况，例如 $e_1=e_2=0.6$，$\omega_1=\omega_2=0°$，$\theta_f\in[2\pi, 24\pi]$，其余的轨道参数不变，ΔV 与转移角的关系如图 8-8(b)所示，可知 ΔV 随着转移角的增大而减小并趋向于常值，即共轴同偏心率的转移能量是收敛的，并不随着转移角的增大而最大。总之，对于共面椭圆轨道多圈转移，转移角越小，所需的 ΔV 越大。因此，本节的径向形状函数可为多圈转移提供能量更低、最大推力加速度更小的初始设计。

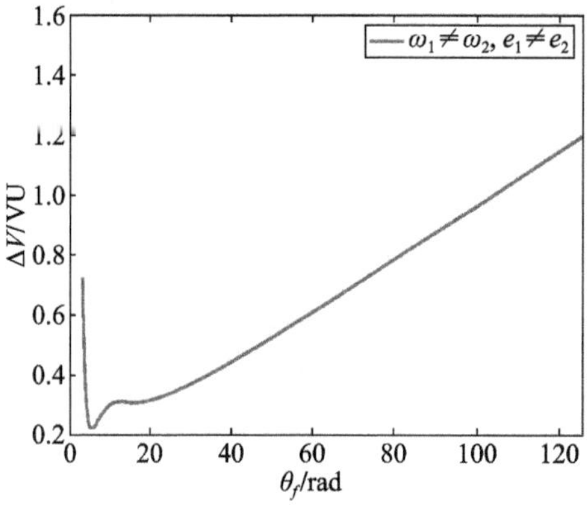

（a）$e_1\neq e_2$，$\omega_1\neq\omega_2$

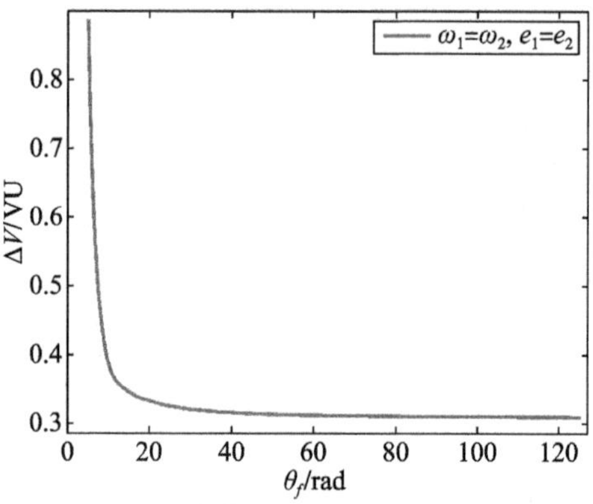

（b）$e_1=e_2$，$\omega_1=\omega_2$

图 8-8　速度增量

另外，针对共面圆轨道转移，改进逆多项式方法等价于逆多项式方法，而本节的径向形状简化为多项式形状。以低圆轨道高度 $a_1=R_E+250$(km)，高圆轨道高度 $a_2=42160$(km)为例，ΔV 与转移角的关系如图 8-9(a)所示，当转移角 $\theta_f\geqslant 3\pi$，本节方法的能量几乎与两种逆多项式方法一致。并定义 $\eta=T_{amax}$(Proposed)$-T_{amax}$(IP)，η 随 θ_f 的变化如图 8-9(b)所示，显然，逆多项式方法略优于多项式形状方法。

另外，由于距离单位 DU 和时间单位 TU 均为无量纲单位。对于行星际任务，1DU 为 1AU，于是 $1\text{AU/TU}^2=5.93\times10^{-3}\text{m/s}^2$，AU 为天文单位。从表 3-2 可知，当 $N=1$ 时，$T_{amax}=2.93\times10^{-2}\text{DU/TU}^2$，如果以太阳为引力中心，那么 $T_{amax}=2.93\times10^{-2}\text{AU/TU}^2$($1.74\times10^{-4}\text{m/s}^2$)。从 Smart-1 月球探测任务可知，其推力加速度为 $2\times10^{-4}\text{m/s}^2$。显然，当 $N\geqslant1$ 时，本节方法能够产生可行并满足深空探测任务要求的最大推力加速度。此外，图 8-8 相对应的最大推力加速度曲线如图 8-10 所示，从图 8-10(a)和图 8-10(b)可知，当 θ_f 分别大于 8.55rad 和 18.95rad 时，最大推力加速度小于 $2\times10^{-4}\text{m/s}^2$。对于任务给定的最

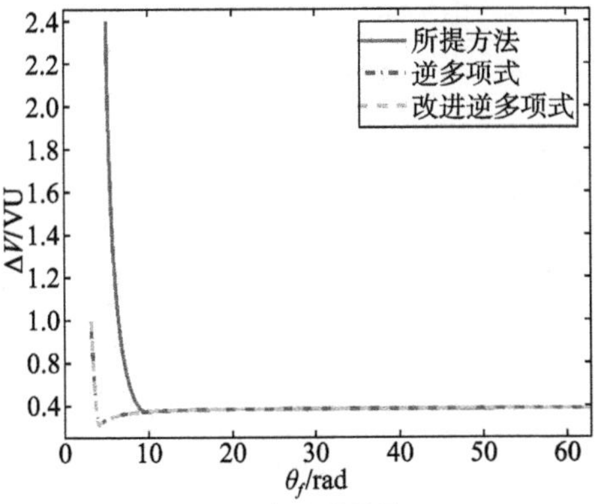

（a）速度增量

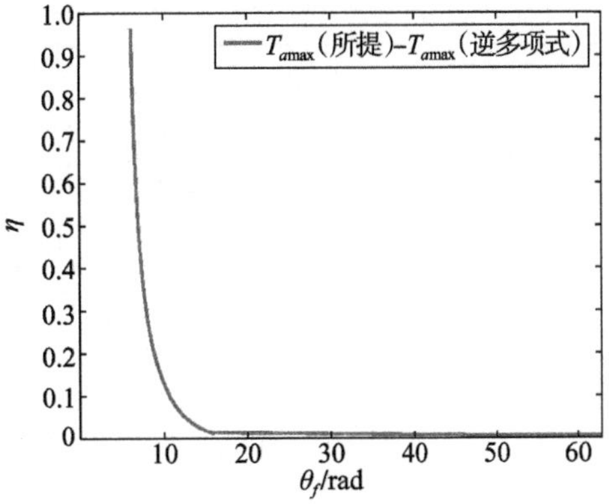

（b）最大推力加速度之差

图 8-9　低圆轨道转移到高圆轨道

大推力加速度，可从图 8-10 利用割线法求解出相应的转移角 θ_f，即确定最小转移圈数 N。

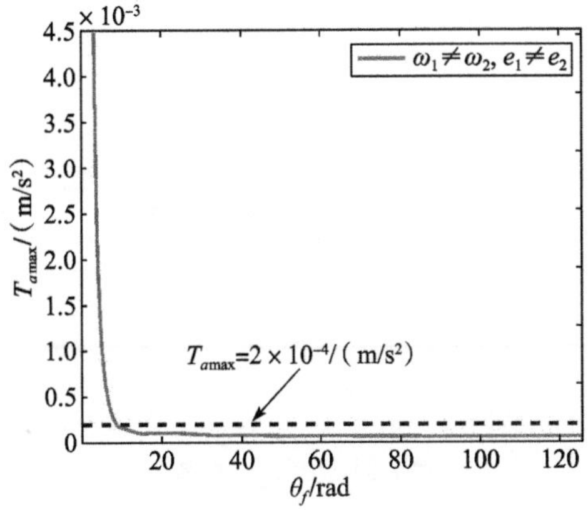

（a）$e_1 \neq e_2$, $\omega_1 \neq \omega_2$

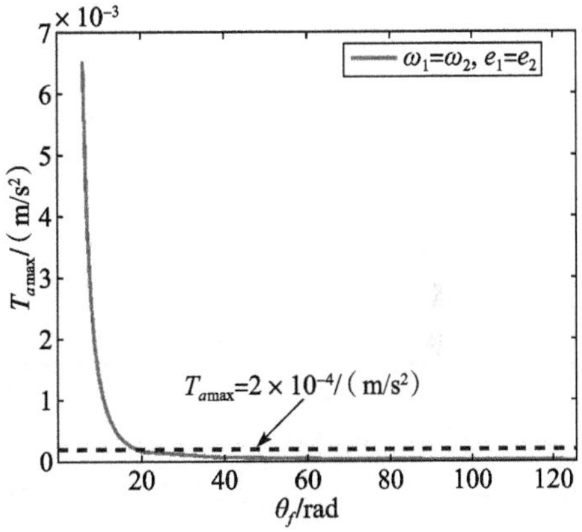

（b）$e_1 = e_2$, $\omega_1 = \omega_2$

图 8-10　最大推力加速度

8.2.5.2　轨道交会

本小节的轨道根数与 8.2.5.1 节相同，转移时间的范围由轨迹约束和转移圈数 N 确定。若最大转移圈数 $N_{max}=30$，表 8-4 给出了最小转移时间 $t_{f\min}$、最大转移时间 $t_{f\max}$ 及最大推力加速度。从表 8-4 可知，当 $N=0$ 时，最大推力加速度比较大，但是 $N \geqslant 1$ 时，最大推力加速度的量级为 1×10^{-2}DU/TU^2，对于行星际任务，其量级为 5.93×10^{-5}m/s^2。显然，对于交会问题，本节方法也能够得到满足深空探测任务要求的最大推力加速度。

表 8-4 转移时间范围和最大推力加速度

N	$[t_{f\min}(\mathrm{TU}),\ T_{a\max}(\mathrm{DU/TU^2})]$	$[t_{f\max}(\mathrm{TU}),\ T_{a\max}(\mathrm{DU/TU^2})]$
0	[13.5082, 0.4353]	[13.8527, 4.1782]
1	[45.9274, 0.0278]	[65.7992, 0.0533]
2	[97.1801, 0.0212]	[124.3303, 0.0204]
3	[144.9357, 0.0181]	[182.2586, 0.0173]
4	[192.3447, 0.0148]	[240.1903, 0.0172]
5	[239.6888, 0.0148]	[298.1552, 0.0155]
6	[287.0202, 0.0127]	[356.1392, 0.0132]
7	[334.3506, 0.0130]	[414.1336, 0.0133]
8	[381.6823, 0.0122]	[472.1345, 0.0131]
9	[429.0161, 0.0120]	[530.1396, 0.0123]
10	[476.3516, 0.0117]	[588.1478, 0.0118]
11	[523.6886, 0.0113]	[646.1583, 0.0118]
12	[571.0270, 0.0112]	[704.1705, 0.0115]
13	[618.3665, 0.0108]	[762.1841, 0.0111]
14	[665.7068, 0.0108]	[820.1987, 0.0111]
15	[713.0479, 0.0106]	[878.2142, 0.0110]
20	[949.7611, 0.0101]	[1168.3004, 0.0102]
25	[1186.4819, 0.0098]	[1458.3950, 0.0100]
30	[1423.2068, 0.0096]	[1748.4938, 0.0097]

若交会时间 $t_{\mathrm{fixed}}=200\mathrm{TU}$，从表 8-4 可知 $t_{\mathrm{fixed}}\in[t_{f\min}|_{N=4},\ t_{f\max}|_{N=4}]$，则由式(8-111)可获得 $\beta_3=9.248980\times10^{-4}$。逆多项式方法和改进逆多项式方法所需要的能量分别为 2.0103 VU 和 0.5424 VU，而本节方法能量为 0.3595 VU，分别能够节约 82.1%和 33.7%。本节求解系数所需的运算时间为 0.0957s，而对于逆多项式方法和改进逆多项式方法，使用 MATLAB 的求零点 fzero 函数，初始值设为 0.01，所需的计算时间分别为 0.1315s 和 0.1410s。轨迹如图 8-11(a)和图 8-11(b)所示，显然，本节方法的轨迹之间互不相交，而由逆多项式方法得到的轨迹围绕着地球表面转移，且由两种逆多项式方法得到的最大径向都远离目标轨道，相应的径向大小曲线如图 8-11(c)所示，本节的径向大小始终介于初始和目标轨道之间。推力加速度曲线如图 8-11(d)所示，显然，由逆多项式方法得到的最大推力加速度幅值明显比其他两种方法都要大，改进逆多项式方法的最大推力加速度幅值有所下降，但本节的最大推力加速度幅值最小。

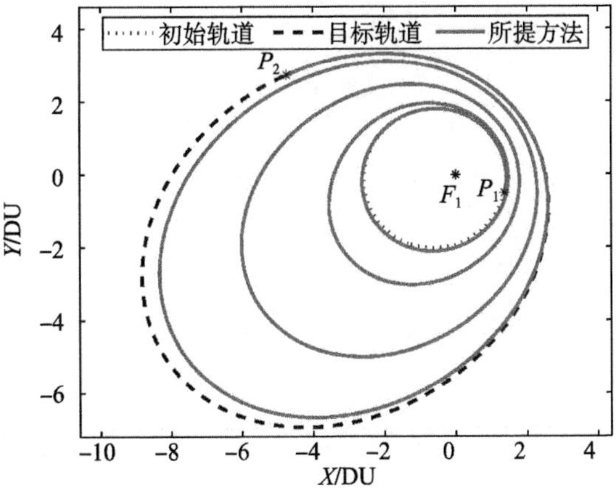

（a）转移轨迹

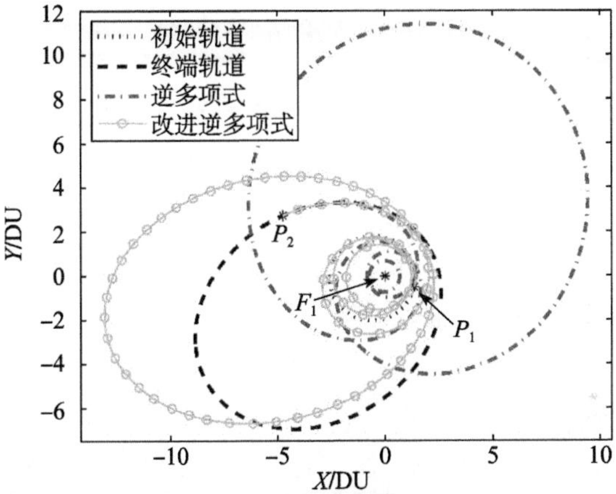

（b）径向曲线

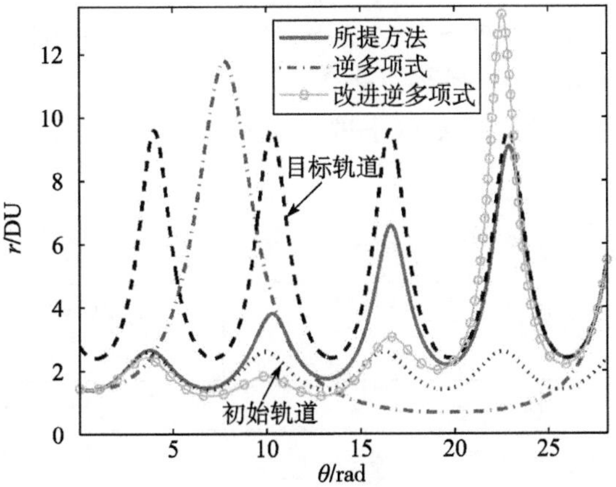

（c）推力加速度曲线

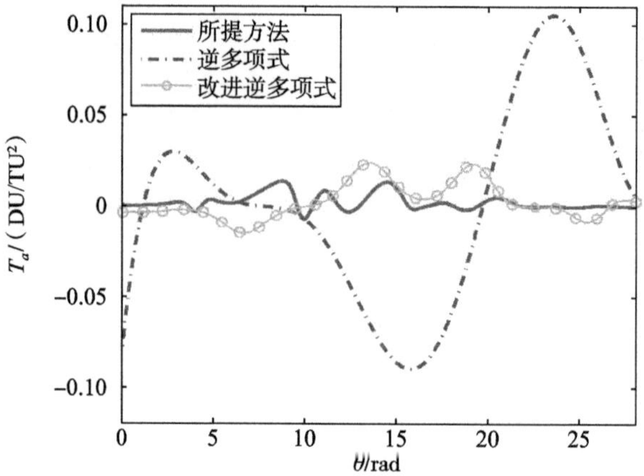

(d)半长轴曲线

图 8-11　交会结果($N=4$)

此外，若 $t_{f\min}|_{N=m}<t_{f\max}|_{N=n}$，$0\leqslant n<m\leqslant N_{\max}$，对于给定的交会时间 $t_{\text{fixed}}\in(t_{f\min}|_{N=m}, t_{f\max}|_{N=n})$，则存在$(m-n+1)$个解；若 $t_{f\min}|_{N=j+1}>t_{f\max}|_{N=j}$，$0\leqslant j<N_{\max}$，如果 $t_{\text{fixed}}\in(t_{f\max}|_{N=j}, t_{f\min}|_{N=j+1})$，则解不存在。从表 8-4 可知，对于 $t_{\text{fixed}}=80\text{TU}$ 和 $t_{\text{fixed}}=130\text{TU}$ 无解；若 $t_{\text{fixed}}=240\text{TU}$，存在两个解；$t_{\text{fixed}}=300\text{TU}$，存在一个解；若 $t_{\text{fixed}}=530\text{TU}$，存在三个解。于是对于给定的 t_{fixed}，如果至少存在两个解，取能量最小的解。从表 8-5 可知，存在 $t_{f\min}|_{N=j+1}<t_{f\max}|_{N=j}$，$j=4,\cdots,N_{\max}-1$，即当 $t_{\text{fixed}}\geqslant t_{f\min}|_{N=4}$ 解总是存在。显然，当交会时间较短时，也许不存在解；然而，交会时间足够长时，解总是存在。

此外，以初始轨道参数 $a_1=2\text{DU}$，$e_1=0.6$，$\omega_1=60°$，$f_{10}=330°$；目标轨道参数 $a_2=8\text{DU}$，$e_2=0.2$，$\omega_2=10°$，$f_{2f}=300°$为例。取最大转移圈数 $N_{\max}=15$，表 8-5 给出了 $t_{f\min}$ 和 $t_{f\max}$。显然，存在 $t_{f\min}|_{N=4}<t_{f\max}|_{N=3}$，于是当给定的时间 $t_{\text{fixed}}\geqslant t_{f\min}|_{N=3}$ 解总是存在。本例子进一步验证了当交会时间足够长时总是存在解。

表 8-5　转移时间和最大推力加速度

N	[$t_{f\min}$(TU)，$T_{a\max}$(DU/TU²)]	[$t_{f\max}$(TU)，$T_{a\max}$(DU/TU²)]
0	N/A	N/A
1	[128.2843，0.1926]	[159.1981，2.3707]
2	[192.5479，0.1472]	[241.7355，0.3952]
3	[257.9585，0.1614]	[325.1456，0.1488]
4	[323.6845，0.1319]	[408.7902，0.1013]

续表

N	$[t_{f\min}(\mathrm{TU}), T_{a\max}(\mathrm{DU/TU^2})]$	$[t_{f\max}(\mathrm{TU}), T_{a\max}(\mathrm{DU/TU^2})]$
5	[389.5481, 0.0941]	[492.5249, 0.1171]
6	[455.4823, 0.0832]	[576.3090, 0.1210]
7	[521.4575, 0.0892]	[660.1246, 0.1167]
8	[587.4589, 0.0849]	[743.9616, 0.1075]
9	[653.4779, 0.0749]	[827.8139, 0.0962]
10	[719.5095, 0.0717]	[911.6774, 0.0845]
11	[785.5504, 0.0738]	[995.5494, 0.0735]
12	[851.5984, 0.0717]	[1079.4280, 0.0764]
13	[917.6518, 0.0670]	[1163.3117, 0.0779]
14	[983.7096, 0.0663]	[1247.1996, 0.0777]
15	[1049.7708, 0.0671]	[1331.0909, 0.0760]

8.2.6　小结

本节基于轨迹成型法设计了一种径向形状函数。对于轨道转移问题，严格证明了该形状函数能够满足轨迹安全约束，及两个半长轴多项式分别为单调递减和递增函数。对于轨道交会问题，交会时间的范围由轨迹安全约束确定。对于短的交会时间，解也许不存在；然而，当给定的交会时间足够长时，解总是存在。对于共面圆轨道，本节的径向形状函数变为多项式形状函数，其能量与逆多项式和改进逆多项式形状函数相比几乎一致。对于共面椭圆轨道，与逆多项式方法和改进逆多项式形状函数相比，本节的径向形状函数能够提供能量更低、最大推力加速度更小的解。在轨迹安全约束下，本节的径向形状函数能够为近地和行星际小推力轨道共面多圈转移轨迹优化器(精确设计)提供能量更低和最大推力加速度更小的初始设计。

第9章 地空混合目标访问轨道机动与轨迹优化

上述章节中关于轨道机动问题的研究均针对地面目标或空间目标等单一类型的目标，本章同时考虑这两类目标，研究针对地空混合目标访问的轨道机动问题。根据轨道机动方式不同，本章从脉冲机动和连续推力机动两方面展开，针对脉冲机动，探讨单次脉冲机动下能够访问的最大目标个数[28]；针对连续推力轨道轨道机动，研究多目标访问约束下的轨迹优化问题[95]，求解过程中同时考虑目标访问序列。

9.1 单脉冲访问地空混合目标轨道机动

本章针对在轨运行的航天器，研究在单次脉冲机动下对地面和空间混合目标的快速访问问题。根据脉冲机动的方向不同，分为共面机动和异面机动两种情况。首先根据自由变量和访问约束之间的数量关系，分析航天器在单次脉冲下能访问的最大目标个数。然后在线性 J_2 模型下构建了机动后轨道参数和目标访问约束之间的等式关系，并基于高斯变分方程将其转化为关于机动位置和脉冲分量的非线性方程组。针对共面和异面脉冲机动的情况，采用不同方法对问题进行简化近似，将两种情况分别降维为一维和二维非线性方程组的求解问题。最后将得到的近似解作为初值，通过微分修正得到高精度动力学模型下的精确解。

9.1.1 问题描述

考虑一颗在近地轨道上运行的响应卫星 R^*，其在初始时刻 t_0 的轨道参数已知，记为参考轨道，卫星在 t_m 时刻施加一次脉冲机动 $\boldsymbol{\Delta V}$，自原本的参考轨道进入机动后的轨道，然后在不同时刻访问用户指定的地面目标 G^* 和空间目

标 S^*，其中地面目标的位置信息(即经、纬度)和空间目标在初始时刻的轨道参数均已知，且空间目标和响应卫星异面。

对于地面目标，访问时刻的经、纬度约束可以转化为一个时间约束方程；对于空间目标，访问时刻的三个位置分量约束可以转化为一个时间约束方程和一个半径大小约束方程，因此，一个地面目标对应一个等式约束，一个空间目标对应两个等式约束。在本问题中，当仅施加单次共面脉冲时，存在三个独立的自由变量，分别为机动位置(机动时刻)和两个轨道面内的脉冲分量，响应卫星最多能访问一个地面目标和一个空间目标；当施加异面脉冲时，将增加一个轨道面外的脉冲分量，响应卫星最多能访问两个地面目标和一个空间目标。

在本节中，t_0、t_m、t_g 和 t_s 分别表示初始时刻、机动时刻、访问地面目标时刻和访问空间目标时刻。对于轨道参数，下标“0”和“1”分别表示响应卫星在机动前和机动后的轨道参数，下标“2”表示空间目标的轨道参数。此外，考虑轨道递推和 J_2 摄动的影响，对于随时间变化的轨道参数，采用时间第二下标来表示同一轨道参数在不同时刻的值，而半长轴 a、偏心率 e、轨道倾角 i 在线性 J_2 模型下不随时间变化，因此不具有第二下标。

9.1.2　目标访问约束建模

在本小节中，针对在轨卫星的轨道机动问题，建立响应卫星机动后的轨道参数和目标点访问约束之间的等式关系。

9.1.2.1　地面目标访问约束

在线性 J_2 模型下，若要求机动后响应卫星的星下点(λ_1，φ_1)在 t_g 时刻经过给定的地面目标点 $G^*(\lambda^*, \varphi^*)$，则需要同时满足以下两个等式约束，

$$\lambda_1(t_g)-\lambda^*=\arctan(\cos i_1 \tan u_{1,t_g})+\Omega_{1,t_g}-\alpha_{t_0}-\omega_E(t_g-t_0)-\lambda^*=0 \tag{9-1}$$

$$\varphi_1(t_g)-\varphi^*=\arcsin(\sin i_1 \sin u_{1,t_g})-\varphi^*=0 \tag{9-2}$$

式中：α_{t_0} 为初始时刻的格林尼治平恒星时角。

当地面目标由地球自转经过航天器的轨道面时，对应的访问时刻由式(9-1)导出为

$$\Delta t_{g,0}^{\lambda} \triangleq t_g-t_0=\frac{\arctan(\cos i_1 \tan u_{1,t_g})+\Omega_{1,t_g}-\alpha_{t_0}-\lambda^*}{\omega_E} \tag{9-3}$$

式中参数纬度幅角 u_{1,t_g} 可由式(9-2)计算得到：

$$u_{1,t_g}=f_{1,t_g}+\omega_{1,t_g}=\begin{cases}\arcsin\left(\dfrac{\sin\varphi^*}{\sin i_1}\right), & \text{升轨}\\ \pi-\arcsin\left(\dfrac{\sin\varphi^*}{\sin i_1}\right), & \text{降轨}\end{cases} \tag{9-4}$$

式(9-3)中访问地面目标时的升交点赤经 $\Omega_{1,t_g}=\Omega_{0,t_0}+\dot{\Omega}_0\Delta t_{m,0}+\Delta\Omega+\dot{\Omega}_1\Delta t_{g,m}$，其中 $\Delta t_{m,0}\triangleq t_m-t_0$ 为机动时刻与初始时刻之间的时间间隔，$\Delta t_{g,m}\triangleq t_g-t_m$ 为访问地面目标时刻与机动时刻之间的时间间隔。机动后漂移率 $\dot{\Omega}_1$ 与机动位置和脉冲矢量相关，然而由于升交点赤经的漂移为小量，此处 $\dot{\Omega}_1$ 用参考轨道的 $\dot{\Omega}_0$ 近似估计，即

$$\Omega_{1,t_g}=\Omega_{0,t_0}+\dot{\Omega}_0\Delta t_{m,0}+\Delta\Omega+\dot{\Omega}_1\Delta t_{g,m}\approx\Omega_{0,t_0}+\dot{\Omega}_0\Delta t_{g,0}+\Delta\Omega \tag{9-5}$$

因此，式(9-3)可近似估计为

$$\Delta\tilde{t}^{\lambda}_{g,0}\approx\frac{\arctan(\cos i_1\tan u_{1,t_g})+\Omega_{0,t_0}+\Delta\Omega-\alpha_{t_0}-\lambda^*}{\omega_E-\dot{\Omega}_0} \tag{9-6}$$

此处飞行时间为在 $\dot{\Omega}_1\Delta t_{g,m}\approx\dot{\Omega}_0\Delta t_{g,m}$ 下得到的近似值，与真实值之间的误差会随着 $\Delta t_{g,m}$ 的增加而增加，另在相同的 $\Delta t_{g,m}$ 下，因为升交点赤经的漂移率 $\dot{\Omega}$ 与 $\cos i_0$ 成正比(可见第 2 章线性 J_2 模型，即式(2-19))，该误差也会随着初始轨道倾角变小而增大。注意当施加共面脉冲时，航天器的轨道平面不发生改变，有 $\Delta i=0$，$i_1=i_0$，式(9-4)中的 u_{1,t_g} 为确定常数，此外，由于 $\Delta\Omega=0$，式(9-6)中 $\Delta\tilde{t}^{\lambda}_{g,0}$ 也为确定的常数。

此外，要求响应卫星运行到达目标点的纬度圈 φ^* 以满足纬度约束，其飞行时长需满足如下开普勒时间方程：

$$\begin{aligned}\Delta t^{\varphi}_{g,0}&=\frac{M_{0,t_m}-M_{0,t_0}+2\pi N_{0,\Delta t_{m,0}}}{\sqrt{\mu/\bar{a}_0^3}+\dot{M}_0+\dot{\omega}_0}+\frac{M_{1,t_g}-M_{1,t_m}+2\pi N_{1,\Delta t_{g,m}}}{\sqrt{\mu/\bar{a}_1^3}+\dot{M}_1+\dot{\omega}_1}\\&\triangleq\Delta t_{m,0}(f_{0,t_m})+\Delta t_{g,m}(f_{0,t_m},\ \Delta\boldsymbol{V})\end{aligned} \tag{9-7}$$

式中：机动前的漂移时间 $\Delta t_{m,0}$ 只与机动位置有关，而机动时刻到过顶时刻的飞行时长 $\Delta t_{g,m}$ 与机动位置和脉冲矢量均相关；$N_{0,\Delta t_{m,0}}$ 和 $N_{1,\Delta t_{g,m}}$ 分别为 $\Delta t_{m,0}$ 和 $\Delta t_{g,m}$ 中航天器的运行圈数，二者满足

$$N_{0,\Delta t_{m,0}}+N_{1,\Delta t_{g,m}}=N_g \tag{9-8}$$

式中：N_g 为 $\tilde{N}_g=\mathrm{floor}(\Delta\tilde{t}^{\lambda}_{g,0}/T_0)$ 附近的整数值，T_0 为参考轨道的轨道周期，在后文的数值算例中，N_g 的取值区间为 $\{\tilde{N}_g-1,\ \tilde{N}_g,\ \tilde{N}_g+1\}$。

联立式(9-6)和式(9-7)，令 $\Delta\tilde{t}^{\lambda}_{g,0}-\Delta t^{\varphi}_{g,0}=0$，即表示航天器的星下点轨迹能够同时经过地面目标的经度和纬度。最终，地面目标点的访问任务表示为如下等式约束：

$$\frac{\arctan(\cos i_1 \tan u_{1,t_g})+\Omega_{0,t_0}+\Delta\Omega-\alpha_{t_0}-\lambda^*}{\omega_E-\dot{\Omega}_0}-\left(\frac{M_{0,t_m}-M_{0,t_0}+2\pi N_{0,\Delta t_{m,0}}}{\sqrt{\mu/\overline{a}_0^3}+\dot{M}_0+\dot{\omega}_0}+\frac{M_{1,t_g}-M_{1,t_m}+2\pi N_{1,\Delta t_{g,m}}}{\sqrt{\mu/\overline{a}_1^3}+\dot{M}_1+\dot{\omega}_1}\right)=0 \tag{9-9}$$

9.1.2.2　空间目标访问约束

对于空间目标访问问题，要求响应卫星和空间目标同时到达相同的位置。由于二者的轨道异面，访问位置必为机动后轨道平面和空间目标轨道的两个交点之一(见图 9-1 中的 P_1 和 P_2 点，二者分别对应升轨和降轨)。访问时刻两个轨道面内的位置约束方程可转化为一个时间约束和一个半径约束。

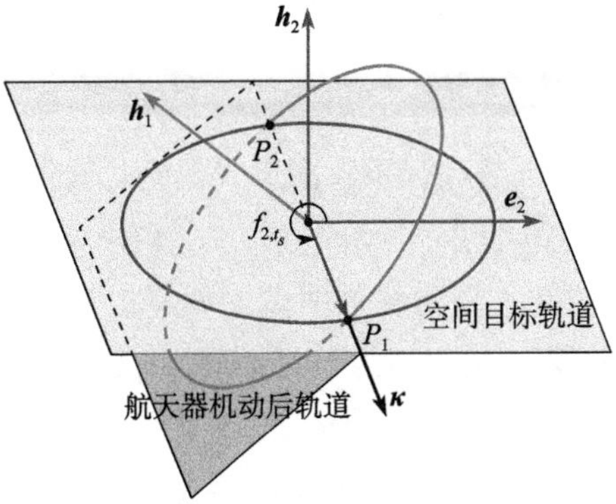

图 9-1　机动后轨道平面与目标轨道的交点

对于空间目标轨道，在交点 P_1 处对应的真近点角为

$$f_{2,t_s}=\begin{cases}\arccos(\hat{\boldsymbol{\kappa}}\cdot\hat{\boldsymbol{e}}_2), & (\boldsymbol{\kappa}\times\boldsymbol{e}_2)\cdot\boldsymbol{h}_2\leqslant 0\\ \pi-\arccos(\hat{\boldsymbol{\kappa}}\cdot\hat{\boldsymbol{e}}_2), & (\boldsymbol{\kappa}\times\boldsymbol{e}_2)\cdot\boldsymbol{h}_2\leqslant 0\end{cases} \tag{9-10}$$

式中：$\hat{\boldsymbol{\kappa}}=\boldsymbol{h}_2\times\boldsymbol{h}_1/\|\boldsymbol{h}_2\times\boldsymbol{h}_1\|$为两个轨道面交线的单位矢量；$\boldsymbol{h}=\boldsymbol{r}\times\boldsymbol{v}$ 为角动量矢量；$\boldsymbol{e}=(\boldsymbol{v}\times\boldsymbol{h}-\mu\boldsymbol{r}/r)/\mu$ 为偏心率矢量，顶标“^”表示单位矢量。一旦求解得到 P_1 处的真近点角 f_{2,t_s}，在另一交点 P_2 处的值为 $f_{2,t_s}+\pi$。

由此，自初始时刻 t_0 到访问空间目标时刻 t_s 的飞行时间可由空间目标 S^* 的开普勒方程得到

$$\Delta t_{s,0}^S=t_s-t_0=\frac{M_{2,t_s}-M_{2,t_0}+2\pi N_{2,\Delta t_{s,0}}}{\sqrt{\mu/\overline{a}_2^3}+\dot{M}_2+\dot{\omega}_2} \tag{9-11}$$

式中：$N_{2,\Delta t_{s,0}}$ 为空间目标在时间 $\Delta t_{s,0}^S$ 内运行的圈数，该值可由用户指定或遍历以找到所有可行解。根据空间目标和地面目标的访问次序不同，$N_{2,\Delta t_{s,0}}$ 的可

行区间为

$$N_{2,\Delta t_{s,0}}\in\begin{cases}[0,\ \Delta\tilde{t}^{\lambda}_{g,0}/T_2], & t_s\leqslant t_g\\ [\Delta\tilde{t}^{\lambda}_{g,0}/T_2,\ \Delta t_{\max}/T_2], & t_s>t_g\end{cases}\tag{9-12}$$

式中：T_2 为空间目标的轨道周期；$\Delta t_{\max}$ 为整个任务的时间周期。

值得注意的是，当响应卫星仅施加共面脉冲时，机动后轨道平面和未机动前的参考轨道保持一致(此处忽略了由轨道机动导致摄动下升交点赤经漂移的变化)，交点 P_1、P_2 的位置固定，此时飞行时间 $\Delta t^S_{s,0}$ 仅与圈数 $N_{2,\Delta t_{s,0}}$ 和交点 P_1、P_2 的选择有关，而与三个控制变量无关。

对于响应卫星的轨道，交点处对应的真近点角 f_{1,t_s} 可通过与式(9-10)类似的方法求解得到。为满足对空间目标的访问约束，响应的卫星的飞行需满足如下开普勒方程：

$$\begin{aligned}\Delta t^R_{s,0}&=\frac{M_{0,t_m}-M_{0,t_0}+2\pi N_{0,\Delta t_{m,0}}}{\sqrt{\mu/\bar{a}_0^3}+\dot{M}_0+\dot{\omega}_0}+\frac{M_{1,t_s}-M_{1,t_m}+2\pi N_{1,\Delta t_{s,m}}}{\sqrt{\mu/\bar{a}_1^3}+\dot{M}_1+\dot{\omega}_1}\\&\triangleq\Delta t_{m,0}(f_{0,m})+\Delta t_{s,m}(f_{0,m},\ \Delta\boldsymbol{V})\end{aligned}\tag{9-13}$$

式中：$\Delta t_{s,m}\triangleq t_s-t_m$ 为访问空间目标的时刻与机动时刻之间的时间间隔，与机动位置和脉冲矢量均有关；$N_{1,\Delta t_{s,m}}$ 为航天器在 $\Delta t_{s,m}$ 中运行的圈数。对于响应卫星，与式(9-8)类似，有

$$N_{0,\Delta t_{m,0}}+N_{1,\Delta t_{s,m}}=N_s\tag{9-14}$$

式中：$N_s=\{\tilde{N}_s-1,\ \tilde{N}_s,\ \tilde{N}_s+1\}$，$\tilde{N}_s=\text{floor}(\Delta t^S_{s,0}/T_0)$。联立式(9-11)和式(9-13)令 $\Delta t^S_{s,0}-\Delta t^R_{s,0}=0$，即表示响应卫星和空间目标能够同时运行至轨道面的交线处(见图 9-1 中的 $\boldsymbol{\kappa}$)，得到如下时间约束方程：

$$\frac{M_{2,t_s}-M_{2,t_0}+2\pi N_{2,\Delta t_{s,0}}}{\sqrt{\mu/\bar{a}_2^3}+\dot{M}_2+\dot{\omega}_2}-\frac{M_{0,t_m}-M_{0,t_0}+2\pi N_{0,\Delta t_{m,0}}}{\sqrt{\mu/\bar{a}_0^3}+\dot{M}_0+\dot{\omega}_0}-\frac{M_{1,t_s}-M_{1,t_m}+2\pi N_{1,\Delta t_{s,m}}}{\sqrt{\mu/\bar{a}_1^3}+\dot{M}_1+\dot{\omega}_1}=0\tag{9-15}$$

当满足时间约束后，二者还需要满足交线处的半径约束，即

$$r_{1,t_s}-r_{2,t_s}=0\tag{9-16}$$

式中

$$\begin{cases}r_{1,t_s}=a_1(1-e_1^2)/(1+e_1\cos f_{1,t_s})\\ r_{2,t_s}=a_2(1-e_2^2)/(1+e_2\cos f_{2,t_s})\end{cases}$$

分别为空间目标和机动后的响应卫星在交线处的半径大小。

综上所述，空间目标的访问任务可表示为一个时间约束和一个半径约束，

即式(9-15)和式(9-16)。

9.1.3 共面脉冲轨道机动求解

当响应卫星施加共面脉冲轨道机动时，控制变量可写作 $\boldsymbol{x}=[f_{0,t_m},\ \Delta V_r,\ \Delta V_t]^{\mathrm{T}}$ 分别为机动时刻对应的真近点角、径向和周向的脉冲分量。根据未知数和约束方程个数可知，航天器最多能访问一个地面目标和一个空间目标，对应的约束方程为式(9-9)、式(9-15)和式(9-16)，即

$$\begin{cases} F_g-\dfrac{M_{1,t_g}-M_{1,t_m}+2\pi N_{1,\Delta t_{g,m}}}{\sqrt{\mu/\bar{a}_1^3}+\dot{M}_1+\dot{\omega}_1}=0 \\ F_s-\dfrac{M_{1,t_s}-M_{1,t_m}+2\pi N_{1,\Delta t_{s,m}}}{\sqrt{\mu/\bar{a}_1^3}+\dot{M}_1+\dot{\omega}_1}=0 \\ a_1-\dfrac{r_{2,t_s}(1+e_1\cos f_{1,t_s})}{1-e_1^2}=0 \end{cases} \tag{9-17}$$

式中

$$\begin{cases} F_g\triangleq\Delta\tilde{t}^{\lambda}_{g,0}-\dfrac{M_{0,t_m}-M_{0,t_0}+2\pi N_{0,\Delta t_{m,0}}}{\sqrt{\mu/\bar{a}_0^3}+\dot{M}_0+\dot{\omega}_0} \\ F_s\triangleq\Delta t^{S}_{s,0}-\dfrac{M_{0,t_m}-M_{0,t_0}+2\pi N_{0,\Delta t_{m,0}}}{\sqrt{\mu/\bar{a}_0^3}+\dot{M}_0+\dot{\omega}_0} \end{cases} \tag{9-18}$$

由上述分析可知，在共面脉冲作用下，$\Delta\tilde{t}^{\lambda}_{g,0}$ 和 $\Delta t^{S}_{s,0}$ 均可近似为确定的常数，因此 F_g 和 F_s 均为只关于机动位置(真近点角 f_{0,t_m})的函数。由此，原问题转化为三维非线性方程组的求解问题。注意响应卫星运行的圈数为各自可行区间中的整数，见式(9-8)、式(9-12)、式(9-14)，可通过遍历得到所有圈数组合。

对于近地轨道，其偏心率一般较小，平近点角可近似为 $M\approx f-2e\sin f$，对于地面目标访问问题，响应卫星在机动时刻 t_m 和过顶时刻 t_g 对应的平近点角之差(即 $M_{1,t_g}-M_{1,t_m}$)为

$$\begin{aligned} M_{1,t_g}-M_{1,t_m} &=(f_{1,t_g}-2e_1\sin f_{1,t_g})-(f_{1,t_m}-2e_1\sin f_{1,t_m}) \\ &\approx(u_{1,t_g}-u_{1,t_m})-2e_1\cos\omega_{1,t_m}(\sin u_{1,t_g}-\sin u_{1,t_m})+ \\ &\quad 2e_1\sin\omega_{1,t_m}(\cos u_{1,t_g}-\cos u_{1,t_m}) \end{aligned} \tag{9-19}$$

式中采用了近似 $\omega_{1,t_g}\approx\omega_{1,t_m}$。为了避免圆轨道产生的奇异，此处采用非奇异轨道元素 $e_x\triangleq e_0\cos\omega_{0,t_m}$ 和 $e_y\triangleq e_0\sin\omega_{0,t_m}$，即有

$$\begin{cases} e_1\cos\omega_{1,t_m}=e_x+\triangleq e_x \\ e_1\sin\omega_{1,t_m}=e_y+\triangleq e_y \end{cases} \tag{9-20}$$

将式(9-20)代入式(9-19)，可得

$$\begin{aligned} M_{1,t_g}-M_{1,t_m}=&(u_{1,t_g}-u_{1,t_m})-2(e_x+\Delta e_x)(\sin u_{1,t_g}-\sin u_{1,t_m})+ \\ &2(e_y+\Delta e_y)(\cos u_{1,t_g}-\cos u_{1,t_m}) \end{aligned} \tag{9-21}$$

与之类似，对于空间目标，通过采用近似 $\omega_{1,t_s}\approx\omega_{1,t_m}$，响应卫星在机动时刻 t_m 和访问时刻 t_s 对应的平近点角之差可写作

$$\begin{aligned} M_{1,t_s}-M_{1,t_m}\triangleq&(u_{1,t_s}-u_{1,t_m})-2(e_x+\Delta e_x)(\sin u_{1,t_s}-\sin u_{1,t_m})+ \\ &2(e_y+\Delta e_y)(\cos u_{1,t_s}-\cos u_{1,t_m}) \end{aligned} \tag{9-22}$$

此外，空间目标的半径约束(式(9-17)中的第三个子公式)也可以写为非奇异轨道元素 e_x 和 e_y 的方程，

$$\begin{aligned} a_1-\frac{r_{2,t_s}(1+e_1\cos f_{1,t_s})}{1-e_1^2}&\approx a_1-r_{2,t_s}\frac{1+e_1\cos\omega_{1,t_m}\cos u_{1,t_s}+e_1\sin\omega_{1,t_m}\sin u_{1,t_s}}{1-(e_0+\Delta e)^2} \\ &=a_1-r_{2,t_s}\frac{1+\cos u_{1,t_s}(e_x+\Delta e_x)+\sin u_{1,t_s}(e_y+\Delta e_y)}{1-(e_0+\Delta e)^2}=0 \end{aligned} \tag{9-23}$$

式中采用了近似 $\omega_{1,t_s}\approx\omega_{1,t_m}$。进一步，对偏心率的变化量 Δe 采用一阶泰勒级数展开，式(9-23)可近似为

$$a_1-r_{2,t_s}[1+\cos u_{1,t_s}(e_x+\Delta e_x)+\sin u_{1,t_s}(e_y+\Delta e_y)]\left(\frac{1}{1-e_0^2}+\frac{2e_0\Delta e}{(1-e_0^2)^2}\right)=0 \tag{9-24}$$

将式(9-21)、式(9-22)、式(9-24)代入式(9-17)可得

$$\begin{cases} F_g-\dfrac{1}{\sqrt{\mu/\bar{a}_1^3}+\dot{M}_1+\dot{\omega}_1}[(u_{1,t_g}-u_{1,t_m})-2(e_x+\Delta e_x)(\sin u_{1,t_g}-\sin u_{1,t_m})+ \\ 2(e_y+\Delta e_y)(\cos u_{1,t_g}-\cos u_{1,t_m})+2\pi N_{1,\Delta t_{g,m}}]=0 \\ F_s-\dfrac{1}{\sqrt{\mu/\bar{a}_1^3}+\dot{M}_1+\dot{\omega}_{11}}[(u_{1,t_s}-u_{1,t_m})-2(e_x+\Delta e_x)(\sin u_{1,t_s}-\sin u_{1,t_m})+ \\ 2(e_y+\Delta e_y)(\cos u_{1,t_s}-\cos u_{1,t_m})+2\pi N_{1,\Delta t_{s,m}}]=0 \\ a_1-r_{2,t_s}[1+\cos u_{1,t_s}(e_x+\Delta e_x)+\sin u_{1,t_s}(e_y+\Delta e_y)]\left(\dfrac{1}{1-e_0^2}+\dfrac{2e_0\Delta e}{(1-e_0^2)^2}\right)=0 \end{cases} \tag{9-25}$$

航天器在机动位置f_{0,t_m}施加的脉冲矢量可写作$\Delta\boldsymbol{V}=\Delta V_r\hat{\boldsymbol{r}}+\Delta V_t\hat{\boldsymbol{t}}+\Delta V_n\hat{\boldsymbol{h}}$，式中$\hat{\boldsymbol{r}}$、$\hat{\boldsymbol{t}}$和$\hat{\boldsymbol{h}}$分别表示径向、周向和法向。脉冲作用下轨道元素的变化量可由高斯变分方程近似得到，且由于半长轴对最终结果的精度影响最大，此处采用二阶近似来提高对半长轴变化量估计的精度。当施加共面脉冲时，有法向脉冲分量$\Delta V_n\equiv 0$。注意，但为方便后续异面脉冲轨道机动求解，此处仍保留关于法向脉冲分量的表达式。

$$\begin{cases}\delta a=\eta_a\Delta V_r+\zeta_a\Delta V_t+\eta'_a\Delta V_r^2+\zeta'_a\Delta V_t^2+\tau_a\Delta V_r\Delta V_t+\upsilon_a\Delta V_n^2\\ \Delta e_x=\eta_e\Delta V_r+\zeta_e\Delta V_t\\ \Delta e_x=\eta_{e_x}\Delta V_r+\zeta_{e_x}\Delta V_t+\upsilon_{e_x}\Delta V_n\\ \Delta e_y=\eta_{e_y}\Delta V_r+\zeta_{e_y}\Delta V_t+\upsilon_{e_y}\Delta V_n\end{cases}\tag{9-26}$$

式中

$$\begin{cases}\eta_a=\dfrac{2a_0^2}{h_0}e_0\sin f_{0,t_m},\quad \zeta_a=\dfrac{2a_0^2}{h_0}(1+e_0\cos f_{0,t_m})\\ \eta'_a=\dfrac{4a_0^3}{h_0^2}e_0^2\sin^2 f_{0,t_m}+\dfrac{a_0^2}{\mu},\quad \zeta'_a=\dfrac{4a_0^3}{h_0^2}(1+e_0\cos f_{0,t_m})^2+\dfrac{a_0^2}{\mu}\\ \tau_a=\dfrac{8a_0^3}{h_0^2}e_0\sin f_{0,t_m}(1+e_0\cos f_{0,t_m}),\quad \upsilon_a=\dfrac{a_0^2}{\mu}\\ \eta_e=\sqrt{\dfrac{p_0}{\mu}}\sin f_{0,t_m},\quad \zeta_e=\sqrt{\dfrac{p_0}{\mu}}\left(\cos f_{0,t_m}+\dfrac{e_0+\cos f_{0,t_m}}{1+e_0\cos f_{0,t_m}}\right)\\ \eta_{e_x}=\sqrt{\dfrac{p_0}{\mu}}\sin u_{0,t_m},\quad \zeta_{e_x}=\sqrt{\dfrac{p_0}{\mu}}\left(2\cos u_{0,t_m}+\dfrac{e_0+\sin u_{0,t_m}\sin f_{0,t_m}}{1+e_0\cos f_{0,t_m}}\right)\\ \upsilon_{e_x}=\sqrt{\dfrac{p_0}{\mu}}\dfrac{e_0\cot i_0}{(1+e_0\cos f_{0,t_m})}\sin\omega_{0,t_m}\sin u_{0,t_m},\quad \upsilon_{e_y}=-\sqrt{\dfrac{p_0}{\mu}}\dfrac{e_x\cot i_0\sin u_{0,t_m}}{1+e_x\cos u_{0,t_m}+e_y\sin u_{0,t_m}}\\ \eta_{e_y}=-\sqrt{\dfrac{p_0}{\mu}}\cos u_{0,t_m},\quad \zeta_{e_y}=\sqrt{\dfrac{p_0}{\mu}}\left(\sin u_{0,t_m}+\dfrac{e_0\sin\omega_{0,t_m}+\sin u_{0,t_m}}{1+e_0\cos f_{0,t_m}}\right)\end{cases}$$

联立式(9-25)中的前两个公式以消去分母，并将式(9-26)代入可得

$$c_1\Delta V_r+c_2\Delta V_t+c_3=0\tag{9-27}$$

式中

$$\begin{cases}c_1=\vartheta_1\eta_{e_x}+\vartheta_2\eta_{e_y}, \quad c_2=\vartheta_1\zeta_{e_x}+\vartheta_2\zeta_{e_y}\\ c_3=F_s[(u_{1,t_g}-u_{1,t_m})-2e_x(\sin u_{1,t_g}-\sin u_{1,t_m})+2e_y(\cos u_{1,t_g}-\cos u_{1,t_m})+2\pi N_{1,\Delta t_{g,m}}]-\\ \quad F_g[(u_{1,t_s}-u_{1,t_m})-2e_x(\sin u_{1,t_s}-\sin u_{1,t_m})+2e_y(\cos u_{1,t_s}-\cos u_{1,t_m})+2\pi N_{1,\Delta t_{s,m}}]+\\ \quad(\vartheta_1 v_{e_x}+\vartheta_2 v_{e_y})\Delta V_n\\ \vartheta_1=2[F_g(\sin u_{1,t_s}-\sin u_{1,t_m})-F_s(\sin u_{1,t_g}-\sin u_{1,t_m})]\\ \vartheta_2=2[F_S(\cos u_{1,t_g}-\cos u_{1,t_m})-F_g(\cos u_{1,t_s}-\cos u_{1,t_m})]\end{cases}$$

此外，将式(9-26)代入半径约束(式(9-25)中式3)，整理可得

$$c_4\Delta V_r^2+c_5\Delta V_t^2+c_6\Delta V_r\Delta V_t+c_7\Delta V_r+c_8\Delta V_t+c_9=0 \tag{9-28}$$

式中

$$\begin{cases}c_4=\eta'_a-\dfrac{2e_0r_{2,t_s}}{(1-e_0^2)^2}(\cos u_{1,t_s}\eta_e\eta_{e_x}+\sin u_{1,t_s}\eta_e\eta_{e_y})\\ c_5=\zeta'_a-\dfrac{2e_0r_{2,t_s}}{(1-e_0^2)^2}(\cos u_{1,t_s}\zeta_e\zeta_{e_x}+\sin u_{1,t_s}\zeta_e\zeta_{e_y})\\ c_6=\tau_a-\dfrac{2e_0r_{2,t_s}}{(1-e_0^2)^2}[\cos u_{1,t_s}(\eta_e\zeta_{e_x}+\zeta_e\eta_{e_x})-\sin u_{1,t_s}(\eta_e\zeta_{e_y}+\zeta_e\eta_{e_y})]\\ c_7=\eta_a-\dfrac{r_{2,t_s}}{1-e_0^2}(\cos u_{1,t_s}\eta_{e_x}+\sin u_{1,t_s}\eta_{e_y})-\dfrac{2e_0r_{2,t_s}}{(1-e_0^2)^2}(1+\cos u_{1,t_s}e_x+\sin u_{1,t_s}e_y)\eta_e-\\ \quad\dfrac{2e_0r_{2,t_s}}{(1-e_0^2)^2}\eta_e(\cos u_{1,t_s}v_{e_x}+\sin u_{1,t_s}v_{e_y})\Delta V_n\\ c_8=\zeta_a-\dfrac{r_{2,t_s}}{1-e_0^2}(\cos u_{1,t_s}\zeta_{e_x}+\sin u_{1,t_s}\lambda_{e_y})-\dfrac{2e_0r_{2,t_s}}{(1-e_0^2)^2}(1+\cos u_{1,t_s}e_x+\sin u_{1,t_s}e_y)\zeta_e-\\ \quad\dfrac{2e_0r_{2,t_s}}{(1-e_0^2)^2}\zeta_e(\cos u_{1,t_s}v_{e_x}+\sin u_{1,t_s}v_{e_y})\Delta V_n\\ c_9=a_0-\dfrac{r_{2,t_s}}{1-e_0^2}(1+\cos u_{1,t_s}e_x+\sin u_{1,t_s}e_y)+v_a\Delta V_n^2\end{cases}$$

注意在共面脉冲作用下，法向脉冲分量 $\Delta V_n\equiv0$，上式中 $c_1\sim c_9$ 均只与机动位置 f_{0,t_m} 相关，其余均为确定常数。式(9-27)和式(9-28)的解为

$$\begin{cases}\Delta V_t=\dfrac{-B\pm\sqrt{B^2-4AC}}{2A}\\ \Delta V_r=-\dfrac{c_2\Delta V_t+c_3}{c_1}\end{cases} \tag{9-29}$$

式中

$$\begin{cases}A=c_2^2c_4/c_1^2-c_2c_6/c_1+c_5\\B=2c_2c_3c_4/c_1^2-c_2c_7/c_1-c_3c_6/c_1+c_8\\C=c_3^2c_4/c_1^2-c_3c_7/c_1+c_9\end{cases}$$

由此，轨道面内脉冲分量可表示为只关于机动位置 f_{0,t_m} 的函数。值得注意的是，式(9-29)中的“±”均可能存在可行解，因此在求解过程中均需要尝试。

将式(9-29)代入式(9-25)中的第一个子式，得到一个只含有机动位置 $f_{0,m}$ 的非线性方程 $W_1(f_{0,t_m})$，

$$W_1(f_{0,t_m})\triangleq F_g(f_{0,t_m})-\frac{(u_{1,t_g}-u_{1,t_m})-2[e_x+\Delta e_x(f_{0,t_m})](\sin u_{1,t_g}-\sin u_{1,t_m})}{\sqrt{\mu/[\bar{a}_0+\delta a(f_{0,t_m})]^3}+\dot{M}_1+\dot{\omega}_1}-$$
$$\frac{2[e_y+\Delta e_y(f_{0,t_m})](\cos u_{1,t_g}-\cos u_{1,t_m})+2\pi N_{1,\Delta t_g,m}}{\sqrt{\mu/[\bar{a}_0+\delta a(f_{0,t_m})]^3}+\dot{M}_1+\dot{\omega}_1}=0 \tag{9-30}$$

综上所述，航天器通过施加单次共面脉冲访问一个地面目标和一个空间目标的问题被转化为上述一维非线性方程的求根问题，可通过数值方法进行求解，如割线法或黄金分割搜索法。

9.1.4　异面脉冲轨道机动求解

当响应卫星施加脉冲方向自由时，共有四个独立的控制变量，可写作 $\boldsymbol{x}=[f_{0,t_m},\ \Delta V_r,\ \Delta V_t,\ \Delta V_n]^{\mathrm{T}}$，分别为机动时刻对应的真近点角、径向、周向和法向的脉冲分量。根据未知数和约束方程个数可知，航天器最多能访问两个地面目标和一个空间目标。

在单次异面脉冲机动作用下，航天器轨道倾角和升交点赤经的变化量与法向脉冲分量之间的关系可由一阶高斯变分方程近似得到

$$\begin{cases}\Delta i=\dfrac{r_{0,t_m}}{h}\cos u_{0,t_m}\Delta V_n\\[2ex]\Delta\Omega=\dfrac{r_{0,t_m}}{h\sin i_0}\sin u_{0,t_m}\Delta V_n\end{cases} \tag{9-31}$$

假设机动前后轨道倾角和升交点赤经的变化量已知，即对于一组给定的 Δi 和 $\Delta\Omega$，机动时刻的参数纬度幅角 u_{0,t_m} 和法向脉冲分量 ΔV_n 可由式(9-31)反算得到，机动时刻对应的真近点角为 $f_{0,t_m}=u_{0,t_m}-\omega_{0,t_m}\approx u_{0,t_m}-\omega_{0,t_0}$。

为实现对第一个地面目标和空间目标的访问约束，机动后的轨道参数需满足式(9-25)，由 9.1.3 节可知，轨道面内的径向和周向脉冲分量可通过式(9-29)求解得到，式(9-30) $W_1(f_{0,t_m})$ 可转化为关于 Δi 和 $\Delta\Omega$ 的非线性方程 $W_1(\Delta i,\ \Delta\Omega)$。

当施加异面脉冲时，可同时考虑访问第二个地面目标，将目标点的经、纬度记为 $(\lambda',\ \varphi')$，对应的访问时刻记为 $t_{g'}$。与式(9-25)类似，其访问约束可通过高斯变分方程写作如下等式方程：

$$W_2(\Delta i,\ \Delta\Omega) \triangleq F_{g'} - \frac{1}{\sqrt{\mu/\bar{a}_1^3}+\dot{M}_1+\dot{\omega}_1}\left[(u_{1,t_{g'}}-u_{1,t_m})-2(e_x+\Delta e_x)(\sin u_{1,t_{g'}}-\sin u_{1,t_m})+2(e_y+\Delta e_y)(\cos u_{1,t_{g'}}-\cos u_{1,t_m})+2\pi N_{1,\Delta t_{g',m}}\right]=0 \tag{9-32}$$

式中

$$F_{g'} \triangleq \frac{\arctan(\cos i_1 \tan u_{1,t_{g'}})+\Omega_{0,t_0}+\Delta\Omega-\alpha_{t_0}-\lambda'}{\omega_E-\dot{\Omega}_0} - \frac{M_{0,t_m}-M_{0,t_0}+2\pi N_{0,\Delta t_{m,0}}}{\sqrt{\mu/\bar{a}_0^3}+\dot{M}_0+\dot{\omega}_0}$$

同样为关于机动前后轨道倾角和升交点赤经变化量的非线性方程。

综上所述，为实现对两个地面目标和一个空间目标的访问，需求解 Δi 和 $\Delta\Omega$ 以满足以下二维非线性方程组

$$\begin{cases} W_1(\Delta i,\ \Delta\Omega)=0 \\ W_2(\Delta i,\ \Delta\Omega)=0 \end{cases} \tag{9-33}$$

由此，单次异面脉冲访问两个地面目标和一个空间目标的问题被转化为关于机动后轨道倾角和升交点赤经变化量的二维非线性方程组，可通过牛顿迭代进行对式(9-33)求解

$$\begin{bmatrix} \Delta i \\ \Delta\Omega \end{bmatrix}_{m+1} = \begin{bmatrix} \Delta i \\ \Delta\Omega \end{bmatrix}_m - \boldsymbol{J}_m^{-1}\boldsymbol{F}_m,\qquad m=0,\ 1,\ 2,\ \cdots \tag{9-34}$$

式中：$\boldsymbol{J}$ 为方程组的雅可比矩阵，在迭代过程中 $\boldsymbol{J}$ 可通过数值差分计算得到。由于问题的强非线性，迭代初值无法通过解析推导直接得到，可通过第 3 章中的网格法进行搜索，目标函数为 $P=|W_1|+|W_2|$。当 P 小于给定的阈值 ε 时，则该网格点对应的 Δi 和 $\Delta\Omega$ 将选择为牛顿迭代的初始猜测。

9.1.5 非线性 J_2 模型下的精确解

9.1.5.1 访问误差分析

在共面单脉冲和异面单脉冲地空混合目标访问轨道机动问题中，通过对目

标访问约束进行建模分析，将初始问题分别转化为三维和四维非线性方程组的求解问题，并基于线性 J_2 模型和高斯变分方程将其分别简化近似，最终降维为只关于机动位置 $f_{0,m}$ 的一维非线性方程，和只关于机动后轨道面变化量 Δi 与 $\Delta\Omega$ 的二维非线性方程组。然而，由于在推导求解过程中采用了一系列近似处理，在非线性 J_2 模型下，采用上述方法求得的近似解存在终端访问误差，即响应卫星不能精确访问用户给定的地面目标和空间目标。此外，对于近地航天器，其在轨运行过程中除了受到 J_2 摄动外，还会受到大气阻力等其他摄动力的干扰。理论上讲，在非线性 J_2 模型下，本节所提近似解的误差主要由以下三方面导致：

(1)线性 J_2 模型和非线性 J_2 模型之间的误差。

(2)高斯变分方程导致的误差，见式(9-26)和式(9-31)。

(3)推导过程中采用的近似导致的误差，见式(9-5)、式(9-19)~式(9-24)。

一般而言，响应卫星的轨道高度越低、脉冲幅值越大、机动后到访问目标点之间的飞行时间越长、响应卫星的轨道倾角越低、偏心率越大，近似解的误差越大。由于上述多方因素相互耦合，无法从解析上推导终端误差的表达式。然而，将求解得到的近似解作为初始猜测，非线性 J_2 模型下的精确解可通过本节提出的微分修正方法求解得到。注意，考虑地面目标的访问效果(成像的分辨率)和快速响应卫星的发射成本，本节所提的方法主要针对运行在近地轨道上的响应卫星。

9.1.5.2　微分修正

本节将通过微分修正法对求解得到的近似解进行修正，获得非线性 J_2 模型下的精确解。

(1)共面脉冲访问单个地面目标和单个空间目标。

令 $\boldsymbol{x}_n=[f_{0,t_m},\ \Delta V_r,\ \Delta V_t]_n^{\mathrm{T}}$ 为第 n 次修正的值，非线性 J_2 模型下真实的飞行时间 $[\Delta t_{g,0}^{\varphi},\ \Delta t_{g,0}^{\lambda},\ \Delta t_{s,0}^{R},\ \Delta t_{s,0}^{S}]^*$ 以及真实的位置信息 $[r_{1,t_s},\ r_{2,t_s}]^*$ 可使用控制变量 $\boldsymbol{x}_n$ 轨道积分递推得到。注意在微分修正过程中因为摄动力的变化，导致空间目标的访问位置有轻微变化，需同时进行修正。误差矩阵为

$$\boldsymbol{E}_n=\begin{bmatrix}\Delta t_{g,0}^{\varphi}-\Delta t_{g,0}^{\lambda}\\ \Delta t_{s,0}^{R}-\Delta t_{s,0}^{S}\\ r_{1,t_s}-r_{2,t_s}\end{bmatrix}_n^* \triangleq \begin{bmatrix}E_x\\ E_y\\ E_z\end{bmatrix}_n \tag{9-35}$$

修正方程为

$$\boldsymbol{x}_{n+1}=\boldsymbol{x}_n-\begin{bmatrix}\dfrac{\partial E_x}{\partial f_{0,t_m}}, & \dfrac{\partial E_x}{\partial \Delta V_r}, & \dfrac{\partial E_x}{\partial \Delta V_t}\\ \dfrac{\partial E_y}{\partial f_{0,t_m}}, & \dfrac{\partial E_y}{\partial \Delta V_r}, & \dfrac{\partial E_y}{\partial \Delta V_t}\\ \dfrac{\partial E_z}{\partial f_{0,t_m}}, & \dfrac{\partial E_z}{\partial \Delta V_r}, & \dfrac{\partial E_z}{\partial \Delta V_r}\end{bmatrix}_n\cdot\boldsymbol{E}_n,\quad n=0,1,2,\cdots \tag{9-36}$$

微分修正的初始猜测 $\boldsymbol{x}_0$ 由近似解提供，当最终误差小于给定的容许误差时，停止迭代。值得注意的是，在共面脉冲机动下，轨道平面不发生变化，求解雅可比矩阵时 $\Delta t_{g,0}^{\lambda}$、$\Delta t_{s,0}^{S}$ 和 r_{2,t_s} 均可近似为确定的常数，其偏导数为零，式(9-36)中误差矩阵的偏导数见附录 D。

注意地面目标可以在升轨段或降轨段进行观测，空间目标可以在两个交点中的任意一个进行访问，因此，对于一个给定的观测序列，共有四种观测组合方式。对于每一种组合，在非线性 J_2 模型下的求解过程总结如下：

①选择地面目标和空间目标的访问次序。

②如果先访问地面目标，圈数的可行区间为 $N_{2,\Delta t_{s,0}}\in[\Delta\tilde{t}_{g,0}^{\lambda}/T_2,\ \Delta t_{\max}/T_2]$，$N_{0,\Delta t_{m,0}}\in[0,\ N_g]$，其中 N_g 由式(9-8)得到；如果先访问空间目标，有 $N_{2,\Delta t_{s,0}}\in[0,\ \Delta\tilde{t}_{g,0}^{\lambda}/T_2]$，$N_{0,\Delta t_{m,0}}\in[0,\ N_s]$，其中 N_s 由式(9-14)得到。

③对于一组给定的圈数组合，机动位置 f_{0,t_m} 可由式(9-30)求解，脉冲分量 ΔV_r 和 ΔV_t 由式(9-29)得到。

④用第③步的解作为初始猜测，非线性 J_2 模型下的精确解可由微分修正得到，即式(9-36)。

⑤在可行区间内遍历所有的访问圈数组合，重复③、④步从而找到所有可行解。

(2)异面脉冲访问两个地面目标和一个空间目标。

与共面情况类似，对于单次异面脉冲轨道机动，将 $\boldsymbol{x}_n=[f_{0,t_m},\ \Delta V_r,\ \Delta V_t,\ \Delta V_n]_n^{\mathrm{T}}$ 记为第 n 次修正的值，非线性 J_2 模型下真实的飞行时间以及真实的位置信息通过在 $\boldsymbol{x}_n$ 下积分轨道递推得到，由此可得如下误差矩阵：

$$\boldsymbol{E}_n=\begin{bmatrix}\Delta t_{g,0}^{\varphi}-\Delta t_{g,0}^{\lambda}\\ \Delta t_{g',0}^{\varphi}-\Delta t_{g',0}^{\lambda}\\ \Delta t_{s,0}^{R}-\Delta t_{s,0}^{S}\\ r_{1,t_s}-r_{2,t_s}\end{bmatrix}_n \tag{9-37}$$

修正方程为

$$\boldsymbol{x}_{n+1}=\boldsymbol{x}_n+\frac{\partial \boldsymbol{E}_n}{\partial \boldsymbol{x}_n}\cdot \boldsymbol{E}_n,\quad n=0,\ 1,\ 2,\ \cdots \tag{9-38}$$

需注意，与共面机动情况不同，由于法向脉冲分量会导致响应卫星轨道面的变化，从而改变地面目标的访问时刻、空间目标访问时间和访问位置，在计算式(9-38)中的雅可比矩阵时需同时求解 $\Delta t_{g,0}^{\lambda}$、$\Delta t_{g',0}^{\lambda}$、$\Delta t_{s,0}^{S}$ 和 r_{2,t_s} 对 $\boldsymbol{x}_n$ 的偏导数，该推导过程过于复杂。因此，在实际求解过程中采用数值差分的方法进行计算。

求解单次异面脉冲访问两个地面目标和一个空间目标的求解步骤如下：

①通过式(9-34)求解机动后轨道升交点赤经和轨道倾角的变化量。

②通过式(9-31)求解机动位置对应的真近点角 f_{0,t_m} 和法向脉冲分量 ΔV_n。

③轨道面内的脉冲分量 ΔV_r 和 ΔV_t 由式(9-29)得到。

④用第②、③步的解作为初始猜测，非线性 J_2 模型下的精确解可由微分修正得到，即式(9-38)。

⑤遍历所有访问组合，即可得到可行区间内所有可行解。

9.1.6　仿真算例

本小节提供了几个数值算例来验证所提方法的有效性。任务初始时刻设置为 2022 年 1 月 1 日 00：00：00。在数值仿真过程中，采用非线性 J_2 模型进行轨道递推。所有仿真验证均在 Intel Core i7-8750U CPU @ 2.20GHz 2.21GHz 的 PC 机上运行。

9.1.6.1　共面脉冲机动

对于共面脉冲机动情况，机动脉冲分量和机动时刻的近似解可通过式(9-29)、式(9-30)计算得到。将其作为初始猜测，精确解可通过式(9-36)中的微分修正求解得到。在轨卫星自初始时刻 t_0 飞行 $\Delta t_{m,0}$ 后(对应真近点角 f_{0,t_m})施加共面脉冲[ΔV_t，ΔV_r]，并分别在 t_g 时刻和 t_s 时刻访问地面目标点 G^* 和空间目标点 S^*，对应自初始时刻的飞行时长 $\Delta t_{g,0}$ 和 $\Delta t_{s,0}$。

(1)给定卫星初始轨道和访问目标参数。

在本算例中，将地面目标点设置为汶川，其地心经纬度为 $\lambda^*=103.4°$、$\varphi^*=31°$。卫星和空间目标在任务初始时刻的轨道参数如表 9-1 所示，其中 h_a 和 h_p 分别为远地点高度和近地点高度。

表 9-1　卫星和空间目标在初始时刻的轨道参数

轨道参数	h_a/km	h_p/km	i/(°)	Ω/(°)	ω/(°)	f/(°)
卫星	750	500	98	335	270	70
空间目标	800	700	80	290	0	0

假设最大任务周期 Δt_{max} 为一天，航天器所能施加的最大脉冲幅值为 0.3km/s，地面目标可在升轨段或降轨段访问，空间目标可在不同圈数的不同弧段访问。考虑空间目标在 1 天内的所有可行圈数处进行访问，在时间和脉冲幅值约束下，最终共有 17 种组合下存在可行解，每种组合下最小脉冲解和对应修正后的精确解列如表 9-2 所示。在表 9-2 中的地面目标列中，“A”和“D”分别表示一天内升轨段和降轨段访问；在空间目标列中，增加前面数字以表示访问圈数，如“1A”和“1D”分别表示在空间目标第一圈的升轨段和降轨段访问。$\Delta\lambda$ 表示机动轨道在访问时刻星下点轨迹和地面目标点之间的经度差；Δd 为机动轨道在访问时刻与空间目标之间的相对距离。对于精确解，$\Delta\lambda$ 和 Δd 均足够小($\Delta\lambda<10^{-5°}$，$\Delta d<10^{-3}$km)，因此在表 9-2 中均写为 0。

仿真结果显示，当要求先访问地面目标时，即 $\Delta t_{g,0}>\Delta t_{s,0}$，共有 8 组解，对应表中编号 1~8，不同组合下消耗的最小脉冲幅值为 0.0551km/s；当要求先访问空间目标时，即 $\Delta t_{g,0}<\Delta t_{s,0}$，共有 9 组解，对应编号 9~17，最小的脉冲幅值为 0.1603km/s，二者均在表 9-2 中加粗显示。对于求解得到的近似解，访问地面目标时最大的经度差不超过 0.08°，访问空间目标时最大的相对距离不超过 133km，近似解的平均计算时间为 5.2577×10^{-4}s。在高精度动力学模型下访问误差为零的精确解均可通过微分修正得到。

(2)不同偏心率的卫星轨道。

在本算例中，分别采用不同的卫星初始轨道来验证所提方法的有效性。假设最大任务周期 Δt_{max} 限制为一天，且在本算例中不特别指定地面目标和空间目标的访问顺序。在本算例中，地面目标位置信息和空间目标的轨道参数与算例(1)中相同。卫星初始轨道的近地点高度限制为 $h_p=500$km，偏心率的取值范围为 $e_0\in[0,\ 0.2]$(对应远地点高度为 500~4000km)，其他轨道参数与表 9-1 中一致。不同偏心率下的最小脉冲幅值解如表 9-3 所示，表中偏心率为 $e_0=0.05$ 的情况，其空间轨迹和星下点轨迹如图 9-2 所示。

表 9-2 共面单脉冲访问一个地面目标和一个空间目标

序号	地面目标	空间目标	方法	$\Delta t_{m,0}$/h	$\Delta t_{g,0}$/h	$\Delta t_{s,0}$/h	f_{0,t_m}/(°)	[ΔV_t, ΔV_r]/(km/s)	ΔV/(km/s)	$\Delta\lambda$/(°)	Δd/km
1	A	1D	近似	1.8630	8.4088	2.8196	125.7481	[0.0288, -0.2928]	0.2942	0.0086	23.1040
			精确	1.8603	8.4077	2.8193	125.0913	[0.0287, -0.2871]	0.2885	0	0
2	A	2A	近似	3.3396	8.4088	3.6441	91.6723	[0.0406, -0.0662]	0.0776	0.0160	58.1378
			精确	**3.5154**	**8.4077**	**3.6441**	**133.8477**	**[0.0404, -0.0375]**	**0.0551**	**0**	**0**
3	A	2D	近似	4.0162	8.4088	4.4820	238.9665	[0.0306, 0.2045]	0.2067	0.0166	76.8696
			精确	3.9684	8.4077	4.4820	227.3872	[0.0320, 0.1983]	0.2008	0	0
4	A	3A	近似	2.3923	8.4088	5.3068	237.6890	[0.0294, 0.0587]	0.0657	0.0021	44.2261
			精确	2.5101	8.4077	5.3069	266.1125	[0.0288, 0.0826]	0.0875	0	0
5	A	3D	近似	0.7012	8.4088	6.1451	220.4265	[0.0174, 0.2493]	0.2500	0.0204	22.0813
			精确	0.6892	8.4077	6.1447	217.6966	[0.0168, 0.2557]	0.2562	0	0
6	D	2A	近似	3.4841	21.0553	3.6440	126.3289	[0.1268, -0.1146]	0.1710	0.0773	72.1530
			精确	3.5950	21.0500	3.6441	151.8205	[0.1264, -0.0677]	0.1434	0	0
7	D	4D	近似	6.5954	21.0553	7.8078	95.8631	[0.1415, 0.1508]	0.2067	0.0300	132.3614
			精确	6.6546	21.0503	7.8075	109.9135	[0.1384, 0.2301]	0.2685	0	0
8	D	8D	近似	10.5065	21.0553	14.4588	242.7054	[0.1968, -0.1945]	0.2767	0.0213	127.6481
			精确	10.5828	21.0504	14.4584	261.2541	[0.1992, -0.0606]	0.2083	0	0
9	A	6D	近似	7.3249	8.4088	11.1329	256.3815	[0.1364, 0.0295]	0.1396	0.0343	111.1173
			精确	**7.3779**	**8.4078**	**11.1329**	**268.7886**	**[0.1394, 0.0792]**	**0.1603**	0	**0**
10	A	7A	近似	7.1761	8.4088	11.9577	220.4262	[0.1025, 0.1416]	0.1748	0.0480	101.4911
			精确	7.3012	8.4078	11.9577	250.6273	[0.1011, 0.2059]	0.2294	0	0

续表

序号	地面目标	空间目标	方法	$\Delta t_{m,0}$/h	$\Delta t_{g,0}$/h	$\Delta t_{s,0}$/h	f_{0,t_m}/(°)	[ΔV_t, ΔV_r]/(km/s)	ΔV/(km/s)	$\Delta\lambda$/(°)	Δd/km
11	A	7D	近似	7.4479	8.4088	12.7960	283.9774	[0.1121, 0.2067]	0.2351	0.0356	107.4477
			精确	7.4717	8.4078	12.7956	288.8606	[0.1137, 0.2320]	0.2584	0	0
12	A	8D	近似	4.6703	8.4088	14.4588	31.3351	[0.0672, −0.2828]	0.2906	0.0239	32.1604
			精确	4.6934	8.4077	14.4584	36.6564	[0.0681, −0.2848]	0.2928	0	0
13	A	9D	近似	4.6788	8.4088	16.1215	33.3222	[0.0669, −0.2723]	0.2804	0.0245	29.9898
			精确	4.7036	8.4077	16.1211	38.9427	[0.0677, −0.2726]	0.2809	0	0
14	A	10D	近似	4.6858	8.4088	17.7842	34.9365	[0.0666, −0.2644]	0.2727	0.0250	28.3709
			精确	4.7121	8.4077	17.7838	40.8135	[0.0674, −0.2634]	0.2719	0	0
15	A	11D	近似	4.6917	8.4088	19.4469	36.2714	[0.0663, −0.2582]	0.2666	0.0259	28.5495
			精确	4.7193	8.4077	19.4465	42.3801	[0.0672, −0.2562]	0.2649	0	0
16	A	12D	近似	4.6967	8.4088	21.1096	37.4059	[0.0662, −0.2532]	0.2617	0.0259	27.2997
			精确	4.7256	8.4077	21.1092	43.7158	[0.0670, −0.2505]	0.2593	0	0
17	A	13D	近似	4.7011	8.4088	22.7724	38.3817	[0.0660, −0.2490]	0.2576	0.0257	26.8886
			精确	4.7310	8.4077	22.7719	44.8724	[0.0668, −0.2458]	0.2547	0	0

表 9-3　不同的卫星偏心率下最小脉冲幅值解

e_0	方法	$\Delta t_{m,0}$/h	$\Delta t_{g,0}$/h	$\Delta t_{s,0}$/h	f_{0,t_m}/(°)	[ΔV_t, ΔV_r]/(km/s)	ΔV/(km/s)	$\Delta\lambda$/(°)	Δd/km
0.05	近似	1.3493	8.4063	6.9694	348.6910	[−0.1316, 0.2041]	0.2429	0.0449	44.0301
	精确	1.3609	8.4078	6.9696	351.5224	[−0.1289, 0.1654]	0.2097	0	0
0.10	近似	0.9638	21.0407	9.4704	237.4233	[0.1785, −0.2421]	0.3008	0.2186	62.7818
	精确	0.9938	21.0333	9.4699	242.8925	[0.1810, −0.1848]	0.2587	0	0
0.15	近似	0.7154	8.4002	7.8076	181.9517	[−0.0199, 0.6586]	0.6589	0.1101	91.9530
	精确	0.7530	8.3998	7.8072	186.9439	[−0.0277, 0.7736]	0.7741	0	0
0.20	近似	0.5198	21.0277	6.1448	148.5005	[0.0288, −0.3334]	0.3346	0.1500	54.6995
	精确	0.5040	21.0267	6.1445	146.6037	[0.0297, −0.3335]	0.3348	0	0

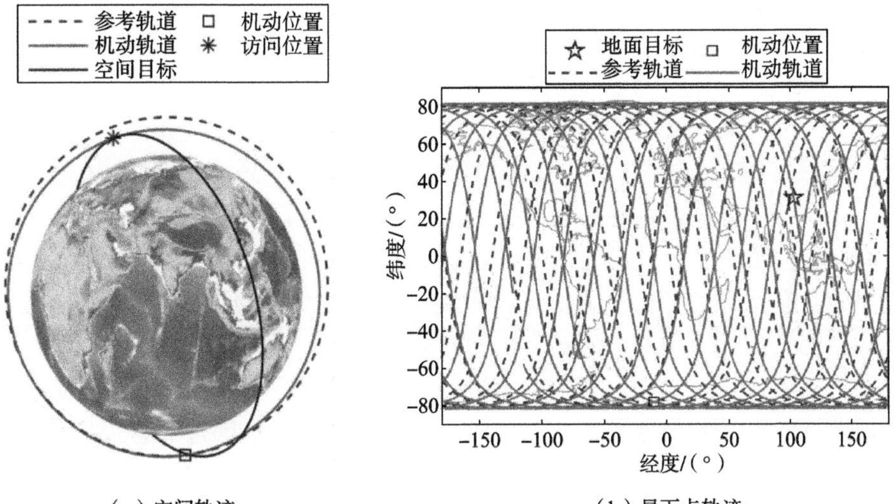

(a) 空间轨迹　　(b) 星下点轨迹

图 9-2　最小脉冲幅值解 $e_0=0.05$

由表 9-3 中的结果可知，对于不同的偏心率，采用近似解卫星在访问地面目标时的经度差不超过 0.22°，在访问空间目标时的相对距离不超过 92km。此外，对比近似解和精确解可知，脉冲矢量的差别主要在径向方向，即 ΔV_r(例如对于 $e_0=0.15$ 的情况)。这主要是由于径向脉冲分量对轨道元素的改变效率较低，近似解和精确解之间轨道参数的不同会导致二者求解得到的径向脉冲分量差别较大。结果表明所提访问对偏心率不超过 0.2 的初始轨道是有效的。

9.1.6.2 异面脉冲机动

在本算例中，选择和表 9-1 中一样的卫星和空间目标，第一个地面目标选择汶川，第二个地面目标选择尼泊尔(该地于 2015 年发生 8.1 级大地震)，对应的经纬度为 $\lambda'=84.7°$ 和 $\varphi'=28.2°$。假设最大任务周期 Δt_{max} 为一天，星上剩余燃料所能提供的最大脉冲幅值为 $\Delta V\leqslant 0.3\text{km/s}$。

对于异面脉冲机动情况，通过式(9-34)迭代求解得到满足二维非线性方程组的 Δi 和 $\Delta\Omega$，机动时刻和法向脉冲分量可通过式(9-31)求解得到，轨道面内的径向和周向脉冲分量通过式(9-29)求解得到。迭代初值由网格法搜索得到，在脉冲幅值 $\Delta V\leqslant 0.3\text{km/s}$ 的约束下，Δi 和 $\Delta\Omega$ 的最大变化区间可通过高斯变分方程估计得到为±2.2780°和±2.3422°，网格法中二者搜索步长均设置为 0.1°，当网格点处的目标函数值 $P<100$ 时，该网格点被选择为牛顿迭代的初值，从而得到近似解。将近似解作为初始猜测，精确解可通过式(9-38)中的微分修正求解得到。

采用所提方法进行求解，在一天的任务周期内，考虑在不同的圈数访问空间目标(此处不再区分空间目标的访问弧段)，共有 13 种组合下存在脉冲幅值约束下的可行解，每种组合下最小脉冲解和对应修正后的精确解列在表 9-4 中(按照空间目标访问时间 $\Delta t_{s,0}$ 升序排列)，所有组合下最小脉冲幅值的解加粗标记。注意在表 9-4 中第一个地面目标均在升轨段被访问，第二个地面目标均在降轨段被访问，$\Delta\lambda'$表示访问时刻机动轨道的星下点轨迹和第二个地面目标之间的经度差。对于精确解，访问时刻的经度差和位置误差都足够小($\Delta\lambda<10^{-5°}$，$\Delta\lambda'<10^{-5°}$ 和 $\Delta d<10^{-3}\text{km}$)，因此均写为 0。

仿真结果显示，卫星采用近似解施加轨道机动后，在访问时刻星下点轨迹和地面目标之间的经度差不超过 0.04°，与空间目标之间的访问距离不超过 98km。由于求解过程中采用了二维牛顿迭代，近似解的平均计算时间为 0.0021s，大于共面情况下的计算时间。此外，近似解都能通过微分修正得到非线性 J_2 模型下访问误差为零的精确解，其中编号为 1 的精确解对应的星下点轨迹如图 9-3 所示，可见机动轨道的星下点轨迹能够精确通过用户指定的两个地面目标，验证了方法的有效性。

表 9-4　异面单脉冲访问两个地面目标和一个空间目标

序号	空间目标访问圈数	方法	$\Delta t_{m,0}$/h	$\Delta t_{g,0}$/h	$\Delta t'_{g,0}$/h	$\Delta t_{s,0}$/h	f_{0,t_m}/(°)	[ΔV_t, ΔV_r, ΔV_n]/(km/s)	ΔV/(km/s)	$\Delta\lambda$/(°)	$\Delta\lambda'$/(°)	Δd/km
1	2	近似	3.8775	8.4586	22.2930	4.4853	206.9779	[0.0623, 0.0886, 0.0835]	0.1367	0.0197	0.0140	97.3956
		精确	3.7614	8.4597	22.3122	4.4839	184.2241	[0.0649, 0.0513, 0.0976]	0.1279	0	0	0
2	3	近似	3.8377	8.4598	22.3004	6.1477	198.8362	[0.0631, 0.0788, 0.0869]	0.1332	0.0216	0.0078	94.6495
		精确	3.7566	8.4600	22.3135	6.1466	183.3097	[0.0651, 0.0491, 0.0990]	0.1283	0	0	0
3	4	近似	3.8158	8.4606	22.3047	7.8103	194.5422	[0.0636, 0.0734, 0.0898]	0.1322	0.0205	0.0073	91.1811
		精确	3.7551	8.4601	22.3139	7.8093	183.0474	[0.0651, 0.0484, 0.0994]	0.1284	0	0	0
4	5	近似	3.8024	8.4611	22.3075	9.4729	191.9487	[0.0639, 0.0700, 0.0918]]	0.1320	0.0191	0.0057	88.2442
		精确	3.7545	8.4601	22.3141	9.4720	182.9272	[0.0651, 0.0480, 0.0996]	0.1284	0	0	0
5	6	近似	3.7937	8.4615	22.3093	11.1355	190.2975	[0.0641, 0.0677, 0.0933]	0.1319	0.0183	0.0044	86.9104
		精确	3.7541	8.4601	22.3142	11.1347	182.8584	[0.0652, 0.0478, 0.0997]	0.1284	0	0	0
6	7	近似	3.8051	8.4606	22.3066	11.9600	192.4668	[0.0639, 0.0612, 0.0906]	0.1266	0.0200	0.0058	81.4809
		精确	3.7654	8.4593	22.3110	11.9596	184.9550	[0.0648, 0.048, 0.0962]	0.1256	0	0	0
7	8	近似	3.7957	8.4611	22.3086	13.6226	190.6809	[0.0641, 0.0602, 0.0923]	0.1275	0.0193	0.0032	83.3959
		精确	3.7632	8.4595	22.3116	13.6223	184.5451	[0.0649, 0.0479, 0.0968]	0.1260	0	0	0

续表

序号	空间目标访问圈数	方法	$\Delta t_{m,0}$/h	$\Delta t_{g,0}$/h	$\Delta t'_{g,0}$/h	$\Delta t_{s,0}$/h	f_{0,t_m}/(°)	[ΔV_t, ΔV_r, ΔV_n]/(km/s)	ΔV/(km/s)	$\Delta\lambda$/(°)	$\Delta\lambda'$/(°)	Δd/km
8	9	近似	5.1615	8.4287	22.3255	16.1201	140.2396	[0.0718, 0.0145, 0.0945]	0.1196	0.0309	0.0372	64.3291
		精确	5.1667	8.4259	22.3261	16.1194	141.4453	[0.0721, 0.0186, 0.1039]	0.1278	0	0	0
9	10	近似	3.7768	8.4622	22.3130	17.7863	187.1044	[0.0646, 0.0620, 0.0965]	0.1317	0.0157	0.0024	84.0209
		精确	3.7535	8.4601	22.3144	17.7856	182.7406	[0.0652, 0.0471, 0.0999]	0.1282	0	0	0
10	11	近似	5.1711	8.4270	22.3158	19.4459	142.4335	[0.0708, 0.0085, 0.0784]	0.1060	0.0206	0.0279	62.9581
		精确	5.1741	8.4241	22.3157	19.4452	143.1103	[0.0711, 0.0095, 0.0859]	0.1119	0	0	0
11	12	近似	5.1757	8.4264	22.3123	21.1088	143.4900	[0.0704, 0.0066, 0.0726]	0.1013	0.0168	0.0245	62.2755
		精确	**5.1776**	**8.4235**	**22.3119**	**21.1081**	**143.9160**	**[0.0707, 0.0062, 0.0793]]**	**0.1064**	**0**	**0**	**0**
12	13	近似	5.1837	8.4270	22.3108	21.9333	145.2754	[0.0716, −0.0658, 0.0702]	0.1199	0.0166	0.0155	97.9006
		精确	5.1821	8.4244	22.3125	21.9329	144.9238	[0.0720, −0.0493, 0.0802]	0.1185	0	0	0
13	14	近似	3.7749	8.4621	22.3133	23.5987	186.7433	[0.0647, 0.0568, 0.0966]	0.1294	0.0153	0.0031	82.4699
		精确	3.7580	8.4598	22.3130	23.5984	183.5865	[0.0650, 0.0469, 0.0984]	0.1269	0	0	0

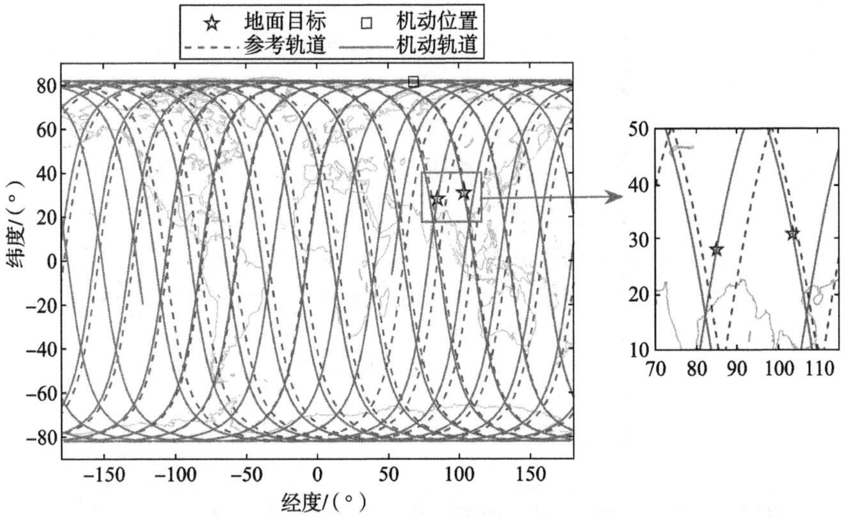

图 9-3　访问两个地面目标的星下点轨迹

9.1.7　小结

本节在考虑 J_2 摄动的影响下求解了单脉冲访问地空混合目标轨道机动问题。通过对目标点的访问约束进行建模分析，基于线性 J_2 模型和高斯变分方程，将单次共面脉冲访问单个地面目标和单个空间目标轨道机动问题转化为仅关于机动位置的一维非线性方程求根问题，通过一维搜索求解其零点；将单次异面脉冲访问两个地面目标和单个空间目标轨道机动问题转化为关于机动后倾角和升交点赤经变化量的二维非线性方程组求根的问题，通过牛顿迭代进行求解，并通过网格法搜索迭代初值。对于共面和异面机动两种情况，将得到的近似解作为初始猜测，非线性 J_2 模型下的精确解可通过微分修正得到。数值仿真结果表明，对于上述两种情况均存在离散的解，当访问时间限制在一天内时，采用所提方法得到的近似解，机动后航天器星下点轨迹和地面目标之间的经度差不超过 0.22°，空间轨迹飞越空间目标时的相对距离不超过 133km，且都可通过微分修正得到访问误差为零的精确解。所提方法可用于快速响应任务中在轨卫星轨道机动的快速计算，以实现对用户指定地面目标和空间目标的精确访问。

9.2　连续推力访问多目标轨迹优化

本节考虑航天器在连续推力轨道机动下的多目标访问问题，根据地面目标和空间目标访问任务的不同特点，提出了一种对多地面目标、多空间目标和多地空混合目标访问任务通用的统一形状法。为满足不同目标点的访问约束和转移轨迹初始边界约束，采用泛函连接理论[96-99]将等式约束嵌入拟合函数，从而将多目标访问轨迹优化问题转化为自动满足边界约束和目标访问约束的非线性规划问题。此外，在 9.1 节单脉冲访问混合目标问题中，机动位置和脉冲分量为一系列离散的解，不存在优化空间，且考虑单次脉冲机动时，访问目标数目有限，可通过遍历所有访问序列以得到所有可行解。然而，对于本章的连续推力访问多目标轨迹优化问题，还需考虑目标点的访问序列问题。

9.2.1 问题描述

考虑一颗在近地轨道上运行的响应卫星，现对其施加连续推力轨道机动，使其在给定任务周期内访问用户指定的多个地面目标和多个空间目标。响应卫星在初始时刻的轨道参数已知，地面目标的位置信息以及空间目标的轨道参数均由用户指定，也为已知量。航天器在运动过程中会受到各种摄动力的影响，本章仅考虑 J_2 摄动的影响，忽略其他摄动力(如大气阻力、太阳光压等)的影响。

对于地面目标访问问题，要求航天器在访问时刻的星下点与地面目标的经、纬度重合，对访问时刻的轨道高度与飞越速度无要求，该问题等价于星下点轨迹调整问题。在共面推力作用下，航天器的轨道平面不发生改变，该问题可通过满足轨道平面扫过地面目标时的纬度约束实现，即一个地面目标对应一个等式约束。

对于空间目标访问问题，等价于轨道拦截(飞越)问题。在共面推力作用下，访问位置必为空间目标的轨道和响应卫星轨道平面的两个交点之一。因此，访问约束为轨道平面内的两个位置分量，即一个空间目标对应两个等式约束。

对于地空混合目标访问问题，响应卫星需同时满足对给定地面和空间目标的访问约束。由上述分析可知，对于地面或空间目标访问问题，均可通过仅采用共面推力轨道机动来实现，因此，本章仅考虑对航天器施加共面推力，而不考虑施加法向推力。

9.2.2 目标访问约束建模

在 9.1.2 节中，我们建立了响应卫星单次脉冲机动后的轨道参数与地面和空间目标访问之间的关系。在本小节中，我们采用类似的思路，针对连续推力轨道机动问题，建立机动后轨道参数与目标访问之间的等式关系。在此基础上，通过增加修正项将约束条件转化至二体模型下的极坐标系中，用于后续问题求解。

9.2.2.1　地面目标访问

将航天器在初始时刻 t_0 的轨道参数记为$[a, e, i, \Omega_{t_0}, \omega_{t_0}, f_{t_0}]$，其在线性 J_2 模型下轨道参数的漂移记为 $\dot{\Omega}$、$\dot{\omega}$ 和 $\dot{M}$，可通过式(2-19)计算得到。

对于给定的 n 个地面目标，每个目标点的位置信息由地心经纬度(λ_j, φ_j)表示，访问时刻记为 τ_j，其中 $j=1, 2, \cdots, n$ 表示第 j 个地面目标。航天器在访问时刻星下点的地心经纬度记为 λ_{τ_j} 和 φ_{τ_j}，可由 $t=\tau_j$ 时刻的轨道参数计算得到，为满足对第 j 个地面目标的访问，有

$$\begin{cases}\lambda_{\tau_j}-\lambda_j=\arctan(\cos i\tan u_{\tau_j})+\Omega_{t_0}+\dot{\Omega}(\tau_j-t_0)-\alpha_{t_0}-\omega_E(\tau_j-t_0)-\lambda_j=0\\ \varphi_{\tau_j}-\varphi_j=\arcsin(\sin i\sin u_{\tau_j})-\lambda_j\end{cases} \tag{9-39}$$

式中：α_{t_0} 为初始时刻的格林尼治平恒星时角。由此可得，地面目标的访问时刻和对应的参数纬度幅角为

$$\tau_j=t_0+\frac{\arctan(\cos i\tan u_{\tau_j})+\Omega_{t_0}-\alpha_{t_0}-\lambda_j+2\pi(d-1)}{\omega_E-\dot{\Omega}} \tag{9-40}$$

式中：d 为访问的天数。

$$u_{\tau_j}=\begin{cases}\arcsin\left(\dfrac{\sin\varphi_j}{\sin i}\right), & \text{升轨访问}\\ \pi-\arcsin\left(\dfrac{\sin\varphi_j}{\sin i}\right), & \text{降轨访问}\end{cases} \tag{9-41}$$

在共面连续推力作用下，响应卫星的轨道平面不发生改变，式(9-40)的分子不变，为确定常数。此外，考虑到由于轨道机动导致升交点赤经漂移率 $\dot{\Omega}$ 的变化较小，且 $\omega_E \gg \dot{\Omega}$，式(9-40)的分母可近似不变，因此，对于一组给定的访问天数和访问弧段，第 j 个地面目标的访问时刻 τ_j 可近似视为已知常数。

综上所述，为实现对第 j 个地面目标的访问，只需满足在式(9-40)求解的 τ_j 时刻，航天器的参数纬度幅角等于式(9-41)。

9.2.2.2　空间目标访问约束

对于用户给定的 m 个空间目标，每个空间目标在初始时刻 t_0 的轨道参数记为 $\boldsymbol{\xi}_{k,t_0}=[a_k, e_k, i_k, \Omega_{k,t_0}, \omega_{k,t_0}, f_{k,t_0}]$，访问时刻记为 ζ_k，其中 $k=1, 2, \cdots, m$ 表示空间目标的编号。对于第 k 个空间目标访问问题，航天器需要与空间目标在 ζ_k 时刻到达同一位置。

在共面机动下，航天器的轨道面不发生改变，响应卫星与第 k 个空间目标在交点处的参数纬度幅角为

$$u_{\zeta_k}=\begin{cases}\arccos(\hat{\boldsymbol{\kappa}}_k\cdot\hat{\boldsymbol{n}}), & \text{若}(\hat{\boldsymbol{\kappa}}_k\times\hat{\boldsymbol{n}})\cdot\hat{\boldsymbol{h}}\leqslant 0\\ 2\pi-\arccos(\hat{\boldsymbol{\kappa}}_k\cdot\hat{\boldsymbol{n}}), & \text{若}(\hat{\boldsymbol{\kappa}}_k\times\hat{\boldsymbol{n}})\cdot\hat{\boldsymbol{h}}>0\end{cases}\tag{9-42}$$

式中：$\hat{\boldsymbol{h}}=[\sin\Omega\sin i,\ -\cos\Omega\sin i,\ \cos i]^{\mathrm{T}}$ 为归一化的角动量矢量；$\hat{\boldsymbol{\kappa}}_k=\boldsymbol{h}\times\boldsymbol{h}_k/\|\boldsymbol{h}\times\boldsymbol{h}_k\|$为归一化的航天器和目标点轨道面交线矢量；$\hat{\boldsymbol{n}}=[\cos\Omega,\ \sin\Omega,\ 0]^{\mathrm{T}}$ 为归一化的升交线矢量。

与之类似，第 k 个空间目标在交点处的参数纬度幅角 u_{k,ζ_k} 可通过将式(9-42)中的 $\hat{\boldsymbol{n}}$ 和 $\hat{\boldsymbol{h}}$ 替换为$\hat{\boldsymbol{n}}_k$ 和$\hat{\boldsymbol{h}}_k$ 计算得到。由此，访问时刻ζ_k 可由空间目标的开普勒方程计算得到

$$\zeta_k=t_0+\frac{M_{k,\zeta_k}-M_{k,t_0}+2\pi N_{k,\zeta_k}}{\sqrt{\mu/\bar{a}_k^3}+\dot{M}_k+\dot{\omega}_k}\tag{9-43}$$

式中：M_{k,ζ_k} 和 M_{k,t_0} 分别为空间目标在访问时刻和初始时刻的平近点角；N_{k,ζ_k} 为空间目标的访问圈数。访问时刻对应的轨道半径为

$$r_{\zeta_k}=r_{k,\zeta_k}=\frac{a_k(1-e_k^2)}{1+e_k\cos[u_{k,\zeta_k}-\omega_{k,\zeta_k}]}\tag{9-44}$$

综上所述，为实现对第 k 个空间目标的访问，要求航天器在运行至 ζ_k 时刻，同时满足参数纬度幅角约束式(9-42)和轨道半径约束式(9-44)。

9.2.2.3 极坐标下动力学建模

在二体模型下，航天器受共面推力的作用，轨道面不发生改变，航天器的轨道状态可在极坐标下用半径 r 和极角 θ 描述(图 9-4)。现对极坐标进行定义，该坐标平面与航天器初始时刻的轨道平面重合，极轴指向航天器的升交点，与升交线重合，极角 $\theta=u+2\pi N$，在一圈内($N=0$)时与参数纬度幅角取值一致。极坐标下动力学方程为

$$\begin{cases}\ddot{r}-r\dot{\theta}^2+\mu/r^2=a_r\\ r\ddot{\theta}+2\dot{r}\dot{\theta}=a_\theta\end{cases}\tag{9-45}$$

式中：a_r 和 a_θ 分别为径向和周向推力加速度分量。

由 9.2.2.1 节分析可知，在考虑 J_2 摄动的影响下，航天器为在 τ_j 时刻实现对第j 个地面目标的访问，其极角需满足

$$\theta_{J_2}(\tau_j)=u_{\tau_j}+2\pi N_{\tau_j},\quad j=1,\ 2,\ \cdots,\ n\tag{9-46}$$

式中：θ_{J_2} 表示航天器在 J_2 摄动模型下的极角；N_{τ_j} 为访问第j 个地面目标时航天器运行的圈数，可估计为$(\tau_j-t_0)/T$，其中 T_0 为轨道周期，通过向下取整得

到圈数的整数值。

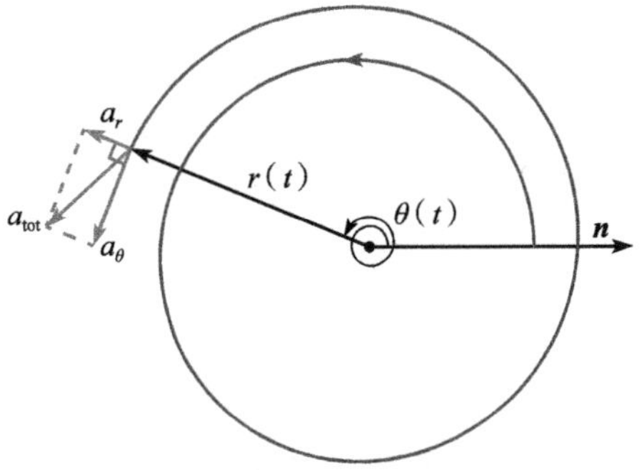

图 9-4　极坐标系

注意，航天器在连续推力作用下，其轨道参数改变较小，未机动的参考轨道和机动后轨道受 J_2 摄动的影响近似相同。因此，二体模型和线性 J_2 模型下航天器极角的差值可由下式估计得到

$$\Delta\theta(t)=\theta(t)-\theta_{J_2}(t)=\left(\sqrt{\frac{\mu}{\bar{a}^3}}+\dot{\omega}+\dot{M}-\sqrt{\frac{\mu}{a^3}}\right)(t-t_0) \tag{9-47}$$

联立式(9-46)和式(9-47)，可将 J_2 摄动下地面目标访问的极角约束转化至二体模型下进行求解，为

$$\theta(\tau_j)=u_{\tau_j}+2\pi N_{\tau_j}-\Delta\theta(\tau_j),\ j=1,\ 2,\ \cdots,\ n \tag{9-48}$$

由 9.2.2.2 节分析可知，在考虑 J_2 摄动下，航天器为实现对第 k 个空间目标的访问，需同时满足极角约束和半径约束，

$$\begin{cases}\theta_{J_2}(\zeta_k)=u_{\zeta_k}+2\pi N_{\zeta_k}\\ r_{J_2}(\zeta_k)=r_{\zeta_k}\end{cases},\quad k=1,\ 2,\ \cdots,\ m \tag{9-49}$$

式中：r_{J_2} 表示航天器在 J_2 模型下的半径；N_{ζ_k} 为访问第 k 个空间目标时航天器运行的圈数，同样可估计为$(\zeta_k-t_0)/T_0$，并采用向下取整。对于空间目标访问问题，二体模型和 J_2 模型下极角的差值 $\Delta\theta(t)$ 同样可由式(9-47)计算得到。此外，由于半长轴和偏心率在线性 J_2 模型下无长期漂移，忽略两种模型下半径的差别。因此，J_2 摄动下空间目标访问约束可转化为二体模型下的

$$\begin{cases}\theta(\zeta_k)=u_{\zeta_k}+2\pi N_{\zeta_k}-\Delta\theta(\zeta_k)\\ r(\zeta_k)=r_{\zeta_k}\end{cases},\quad k=1,\ 2,\ \cdots,\ m \tag{9-50}$$

对于多目标访问连续推力轨迹优化问题，除地面目标和空间目标的访问约束外，航天器的转移轨迹还需满足在初始时刻 t_0 的初始条件约束，即初始位置和初始速度约束，

$$\begin{cases} r(t_0)=r_0, & \theta(t_0)=\theta_0 \\ \dot{r}(t_0)=\dot{r}_0, & \dot{\theta}(t_0)=\dot{\theta}_0 \end{cases} \tag{9-51}$$

式中下标“0”表示初始时刻的值。

9.2.3 多目标访问序列优化

在多目标访问任务中，访问序列的选择将直接影响最终任务的指标函数，需进行求解。目标访问序列包括所有目标点的访问顺序和每个目标具体的访问时刻。本节以访问所有目标点消耗的燃料为指标，可用转移过程中的累计速度增量表示，对任务中目标点的访问序列进行优化求解。

9.2.3.1 多目标访问代价估计

本节首先针对一组给定的访问序列，快速估计访问单个地面目标或单个空间目标所需要的速度增量，作为后续优化过程中的指标函数。为简化问题，在求解推导过程中采用如下假设：

①响应卫星运行在初始近圆轨道上，且转移过程中偏心率改变不大，转移轨道始终为近圆轨道；

②对于地面目标访问任务，采用“开-关”两段控制策略，推力施加在在每次访问任务的初始时刻，见图 9-5(a)；

③对于空间目标访问任务，采用“开-关-开”三段控制策略，推力施加在每次访问任务的初始时刻和访问目标之前，见图 9-5(b)；

④转移过程中推力加速度始终沿切向，且在开机段均采用最大推力加速度。

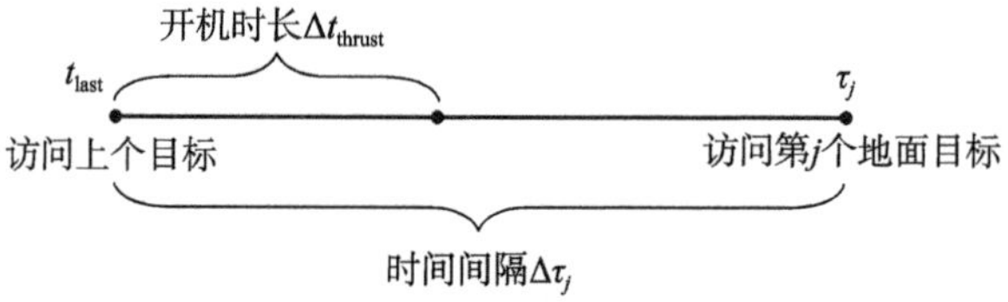

(a) 访问地面目标

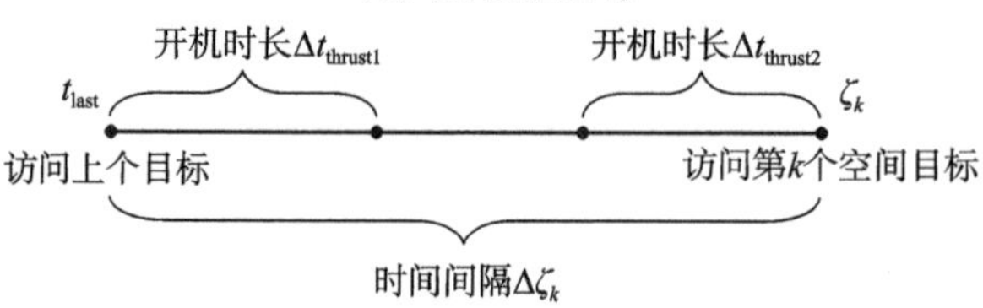

(b) 访问空间目标

图 9-5　推力策略示意图

(1)访问地面目标速度增量。

为实现对地面目标的访问，航天器仅需要满足相位约束。假设航天器在访问空间目标时采用“开-关”两段转移策略，开机时长记为 Δt_{thrust}。将航天器在访问完上个目标点时的半长轴记为 a_{last}，对应的极角记为 θ_{last}，若其在二体模型下沿着当前轨道运行至下一个目标点(即第 j 个地面目标点)的访问时刻 τ_j，实际相位与访问约束相位(见式(9-48))之间的差值为

$$\Delta u_{\tau_j}=\sqrt{\mu/a_{\text{last}}^3}\,\Delta\tau_j-(\theta_{\tau_j}-\theta_{\text{last}}) \tag{9-52}$$

文献[71]给出了切向常值推力下，访问地面目标所需要开机时长的计算方法，此处进行简单介绍。对于近圆轨道，参数纬度幅角的变化率为

$$\dot{u}=\sqrt{\frac{\mu}{a^3}} \tag{9-53}$$

将其对时间求导有

$$\ddot{u}=-\frac{3}{2}\sqrt{\mu}\,a^{-5/2}\,\dot{a} \tag{9-54}$$

由高斯变分方程可知，在切向推力(在圆轨道假设下等价于周向推力 a_θ)的作用下，半长轴的变化率为

$$\dot{a}=\frac{2}{\sqrt{\mu}}a^{3/2}a_\theta \tag{9-55}$$

将式(9-55)代入式(9-54)可得

$$\ddot{u}=-\frac{3}{a}a_\theta\approx-\frac{3}{a_{\text{last}}}a_\theta \tag{9-56}$$

对式(9-56)在开机时间内进行积分，即可得到航天器在访问当前目标点的转移过程中相位的变化，为实现对地面目标的访问，需满足

$$-\frac{3}{a_{\text{last}}}a_\theta\int_0^{\Delta t_{\text{thrust}}}(\Delta\tau_j-t)\,\mathrm{d}t+\Delta u_{\tau_j}=0 \tag{9-57}$$

上式整理可得

$$\frac{3a_\theta}{2a_{\text{last}}}\Delta t_{\text{thrust}}^2-\frac{3a_\theta}{a_{\text{last}}}\Delta\tau_j\Delta t_{\text{thrust}}+\Delta u_{\tau_j}=0 \tag{9-58}$$

式中：$a_\theta=\text{sign}(\Delta u_{\tau_j})\,a_{\max}$，$a_{\max}$ 为航天器所能施加的最大推力加速度的幅值。由此，推力时长可通过一元二次方程的求根公式得到，为

$$\Delta t_{\text{thrust}}=\Delta\tau_j\left(1-\sqrt{1-\Delta u_{\tau_j}\frac{2a_{\text{last}}}{3a_\theta\Delta\tau_j^2}}\right) \tag{9-59}$$

需注意的是，由式(9-59)可知为得到可行解，实际相位与期望相位的差值需满足

$$\Delta u_{\tau_j} \leqslant \frac{3a_\theta \Delta\tau_j^2}{2a_{\text{last}}} \tag{9-60}$$

否则将超出当前机动能力限制，即超出其可达范围，从而无法实现访问任务。

综上所述，为实现对第 j 个地面目标点的访问，航天器在转移过程中累计速度增量为 $\Delta V_j = \Delta t_{\text{thrust}} a_{\max}$。此外，当求解得到推力时长后，转移过程中半长轴的变化可通过对式(9-55)积分得到，为

$$\Delta a_{\tau_j} = \int_0^{\Delta t_{\text{thrust}}} \frac{2}{\sqrt{\mu}} a^{3/2} a_\theta \mathrm{d}t \approx \frac{2}{n_{\text{last}}} a_\theta \Delta t_{\text{thrust}} \tag{9-61}$$

式中：$n_{\text{last}} = \sqrt{\mu / a_{\text{last}}^3}$。对航天器的半长轴进行更新，即令 $a_{\text{last}} = a_{\text{last}} + \Delta a_{\tau_j}$，即可通过同样步骤计算访问下个目标点时的指标函数。

(2)访问空间目标速度增量。

为实现对空间目标的访问，航天器需同时满足半径约束和相位约束。假设航天器在访问空间目标时采用“开-关-开”三段转移策略，两段开机时长记为 $\Delta t_{\text{thrust1}}$ 和 $\Delta t_{\text{thrust2}}$，各自推力加速度记为 $a_{\theta 1}$ 和 $a_{\theta 2}$。

与式(9-52)类似，航天器沿着当前轨道与约束相位 θ_{ζ_k}(见式(9-50)中式 1)之间的差值为

$$\Delta u_{\zeta_k} = \sqrt{\mu / a_{\text{last}}^3} \Delta\zeta_k - (\theta_{\zeta_k} - \theta_{\text{last}}) \tag{9-62}$$

为满足访问空间目标的相位约束，有

$$-\frac{3}{a} a_{\theta 1} \int_0^{\Delta t_{\text{thrust1}}} (\Delta\zeta_k - t) \mathrm{d}t - \frac{3}{a} a_{\theta 2} \int_{\Delta\zeta_k - \Delta t_{\text{thrust2}}}^{\Delta\zeta_k} (\Delta\zeta_k - t) \mathrm{d}t + \Delta u_{\zeta_k} = 0 \tag{9-63}$$

上式整理可得

$$\frac{3a_{\theta 1}}{2a_{\text{last}}} \Delta t_{\text{thrust1}}^2 - \frac{3a_{\theta 1} \Delta\zeta_k}{a_{\text{last}}} \Delta t_{\text{thrust1}} - \frac{3a_{\theta 2}}{2a_{\text{last}}} \Delta t_{\text{thrust2}}^2 + \Delta u_{\zeta_k} = 0 \tag{9-64}$$

同时，航天器还需满足半径约束，即式(9-50)中式 2，在转移轨道为圆轨道的假设下，半径约束可转化为半长轴约束 $\Delta a_{\zeta_k} = r_{\zeta_k} - a_{\text{last}}$。将式(9-55)进行积分，即可得到转移过程中半长轴的变化量，需满足

$$\int_0^{\Delta t_{\text{thrust1}}} \frac{2}{\sqrt{\mu / a^3}} a_{\theta 1} \mathrm{d}t + \int_{\Delta\zeta_k - \Delta t_{\text{thrust2}}}^{\Delta\zeta_k} \frac{2}{\sqrt{\mu / a^3}} a_{\theta 2} \mathrm{d}t - \Delta a_{\zeta_k}$$

$$\approx \frac{2}{n_{\text{last}}}(a_{\theta 1}\Delta t_{\text{thrust1}} + a_{\theta 2}\Delta t_{\text{thrust2}}) - \Delta a_{\zeta_k} = 0 \tag{9-65}$$

式(9-65)整理可得前后两段推力时长之间的关系为

$$\Delta t_{\text{thrust2}} = \frac{\Delta a_{\zeta_k} n_{\text{last}}}{2a_{\theta 2}} - \frac{a_{\theta 1}}{a_{\theta 2}}\Delta t_{\text{thrust1}} \tag{9-66}$$

将式(9-66)代入式(9-64)，整理可得

$$\begin{aligned}&3(a_{\theta 1}-a_{\theta 2})\Delta t_{\text{thrust1}}^2 + 6a_{\theta 1}\left(\frac{\Delta a_{\zeta_k} n_{\text{last}}}{2a_{\theta 2}} - \Delta\zeta_k\right)\Delta t_{\text{thrust1}} - \\ &3a_{\theta 2}\left(\frac{\Delta a_{\zeta_k} n_{\text{last}}}{2a_{\theta 2}}\right)^2 + 2a_{\text{last}}\Delta u_{\zeta_k} = 0\end{aligned} \tag{9-67}$$

在对空间目标访问过程中，需施加两段推力，下面对两开机段的推力加速度的符号进行讨论。

①当 $\text{sign}(\Delta u_{\zeta_k})\cdot\text{sign}(\Delta a_{\zeta_k}) = -1$ 时，有 $a_{\theta 1} = \text{sign}(\Delta u_{\zeta_k})a_{\max}$，$a_{\theta 2} = \text{sign}(\Delta a_{\zeta_k})a_{\max}$，两段推力加速度符号相反。此时，式(9-67)可写作

$$\Delta t_{\text{thrust1}}^2 + \left(\frac{\Delta a_{\zeta_k} n_{\text{last}}}{2a_{\theta 2}} - \Delta\zeta_k\right)\Delta t_{\text{thrust1}} + \frac{1}{2}\left(\frac{\Delta a_{\zeta_k} n_{\text{last}}}{2a_{\theta 2}}\right)^2 + \frac{a_{\text{last}}\Delta u_{\zeta_k}}{3a_{\theta 1}} = 0 \tag{9-68}$$

第一段推力时长 $\Delta t_{\text{thrust1}}$ 可通过求解上式的一元二次方程得到，为

$$\begin{aligned}\Delta t_{\text{thrust1}} = &\frac{1}{2}\left(\Delta\zeta_k + \frac{|\Delta a_{\zeta_k}|n_{\text{last}}}{2a_{\max}}\right) - \\ &\frac{1}{2}\left(\Delta\zeta_k^2 + 2\Delta\zeta_k\frac{|\Delta a_{\zeta_k}|n_{\text{last}}}{2a_{\max}} - \left(\frac{\Delta a_{\zeta_k} n_{\text{last}}}{2a_{\max}}\right)^2 - \frac{4a_{\text{last}}|\Delta u_{\zeta_k}|}{3a_{\max}}\right)^{1/2}\end{aligned} \tag{9-69}$$

将式(9-69)代入式(9-66)，即可得到第二段推力时长为

$$\Delta t_{\text{thrust2}} = \frac{\Delta a_{\zeta_k} n_{\text{last}}}{2a_{\theta 2}} + \Delta t_{\text{thrust1}} \tag{9-70}$$

②当 $\text{sign}(\Delta u)\cdot\text{sign}(\Delta a) = 1$ 时，有 $a_{\theta 1} = \text{sign}(\Delta u)a_{\max}$。为确定 $a_{\theta 2}$ 的推力方向，首先假设 $a_{\theta 2} = \text{sign}(\Delta a)a_{\max}$，$a_{\theta 2}$ 和 $a_{\theta 2}$ 同号，由式(9-67)可得

$$6a_{\theta 1}\left(\frac{\Delta a_{\zeta_k} n_{\text{last}}}{2a_{\theta 2}} - \Delta\zeta_k\right)\Delta t_{\text{thrust1}} - 3a_{\theta 2}\left(\frac{\Delta a_{\zeta_k} n_{\text{last}}}{2a_{\theta 2}}\right)^2 + 2a_{\text{last}}\Delta u_{\zeta_k} = 0 \tag{9-71}$$

从而导出第一段推力时长为

$$\Delta t_{\text{thrust1}}=\frac{3a_{\theta 2}\left(\frac{\Delta a_{\zeta_k}n_{\text{last}}}{2a_{\theta 2}}\right)^2-2a_{\text{last}}\Delta u_{\zeta_k}}{6a_{\theta 1}\left(\frac{\Delta a_{\zeta_k}n_{\text{last}}}{2a_{\theta 2}}-\Delta\zeta_k\right)} \tag{9-72}$$

将其代入式(9-66)可得

$$\Delta t_{\text{thrust2}}=\frac{\Delta a_{\zeta_k}n_{\text{last}}}{2a_{\theta 2}}-\Delta t_{\text{thrust1}} \tag{9-73}$$

若上式求得 $\Delta t_{\text{thrust2}}>0$，则该假设成立，两段推力时长可分别通过式(9-72)和式(9-72)计算得到。反之，若通过式(9-73)求解得到 $\Delta t_{\text{thrust2}}<0$，则该假设不成立，有 $a_{\theta 2}=-\text{sign}(\Delta a)a_{\max}$，$a_{\theta 2}$ 和 $a_{\theta 1}$ 异号。此时，可通过情况(1)中的步骤进行求解，两段推力时长可分别通过式(9-69)和式(9-70)计算得到。

综上所述，为实现对第 k 个空间目标点的访问，航天器在转移过程中累计速度增量为 $\Delta V_k=(\Delta t_{\text{thrust1}}+\Delta t_{\text{thrust2}})a_{\max}$。同样，计算完成后对航天器的半长轴进行更新，令 $a_{\text{last}}=a_{\text{last}}+\Delta a_{\zeta_k}$，即可通过同样步骤计算下个目标点的指标函数。

综上所述，对于一组给定的目标访问序列，可通过上述方法依次求解访问每个地面目标或空间目标的开机时长，从而得到整个转移过程中累计的速度增量，本节所提方法得到的结果可近似为优化过程中的指标函数。

9.2.3.2 整数规划模型与求解

由 9.2.2 节目标访问约束建模分析可知，对于地面目标访问任务，每个地面目标每天均有两次访问机会，分别对应升轨段访问和降轨段访问两种情况，每个访问机会对应的访问时刻和对应的相位约束可通过式(9-40)和式(9-48)计算得到；对于空间目标访问任务，每个空间目标在每圈同样有两次访问机会，对应响应卫星轨道平面和空间目标轨道的两个交点(也对应升轨段和降轨段)，每个访问机会对应的访问时刻和对应的相位、半径约束可通过式(9-43)和式(9-50)计算得到。

在共面连续推力作用下，航天器的轨道平面不发生变化，地面或空间目标在任务期限内的所有访问机会对应的时刻可近似为确定的常数，为一系列离散的点，每个访问机会对应的极角和半径约束也可近似为确定常数。为不失一般性，假设整个任务时长为 d 天，地面和空间目标点在任务期限内的所有访问机会和对应的约束条件均可提前计算并储存在各自的数据库中，如表 9-5 和表 9-6 所示，表中第一角标为目标编号，第二角标为访问机会。表 9-6 中 $N_{k,\max}$ 为第 k 个空间目标在任务周期内最大的圈数。访问信息数据库在求解访问序列时可直接调用，从而避免求解过程中在线计算带来的负担。

表 9-5　地面目标访问信息数据库

访问机会	地面目标			
	1	2	…	n
1	$\tau_{1,1}$，$\theta(\tau_{1,1})$	$\tau_{2,1}$，$\theta(\tau_{2,1})$	…	$\tau_{n,1}$，$\theta(\tau_{1,1})$
2	$\tau_{1,2}$，$\theta(\tau_{1,2})$	$\tau_{2,2}$，$\theta(\tau_{2,2})$	…	$\tau_{n,2}$，$\theta(\tau_{1,2})$
⋮	⋮	⋮	⋮	⋮
$2d-1$	$\tau_{1,2d-1}$，$\theta(\tau_{1,2d-1})$	$\tau_{2,2d-1}$，$\theta(\tau_{2,2d-1})$	…	$\tau_{n,2d-1}$，$\theta(\tau_{n,2d-1})$
$2d$	$\tau_{1,2d}$，$\theta(\tau_{1,2d})$	$\tau_{2,2d}$，$\theta(\tau_{2,2d})$	…	$\tau_{n,2d}$，$\theta(\tau_{n,2d})$

表 9-6　空间目标访问信息数据库

访问机会	空间目标			
	1	2	…	m
1	$\zeta_{1,1}$，$\theta(\zeta_{1,1})$，$r(\zeta_{1,1})$	$\zeta_{2,1}$，$\theta(\zeta_{2,1})$，$r(\zeta_{2,1})$	…	$\zeta_{n,1}$，$\theta(\zeta_{n,1})$，$r(\zeta_{n,1})$
2	$\zeta_{1,2}$，$\theta(\zeta_{1,2})$，$r(\zeta_{1,2})$	$\zeta_{2,2}$，$\theta(\zeta_{2,2})$，$r(\zeta_{2,2})$	…	$\zeta_{n,2}$，$\theta(\zeta_{n,2})$，$r(\zeta_{n,2})$
⋮	⋮	⋮	⋮	⋮
$2N_{k,\max}-1$	$\zeta_{1,2N_{1,\max}-1}$，$\theta(\zeta_{1,2N_{1,\max}-1})$，$r(\zeta_{1,2N_{1,\max}-1})$	$\zeta_{2,2N_{2,\max}-1}$，$\theta(\zeta_{2,2N_{2,\max}-1})$，$r(\zeta_{2,2N_{2,\max}-1})$	…	$\zeta_{n,2N_{n,\max}-1}$，$\theta(\zeta_{n,2N_{n,\max}-1})$，$r(\zeta_{n,2N_{n,\max}-1})$
$2N_{k,\max}$	$\zeta_{1,2N_{1,\max}}$，$\theta(\zeta_{1,2N_{1,\max}})$，$r(\zeta_{1,2N_{1,\max}})$	$\zeta_{2,2N_{2,\max}}$，$\theta(\zeta_{2,2N_{2,\max}})$，$r(\zeta_{2,2N_{2,\max}})$	…	$\zeta_{n,2N_{n,\max}}$，$\theta(\zeta_{n,2N_{n,\max}})$，$r(\zeta_{n,2N_{n,\max}})$

在求解访问序列时，第 j 个地面目标点最终的访问时刻和对应的访问约束可从表 9-5 中第 j 列的 $2d$ 行中进行选择，将行号记为 x_j，x_j 为正整数，且 $x_j \leqslant 2d$；第 k 个空间目标点最终的访问时刻和对应的访问约束可从表 9-6 中第 k 列的 $2N_{k,\max}$ 行中进行选择，将行号记为 y_k，同样 y_k 为正整数，且 $y_k \leqslant 2N_{k,\max}$。对于 n 个地面目标和 m 个空间目标访问序列优化问题，优化变量为

$$\begin{cases}\boldsymbol{X}=[x_1, x_2, \cdots, x_n] \\ \boldsymbol{Y}=[y_1, y_2, \cdots, y_m]\end{cases} \tag{9-74}$$

即每个目标点在数据库中的行号。当确定所有目标点的访问时刻后，即可通过对访问时刻排序来确定所有目标的访问顺序。在优化过程中，对于一组给定的访问序列，可通过 9.2.3.1 节所提方法对该序列下的访问代价进行快速估计，指标为转移过程中的累计速度增量。综上所述，多目标访问序列优化问题可转化为如下非线性整数规划问题：

$$
\begin{aligned}
&\text{find}\begin{cases}\boldsymbol{X}=[x_1,\ x_2,\ \cdots,\ x_n]\\ \boldsymbol{Y}=[y_1,\ y_2,\ \cdots,\ y_m]\end{cases}\\
&\min\quad J=\sum_{i=1}^{m+n}\Delta V_i\\
&\text{s. t.}\quad\begin{cases}x_i\in\{1,\ 2,\ \cdots,\ 2d\},\ i=1,\ 2,\ \cdots,\ n\\ y_i\in\{1,\ 2,\ \cdots,\ 2N_{i,\max}\},\ i=1,\ 2,\ \cdots,\ m\end{cases}
\end{aligned}
\tag{9-75}
$$

本节将采用遗传算法对该问题进行全局优化求解，遗传算法是一类基于自然选择和遗传进化的自适应不确定优化算法，借鉴了生物进化中适者生存、优胜劣汰的选择机制，具有不需要初始猜测、求解搜索灵活、全局搜索能力强等特点，通过对种群初始化和逐代进化，逐步求解得到最佳访问序列。值得注意的是，本节所提方法对单一类型的目标也适用。

9.2.4 基于泛函连接理论的形函数

当确定所有目标点的访问序列后(包括访问顺序和访问时刻)，需对整个转移轨迹进行优化。本节将采用基于泛函连接理论的形函数，对整体转移轨迹进行拟合。泛函连接理论由文献[96]提出，其主要思想是通过连接函数将所有等式约束嵌入拟合函数，从而将等式约束优化问题转化为无约束的参数优化问题。

由式(9-48)、式(9-50)和式(9-51)可知，为实现对 n 个地面目标和 m 个空间目标的访问任务，半径 r 需满足 2 个初始条件等式约束，和 m 个目标访问等式约束；极角 $\theta(t)$ 需满足 2 个初始边界等式约束，和 $\eta\triangleq n+m$ 个目标访问等式约束。注意，若仅有一类目标时，可将 m 或 n 设置为零，即当仅有地面目标时，有 $m=0$；当仅有空间目标时，有 $n=0$。下面将针对多目标访问问题，采用泛函连接理论的思想，将轨道半径 r 和极角 θ 分别写作自由函数和约束函数组合的形式，

$$
\begin{cases}
r(t)=g_r(t)+\displaystyle\sum_{i=1}^{m+2}\phi_i(t)\rho_i(t,\ g_r(t))\\
\theta(t)=g_\theta(t)+\displaystyle\sum_{i=1}^{\eta+2}\phi_i(t)\rho_i(t,\ g_\theta(t))
\end{cases}
\tag{9-76}
$$

式中：$g(t)$ 为自由函数；$\phi(t)$ 为开关函数；$\rho(t,\ g(t))$ 为投影泛函，下面对其依次进行详细介绍。

此处以极角 θ 为例展开介绍(半径 r 可采用类似的思想)。为方便描述，将初始时刻、地面和空间目标访问时刻的 $\eta+2$ 个等式约束其统一写为

$$\begin{cases}\dot{\theta}(t_0)=\dot{\theta}_0\\ \theta(t_0)=\theta_0\\ \theta(t_1)=\theta_1\\ \vdots\\ \theta(t_\eta)=\theta_\eta\end{cases}\tag{9-77}$$

投影泛函 $\rho_i(t, g_\theta(t))$ 分别对应式(9-77)中 $\eta+2$ 个等式约束，有

$$\begin{cases}\rho_1(t, g(t))=\dot{\theta}_0-\dot{g}_\theta(t_0)\\ \rho_2(t, g(t))=\theta_0-g_\theta(t_0)\\ \rho_3(t, g(t))=\theta_1-g_\theta(t_1)\\ \qquad\vdots\\ \rho_{\eta+2}(t, g(t))=\theta_\eta-g_\theta(t_\eta)\end{cases}\tag{9-78}$$

为满足上式中的等式约束，开关函数 $\phi_i(t)$ 需在对应的约束处为 1，在其他约束处为 0，即需满足

$$\begin{bmatrix}\dot{\phi}_1(t_0) & \dot{\phi}_2(t_0) & \dot{\phi}_3(t_0) & \cdots & \dot{\phi}_{\eta+2}(t_0)\\ \phi_1(t_0) & \phi_2(t_0) & \phi_3(t_0) & \cdots & \phi_{\eta+2}(t_0)\\ \phi_1(t_1) & \phi_2(t_1) & \phi_3(t_1) & \cdots & \phi_{\eta+2}(t_1)\\ \vdots & \vdots & \vdots & \ddots & \vdots\\ \phi_1(t_\eta) & \phi_2(t_\eta) & \phi_3(t_\eta) & \cdots & \phi_{\eta+2}(t_\eta)\end{bmatrix}=\boldsymbol{I}_{(\eta+2)\times(\eta+2)}\tag{9-79}$$

开关函数可写作支持函数和未知系数的线性组合，

$$\phi_i(t)=\sum_{\rho=1}^{\eta+2}s_\psi(t)\alpha_{\psi,i}\tag{9-80}$$

式中：$s_\psi(t)(\psi=1, 2, \cdots, \eta+2)$ 为线性无关的支持函数；$\alpha_{\psi,i}$ 为第 i 个开关函数 $\phi_i(t)$ 的未知系数。将式(9-80)代入式(9-79)整理可得

$$\begin{bmatrix}\dot{s}_1(t_0) & \dot{s}_2(t_0) & \dot{s}_3(t_0) & \cdots & \dot{s}_\eta(t_0)\\ s_1(t_0) & s_2(t_0) & s_3(t_0) & \cdots & s_\eta(t_0)\\ s_1(t_1) & s_2(t_1) & s_3(t_1) & \cdots & s_\eta(t_1)\\ \vdots & \vdots & \vdots & \ddots & \vdots\\ s_1(t_\eta) & s_2(t_\eta) & s_3(t_\eta) & \cdots & s_\eta(t_\eta)\end{bmatrix}\begin{bmatrix}\alpha_{1,1} & \alpha_{1,2} & \alpha_{1,3} & \cdots & \alpha_{1,4}\\ \alpha_{2,1} & \alpha_{2,2} & \alpha_{2,3} & \cdots & \alpha_{2,4}\\ \alpha_{3,1} & \alpha_{3,2} & \alpha_{3,3} & \cdots & \alpha_{2,4}\\ \vdots & \vdots & \vdots & \ddots & \vdots\\ \alpha_{\eta+2,1} & \alpha_{\eta+2,2} & \alpha_{\eta+2,3} & \cdots & \alpha_{\eta+2,4}\end{bmatrix}=\boldsymbol{I}_{(\eta+2)\times(\eta+2)}\tag{9-81}$$

在本节中，线性支持函数选择为 $s_\psi(t)=\Delta t^{\psi-1}$，其中 $\Delta t\triangleq t-t_0$ 表示为距离初始时刻的时间差。将 $s_\psi(t)=\Delta t^{\psi-1}$ 代入式(9-81)可得到系数矩阵为

$$\boldsymbol{\alpha}_{(\eta+2)\times(\eta+2)}=\begin{bmatrix}0&1&0&\cdots&0\\1&0&0&\cdots&0\\1&\Delta t_1&\Delta t_1^2&\cdots&\Delta t_1^{\eta+1}\\\vdots&\vdots&\vdots&\ddots&\vdots\\1&\Delta t_\eta&\Delta t_\eta^2&\cdots&\Delta t_\eta^{\eta+1}\end{bmatrix}\tag{9-82}$$

下面给一个具体例子来说明，假如仅有一个访问约束 $\theta(t_1)=\theta_1$，即 $\eta=1$，根据式(9-77)～式(9-82)，极角 θ 可写作

$$\theta(t)=g_\theta(t)+\left(\Delta t-\frac{\Delta t^2}{\Delta t_1}\right)[\dot{\theta}_0-\dot{g}_\theta(t_0)]+\left(1-\frac{\Delta t^2}{\Delta t_1^2}\right)[\theta_0-g_\theta(t_0)]+\frac{\Delta t^2}{\Delta t_1^2}[\theta_1-g_\theta(t_1)]\tag{9-83}$$

由式(9-83)可知，对于任意的自由函数 $g_\theta(t)$，极角 $\theta(t)$ 均可满足初始条件约束 $\theta(t_0)=\theta_0$，$\dot{\theta}(t_0)=\dot{\theta}_0$ 和目标访问约束 $\theta(t_1)=\theta_1$。

对于自由函数 $g_\theta(t)$，可写作基函数的组合，例如有限傅里叶级数、贝塞尔函数、切比雪夫多项式、神经网络等。本节采用如下有限傅里叶级数的形式对其进行拟合，有

$$g_\theta(t)=\sum_{n=1}^{n_\theta}\left\{a_n\cos\left(\frac{t-t_0}{\Delta T}n\pi\right)+b_n\sin\left(\frac{t-t_0}{\Delta T}n\pi\right)\right\}\tag{9-84}$$

式中：$\Delta T=\max\{\tau_1, \tau_2, \cdots, \tau_n, \zeta_1, \zeta_2, \cdots, \zeta_m\}-t_0$ 为整个任务的总时长；n_θ 为拟合极角 θ 的傅里叶级数的阶数；a_n 和 b_n 分别为未知系数，即对于极角有 $2n_\theta$ 个未知的优化变量，可表示为 $\boldsymbol{X}_\theta=[a_1, a_2, \cdots, a_{n_\theta}, b_1, b_2, \cdots, b_{n_\theta}]$。同理，对于半径，有 $2n_r$ 个未知的优化系数，可记为 $\boldsymbol{X}_r$。

当通过泛函连接理论和有限傅里叶级数得到极角 $\theta(t)$ 和半径 $r(t)$ 的转移轨迹后，响应卫星在转移过程中需要的推力加速度可通过式(9-45)求解得到，其中 $\theta(t)$ 和 $r(t)$ 的导数可简单计算得到。将总的推力加速度记为 a_{tot}，需满足

$$a_{tot}=\sqrt{a_r^2+a_\theta^2}\leqslant a_{max}\tag{9-85}$$

式中：a_{max} 为航天器所能施加的最大推力加速度。此外，考虑到转移过程中的轨迹安全，轨道高度需满足

$$r-R_E\geqslant h_{min}\tag{9-86}$$

式中：h_{min} 为能够允许的最小轨道高度。优化指标为整个转移过程中累计的速度增量，可写作

$$J=\Delta V=\int_0^{\Delta T}a_{tot}\,\mathrm{d}t\tag{9-87}$$

通过本节方法拟合的转移轨迹，在优化过程中无等式约束，所有目标的访问约

束自动满足。

为在优化过程中对轨道高度和推力加速度产生约束，在整体转移轨迹中选择一系列的离散点，该离散点采用勒让德—高斯分布，即选取为 Γ 阶勒让德多项式的根，在离散点上的推力加速度和轨道半径记为$[a_{\mathrm{tot}}]_{\Gamma\times1}$和$[r]_{\Gamma\times1}$。最终，多目标访问轨迹优化问题转化为如下的非线性规划问题：

$$\begin{aligned}&\min_{X_\theta,X_r} J\\&\text{s. t.}\begin{cases}[a_{\mathrm{tot}}]_{\Gamma\times1}\leqslant a_{\max}\\[r]_{\Gamma\times1}\geqslant R_E+h_{\min}\end{cases}\end{aligned}\tag{9-88}$$

值得注意的是，整个转移轨迹的等式约束(初始条件约束和目标访问约束)均通过连接理论嵌入极角和半径的拟合曲线，从而能够自动满足。因此，在优化过程中仅存在关于推力加速度和轨道半径的不等式约束。此外，虽然本节中的自由函数采用傅里叶级数进行拟合，即式(9-84)，但所提方法和传统傅里叶级数法[100-101]有以下两点不同：

(1)传统傅里叶级数法针对二体模型下的轨道交会问题或轨道转移问题，初始和终端的边界条件通过 8 个傅里叶系数来满足。本章所提方法针对 J_2 摄动下的多目标(多地面目标、多空间目标和多地空混合目标)访问问题，初始状态和目标访问约束通过泛函连接理论自动满足。

(2)对于传统傅里叶级数法，半径和极角的初始猜测分别由三阶多项式产生，其中三阶多项式的系数由边界条件计算得到。在本章所提方法中，所有的等式约束都通过泛函连接理论嵌入拟合轨迹并自动满足，从而将解的空间缩小至所有满足等式约束的子空间，通过将所有系数 $\boldsymbol{X}_\theta$ 和 $\boldsymbol{X}_r$ 设置为 0 即可获得较高的收敛率。

9.2.5　仿真算例

本节分别针对多个地面目标、多个空间目标和多个地空混合目标三种情况来验证所提方法的有效性。假设初始时刻为 2023 年 1 月 1 日 00：00：00，对应的初始格林尼治平恒星时角为 $\alpha_{t_0}=1.752159\mathrm{rad}$，航天器运行在 550km 高的圆轨道上，轨道倾角为 97.60°，升交点赤经为 10.39°，其余轨道参数均为 0。

所有算例均通过本章所提方法在二体模型下的极坐标系下进行求解。对于给定的多个目标点，首先使用遗传算法对目标点的访问序列进行求解，初始种群数和最大代数分别设置为 1000 和 10000。当确定访问序列后，采用基于泛函连接理论的形函数对转移轨迹进行整体优化，其中自由函数 $g_r(t)$ 和 $g_\theta(t)$ 中傅里叶级数的阶数设置为 $n_{\mathrm{FFS}}\triangleq n_r=n_\theta$。采用有效集算法对式(9-88)中的非线性规划问题进行优化求解。所有算例均通过本章所提方法在二体模型下的极坐标系下进行求解，转移过程中轨道高度不得低于 $h_{min}=200$km。极坐标系下的推力加速度通过式(9-45)计算得到，并将其转化至三维笛卡儿坐标系下，在非线性 J_2 模型下进行轨道递推，以验证对用户指定目标点的访问情况。本章的仿真验证均在 Intel Core i7-8750U CPU @ 2. 20GHz 2. 21GHz 的 PC 机上运行，所用软件为 Matlab R2018a。

9. 2. 5. 1 访问多地面目标

在本算例中，考虑表 9-7 中的五个用户给定的地面目标点，任务周期限制为 3 天，航天器所能施加的最大推力加速度设置为 $a_{max}=2\text{mm/s}^2$。在任务周期内，每个地面目标均有 6 次访问机会，因此五个地面目标共有 6^5 种访问序列组合。

对于给定的地面目标，首先计算每个目标每次访问机会对应的访问时刻 τ_j 和对应的极角约束 $\theta(\tau_j)$ 可分别通过式(9-40)和式(9-48)计算得到，构建如表 9-5 所示的地面目标访问信息数据库，并通过遗传算法对访问序列进行优化，优化过程中采用 9. 2. 3. 1 节所提方法对转移过程中的速度增量进行估计。考虑到遗传算法的随机性，运行程序 20 次，平均计算时间为 2. 98s，得到最佳访问序列为(G4，G3，G1，G5，G2)，五个目标点的访问天数和对应的圈数列在表 9-7 中。表中“A”和“D”分别表示升轨段访问和降轨段访问。

表 9-7　用户指定地面目标点的地心经、纬度和访问约束

目标编号	地点	经度/(°)	纬度/(°)	天数 & 访问弧段	响应卫星圈数 N_{τ_j}
G1	美国华盛顿	-77. 03	38. 88	2A	29
G2	俄罗斯莫斯科	37. 60	55. 75	3A	39
G3	中国北京	116. 42	39. 92	2A	21
G4	巴西圣保罗	-46. 6	-23. 57	1D	5
G5	日本东京	139. 75	35. 67	3A	35

对于表 9-7 中给定的访问目标和访问序列，利用 9. 2. 4 节提出的方法对转移轨迹进行拟合，并对其中 $2n_\theta+2n_r$ 个未知的傅里叶系数进行优化求解，以得到最小的性能指标(累计速度增量 ΔV)。整个转移轨迹的离散点个数选择为 $\Gamma=60$。不同阶数 n_{FFS} 下的优化指标和计算时间如表 9-8 所示。仿真结果显示，计算时间随着阶数 n_{FFS} 的增加而逐渐增大。然而，整个转移过程中的 ΔV 在 $n_{FFS}\geqslant 20$ 后基本保持不变。对于 $n_{FFS}=20$ 的情况，整个转移过程中的推力加速度曲线和累计速度增量变化曲线如图 9-6 和图 9-7 所示。由图 9-6 可知，在多地面目标访问任务中，径向加速度接近 0，周向加速度为主要分量。利用

求解得到的推力加速度曲线，响应卫星在非线性 J_2 模型下的星下点轨迹如图 9-8 所示，其中五角星表示地面目标点。仿真结果表明，在访问时刻，响应卫星的星下点轨迹和五个地面目标之间的经度差分别为 $\Delta\lambda = [0.0015°, 0.0269°, 0.0411°, 0.0474°, 0.0469°]$。

表 9-8　不同阶数下的优化指标和计算时间(地面目标)

n_{FFS}	ΔV/(m/s)	计算时间/s
10	91.01	4.64
15	89.35	10.12
20	87.22	16.68
25	86.14	24.05

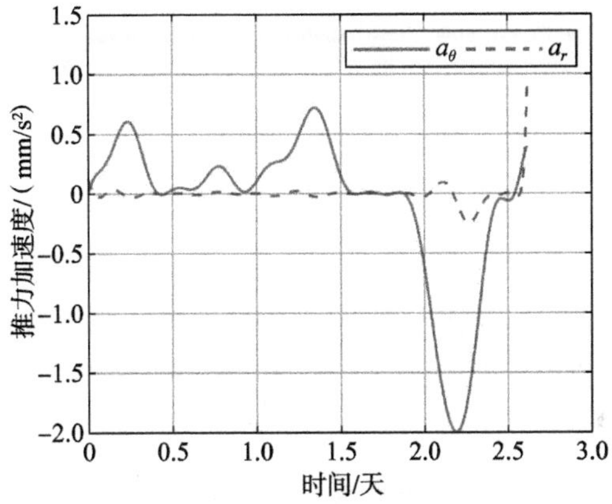

图 9-6　地面目标访问推力加速度曲线

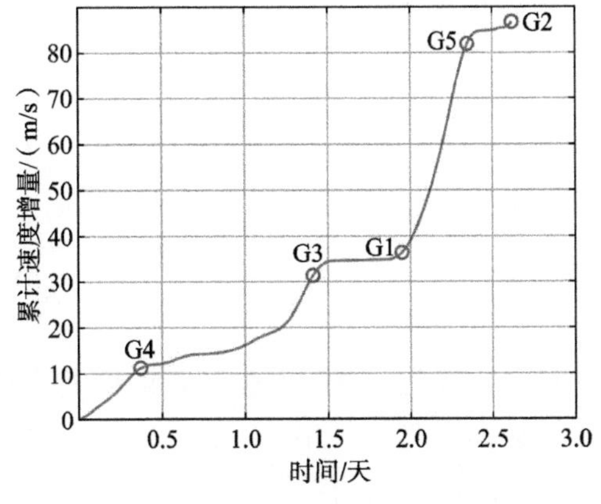

图 9-7　地面目标访问累计速度增量

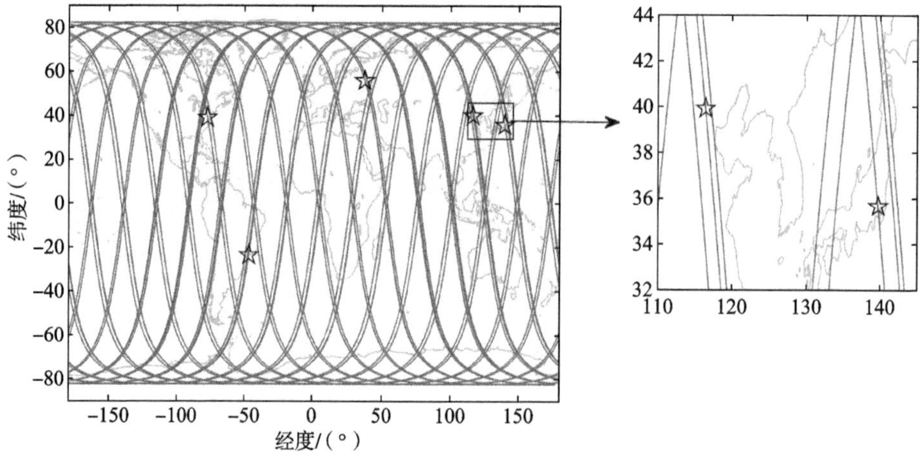

图 9-8　地面目标访问星下点轨迹

9.2.5.2　访问多空间目标

在本算例中，考虑五个给定的空间目标，其中前四个目标采用与部分“星链”卫星同样的轨道高度和轨道倾角，最后一个目标点的轨道为自定义。初始时刻所有空间目标的轨道参数见表 9-9，表中未列出的升交点赤经和近地点角距均设置为 0。假设整个任务周期为 2 天，每个目标点在每个轨道周期内均有两次访问机会，转移过程中航天器所能施加的最大推力加速度为 $a_{max}=2\text{mm/s}^2$。

表 9-9　用户指定空间目标点的轨道参数和访问约束

目标编号	a_k/km	e_k	i_k	f_{k,t_0}/(°)	N_{k,τ_j}& 访问弧段	N_{τ_j}
S1	R_E+540	0	53.2	0	5D	5
S2	R_E+550	0	53	30	15D	15
S3	R_E+560	0	97.6	60	18D	18
S4	R_E+570	0	70	90	27D	27
S5	R_E+650	0.0213	40	120	11A	12

对于给定的空间目标，首先计算其在任务期限内所有访问机会对应的时刻、半径和极角约束，访问时刻 ζ_k 可由式(9-43)计算得到，对应的半径和极角约束可由式(9-50)计算得到，构建如表 9-6 所示的空间目标访问信息数据库，并通过遗传算法对访问序列进行求解，期间采用 9.2.3.1 节所提方

法对转移过程中的速度增量进行估计。同样，考虑到遗传算法的随机性，运行程序 20 次，平均计算时间为 7.20s，得到最佳访问序列为(S1，S5，S2，S3，S4)，空间目标的访问圈数和访问弧段，以及对应的航天器的圈数列在表 9-9 中。

对于表 9-9 中给定的访问序列，通过所提形状法方法对空间目标访问问题进行求解。由于多空间目标访问问题对极角和半径均有约束，其转移轨迹更为复杂，因此采用更多的离散点。在本算例中，选择离散点个数为 $\Gamma=60$。所提形状法在不同阶数 n_{FFS} 下的优化指标和计算时间如表 9-10 所示。对于 $n_{FFS}=25$ 的情况，整个转移过程中的推力加速度曲线和累计速度增量变化曲线如图 9-9 和图 9-10 所示。由图 9-9 可知，在多空间目标访问任务中，周向加速度仍为主要分量。利用求解得到的推力加速度曲线，响应卫星在非线性 J_2 模型下的空间轨迹如图 9-11 所示，访问空间目标时的距离分别为 $\boldsymbol{\Delta d}=[5.1995, 9.1076, 6.9154, 31.0028, 26.1151]$km。

表 9-10　不同阶数下的优化指标和计算时间(空间目标)

n_{FFS}	ΔV/(m/s)	计算时间/s
15	73.75	7.32
20	70.22	11.45
25	66.17	22.15
30	65.99	35.82

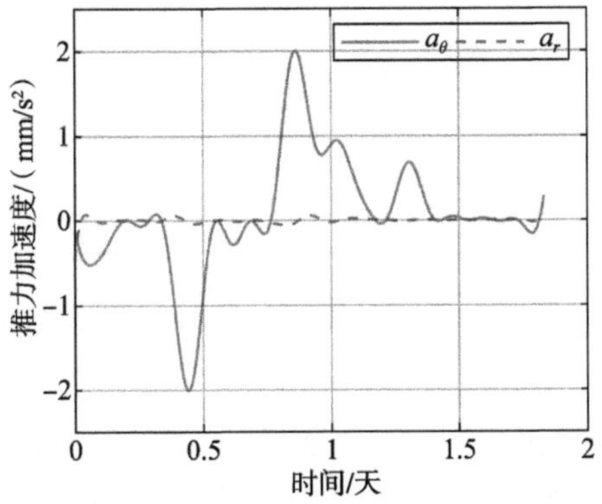

图 9-9　空间目标访问推力加速度

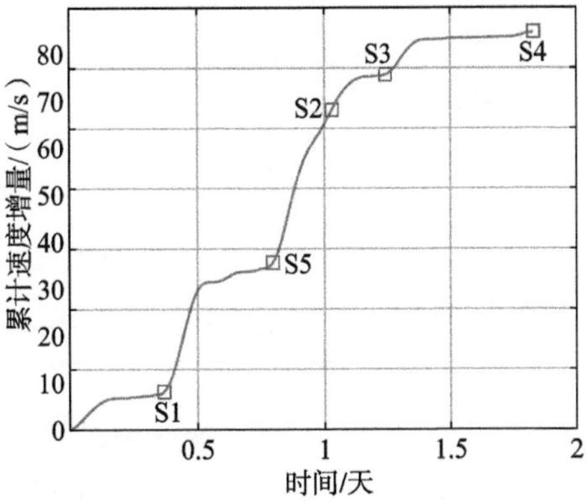

图 9-10　空间目标访问累计速度增量

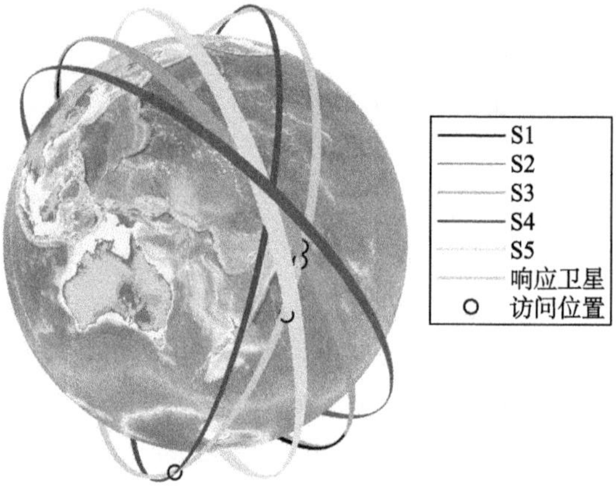

图 9-11　空间目标访问轨迹

9.2.5.3　访问地空混合目标

在本算例中，同时考虑上述两个算例中的五个地面目标和五个空间目标。假设整个任务周期为 6 天，考虑访问地空混合目标的复杂性，本算例将航天器在转移过程中所能施加的最大推力幅值设置为 $a_{\max}=4\text{mm/s}^2$。对于给定的 10 个目标点，通过 9.2.3 节所提方法对目标点的访问序列进行优化求解，运行遗传算法 20 次后得到最佳访问序列为(S1，S3，S2，G1，G5，G4，S4，G3，G2，S5)，平均计算时间为 10.47s，每个目标点的访问时刻和访问约束如表 9-11 所示。

表 9-11　用户指定地面目标和空间目标的访问约束

地面目标			空间目标		
目标编号	天数 & 访问弧段	N_{τ_j}	目标编号	N_{k,τ_j} & 访问弧段	N_{τ_j}
G1	2D	22	S1	3A	3
G2	5A	69	S2	20D	20
G3	5A	66	S3	15D	15
G4	4D	50	S4	60A	61
G5	2D	28	S5	74A	76

对于表 9-11 中的目标点和访问序列，采用 9.2.4 节所提形状法对转移轨迹进行拟合求解。由于在该算例中目标点更多，整体转移轨迹更长，因此选择离散点个数为 $\Gamma=125$，同时自由函数中傅里叶级数的阶数也比前两个算例更大。对于表 9-11 中给定的访问序列，不同阶数下，转移轨迹的性能指标和计

算时间如表 9-12 所示。对于 $n_{FFS}=45$ 的情况，整个转移过程中的推力加速度变化曲线和累计速度增量 ΔV 的变化分别如图 9-12 和图 9-13 所示。航天器施加图中所示的推力曲线，在非线性 J_2 摄动下进行轨道递推，在访问时刻机动轨道的星下点轨迹和地面目标之间的经度差为 $\Delta\lambda=[0.0132°, 0.0213°, 0.0282°, 0.0510°, 0.0685°]$，空间轨迹和空间目标之间的距离为 $\boldsymbol{\Delta d}=[1.7173, 30.2888, 7.1467, 27.7029, 3.6504]$ km。

表 9-12　不同阶数下的优化指标和计算时间(空间目标)

n_{FFS}	ΔV/(m/s)	计算时间/s
25	498.67	32.29
30	433.41	42.43
35	417.53	57.71
40	404.08	71.55
45	379.59	103.41
50	376.15	113.87

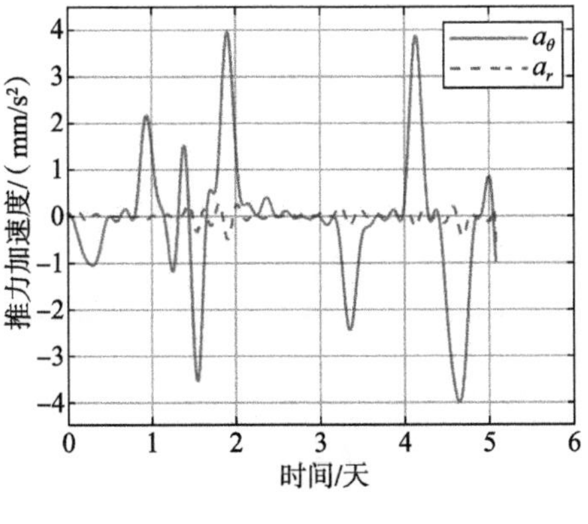

图 9-12　地空混合目标访问推力加速度

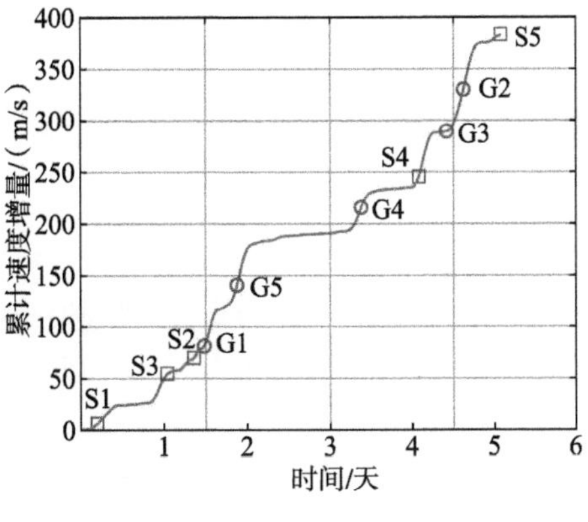

图 9-13　地空混合目标访问累计速度增量

9.2.5.4　高斯伪谱法优化

本算例将本节所提基于泛函连接理论的形状法和高斯伪谱法(GPM)结合使用以获得更好的优化指标。首先使用本章所提基于泛函连接理论的形状法对访问多个目标的转移轨迹进行整体拟合优化，然后将其转移轨迹作为初始猜测，代入 GPM 进一步优化。采用内点法对 GPM 中的非线性规划问题进行求解，每两个相邻的目标点之间选择 10 个离散点。此外，为验证本章所提方法在不同推力加速度限制下均有效，表 9-13 中提供了不同推力加速度上限 a_{max}

的结果。图 9-14 显示了地空混合目标中，推力加速度限制为 $a_{max}=4mm/s^2$ 时，本章所提形状法和 GPM 求解的总推力加速度的变化曲线的对比，可见在 GPM 方法中，推力加速度呈现 Bang-Bang 形式，本章所提形状法求解的推力加速度变化趋势与 GPM 结果保持一致。

表 9-13　与高斯伪谱法进一步优化结果对比

目标类型	a_{max}/(mm/s^2)	指标 ΔV/(m/s)			计算时间/s		
		本章方法	GPM	超出 ΔV	本章方法	GPM	用时占比
地面目标	1.5	86.14	81.95	5.11%	17.55	525.52	3.34%
	2.0	87.22	81.14	7.49%	16.68	302.66	5.51%
	2.5	87.67	80.73	8.60%	13.66	337.62	4.05%
空间目标	1.5	69.39	56.97	21.80%	26.92	290.84	9.26%
	2.0	66.17	55.56	19.10%	22.15	290.12	7.63%
	2.5	66.03	55.04	19.97%	17.04	327.81	5.20%
地空混合目标	3.5	395.23	302.69	30.57%	102.26	1712.60	5.97%
	4.0	379.59	295.13	28.62%	103.41	1248.31	8.28%
	4.5	372.09	287.30	29.51%	81.98	1675.65	4.89%

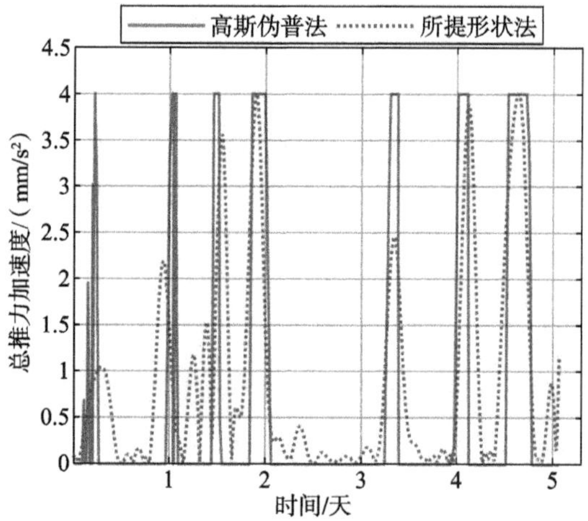

图 9-14　与伪谱法结果对比(地空混合目标，$a_{max}=4mm/s^2$)

对于多地面目标、多空间目标、和多地空混合目标访问问题，与 GPM 进一步优化的结果相比，本章所提形状法的指标 ΔV 分别增加了 5.11%~8.60%，19.10%~21.80%和 28.62%~30.57%。然而，所提方法的计算时间仅为 GPM

的 3.34%~5.51%，5.20%~9.26%和 4.89%~8.28%。注意，与地面目标访问问题相比，空间目标访问问题和地空混合目标访问问题和 GPM 的指标相差较大，这是由于空间目标访问问题具有更多的约束条件，通过本章所提方法得到的推力曲线更为复杂，从而与最优解之间相差更大。

9.2.6 小结

本节求解了航天器在连续推力机动下访问多个地面、多个空间目标、多个地空混合目标的迹优化问题。分析了连续推力作用下地面目标和空间目标的访问约束，通过对访问目标点的极角约束进行修正，将 J_2 摄动下的轨迹优化问题转移至二体模型下进行求解。推导了常值推力假设下访问代价的解析解，用于估计转移过程中的累计速度增量，在此基础上构建求解访问序列的整数规划模型，并使用遗传算法进行求解。对于给定的访问序列，提出了一种对不同类型目标点通用的基于泛函连接理论的形函数，通过将转移轨迹的等式约束嵌入拟合函数中，将多目标访问问题转化为无等式约束的参数优化问题，通过优化自由函数的系数获得转移轨迹。数值仿真结果表明，通过施加本节所提方法得到的推力曲线，在非线性 J_2 模型下地面目标访问误差不超过 0.07°，空间目标访问误差不超过 35km，与高斯伪谱法进一步优化的结果相比，本节所提的基于泛函连接理论的形状法能用较少的时间获得较好的结果。本节所提方法能够快速求解多目标访问任务的转移轨迹，并为进一步优化提供良好的初始猜测。

附录 A
机动后轨道参数的偏导数

机动后轨道根数对机动位置f_{0,t_m} 的一阶偏导为

$$\frac{\partial M_{1,t_m}}{\partial f_{0,t_m}}=1-2e_0\cos f_{0,t_m}+\frac{\partial \Delta M}{\partial f_{0,t_m}} \tag{A-1}$$

$$\frac{\partial M_{1,t'_\varphi}}{\partial f_{0,t_m}}=\frac{\partial f_{1,t'_\varphi}}{\partial f_{0,t_m}}-2e_1\cos f_{1,t'_\varphi}\frac{\partial f_{1,t'_\varphi}}{\partial f_{0,t_m}}-2\sin f_{1,t'_\varphi}\frac{\partial e_1}{\partial f_{0,t_m}} \tag{A-2}$$

$$\frac{\partial f_{1,t'_\varphi}}{\partial f_{0,t_m}}=-\frac{\Delta Vc_0}{e_0}\left[\cos(f_{0,t_m}-\beta)+\cos\beta\left(\frac{\cos f_{0,t_m}}{c_1}+\frac{e_0\sin^2 f_{0,t_m}}{c_1^2}\right)\right] \tag{A-3}$$

$$\frac{\partial e_1}{\partial f_{0,t_m}}=\Delta Vc_0\left[\sin(\beta-f_{0,t_m})-\cos\beta\sin f_{0,t_m}\left(\frac{1}{c_1}-\frac{e_0^2+e_0\cos f_{0,t_m}}{c_1^2}\right)\right] \tag{A-4}$$

$$\begin{aligned}\frac{\partial \Delta M}{\partial f_{0,t_m}}=-\frac{\Delta Vc_0c_2}{e_0}\Bigg[&\cos(f_{0,t_m}-\beta)+\frac{\cos\beta\cos f_{0,t_m}}{c_1}+\\&(2e_0^2\sin\beta\sin f_{0,t_m}+e_0\cos\beta\sin^2 f_{0,t_m})\frac{1}{c_1^2}\Bigg]\end{aligned} \tag{A-5}$$

$$\begin{aligned}\frac{\partial \delta a}{\partial f_{0,t_m}}=&\frac{2a_0^2e_0}{h_0}\Delta V\sin(\beta-f_{0,t_m})+\frac{4a_0^3e_0}{h_0^2}\Delta V^2(\cos f_{0,t_m}+e_0\cos 2f_{0,t_m})\sin 2\beta-\\&\frac{4a_0^3e_0}{h_0^2}\Delta V^2(e_0\sin 2f_{0,t_m}\cos 2\beta+2\sin f_{0,t_m}\cos^2\beta)\end{aligned} \tag{A-6}$$

$$\frac{\partial n_1}{\partial f_{0,t_m}}=-\frac{3}{2}\sqrt{\mu}(a_0+\delta a)^{-5/2}\frac{\partial \delta a}{\partial f_{0,t_m}} \tag{A-7}$$

以上式中：$c_0\triangleq\sqrt{p_0/\mu}$；$c_1\triangleq 1+e_0\cos f_{0,t_m}$；$c_2\triangleq\sqrt{1-e_0^2}$。机动后轨道根数对轨道面内脉冲方向角$\beta$的一阶偏导为

$$\frac{\partial M_{1,t_m}}{\partial \beta}=\frac{\partial \Delta M}{\partial \beta} \tag{A-8}$$

$$\frac{\partial M_{1,t'_\varphi}}{\partial \beta}=\frac{\partial f_{1,t'_\varphi}}{\partial \beta}-2e_1\cos f_{1,t_\varphi}\frac{\partial f_{1,t'_\varphi}}{\partial \beta}-2\sin f_{1,t'_\varphi}\frac{\partial e_1}{\partial \beta} \tag{A-9}$$

$$\frac{\partial f_{1,t'_\varphi}}{\partial \beta}=\frac{\Delta V c_0}{e_0}\left[\cos(f_{0,t_m}-\beta)+\sin\beta\sin f_{0,t_m}\frac{1}{c_1}\right] \tag{A-10}$$

$$\frac{\partial e_1}{\partial \beta}=\Delta V c_0\left[\sin(f_{0,t_m}-\beta)-(e_0+\cos f_{0,t_m})\frac{\sin\beta}{c_1}\right] \tag{A-11}$$

$$\frac{\partial \Delta M}{\partial \beta}=\frac{\Delta V c_0 c_2}{e_0}\left[\cos(f_{0,t_m}-\beta)+(\sin\beta\sin f_{0,t_m}-2e_0\cos\beta)\frac{1}{c_1}\right] \tag{A-12}$$

$$\begin{aligned}\frac{\partial \delta a}{\partial \beta}=&\frac{2a_0^2}{h_0}\Delta V[e_0\sin f_{0,t_m}\cos\beta-(1+e_0\cos f_{0,t_m})\sin\beta]+\\&\frac{4a_0^3}{h_0^2}\Delta V^2\sin2\beta[e_0^2\sin^2 f_{0,t_m}-(1+e_0\cos f_{0,t_m})^2]+\\&\frac{8a_0^3}{h_0^2}e_0\sin f_{0,t_m}(1+e_0\cos f_{0,t_m})\Delta V^2\cos2\beta\end{aligned} \tag{A-13}$$

$$\frac{\partial n_1}{\partial \beta}=-\frac{3}{2}\sqrt{\mu}(a_0+\delta a)^{-5/2}\frac{\partial \delta a}{\partial \beta} \tag{A-14}$$

机动后轨道参数对机动位置f_{0,t_m}的二阶偏导为

$$\frac{\partial^2 M_{1,t_m}}{\partial f_{0,t_m}^2}=2e_0\sin f_{0,t_m}+\frac{\partial^2 \Delta M}{\partial f_{0,t_m}^2} \tag{A-15}$$

$$\begin{aligned}\frac{\partial^2 M_{1,t'_\varphi}}{\partial f_{0,t_m}^2}=&\frac{\partial^2 f_{1,t'_\varphi}}{\partial f_{0,t_m}^2}+2\sin f_{1,t'_\varphi}\left[e_1\left(\frac{\partial f_{1,t'_\varphi}}{\partial f_{0,t_m}}\right)^2-\frac{\partial^2 e_1}{\partial f_{0,t_m}^2}\right]-\\&2\cos f_{1,t'_\varphi}\left(2\frac{\partial f_{1,t'_\varphi}}{\partial f_{0,t_m}}\frac{\partial e_1}{\partial f_{0,t_m}}+e_1\frac{\partial^2 f_{1,t'_\varphi}}{\partial f_{0,t_m}^2}\right)\end{aligned} \tag{A-16}$$

$$\begin{aligned}\frac{\partial^2 f_{1,t'_\varphi}}{\partial f_{0,t_m}^2}=-\frac{\Delta V c_0}{e_0}\Bigg[&\sin(\beta-f_{0,t_m})+\cos\beta\left(\frac{e_0\sin2f_{0,t_m}}{c_1^2}-\frac{\sin f_{0,t_m}}{c_1}\right)+\\&e_0\cos\beta\sin f_{0,t_m}\frac{e_0+\cos f_{0,t_m}+e_0\sin^2 f_{0,t_m}}{c_1^3}\Bigg]\end{aligned} \tag{A-17}$$

$$\frac{\partial^2 e_1}{\partial f_{0,t_m}^2} = -\Delta V c_0 \left\{ \cos(f_{0,t_m} - \beta) + \cos\beta \left(\frac{\cos f_{0,t_m}}{c_1} + \frac{2e_0 \sin^2 f_{0,t_m}}{c_1^2} \right) - \cos\beta (e_0^2 + e_0 \cos f_{0,t_m}) \frac{e_0 + \cos f_{0,t_m} + e_0 \sin^2 f_{0,t_m}}{c_1^3} \right\} \tag{A-18}$$

$$\frac{\partial^2 \Delta M}{\partial f_{0,t_m}^2} = -\frac{\Delta V c_0 c_2}{e_0} \left[\sin(f_{0,t_m} + \beta) + \frac{\cos\beta \sin f_{0,t_m}}{c_1} + \frac{e_0 \cos\beta \sin 2f_{0,t_m}}{c_1^2} + (2e_0^2 \sin\beta - e_0 \cos\beta \sin f_{0,t_m}) \frac{2e_0 + \cos f_{0,t_m}(2 - c_1)}{c_1^3} \right] \tag{A-19}$$

$$\frac{\partial^2 \delta a}{\partial f_{0,t_m}^2} = -\frac{2a_0^2 e_0}{h_0} \Delta V \cos(\beta - f_{0,t_m}) - \frac{8a_0^3 e_0}{h_0^2} \Delta V^2 (e_0 \cos 2f_{0,t_m} \cos 2\beta + \cos f_{0,t_m} \cos^2\beta) - \frac{4a_0^3 e_0}{h_0^2} \Delta V^2 (\sin f_{0,t_m} + 2e_0 \sin 2f_{0,t_m}) \sin 2\beta \tag{A-20}$$

$$\frac{\partial^2 n_1}{\partial f_{0,t_m}^2} = \frac{15}{4} \sqrt{\mu} (a_0 + \delta a)^{-7/2} \left(\frac{\partial \delta a}{\partial f_{0,t_m}} \right)^2 - \frac{3}{2} \sqrt{\mu} (a_0 + \delta a)^{-5/2} \frac{\partial^2 \delta a}{\partial f_{0,t_m}^2} \tag{A-21}$$

机动后轨道参数对轨道面内脉冲方向角 β 的二阶偏导为

$$\frac{\partial^2 M_{1,t_m}}{\partial \beta^2} = \frac{\partial^2 \Delta M}{\partial \beta^2} \tag{A-22}$$

$$\frac{\partial^2 M_{1,t'_\varphi}}{\partial \beta^2} = \frac{\partial^2 f_{1,t'_\varphi}}{\partial \beta^2} + 2\sin f_{1,t'_\varphi} \left[e_1 \left(\frac{\partial f_{1,t'_\varphi}}{\partial \beta} \right)^2 - \frac{\partial^2 e_1}{\partial \beta^2} \right] - 2\cos f_{1,t'_\varphi} \left(2 \frac{\partial f_{1,t'_\varphi}}{\partial \beta} \frac{\partial e_1}{\partial \beta} + e_1 \frac{\partial^2 f_{1,t'_\varphi}}{\partial \beta} \right) \tag{A-23}$$

$$\frac{\partial^2 f_{1,t'_\varphi}}{\partial \beta^2} = \frac{\Delta V c_0}{e_0} \left[\sin(f_{0,t_m} - \beta) + \frac{\cos\beta \sin f_{0,t_m}}{c_1} \right] \tag{A-24}$$

$$\frac{\partial^2 e_1}{\partial \beta^2} = -\Delta V c_0 \left[\cos(f_{0,t_m} - \beta) + \cos\beta \frac{e_0 + \cos f_{0,t_m}}{c_1} \right] \tag{A-25}$$

$$\frac{\partial^2 \Delta M}{\partial \beta^2} = \frac{\Delta V c_0 c_2}{e_0} \left[\sin(f_{0,t_m} - \beta) + \frac{2e_0 \sin\beta + \cos\beta \sin f_{0,t_m}}{c_1} \right] \tag{A-26}$$

$$\begin{aligned}\frac{\partial^2\delta a}{\partial\beta^2}=&-\frac{2a_0^2}{h_0}\Delta V[e_0\sin f_{0,t_m}\sin\beta+(1+e_0\cos f_{0,t_m})\cos\beta]+\\&\frac{8a_0^3}{h_0^2}\Delta V^2\cos2\beta[e_0^2\sin^2 f_{0,t_m}-(1+e_0\cos f_{0,t_m})^2]-\\&\frac{16a_0^3e_0}{h_0^2}\sin f_{0,t_m}(1+e_0\cos f_{0,t_m})\Delta V^2\sin2\beta\end{aligned}\tag{A-27}$$

$$\frac{\partial^2 n_1}{\partial\beta^2}=\frac{15}{4}\sqrt{\mu}(a_0+\delta a)^{-7/2}\left(\frac{\partial\delta a}{\partial\beta}\right)^2-\frac{3}{2}\sqrt{\mu}(a_0+\delta a)^{-5/2}\frac{\partial^2\delta a}{\partial\beta^2}\tag{A-28}$$

机动轨道参数对方向角β和机动位置f_{0,t_m}的混合偏导为

$$\frac{\partial^2 M_{1,t_m}}{\partial f_{0,t_m}\partial\beta}=\frac{\partial^2\Delta M}{\partial f_{0,t_m}\partial\beta}\tag{A-29}$$

$$\begin{aligned}\frac{\partial^2 M_{1,t'_\varphi}}{\partial f_{0,t_m}\partial\beta}=&\frac{\partial^2 f_{1,t'_\varphi}}{\partial f_{0,t_m}\partial\beta}+2\sin f_{1,t'_\varphi}\left(e_1\frac{\partial f_{1,t'_\varphi}}{\partial f_{0,t_m}}\frac{\partial f_{1,t'_\varphi}}{\partial\beta}-\frac{\partial^2 e_1}{\partial f_{0,t_m}\partial\beta}\right)-\\&2\cos f_{1,t'_\varphi}\left(\frac{\partial e_1}{\partial\beta}\frac{\partial f_{1,t'_\varphi}}{\partial f_{0,t_m}}+\frac{\partial e_1}{\partial f_{0,t_m}}\frac{\partial f_{1,t'_\varphi}}{\partial\beta}+e_1\frac{\partial^2 f_{1,t'_\varphi}}{\partial f_{0,t_m}\partial\beta}\right)\end{aligned}\tag{A-30}$$

$$\frac{\partial^2 f_{1,t'_\varphi}}{\partial f_{0,t_m}\partial\beta}=\frac{\Delta Vc_0}{e_0}\left[\sin(\beta-f_{0,t_m})+\sin\beta\left(\frac{\cos f_{0,t_m}}{c_1}+\frac{e_0\sin^2 f_{0,t_m}}{c_1^2}\right)\right]\tag{A-31}$$

$$\frac{\partial^2 e_1}{\partial f_{0,t_m}\partial\beta}=\Delta Vc_0\left[\cos(f_{0,t_m}-\beta)+\sin\beta\left(\frac{\sin f_{0,t_m}}{c_1}-\frac{e_0\sin f_{0,t_m}(e_0+\cos f_{0,t_m})}{c_1^2}\right)\right]\tag{A-32}$$

$$\begin{aligned}\frac{\partial^2\Delta M}{\partial f_{0,t_m}\partial\beta}=&\frac{\Delta Vc_0c_2}{e_0}\left[\sin(\beta-f_{0,t_m})+\frac{\sin\beta\cos f_{0,t_m}}{c_1}+\right.\\&\left.e_0\sin f_{0,t_m}\frac{\sin f_{0,t_m}\sin\beta-2e_0\cos\beta}{c_1^2}\right]\end{aligned}\tag{A-33}$$

$$\begin{aligned}\frac{\partial^2\delta a}{\partial f_{0,t_m}\partial\beta}=&\frac{2a_0^2e_0}{h_0}\Delta V\cos(\beta-f_{0,t_m})+\frac{8a_0^3e_0}{h_0^2}\Delta V^2\sin2\beta(e_0\sin2f_{0,t_m}+\sin f_{0,t_m})+\\&\frac{8a_0^3}{h_0^2}e_0\Delta V^2(\cos f_{0,t_m}+e_0\cos2f_{0,t_m})\cos2\beta\end{aligned}\tag{A-34}$$

$$\frac{\partial^2 n_1}{\partial f_{0,t_m}\partial\beta}=\frac{15}{4}\sqrt{\mu}(a_0+\delta a)^{-7/2}\frac{\partial\delta a}{\partial\beta}\frac{\partial\delta a}{\partial f}-\frac{3}{2}\sqrt{\mu}(a_0+\delta a)^{-5/2}\frac{\partial^2\delta a}{\partial\beta\partial f_{0,t_m}}\tag{A-35}$$

附录B
切向脉冲 Lawden 问题(拱线的最优旋转)的近似解

给定一个椭圆轨道的半长轴 a 和偏心率 e，Lawden 问题指的是旋转拱线 $\Delta\omega$。Lawden[67] 首先使用最优双脉冲求解了这个问题。然而，Lawden 的方法需要数值迭代。对于小偏心率轨道，Baker[68] 使用双周向脉冲，给出了一个解析近似解。类似地，通过使用两次对称、等幅值的切向脉冲，本附录提供了一个解析近似解。

在第一次脉冲位置，速度的变化为

$$V_t^2 = V^2 + \frac{\mu}{a}\left(1-\frac{a}{a_t}\right) \tag{B-1}$$

式中：a_t 表示转移轨道半长轴。假设第一次切向脉冲的幅值为 ΔV，则脉冲位置的转移轨道的速度为

$$V_t^2 = V^2 + (\Delta V)^2 + 2V\Delta V \tag{B-2}$$

式中下标"t"表示转移轨道。由式(B-1)和式(B-2)，可以得到

$$(\Delta V)^2 + 2V\Delta V - \frac{\mu}{a}\left(1-\frac{a}{a_t}\right) = 0 \tag{B-3}$$

进一步地，

$$\Delta V = -V + \sqrt{V^2 + \frac{\mu}{a}\left(1-\frac{a}{a_t}\right)} \tag{B-4}$$

注意到初始轨道和转移轨道在切向脉冲位置处的飞行路径角相同，因此

$$\tan\gamma = \frac{e\sin f}{1+e\cos f} = \frac{e_t\sin f_t}{1+e_t\cos f_t} \tag{B-5}$$

式中：$f_t = f - \Delta\omega/2$。然后，式(B-5)中的最后一个等式表示

$$e_t = \frac{e\sin f}{\sin f_t - e\sin(\Delta\omega/2)} \tag{B-6}$$

此外，初始轨道和转移轨道在脉冲位置处的轨道半径相同，因此

$$\frac{a}{a_t}=\frac{(1-e_t^2)(1+e\cos f)}{(1-e^2)(1+e_t\cos f_t)} \tag{B-7}$$

进一步地，

$$\begin{aligned}1-\frac{a}{a_t}&=1-\frac{(1-e_t^2)(1+e\cos f)}{(1-e^2)(1+e_t\cos f_t)}\\&\approx\frac{1}{1-e^2}(e_t\cos f_t-e\cos f+e_t^2\sin^2 f_t+ee_t\cos f\cos f_t-e^2)\\&\approx\frac{1}{1-e^2}\frac{e\sin(\Delta\omega/2)}{\sin f_t}\left[1+2e\cos f+e\frac{\sin(\Delta\omega/2)}{\sin f_t}\right]\end{aligned} \tag{B-8}$$

注意到，速度可以写成仅为真近点角的函数，即

$$V=\sqrt{\frac{\mu}{p}(1+e^2+2e\cos f)} \tag{B-9}$$

将式(B-8)和式(B-9)代入式(B-4)，并略去二次及以上项，即

$$\Delta V=\sqrt{\frac{\mu}{p}}\frac{e}{2}\frac{\sin(\Delta\omega/2)}{\sin(f-\Delta\omega/2)}\left[1+e\cos f+\frac{3e}{4}\frac{\sin(\Delta\omega/2)}{\sin(f-\Delta\omega/2)}\right] \tag{B-10}$$

通过设置一阶导数 $\mathrm{d}\Delta V/\mathrm{d}f=0$，最小能量解对应的真近点角为

$$f_{\text{opt}}\approx\frac{\pi}{2}+\frac{\Delta\omega}{2}+\frac{e\cos(\Delta\omega/2)}{1+\frac{3}{2}e\sin(\Delta\omega/2)} \tag{B-11}$$

式(B-11)的线性表达式为

$$f_{\text{opt}}\approx\frac{\pi}{2}+\frac{\Delta\omega}{2}+e\cos\frac{\Delta\omega}{2} \tag{B-12}$$

将式(B-12)代入式(B-10)，给出了能量最优解 ΔV_{opt}。最优转移过程中第一次脉冲的真近点角为

$$f_{t1,\text{opt}}=f_{\text{opt}}-\frac{\Delta\omega}{2}\approx\frac{\pi}{2}+e\cos\frac{\Delta\omega}{2} \tag{B-13}$$

平近点角为

$$M_{t1,\text{opt}}\approx f_{t1,\text{opt}}-2e_t\sin f_{t1,\text{opt}}\approx\frac{\pi}{2}-e\cos\frac{\Delta\omega}{2} \tag{B-14}$$

类似地，第二次脉冲的平近点角为

$$M_{t2,\text{opt}}=2\pi-M_{t1,\text{opt}}\approx\frac{3\pi}{2}+e\cos\frac{\Delta\omega}{2} \tag{B-15}$$

由式(B-8)，半长轴可以写为偏心率的函数，即

$$a_t \approx \frac{a}{1-e\sin(\Delta\omega/2)/\sin f_{t1,\mathrm{opt}}} \approx a\left(1+e\sin\frac{\Delta\omega}{2}\right) \tag{B-16}$$

两次脉冲间的飞行时间为

$$\begin{aligned}\delta t_t &\approx (M_{t2,\mathrm{opt}}-M_{t1,\mathrm{opt}})\sqrt{\frac{a^3[1+e\sin(\Delta\omega/2)]^3}{\mu}} \\ &\approx \left(\pi+\frac{3}{2}\pi e\sin\frac{\Delta\omega}{2}+2e\cos\frac{\Delta\omega}{2}\right)\sqrt{\frac{a^3}{\mu}}\end{aligned} \tag{B-17}$$

由式(B-6)，最优转移轨道的偏心率可以估计为

$$e_t \approx e\frac{\sin f}{\sin f_t} \approx e\frac{\cos\left(\dfrac{\Delta\omega}{2}+e\cos\dfrac{\Delta\omega}{2}\right)}{\cos\left(e\cos\dfrac{\Delta\omega}{2}\right)} \approx e\cos\frac{\Delta\omega}{2} \tag{B-18}$$

注意到上述表达式对于终端轨道形状相同的双脉冲情况也是适用的。然而，如果对于不同的终端轨道形状，近地点幅角由单次脉冲进行调整，上述解也是适用的，只需要将 $\Delta\omega/2$ 替换为 $\Delta\omega$。

附录C
轨道元素的一阶导数

使用活力公式和式(7-9)，可以得到式(7-10)中的如下表达式：

$$\frac{\partial V_{10}^2}{\partial \beta}=\frac{\mu}{a_{10}^2}\frac{\partial a_{10}}{\partial \beta} \tag{C-1}$$

$$\frac{\partial V_j^2}{\partial u_{01}}=-\frac{2\mu}{r_{01}^2}\frac{\partial r_{01}}{\partial u_{01}}+\frac{\mu}{a_j^2}\frac{\partial a_j}{\partial u_{01}},\quad j=01,\ 10 \tag{C-2}$$

$$\frac{\partial \gamma_{01}}{\partial u_{01}}=\frac{e_0^2+e_0\cos f_{01}}{1+e_0^2+2e_0\cos f_{01}}\frac{\partial f_{01}}{\partial u_{01}} \tag{C-3}$$

式(C-1)中的偏导数$\partial a_{10}/\partial\beta$通过平均半长轴到密切半长轴的转换得到

$$\frac{\partial a_{10}}{\partial \beta}=\frac{\partial \bar{a}_1}{\partial \beta}+\frac{J_2R_E^2}{2}\frac{\bar{a}_1\partial z_1/\partial\beta-z_1\partial\bar{a}_1/\partial\beta}{\bar{a}_1^2} \tag{C-4}$$

$$\frac{\partial z_1}{\partial \beta}=(3\cos^2 i_0-1)\left(3z_2^2\frac{\partial z_2}{\partial \beta}-3(1-e_1^2)^{-5/2}e_1\frac{\partial e_1}{\partial \beta}\right)+9\sin^2 i_0 z_2^2\cos(2u_{01})\frac{\partial z_2}{\partial \beta} \tag{C-5}$$

$$\frac{\partial z_2}{\partial \beta}=\frac{\cos f_{10}\partial e_1/\partial\beta-e_1\sin f_{10}\partial f_{10}/\partial\beta}{1-e_1^2}+\frac{2(1+e_1\cos f_{10})e_1\partial e_1/\partial\beta}{(1-e_1^2)^2} \tag{C-6}$$

以上式中：$z_1\triangleq(3\cos^2 i_0-1)[z_2^3-(1-e_1^2)^{-3/2}]+3\sin^2 i_0 z_2^3\cos(2u_{01})$；$z_2\triangleq 1+e_1\cos f_{10}/1-e_1^2$。

式(C-2)中的偏导数为

$$\frac{\partial a_{10}}{\partial u_{01}}=\frac{\partial \bar{a}_1}{\partial u_{01}}+\frac{J_2R_E^2}{2}\frac{\bar{a}_1\partial z_1/\partial u_{01}-z_1\partial\bar{a}_1/\partial u_{01}}{\bar{a}_1^2} \tag{C-7}$$

$$\frac{\partial z_1}{\partial u_{01}}=(6-18\sin^2(i_0)\sin^2(u_{01}))z_2^2\frac{\partial z_2}{\partial u_{01}}-$$
$$\frac{3e_1(3\cos^2 i_0-1)}{(1-e_1^2)^{5/2}}\frac{\partial e_1}{\partial u_{01}}-6\sin^2 i_0 z_2^3\sin(2u_{01}) \tag{C-8}$$

$$\frac{\partial z_2}{\partial u_{01}}=\frac{\cos f_{10}\partial e_1/\partial u_{01}-e_1\sin f_{10}\partial f_{10}/\partial u_{01}}{1-e_1^2}+\frac{(1+e_1\cos f_{10})2e_1\partial e_1/\partial u_{01}}{(1-e_1^2)^2} \tag{C-9}$$

式(C-2)中的偏导数$\partial r_{01}/\partial u_{01}$由$r_{01}=a_{01}(1-e_0^2)/(1+e_0\cos f_{01})$推导得到

$$\frac{\partial r_{01}}{\partial u_{01}}=(1-e_0^2)\frac{(1+e_0\cos f_{01})\partial a_{01}/\partial u_{01}+e_0\sin f_{01}a_{01}\partial f_{01}/\partial u_{01}}{(1+e_0\cos f_{01})^2} \tag{C-10}$$

由式(7-1)可知，式(C-2)中的偏导数为

$$\frac{\partial a_{01}}{\partial u_{01}}=\frac{J_2R_E^2}{\bar{a}_0}\left[-3\sin^2 i_0\sin(2u_{01})z_3^3-3z_3^2(1-3\sin^2 i_0\sin^2 u_{01})\frac{e_0\sin f_{01}}{1-e_0^2}\frac{\partial f_{01}}{\partial u_{01}}\right] \tag{C-11}$$

式中：$z_3\triangleq(1+e_0\cos f_{01})/(1-e_0^2)$。

在机动轨道的脉冲时刻，偏心率为$e_1\approx e_0+k_2(\bar{a}_1/a_{01}-1)$，真近点角为$f_{10}\approx u_{01}-\omega_{00}-k_1(\bar{a}_1/a_{01}-1)$。然后，以下式(C-4)~式(C-6)和式(C-9)~式(C-10)中的偏导数为

$$\begin{cases}\dfrac{\partial e_1}{\partial\beta}=\dfrac{\partial k_2}{\partial\beta}\left(\dfrac{\bar{a}_1}{a_{01}}-1\right)+k_2\dfrac{\partial\bar{a}_1/\partial\beta}{a_{01}}\\[2ex]\dfrac{\partial f_{10}}{\partial\beta}=-\dfrac{\partial k_1}{\partial\beta}\left(\dfrac{\bar{a}_1}{a_{01}}-1\right)-k_1\dfrac{\partial\bar{a}_1/\partial\beta}{a_{01}}\end{cases} \tag{C-12}$$

$$\begin{cases}\dfrac{\partial e_1}{\partial u_{01}}=\dfrac{\partial k_2}{\partial u_{01}}\left(\dfrac{\bar{a}_1}{a_{01}}-1\right)+k_2\dfrac{a_{01}\partial\bar{a}_1/\partial u_{01}-\bar{a}_1\partial a_{01}/\partial u_{01}}{a_{01}^2}\\[2ex]\dfrac{\partial f_{10}}{\partial u_{01}}=1-\dfrac{\partial k_1}{\partial u_{01}}\left(\dfrac{\bar{a}_1}{a_{01}}-1\right)-k_1\dfrac{a_{01}\partial\bar{a}_1/\partial u_{01}-\bar{a}_1\partial a_{01}/\partial u_{01}}{a_{01}^2}\end{cases} \tag{C-13}$$

由式(7-4)可知，式(C-4)和式(C-12)中的偏导数$\partial\bar{a}_1/\partial\beta$为

$$\frac{\partial\bar{a}_1}{\partial\beta}=\frac{2(\bar{a}_1-a_{01})\bar{a}_1}{3(q-H)\bar{a}_1+Ha_{01}}\frac{\partial H}{\partial\beta} \tag{C-14}$$

以及式(C-7)和式(C-13)中的偏导数为

$$\frac{\partial\bar{a}_1}{\partial u_{01}}=\frac{2\sqrt{\bar{a}_1}}{3(q-H)\bar{a}_1+Ha_{01}}\left[\frac{\partial H}{\partial u_{01}}(\sqrt{\bar{a}_1^3}-a_{01}\sqrt{\bar{a}_1})+\frac{\partial\delta t_b}{\partial u_{01}}\sqrt{\mu}-\frac{\partial q}{\partial u_{01}}\sqrt{\bar{a}_1^3}-H\frac{\partial a_{01}}{\partial u_{01}}\sqrt{\bar{a}_1}\right] \tag{C-15}$$

由式(7-5)可知，式(C-14)中的偏导数为

$$\frac{\partial H}{\partial \beta}=2\frac{\partial k_2}{\partial \beta}\sin f_s+\frac{\partial k_1}{\partial \beta}-\frac{\partial k_3}{\partial \beta}-2e_0\frac{\partial k_1}{\partial \beta}\cos f_s \tag{C-16}$$

以及式(C-15)中的偏导数为

$$\frac{\partial H}{\partial u_{01}}=2\frac{\partial k_2}{\partial u_{01}}\sin f_s+\frac{\partial k_1}{\partial u_{01}}-\frac{\partial k_3}{\partial u_{01}}-2e_0\frac{\partial k_1}{\partial u_{01}}\cos f_s+2k_2\cos f_s\frac{\partial f_s}{\partial u_{01}}+2e_0k_1\sin f_s\frac{\partial f_s}{\partial u_{01}} \tag{C-17}$$

$$\frac{\partial q}{\partial u_{01}}=\frac{\partial f_s}{\partial u_{01}}-2e_0\cos f_s\frac{\partial f_s}{\partial u_{01}}-\frac{\partial M_{01}}{\partial u_{01}}-(\dot{M}_{J_2}+\dot{\omega}_{J_2})\frac{\partial \delta t_b}{\partial u_{01}} \tag{C-18}$$

$$\frac{\partial \delta t_b}{\partial u_{01}}=-\frac{1}{\sqrt{\mu/\bar{a}_0^3}+\dot{M}_{J_2}+\dot{\omega}_{J_2}}\frac{\partial \tilde{M}_{01}}{\partial u_{01}} \tag{C-19}$$

由式(7-6)可知，式(C-16)中的偏导数为

$$\frac{\partial k_i}{\partial \beta}=\frac{[(1+e_0\cos f_{01})\xi_i-e_0\sin f_{01}\eta_i]\sec^2\beta}{[(e_0\sin f_{01})\tan\beta+(1+e_0\cos f_{01})]^2},\quad i=1,2,3 \tag{C-20}$$

以及式(C-17)~式(C-18)中的其他偏导数为

$$\frac{\partial k_i}{\partial u_{01}}=-\frac{(\xi_i\tan\beta+\eta_i)(\tan\beta e_0\cos f_{01}-e_0\sin f_{01})}{[(e_0\sin f_{01})\tan\beta+(1+e_0\cos f_{01})]^2}\frac{\partial f_{01}}{\partial u_{01}}+\frac{\tan\beta\partial\ \xi_i/\partial u_{01}+\partial\ \eta_i/\partial u_{01}}{(e_0\sin f_{01})\tan\beta+(1+e_0\cos f_{01})},\quad i=1,2,3 \tag{C-21}$$

$$\begin{cases}\dfrac{\partial \xi_1}{\partial u_{01}}=\dfrac{1-e_0^2}{2e_0}\sin f_{01}\dfrac{\partial f_{01}}{\partial u_{01}}\\[2ex]\dfrac{\partial \xi_2}{\partial u_{01}}=\dfrac{1-e_0^2}{2}\cos f_{01}\dfrac{\partial f_{01}}{\partial u_{01}}\end{cases} \tag{C-22}$$

$$\frac{\partial \eta_1}{\partial u_{01}}=\frac{1-e_0^2}{2e_0}\left[\frac{2+e_0\cos f_{01}}{1+e_0\cos f_{01}}\cos f_{01}+\frac{e_0\sin^2 f_{01}}{(1+e_0\cos f_{01})^2}\right]\frac{\partial f_{01}}{\partial u_{01}} \tag{C-23}$$

$$\frac{\partial \eta_2}{\partial u_{01}}=\frac{1-e_0^2}{2}\left(-\sin E_{01}\frac{\sqrt{1-e_0^2}}{1+e_0\cos f_{01}}-\sin f_{01}\right)\frac{\partial f_{01}}{\partial u_{01}} \tag{C-24}$$

$$\frac{\partial \xi_3}{\partial u_{01}}=\frac{(1-e_0^2)^{3/2}}{2e_0}\left(\frac{2e_0^2\sin f_{01}}{(1+e_0\cos f_{01})^2}+\sin f_{01}\right)\frac{\partial f_{01}}{\partial u_{01}} \tag{C-25}$$

$$\frac{\partial \eta_3}{\partial u_{01}}=\frac{(1-e_0^2)^{3/2}}{2e_0}\left[\frac{2+e_0\cos f_{01}}{1+e_0\cos f_{01}}\cos f_{01}+\frac{e_0\sin^2 f_{01}}{(1+e_0\cos f_{01})^2}\right]\frac{\partial f_{01}}{\partial u_{01}} \tag{C-26}$$

$$\frac{\partial f_s}{\partial u_{01}}=-\frac{\dot{\omega}_{J_2}}{\sqrt{\mu/\bar{a}_0^3}+\dot{M}_{J_2}+\dot{\omega}_{J_2}}\frac{\partial\tilde{M}_{01}}{\partial u_{01}} \tag{C-27}$$

式中：偏导数$\partial f_{01}/\partial u_{01}$ 由 $f_{01}=u_{01}-\omega_{00}-\dot{\omega}_{J_2}\delta t_a$ 得到

$$\frac{\partial f_{01}}{\partial u_{01}}=1-\frac{\dot{\omega}_{J_2}}{\sqrt{\mu/\bar{a}_0^3}+\dot{M}_{J_2}+\dot{\omega}_{J_2}}\frac{\partial\tilde{M}_{01}}{\partial u_{01}} \tag{C-28}$$

以及偏导数$\partial\tilde{M}_{01}/\partial u_{01}$ 为

$$\frac{\partial\tilde{M}_{01}}{\partial u_{01}}=\frac{(1-e_0\cos\tilde{E}_{01})\sqrt{1-e_0^2}}{1+e_0\cos(u_{01}-\omega_{00})} \tag{C-29}$$

附录 D
微分修正的雅可比矩阵

在微分修正过程中，修正方程的雅可比矩阵为

$$\begin{cases}\dfrac{\partial E_x}{\partial f_{0,t_m}}=g_1\dfrac{\partial\Delta e_y}{\partial f_{0,t_m}}+g_2\dfrac{\partial\Delta e_x}{\partial f_{0,t_m}}+g_3\dfrac{\partial\delta a}{\partial f_{0,t_m}}+\dfrac{1-2e_0\cos f_{0,t_m}}{\sqrt{\mu/a_0^3}+\dot{\omega}_0+\dot{M}_0}+\\ \qquad\dfrac{2(e_x+\Delta e_x)\cos u_{1,t_m}+2(e_y+\Delta e_y)\sin u_{1,t_m}-1}{\bar{n}_1}\\ \dfrac{\partial E_x}{\partial\Delta V_r}=g_1\dfrac{\partial\Delta e_y}{\partial\Delta V_r}+g_2\dfrac{\partial\Delta e_x}{\partial\Delta V_r}+g_3\dfrac{\partial\delta a}{\partial\Delta V_r}\\ \dfrac{\partial E_x}{\partial\Delta V_t}=g_1\dfrac{\partial\Delta e_y}{\partial\Delta V_t}+g_2\dfrac{\partial\Delta e_x}{\partial\Delta V_t}+g_3\dfrac{\partial\delta a}{\partial\Delta V_t}\end{cases}\tag{D-1}$$

$$\begin{cases}\dfrac{\partial E_y}{\partial f_{0,t_m}}=g_4\dfrac{\partial\Delta e_y}{\partial f_{0,t_m}}+g_5\dfrac{\partial\Delta e_x}{\partial f_{0,t_m}}+g_6\dfrac{\partial\delta a}{\partial f_{0,t_m}}+\dfrac{1-2e_0\cos f_{0,t_m}}{\sqrt{\mu/a_0^3}+\dot{\omega}_0+\dot{M}_0}+\\ \qquad\dfrac{2(e_x+\Delta e_x)\cos u_{1,t_m}+2(e_y+\Delta e_y)\sin u_{1,t_m}-1}{\bar{n}_1}\\ \dfrac{\partial E_y}{\partial\Delta V_r}=g_4\dfrac{\partial\Delta e_y}{\partial\Delta V_r}+g_5\dfrac{\partial\Delta e_x}{\partial\Delta V_r}+g_6\dfrac{\partial\delta a}{\partial\Delta V_r}\\ \dfrac{\partial E_y}{\partial\Delta V_t}=g_4\dfrac{\partial\Delta e_y}{\partial\Delta V_t}+g_5\dfrac{\partial\Delta e_x}{\partial\Delta V_t}+g_6\dfrac{\partial\delta a}{\partial\Delta V_t}\end{cases}\tag{D-2}$$

$$\begin{cases}\dfrac{\partial E_z}{\partial f_{0,i_m}}=g_8\dfrac{\partial\delta a}{\partial f_{0,t_m}}-g_9\dfrac{\partial\Delta e}{\partial f_{0,t_m}}-g_{10}\cos u_{1,t_s}\dfrac{\partial\Delta e_x}{\partial f_{0,m}}-g_{10}\sin u_{1,t_s}\dfrac{\partial\Delta e_y}{\partial f_{0,t_m}}\\ \dfrac{\partial E_z}{\partial\Delta V_r}=g_8\dfrac{\partial\delta a}{\partial\Delta V_r}-g_9\dfrac{\partial\Delta e}{\partial\Delta V_r}-g_{10}\cos u_{1,t_s}\dfrac{\partial\Delta e_x}{\partial\Delta V_r}-g_{10}\sin u_{1,t_s}\dfrac{\partial\Delta e_y}{\partial\Delta V_r}\\ \dfrac{\partial E_z}{\partial\Delta V_t}=g_8\dfrac{\partial\delta a}{\partial\Delta r_t}-g_9\dfrac{\partial\Delta e}{\partial\Delta V_t}-g_{10}\cos u_{1,t_s}\dfrac{\partial\Delta e_x}{\partial\Delta r_t}-g_{10}\sin u_{1,t_s}\dfrac{\partial\Delta e_y}{\partial\Delta V_t}\end{cases}\tag{D-3}$$

式中

$$\begin{cases} g_1 = 2(\cos u_{1,t_g} - \cos u_{1,t_m})/\bar{n}_1, \quad g_2 = -2(\sin u_{1,t_g} - \sin u_{1,t_m})/\bar{n}_1 \\ g_3 = 1.5\sqrt{\mu}(\bar{a}_0 + \delta a)^{-\frac{5}{2}} \Delta M_{g,m}/\bar{n}_1^2, \quad g_4 = 2(\cos u_{1,t_s} - \cos u_{1,t_m})/\bar{n}_1 \\ g_5 = -2(\sin u_{1,t_s} - \sin u_{1,t_m})/\bar{n}_1, \quad g_6 = 1.5\sqrt{\mu}(\bar{a}_0 + \delta a)^{-\frac{5}{2}} \Delta M_{s,m}/\bar{n}_1^2 \\ g_7 = 1 + \cos u_{1,t_s}(e_x + \Delta e_x) + \sin u_{1,t_s}(e_y + \Delta e_y), \quad g_8 = (1 - (e_0 + \Delta e)^2)/g_7 \\ g_9 = 2(a_0 + \delta a)(e_0 + \Delta e)/g_7, \quad g_{10} = (1 - (e_0 + \Delta e)^2)(a_0 + \delta a)/g_7^2 \\ \Delta M_{g,m} = M_{1,t_g} - M_{1,t_m} + 2\pi N_{1,\Delta t_{g,m}}, \quad \Delta M_{s,m} = M_{1,t_s} - M_{1,t_m} + 2\pi N_{1,\Delta t_{s,m}} \\ \bar{n}_1 = \sqrt{\mu/(\bar{a}_0 + \delta a)^3} + \dot{M}_1 + \dot{\omega}_1 \end{cases}$$

基于高斯变分方程，轨道元素变化量关于机动位置的偏导数为

$$\begin{cases} \dfrac{\partial \delta a}{\partial f_{0,t_m}} = \dfrac{2a_0^2}{h_0} e_0 (\cos f_{0,t_m} \Delta V_r - \sin f_{0,t_m} \Delta V_t) + \\ \qquad \dfrac{8a_0^3}{h_0^2} e_0 (\cos f_{0,t_m} + e_0 \cos 2f_{0,t_m}) \Delta V_r \Delta V_t + \\ \qquad \dfrac{4a_0^3}{h_0^2} e_0^2 \sin 2f_{0,t_m} \Delta V_r^2 - \dfrac{8a_0^3}{h_0^2} e_0 \sin f_{0,t_m} (1 + e_0 \cos f_{0,t_m}) \Delta V_t^2 \\ \dfrac{\partial \Delta e}{\partial f_{0,t_m}} = \sqrt{\dfrac{p_0}{\mu}} \cos f_{0,t_m} \Delta V_r + \\ \qquad \sqrt{\dfrac{p_0}{\mu}} \left(-\sin f_{0,t_m} - \dfrac{\sin f_{0,t_m}}{1 + e_0 \cos f_{0,t_m}} + \dfrac{e_0 \sin f_{0,t_m} (e_0 + \cos f_{0,t_m})}{(1 + e_0 \cos f_{0,t_m})^2} \right) \Delta V_t \\ \dfrac{\partial \Delta e_x}{\partial f_{0,t_m}} = \sqrt{\dfrac{p_0}{\mu}} \cos u_{0,t_m} \Delta V_r + \\ \qquad \sqrt{\dfrac{p_0}{\mu}} \left(-2\sin u_{0,t_m} + \dfrac{e_0 \sin(f_{0,t_m} + u_{0,t_m})}{1 + e_0 \cos f_{0,t_m}} + \dfrac{e_0^2 \sin u_{0,t_m} \sin^2 f_{0,t_m}}{(1 + e_0 \cos f_{0,t_m})^2} \right) \Delta V_t \\ \dfrac{\partial \Delta e_y}{\partial f_{0,t_m}} = \sqrt{\dfrac{p_0}{\mu}} \sin u_{0,t_m} \Delta V_r + \\ \qquad \sqrt{\dfrac{p_0}{\mu}} \left(\cos u_{0,t_m} + \dfrac{\cos u_{0,t_m}}{1 + e_0 \cos f_{0,t_m}} + \dfrac{e_0 \sin f_{0,t_m} (e_0 \sin \omega_0 + \sin u_{0,t_m})}{(1 + e_0 \cos f_{0,t_m})^2} \right) \Delta V_t \end{cases} \tag{D-4}$$

轨道元素变化量关于脉冲分量的导数为

$$\begin{cases}\dfrac{\partial\delta a}{\partial\Delta V_r}=\eta_a+\tau_a\Delta V_t+2\eta_a'\Delta V_r\\ \dfrac{\partial\delta a}{\partial\Delta V_t}=\zeta_a+\tau_a\Delta V_r+2\zeta_a'\Delta V_t\\ \dfrac{\partial\Delta e}{\partial\Delta V_r}=\eta_e,\quad \dfrac{\partial\Delta e}{\partial\Delta V_t}=\zeta_e\\ \dfrac{\partial\Delta e_x}{\partial\Delta V_r}=\eta_{e_x},\quad \dfrac{\partial\Delta e_x}{\partial\Delta V_t}=\zeta_{e_x}\\ \dfrac{\partial\Delta e_y}{\partial\Delta V_r}=\eta_{e_y},\quad \dfrac{\partial\Delta e_y}{\partial\Delta V_t}=\zeta_{e_y}\end{cases}\tag{D-5}$$

参考文献

[1]高永明，吴钰飞，廖玉荣，等．快速响应空间体系与应用[M]．北京：国防工业出版社，2011.

[2]潘清，廖玉荣，王斌，等．快速响应空间概念与研究进展[M]．北京：国防工业出版社，2010.

[3]Kolodziejski P J. Operationally responsive spacelift for the U. S. air force[C]://1st Responsive Space Conference. Redondo Beach，CA，2003.

[4]Department of Defense. Plan for operationally responsive space[R]. 2007.

[5]廖玉荣，王斌，蔡洪亮．美国快速响应空间试验分析[J]．装备指挥学院学报，2010，23(3)：34-37.

[6]曹喜滨，孙兆伟．快速响应微小卫星设计[M]．北京：科学出版社，2016.

[7]Davis T M. Operationally Responsive Space-The Way Forward[C]://Proceedings of the AIAA/USU Conference on Small Satellites. Washington D. C.：AIAA 2015.

[8]白鹤峰，王峰，张永强，等．快速响应卫星集群编队技术[M]．北京：国防工业出版社，2021.

[9]姚天宇．"快箭"长征十一号首飞成功可实现 24 小时内发射[J]．中国航天，2015，(10)：9.

[10]尚辉，王未，孟翔，等．"长征"海射投入商业运营，未来全球发射服务可期[J]．国际太空，2020，(11)：8-10.

[11]龙威，吴舟航，李智，等．新一代大吨位商业固体运载火箭"捷龙"三号的创新和特色[J]．中国航天，2022，(7)：9-12.

[12]张兵，吴万同，沈治，等．面向新一代固体火箭的自主可控仿真技术[J]．宇航学报，2023，44(3)：348-357.

[13]Ju T，Shao X，Zhang D，et al. Repeat ground-track orbit design using objective dimensionality reduction and decoupling optimization[J]. IEEE Transactions on Aerospace and Electronic Systems，2023，58(6)：5741-5748.

[14]Saboori B，Bidgoli A M，Saboori，B. Multiobjective optimization in repeating sun-synchronous orbits design for remote-sensing satellites[J]. Journal of Aerospace Engineering，2014，27(5)：04014027.

[15]Wertz J R，Coverage，responsiveness，and accessibility for various "responsive orbits"[C]://The 3rd Responsive Space Conference. Los Angeles：CA，2005.

[16]Zhu K，Li J，Baoyin H. Satellite scheduling considering maximum observation coverage time and minimum orbital transfer fuel cost[J]. Acta Astronautica，2010，66：220-229.

[17]Co T C，Black J T. Responsiveness in low orbits using electric propulsion[J]. Journal of Spacecraft and Rockets，2014，51(3)：938-945.

[18]贺绍飞，谷振丰，李明泽，等．快速响应太阳同步轨道/发射窗口一体规划[J]．航天控制，2019，37(5)：51-55.

[19]Abdelkhalik O. Initial orbit design from ground track point[J]. Journal of Spacecraft and Rockets，2010，47(1)：202-205.

[20]Li T，Xiang J，Wang Z，et al. Circular revisit orbits design for responsive mission over a single target[J].

Acta Astronautica, 2016, 127: 219-225.

[21]段方，刘建业. 一类由星下点反算卫星近圆回归轨道的方法[J]. 中国空间科学技术，2006，26(3)：38-43.

[22]卫国宁，骆剑，康志宇，等. 一种星下点精确重访约束下的轨道设计方法[J]. 中国空间科学技术，2016，36(4)：67-73.

[23]Flohrer T, Krag H, Klinkrad H, et al. Feasibility of performing space surveillance tasks with a proposed space-based optical architecture[J]. Advances in Space Research, 2011, 47: 1029-1042.

[24]汤泽滢，黄贤锋，蔡宗宝. 国外天基空间目标监视系统发展现状与启示[J]. 航天电子对抗，2016，31(2)：24-30.

[25]D'Ambrosio A, Henderson T, Clocchiatti A, et al. Constrained optimization of n-impulse periodic close encounter orbits for inspection missions[J]. Advances in Space Research, 2022, 70: 3393-3404.

[26]Zhou Y, Yan Y, Huang X, et al. Mission planning optimization for the visual inspection of multiple geosynchronous satellites [J]. Engineering Optimization, 2015, 47(11): 1543-1563.

[27]Zhang H, Zhang G, Tian Li. Orbit design for hybrid ground-space targets[J]. Aerospace Science and Technology, 2022, 129: 107862.

[28]Zhang H, Zhang G, Tian L. Hybrid ground-space target visit problem with a coplanar impulse[J]. IEEE Transactions on Aerospace and Electronic Systems, 2022, 58(6): 5849-5859.

[29] Vallado D A. Fundamentals of Astrodynamics and Applications [M]. 3rd ed. Torrance, CA: Microcosm Press, 2007.

[30]Zhang G, Mortari D. Second-order integral-form Gauss's variational equations under impulsive control[J]. Journal of Guidance, Control, and Dynamics, 2019, 42(2): 284-302.

[31]Izzo D. Revisiting Lambert's problem[J]. Celestial Mechanics and Dynamical Astronomy, 2015, 121: 1-15.

[32]Nelson S L, Zarchan P. Alternative approach to the solution of Lambert's problem[J]. Journal of Guidance, Control and Dynamics, 1992, 15(4): 1003-1009.

[33]Avanzini G. A simple Lambert algorithm[J]. Journal of Guidance Control, and Dynamics, 2008, 31(6): 1587-1594.

[34] Zhang G. Terminal-velocity-based Lambert algorithm [J]. Journal of Guidance, Control, and Dynamics, 2020, 43(8): 1529-1539.

[35]Zhang G, Mortari D, Zhou D. Constrained multiple-revolution Lambert's problem [J]. Journal of Guidance, Control, and Dynamics, 2010, 33(6): 1779-1786.

[36]Curtis H D. Orbital mechanics for engineering students[M]. Singapore: Elsevier, 2005: 194-264.

[37]白晓征，郗晓宁. 无需变轨实现单航天器对星座中多卫星的近距离接近[J]. 宇航学报，2005，26：114-116.

[38]付晓锋，王威，郗晓宁. 对空间多目标多次接近的轨道设计[J]. 空间科学学报，2010，30(6)：524-531.

[39]Bourgeois S K, Mortari D. Rock-around orbits[J]. Journal of Guidance, Control, and Dynamics, 2011, 34(3): 810-819.

[40]Zhou S, Xia C, Zhang G. Orbit design and control for periodically revisiting multiple formation satellites[J]. Aerospace Science and Technology, 2023, 135: 108199.

[41]Co T C, Zagaris C, Black J T. Responsive satellites through ground track manipulation using existing technology[J]. Journal of Spacecraft and Rockets, 2013, 50(1): 206-216.

[42]Zhang J, Li H, Luo Y, et al. Effects of in-track maneuver on the ground track of near-circular orbits[J]. Journal of Guidance, Control, and Dynamics, 2014, 37(4): 1373-1378.

[43]Yu X, Liu K, Chen Q. Constellation design for responsive visiting based on ground track adjustment[J]. Proceedings of the Institution of Mechanical Engineers Part G-Journal of Aerospace Engineering, 2018, 232(12): 2300-2316.

[44]Zhang H, Zhang G. Reachable domain of ground track with a single impulse[J]. IEEE Transactions on Aerospace and Electronic Systems, 2021, 57(2): 1105-1122.

[45]Xue D, Li J, Baoyin H. Reachable domain for spacecraft with a single impulse[J]. Journal of Guidance, Control, and Dynamics, 2010, 33(3): 934-942.

[46]Zhang G, Cao X, Ma G. Reachable domain of spacecraft with a single tangent impulse considering trajectory safety[J]. Acta Astronautica, 2013, 91: 228-236.

[47]Wen C, Zhao Y, Shi P, et al. Orbital accessibility problem for spacecraft with a single impulse[J]. Journal of Guidance, Control, and Dynamics, 2014, 37(4): 1260-1271.

[48]Wen C, Zhao Y, Shi P. Precise determination of reachable domain for spacecraft with single impulse[J]. Journal of Guidance, Control, and Dynamics, 2014, 37(6): 1767-1779.

[49]Duan J, Liu Y, Ding R. Simple method to determine reachable domain of spacecraft with a single impulse[J]. Journal of Guidance, Control, and Dynamics, 2019, 42(1): 168-174.

[50]Zhang G, Zhou D, Mortari D, et al. Analytical study of tangent orbit and conditions for its solution existence[J]. Journal of Guidance, Control, and Dynamics, 2012, 35(1): 186-194.

[51]盛靖，张刚，耿云海. J_2 摄动下脉冲推力星下点轨迹调整解析算法[J]. 宇航学报，2016，37(8)：908-916.

[52]Zhang G, Cao X, Mortari D. Analytical approximate solutions to ground track adjustment for responsive space[J]. IEEE Transactions on Aerospace and Electronic Systems, 2016, 53(3): 1366-1383.

[53]Zhang H, Zhang G. An analytical approximation for time-optimal ground-track adjustment[C]://4th IAA Conference on Dynamics and Control of Space Systems, 2018, 165: 1587-1601.

[54]Zhang G, Wang D, Cao X, et al. Minimum-time interception with a tangent impulse[J]. Journal of Aerospace Engineering, 2015, 28(2): 04014062.

[55]Nelson S L, Zarchan P. Alternative approach to the solution of Lambert's problem[J]. Journal of Guidance, Control, and Dynamics, 1992: 15(4), 1003-1009.

[56]Zhang G, Sheng J. Impulsive ground-track adjustment for assigned final orbit[J]. Journal of Spacecraft and Rockets, 2016, 53(4): 599-609.

[57]Luo Y, Tang G, Li Y, et al. Optimization of multiple-impulse multiple-revolution rendezvous phasing maneuvers[J]. Journal of Guidance, Control, and Dynamics, 2007, 30(4): 946-952.

[58]Caruso A, Quarta A A, Mengali G. Optimal transfer between elliptic orbits with three tangential impulses[J]. Advances in Space Research, 2019, 64(4): 861-873.

[59]Shakouri A, Pourtakdoust S H, Sayanjali M. Multiple-impulse orbital maneuver with limited observation window[J]. Advances in Space Research, 2020, 66(4): 992-1000.

[60]Kim Y, Park S Y, Kim P. Duality-based near-fuel-optimal impulsive trajectory computation for spacecraft

rendezvous under perturbations[J]. Journal of Guidance, Control, and Dynamics, 2023, 46(5): 871-884.

[61]Hoots F R, Roehrich R L. Spacetrack report 3: models for propagation of the norad element sets[R]. U. S. Air Force Aerospace Defense Command, Rept. 3, Colorado Springs, CO, 1980.

[62]Lawden D F. Optimal trajectories for space navigation[M]. London: Butterworths, 1963.

[63]Prussing J E. Optimal four-impulse fixed-time rendezvous in the vicinity of a circular orbit[J]. AIAAJournal, 1969, 7(5): 928-935.

[64]Baranov A A. Geometric solution ofthe problem of a rendezvous on close near-circular coplanar orbits[J]. Cosmic Research, 1989, 27(6): 808-816.

[65]Baranov A A, Terekhova E O. Optimal four-impulse rendezvous in coplanar near-circular orbits[J]. Cosmic Research, 1995, 33(4): 382-387.

[66]Carter T E, Alvarez S A. Quadratic-based computation of four-impulse optimal rendezvous near circular orbit [J]. Journal of Guidance, Control, and Dynamics, 2000, 23(1): 109-117.

[67]Lawden D R. Impulsive transfer between elliptical orbits[J]. Mathematics in Science and Engineering, 1962, 5: 323-351.

[68]Baker J M. Approximate solution to Lawden's problem[J]. Journal of Guidance, Control, and Dynamics, 1995, 18(3): 646-648.

[69]黄岸毅，罗亚中，李恒年. 近地星座异面遍历交会轨道全局优化[J]. 宇航学报，2022，43(6): 772-780.

[70]Zhang T, Shen H, Wang B, et al. Optimal scheduling for location geosynchronous satellites refueling problem[J]. Acta Astronautica, 2019, 163: 246-271.

[71]Shen H, Huang A, Zhang T, et al. Novel orbit control approach for earth observation with multiple targets [J]. Journal of Guidance, Control, and Dynamics, 2022, 45(6): 1153-1161.

[72]Zhang Z, Zhang N, Jiao Y, et al. Multitree search for multisatellite responsiveness scheduling considering orbital maneuvering[J]. IEEE Transactions on Aerospace and Electronic Systems, 2022, 58(3): 2206-2217.

[73]Chen S, Jiang F, Li H, et al. Optimization for multitarget, multispacecraft impulsive rendezvous considering J_2 perturbation[J]. Journal of Guidance, Control, and Dynamics, 2021, 44(10): 1811-1822.

[74]陈诗雨，宝音贺西. 多目标交会轨迹优化方法综述[J]. 动力学与控制学报，2022，20(4): 1-11.

[75]Lin X, Zhang G. Zhang H. Multi-target ground-track adjustment with a single coplanar impulse[J]. Aerospace Science and Technology, 2021, 119: 107135.

[76]夏存言，张刚，耿云海. 共面单脉冲拦截多目标问题. 航空学报，2021，43(3): 325093.

[77]Xia C, Zhang G, Geng Y. Two-target interception problem with a single impulse[J]. Aerospace Science and Technology, 2021, 119: 107110.

[78]Mok S H, Bang H. Optimal multi-target overflight using ground-track adjustment[J]. Journal of the Astronautical Sciences, 2021, 68(1): 150-171.

[79]Zhang G, Cao X. Coplanar ground-track adjustment using time difference[J]. Aerospace Science and Technology, 2016, 48: 21-27.

[80]Lin X, Zhang G. Analytical state propagation for continuous-thrust linear relative motion[J]. Journal of Guidance, Control, and Dynamics, 2022, 45(10): 1946-1957.

[81]Gao Y. Direct optimization of low-thrust many-revolution earth-orbit transfers[J]. Chinese Journal of Aeronautics, 2009, 22(4): 426-433.

[82] Fitzgerald R M. Characterizing minimum-time solar sail geostationary orbit transfers using pseudospectral optimal control[J]. Journal of Spacecraft and Rockets, 2021, 58(4): 997-1009.

[83] Patterson M A, Rao A V. GPOPS-II: a Matlab software for solving multiple-phase optimal control problems using hp-adaptive Gaussian quadrature collocation methods and sparse nonlinear programming[J]. ACM Transactions on Mathematical Software, 2014, 41(1): 1-37.

[84] Graichen K, Petit N. Constructive methods for initialization and handling mixed state-input constraints in optimal control[J]. Journal of Guidance, Control, and Dynamics, 2008, 31(5): 1334-1343.

[85] Wu D, Wang W, Jiang F, et al. Minimum-time low-thrust many-revolution geocentric trajectories with analytical costates initialization[J]. Aerospace Science and Technology, 2021, 119: 1-12.

[86] 沈红新，李恒年. 静止卫星小推力多圈转移轨道间接优化[J]. 宇航学报，2017，38(10)：1041-1047.

[87] Jiang F, Baoyin H, Li J. Practical techniques for low-thrust trajectory optimization with homotopic approach [J]. Journal of Guidance, Control, and Dynamics, 2012, 35(1): 245-258.

[88] Petropoulos A E, Longuski J M. Shape-based algorithm for automated design of low-thrust, gravity-assist trajectories[J]. Journal of Spacecraft and Rockets, 2004, 41(5): 787-796.

[89] Wall B J, Conway B A. Shape-based approach to low-thrust rendezvous trajectory design[J]. Journal of Guidance, Control, and Dynamics, 2009, 32(1): 95-101.

[90] Wall B J, Pols B, Lanktree B. Shape-based approximation method for low-thrust interception and rendezvous trajectory design[J]. Advances in the Astronautical Sciences, 2010, 36(2): 1447-1458.

[91] Xie C, Zhang G, Zhang Y. Simple shaping approximation for low-thrust trajectories between coplanar elliptical orbits[J]. Journal of Guidance, Control, and Dynamics, 2015, 38(12), 2448-2455.

[92] Huo M, Mengali G, Quarta A A, et al. Electric sail trajectory design with Bezier curve-based shaping approach[J]. Aerospace Science and Technology, 2019, 88: 126-135.

[93] Wu D, Zhang T, Zhong Y, et al. Analytical shaping method for low-thrust rendezvous trajectory using cubic spline functions[J]. Acta Astronautica, 2022, 193: 511-520.

[94] Huo M, Yang L, Peng N. Fast costate estimation for indirect trajectory optimization using Bezier-curve-based shaping approach[J]. Aerospace Science and Technology, 2022, 126: 107582.

[95] Zhang H, Zhou S, Zhang G. Shaping low-thrust multi-target visit trajectories via theory of functional connections[J]. Advances in Space Research, 2023, 72: 257-269.

[96] Mortari D, Leake C. The multivariate theory of connections[J]. Mathematics, 2019, 7(3): 1-22.

[97] Johnston H, Leake C, Efendiev Y, et al. Selected applications of the theory of connections: A technique for analytical constraint embedding[J]. Mathematics, 2019, 7(6): 537.

[98] Drozd K, Furfaro R, Schiassi E, et al. Energy-optimal trajectory problems in relative motion solved via theory of functional connections[J]. Acta Astronautica, 2021, 182: 361-382.

[99] Schiassi E, D'Ambrosio A, Drozd K, et al. Physics-informed neural networks for optimal planar orbit transfers[J]. Journal of Spacecraft and Rockets, 2022, 59(3): 834-849.

[100] Taheri E, Abdelkhalik O. Shape-based approximation of constrained low-thrust space trajectories using fourier series[J]. Journal of Spacecraft and Rockets, 2012, 49(3): 535-545.

[101] Taheri E, Abdelkhalik O. Initial three-dimensional low-thrust trajectory design[J]. Advances in Space Research, 2016, 57: 889-903.